21世纪高等学校计算机类专业
核心课程系列教材

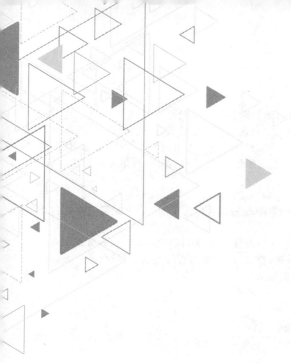

C++语言程序设计教程

（第4版）（Visual C++ 2010版）

◎ 杨进才 沈显君 编著

U0386625

清华大学出版社

北京

内 容 简 介

C++语言是目前最流行的程序设计语言之一，它既支持面向过程的结构化程序设计，也支持基于对象的面向对象程序设计。本书依据 ANSI C++标准，从面向过程的编程向面向对象的编程方法展开，形成一条自然流畅的主线，同时两个部分又自成体系，以满足不同基础与需求的学习者。本书内容包括 C++语言基础、构造数据类型、C++程序的结构、类与对象、继承与派生、多态性、模板、STL 编程、输入/输出流与文件系统、string 类字符串处理、异常处理、C++语言新标准简介等。

本书的作者都是长期在高校从事计算机专业教学与科研的一线教师，有丰富的编程与教学经验。本书文字流畅、通俗简洁、概念清晰、循序渐进，例题实用、习题题型多样，对编程中常用的以及在学习过程中容易出错的知识点进行了详尽的讲解。

本书适合高等院校信息类专业的学生使用，也可作为 C++培训教材、理工科学生的公共课教材以及全国计算机等级考试教材。与本书配套的《C++语言程序设计教程（第 4 版）习题解答与实验指导》由清华大学出版社出版，提供了 Visual C++、CodeBlocks、Linux C++上机实验指导。

本书封面贴有清华大学出版社防伪标签，无标签者不得销售。

版权所有，侵权必究。举报：010-62782989，beiqinquan@tup.tsinghua.edu.cn。

图书在版编目(CIP)数据

C++语言程序设计教程：Visual C++ 2010 版/杨进才，沈显君编著.—4 版.—北京：清华大学出版社，2022.1(2025.1重印)

21 世纪高等学校计算机类专业核心课程系列教材

ISBN 978-7-302-56756-1

Ⅰ. ①C⋯　Ⅱ. ①杨⋯ ②沈⋯　Ⅲ. ①C++语言－程序设计－高等学校－教材　Ⅳ. ①TP312.8

中国版本图书馆 CIP 数据核字(2020)第 211888 号

策划编辑：魏江江
责任编辑：王冰飞
封面设计：刘　健
责任校对：胡伟民
责任印制：丛怀宇

出版发行：清华大学出版社
　　　　　网　　址：https://www.tup.com.cn，https://www.wqxuetang.com
　　　　　地　　址：北京清华大学学研大厦 A 座　　　　　邮　　编：100084
　　　　　社 总 机：010-83470000　　　　　　　　　　　邮　　购：010-62786544
　　　　　投稿与读者服务：010-62776969，c-service@tup.tsinghua.edu.cn
　　　　　质量反馈：010-62772015，zhiliang@tup.tsinghua.edu.cn
　　　　　课件下载：https://www.tup.com.cn,010-83470236
印 装 者：三河市人民印务有限公司
经　　销：全国新华书店
开　　本：185mm×260mm　　　　印　　张：28　　　　　字　　数：702 千字
版　　次：2006 年 9 月第 1 版　　2022 年 1 月第 4 版　　印　　次：2025 年 1 月第 8 次印刷
印　　数：93001～95000
定　　价：69.80 元

产品编号：089399-01

前　言

党的二十大报告指出：教育、科技、人才是全面建设社会主义现代化国家的基础性、战略性支撑。必须坚持科技是第一生产力、人才是第一资源、创新是第一动力，深入实施科教兴国战略、人才强国战略、创新驱动发展战略，开辟发展新领域新赛道，不断塑造发展新动能新优势。高等教育与经济社会发展紧密相连，对促进就业创业、助力经济社会发展、增进人民福祉具有重要意义。

一、再版背景

自 2006 年本书的第 1 版出版发行以来，经过了 2010 年第 2 版、2015 年第 3 版两次改版。每次改版，都采纳了广大师生在教学与学习中反馈的建议，努力使教材趋于完善。由此，得到了广大读者的肯定，取得了骄人的销量。

时光飞逝，转眼间进入了 21 世纪 20 年代，在这十五年的时间内，遵从计算机科学与技术发展的规律与特点，程序设计语言也发生了巨大的变化，例如 Python 语言在 TIOBE 世界编程语言排行榜中，从 2006 年的第七、八名的位置，前进到现在的第三位。在这十几年中，C++一直处于前四位的位置，这表明 C++在程序设计语言中的地位难以撼动。然而，C++语言本身的标准在不断地更新，从 C++ 98、C++ 03 到现在的 C++ 20。C++编译器也在随语言标准的更新而更新，并不断有新的编程工具产生。

进入中国出版网（www. china-pub. com），以 C++为关键字搜索书名，竟然可以搜索出 2000 多种图书；从清华大学出版社网站（www. tup. tsinghua. edu. cn）也能搜索出 700 种以上的 C++书籍。这一方面说明 C++作为一种程序设计语言，以它"是一种更好的 C 语言"与"支持面向对象"的特点，深受广大编程者的喜爱；另一方面说明没有哪一种或少数几种 C++书籍能够满足所有学习者的需要。

C++书籍从使用方面可分为两大类：使用手册类与教材类。使用手册类以介绍具体的编译器的使用与编程为内容，如 Visual C++Windows 编程、Borland C++Builder 编程等，供学习与使用具体编译器的编程者使用。教材则供课堂教学或初学者使用。目前国内各种 C++教材可以分为两大类：翻译教材与自编教材。翻译教材的原教材一般有很好的背景，有的是国外名牌大学的教材，有的是国外名家撰写的畅销教材。这些教材从内容上引入了 C++语言的最新标准，在知识点的叙述上准确深入，各书的举例有自己的特色。但它们的一个共同的突出问题就是篇幅太长，不适合学生在有限的课堂教学学时的情况下学习。有的书翻译不通顺甚至个别地方有翻译错误，还会给读者带来额外的理解困难。国内的教材一般以国外的翻译教材为母本，有内容紧凑、语言通顺的优点。但许多国内教材是国外教材的简单拼凑，连例子也从国外教材照搬，很少有自己的深入理解和创造。这些教材突出的缺点是对 C++ 语言规则没有进行深入的分析，对示例程序缺乏相应的解释，学生学习时不容易从实质上掌握语言。很多作者自己很少或根本没有使用 C++ 进行编程开发，对在编程中经常使用的方法以及易犯的错误没有突出讲解。相反，对不常用的方法与只有在考题中出现的错误反复讲述，学生学完后感觉很好，可一旦动手编程，有时竟连一个学生成绩管理和单向链表的应用程序都写得错误百出。

编写本书的初衷是吸收国内外教材两方面的优点，弥补其不足。本次的改版吸收了前版使用者反馈的意见，结合自身的教学实践，融入 C++ 语言的新元素，使新版教材更趋完善。

二、新版的特色

新版的特色体现在以下三个方面。

1. 合理的体系结构

C++ 不是一个纯粹的面向对象的编程语言，使用者不是一定要使用其面向对象的特性。因此，全书总体结构分为两大部分：面向过程的程序设计和面向对象的程序设计，两部分内容相对独立。第 1～4 章完整介绍结构化的面向过程的程序设计，读者学完 1～4 章再加上第 10 章的部分内容后，完全可以编写各种功能的程序。

各章的组织结构以引言开头，导出一章的内容，然后指出学习目标；进入一章主体时先介绍概念、语法，然后举例，对常犯的错误进行强调指出；一章的内容讲述完成后，用精练的语言总结一章的知识要点；在习题部分提供了多种题型的习题，除供学生课堂练习以及课后巩固所学知识外，也为教师出考题提供素材，为学生备考提供模拟题目。

2. 强调内存的概念

学习 C++，不仅在于学习语言本身的语法规则，更在于掌握计算机如何工作，程序在计算机中如何运行等知识，特别要了解 C++ 语言程序如何通过编译后调入内存、在内存中如何分配各种数据、程序在运行时如何对内存进行控制等内容。本书从常量和变量在内存中的存放、变量的赋值、函数的调用以及参数的传递、指针与数组的内存映像，到对象在内存中的存放，始终贯穿着内存的概念。

3. 重视基本概念

C++ 中的语法规则基于基本概念，对基本概念的理解有助于把握知识点的本质，进行灵活运用、避免错误。本书对基本概念的叙述力求准确，讲解简明，深入浅出。除了在章节的开头对概念进行叙述外，在每章小结中对概念进行了强调。全书的程序举例尽量采用现实世界有意义的问题，有助于读者对概念的理解、记忆、运用。在全书中绘制了大量的图表，对知识点进行了直观描述。

4. 配套资源丰富

为便于教学，本书提供丰富的配套资源，包括教学大纲、教学课件、电子教案、程序源码、在线作业和教学进度表。

资源下载提示

课件等资源：扫描封底的"课件下载"二维码，在公众号"书圈"下载。

素材（源码）等资源：扫描目录上方的二维码下载。

在线作业：扫描封底作业系统二维码，登录网站在线做题及查看答案。

三、教学安排

本书可以供不同基础与需求的学习者使用，参考学时如表 1 所示。

表 1　参考学时表

各章内容	无 C 语言基础，面向过程编程/学时	无 C 语言基础，全面学习/学时	有 C 语言基础/学时
第 1 章　面向对象程序设计与 C++	2	2	2
第 2 章　C++语言基础	26	24	2
第 3 章　构造数据类型	16	16	4
第 4 章　C++程序的结构	4	4	1
第 5 章　类与对象		12	10
第 6 章　继承与派生		12	10
第 7 章　多态性		10	10
第 8 章　模板		2	2
第 9 章　STL 编程		4	4
第 10 章　输入/输出流与文件系统	6	6	4
第 11 章　string 类字符串处理		2	2
第 12 章　异常处理		2	2
第 13 章　C++语言新标准简介		2	2
总学时	54	98	54

四、第 4 版所做的改进

新版在以下几个方面进行了改进。

1. 内容的调整

在新版中，调整了面向过程程序设计部分的内容，在保证这部分的语法知识完整的前提下，对语法讲解、举例、习题进行了精简；对全书涉及文本界面的输入输出内容进行了精简；删除了第 3 版中的第 13 章"综合应用实例"。

2. 对 C++语言新标准的介绍

C++是具有国际标准的编程语言，自从 1998 年 C++标准委员会成立，颁布了第一个 C++语言的国际标准 ISO/IEC 1488－1998 后，每 5 年视实际需要更新一次标准。C++的编译器几乎与新标准同步，以对新标准提供支持。在新版中，增加了一章对 C++2011 标准的介绍，对该标准中常用的语言元素进行了讲解。在实验指导部分，更新了对支持新标准的编译器的使用介绍。

五、致谢

本版书由杨进才教授负责改版，主要编写了第 3～5、10～13 章，沈显君教授主要编写了第 1、6～9 章，张勇副教授参加编写了第 2～5 章。全书杨进才教授统稿，沈显君教授审核。

特别感谢在第 1 版的编写中提供了宝贵支持的刘蓉副教授。感谢王敬华副教授、魏开平副教授，他们对全书的风格、内容提供了无私的指导，对格式的编排等细节方面也提出了宝贵的意见。感谢徐函秋、徐欢、温柳英、李芳等同学在第 1 版的编写和教学实践中提供了许多改进的意见。多年来，各位专家、同行和广大读者在使用前三版的过程中提出了诸多有益建议，在此一并表示感谢。由于作者水平有限，书中难免存在错误、疏漏、不妥之处，恳请提出批评和修改意见，我们将不胜感激。

编　者

2021 年 8 月于武昌南湖

源码下载

## 第 1 章

面向对象程序设计与 C++

◇ **引言**

C++是从 C 语言发展演变而来的一种新型的、以面向对象为特征的程序设计语言,本章首先阐述面向对象的基本概念、基本特征、程序设计和软件开发;然后介绍 C++语言的产生、特点、发展和应用,以及 C++程序的一般开发过程;最后通过详细剖析一个简单的 C++程序实例带领学习者逐步进入 C++精彩的编程世界。

◇ **学习目标**

(1) 理解面向对象的基本概念;

(2) 理解面向对象的基本特征;

(3) 了解面向对象的基本过程;

(4) 了解 C++语言的产生、特点、发展和应用;

(5) 了解 C++程序的基本结构和编译运行过程;

(6) 理解源程序、头文件、可执行程序的概念;

(7) 理解名字空间的概念,能够合理运用名字空间;

(8) 能够编写一个简单的程序,输入数据,输出结果。

1.1　面向对象程序设计

1.1.1　面向对象的基本概念

随着计算机应用的日益广泛,软件开发要解决的问题的规模也越来越大,而软件开发所涉及的各种事物和问题既有静态属性(数据),也有动态行为(功能)。面向过程的软件开发过于强调分析问题的功能而忽略了数据和功能之间的内在联系,难以完整地描述各种问题。现实世界的事物往往是不断变化、发展的,其功能、应用与要求也是在不断变化之中,如果仍然以功能抽象为中心进行面向过程的程序分析与设计,则难以如实地描述问题域的变化,软件的可维护性、可重用性都将很难进行,从而直接影响到软件开发的质量和缩短软件的生命周期。

人们利用计算机解决现实世界中的问题,就是要将现实世界的问题经过抽象转换为计算机程序或软件,而现实世界本身是由对象所组成,小至一个细胞、一粒种子,大到一个人、一个国家、一个社会,乃至整个宇宙都是客观世界的对象。也就是说,现实世界在本质上是由对象所组成,而不是由"各种过程"所组成。对象也可以是客观现实世界在人脑中的反映,作为一种概念而存在,如某项计划等,称之为主观对象。

软件开发的目的是解决现实世界中的问题,这些问题都是由对象所组成,它们所涉及的业务范围称为该软件的问题域。面向对象的方法强调直接以问题域(现实世界)中的事物为中心来思考问题、认识问题，并根据这些事物的本质特征把它们抽象地表示为软件系统中的对象，作为软件系统的基本单位，从而使软件系统直接映射现实世界的问题域，保持问题域中事物及其相互关系的本来面貌，从而更准确地进行软件的分析与设计。

面向对象的方法是对面向过程程序设计方法的继承和发展。用对象来描述问题比用功能来描述问题更自然、更完整、更准确，因为软件所要解决的各种现实问题本身就是由各种对象所组成，而且相对于功能的变化，对象更稳定，因此用面向对象方法构造的软件具有较好的稳定性和可维护性。面向对象方法中的继承性与多态性大大提高了程序的可重用性，缩短了软件开发周期，提高了软件开发效率。

首先简单介绍面向对象领域中几个重要的概念，通过后续章节的介绍，大家会逐渐加深对这些概念的理解。

1. 对象

面向对象方法认为客观世界是由各种对象组成的。对象是现实世界中一个实际存在的事物，可以是有形的（比如一辆汽车），也可以是无形的（比如一项计划）。任何事物都是对象，每个对象都有自己的发展规律和内部状态。对象是用来描述客观事物的一个实体，它是构成系统的一个基本单位。对象具有静态特征和动态特征，静态特征是可以用数据来描述的特征，动态特征为对象所表现的行为或具有的功能。对象由一组属性和对这组属性进行操作的一组服务构成。**属性**是用来描述对象静态特征的数据项。**服务**是用来描述对象动态特征（行为）的操作序列。复杂的对象可以由相对比较简单的各种对象以组合的方式构成。不同对象的组合及相互作用构成了我们要研究和设计的软件系统。对象通过类的外部接口与外界发生联系。

对象是有生命的，每个对象都有自己的生命周期，即从出生（创建）、生长（活动）到灭亡（删除）。在程序中，对象生命周期中的状态主要由其所占用的存储空间是否有效为标志。对象的创建是指在计算机内存中为该对象分配存储空间；对象的活动是指对象能自主地运行，并且可以接收消息并加以处理，或通过处理外来消息改变自身状态，对象也可以向其他对象发送消息等；对象的删除是指对象的使命完成后，可以将其占用的存储空间置为无效并回收。

2. 类

把众多的事物归纳，依据其共同属性和行为划分成一些不同的类是人们认识客观世界的基本思维方法。分类所采用的基本方法是**抽象**，即忽略事物的非本质特性，只注意那些与当前目标有关的本质特性，从而找出事物的共性，把具有共性的事物划分成一类，得出一个抽象的"类"的概念。面向对象的方法是一种以对象为中心的程序设计方法，其基本思想是从现实世界中存在的事物（即对象）出发来设计或构造软件系统，将软件开发所涉及的各种操作对象和要解决的问题抽象为离散的、相互联系并且可以相互通信的对象集合，称之为"类（class）"。

面向对象方法中的类是具有相同属性和行为特征的一组对象的集合，它为属于该类的全部对象提供了抽象的描述，包括属性（attribute）和方法（method）两个主要部分。属性是类的静态特征，用一个数据单元表示，属性可以用属性名、属性类型、可修改性、可见性等进行描述。方法是类的某种操作行为的实现，是说明实现该行为的算法或过程。在面向对象的程序中，类通常是用一个函数定义来表示的。

类与对象的概念是紧密联系在一起的。类是对具有相同属性和行为的一组对象的抽象；任何一个对象都是某个类的一个具体实例（instance）；二者的关系如同一个模具与用这个模具铸造出来的铸件之间的关系。在面向对象程序设计中，类实际上是一种具有特定数据成员和功能(属性)的复杂数据类型,而对象则是该"类"(数据类型)的一个变量。

在同一个类的不同对象之间具有以下特征:

(1) 相同的属性;

(2) 相同的方法;

(3) 不同的对象名;

(4) 不同的属性值(对于那些可以改变的属性值)。

3. 消息

对象与对象之间通过消息(message)进行相互通信。消息是从一个对象(发送者)向另外一个或几个其他对象(接收者)发送信号,或由一个对象(发送者或调用者)调用另一个对象(接受者)的操作。

消息是对象之间在一次交互中所传递的信息。在面向对象的方法中,把对象发出的服务请求称为消息。通过消息进行对象之间的通信是面向对象方法的原则之一,它与封装有密切的关系。封装使对象成为一些各司其职、互不干扰的独立单位,而对象之间的消息通信则为它们提供了唯一合法的动态联系途径,使它们能够互相配合,成为一个相互协作的有机整体。

一个消息应该包含下述信息:接受消息的对象(通过对象标识指出),该对象中提供服务的操作(通过操作名指出),输入信息(输入参数)和回答信息(返回参数)。消息的发送者是要求提供服务的对象。消息的接受者是通过其操作向发送者提供服务的对象。

在面向对象的程序设计中,消息有不同的实现方式,如函数调用、程序间的内部通信、各种事件的发生和响应等。通过消息可以将不同的对象组织在一起,共同完成一项大的任务和功能。消息不能简单地等同于对象的成员函数调用,事实上两者之间是有区别的:消息是表示对象间信息传递的抽象概念,而对象的成员函数调用只是消息在程序设计中的具体表现形式之一。

1.1.2　面向对象的基本特征

1. 抽象性

面向对象方法的基本特征是抽象性,将具有相同属性和行为的一组对象抽象为类,由类的定义和对象的使用构成面向对象程序的基本框架。面向对象的方法中的对象(object)是软件开发所涉及的问题域中一些事物的抽象,是一些属性、操作和方法的封装体,它具有唯一的标识。通过抽象找出同一类对象的共同属性(静态特征)和行为(动态特征)形成类(class)。

2. 封装

封装(encapsulation)是面向对象方法的一个重要特征,它有两重含义:第一个含义是把对象的属性和服务结合成一个独立的系统单位(即对象);第二个含义也称作"信息隐蔽",即尽可能隐蔽对象的内部细节,对外形成一个边界(或者说一道屏障),只保留有限的对外接口使之与外部发生联系。例如,手机(移动电话)就是一个封装对象,对于使用手机的用户来说,他只需使用手机面板(界面)上的各种操作按键来使用手机的各种功能,至于手机信号是如何传播和接收的? 又是如何完成信号转换,在屏幕上显示各种信息的? 用户并不需要了解。手机的工作原理和内部实现是手机制造商关心的问题,手机面板就是手机制造商提供给用户使用的接口,而手机的机壳则封装了手机的内部实现。用户不需要知道手机的工作原理和实现细节,但却可以通过手机的外部接口熟练地使用手机。

在面向对象的程序设计中,对象是一种自治、封装的实体。通过定义对象属性和行为的可见性可决定哪些是对外可见的(公有的),哪些是隐藏在对象内部的(私有的)。一般而言,对象的属性和行为都是私有的、不能被外界访问的，而对象的所有公有的成员函数形成该对象的对外的接口，对象之间通过接口进行消息传递。

封装的优点主要包括 3 个方面：一是可以有效地控制一个对象内部发生变化时对其他对象的影响；二是通过对象接口可以简化对象的使用；三是便于通过继承机制实现代码重用。

3. 继承

继承是面向对象方法的基本特征之一，也是面向对象方法能够提高软件开发效率的重要原因。继承是指特殊类的对象拥有其一般类的全部属性与服务，称作特殊类对一般类的**继承**。继承意味着特殊类中不必重新定义已在它的一般类中定义过的属性和行为，而它却自动地、隐含地拥有其一般类的所有属性与行为。通常将一般类称为基类（base class）或父类（super class），将特殊类称为派生类（derived class）或子类（subclass）。继承简化了人们对客观事物的认识和描述。例如在一个交通运输管理系统中，如果我们认识了轮船的基本特征，在分析客轮时，因为知道客轮也是轮船，于是就认为客轮继承了轮船的全部一般特征，在定义客轮时只需要关注客轮独有的那些特征。

采用继承机制之后，在定义特殊类时，只需要声明它是继承自哪个类，并增加它自己的特殊属性与行为，而且继承机制具有传递性，可以被一层一层地不断继承下去，实现代码重用，这无疑将明显减轻程序开发工作的强度，提高程序开发的效率。

4. 多态性

多态性也是面向对象方法的重要特征。多态性的实现是以继承为基础的。

多态性是指在一般类中定义的属性或行为，被特殊类继承之后，可以具有不同的数据类型或表现出不同的行为，这使得同一个属性或行为在一般类及其各个特殊类中具有不同的语义，即具有继承关系的不同对象接收到同一消息时有不同的行为。

例如，在某个绘图软件中需要根据工程要求绘制各种各样的几何图形。首先定义一个通用类（称之为基类）——几何图形类，并在该类中定义一个称为"绘图"的行为，由于尚不确定将来在实际工程项目中具体要画一些什么样的图形，此时几何图形类只能是一个"抽象的类"，因为不知道将要绘制的到底是一个什么样的"几何图形"，因此"绘图"行为当然也就难以具体描述和实现，然后通过继承机制在几何图形类的基础上派生出一些具体的类（称之为派生类），如"三角形类""矩形类"和"圆形类"等，如图 1-1 所示。派生类继承了基类的所有属性，包括"绘图"行为，但每个派生类根据实际需要定义了具体的几何图形的实现方法（绘不同的几何图形，如三角形、矩形等）。当接到外部对象传来的"绘图"请求时，各个派生类对象将各自执行不同的绘图操作，如"绘三角形""绘矩形"和"绘圆形"，绘制具有不同几何特征的具体图形。

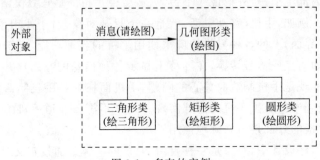

图 1-1　多态的实例

多态性可以为具有继承关系的不同类所形成的类族(具有继承关系的类的集合)提供统一的外部接口。在面向对象的程序设计中,这种通过继承不断扩充类族并且保证类族和外部对象间接口稳定的机制能大幅度提高程序的稳定性、可维护性和可重用性,从而提高软件的质量。

1.1.3　面向对象的程序设计

面向对象的程序设计语言是为了支持面向对象方法而设计的程序设计语言,它与以往各种编程语言的根本不同点在于,其设计的出发点就是为了能更加直接地描述客观世界中存在的事物(及对象)以及它们之间的关系。面向对象的程序设计语言支持抽象数据类型,并且提供了封装性、继承性、多态性等机制,使得类和类库成为可重用的模块。

面向对象的程序设计语言的发展经历了一个很长的发展阶段,早在 20 世纪 50 年代,计算机研究者就开发了 LISP 语言,它是一种面向对象的人工智能语言。20 世纪 60 年代,Simula 语言引入数据抽象、类和继承性等面向对象的概念,后来发展出 Ada、Modula-2 等语言。20 世纪 60 年代中后期出现的 Smalltalk 是第一个真正的面向对象的语言,它体现了纯粹的面向对象程序设计的思想,是最纯的 OOP 语言。Smalltalk-80 是其最成功的一个版本,它在系统的设计中强调对象概念的统一,并引入和完善了类、方法、实例等概念和术语,应用了继承机制和动态链接。其后,许多语言中也广泛引入了面向对象的特性。

1985 年 AT&T 公司贝尔实验室开发了 C++,C++ 语言以其高效的执行性能赢得了广大程序设计者的喜爱。由于 C++ 的出现,才使得面向对象的程序设计语言越来越得到重视和广泛应用。

随着 Internet 的迅速发展,1995 年 5 月 Sun Microsystem 公司发布了一种新的面向对象的程序设计语言——Java 语言。Java 语言是从 C++ 语言发展而来的,但比 C++ 语言简单,可以看作是"简化了的 C++",它具有简单、健壮、安全、与平台无关、可移植性好和多线程等特点,是当前网络编程中的首选语言。

1.1.4　面向对象的软件开发

面向对象的软件开发就是将面向对象的思想应用于软件开发过程中的各个阶段,其主要过程为首先从实际问题出发,用面向对象的方法分析用户需求,建立分析模型;其次进行面向对象的设计,建立系统的设计模型;然后用面向对象的程序设计语言进行编程,实现软件系统;随后进行面向对象的测试;最后进行面向对象的维护。

1. 面向对象的分析

面向对象的分析(Object-Oriented Analysis,OOA)的任务是分析问题域中的对象、对象间的关系,然后构造出该问题域的分析模型。面向对象的系统分析直接用问题域中客观存在的事物建立模型中的对象,无论是对单个事物还是对事物之间的关系都保留它们的原貌,不做转换,也不打破原有界限而重新组合,因此能够很好地映射问题域中的客观事物。

面向对象的分析模型必须简洁、精确地抽象出目标系统必须要做哪些工作,而不是决定如何去做。分析模型中的对象应该是针对问题域,而不应该包含和软件系统实现相关的概念。

2. 面向对象的设计

面向对象的设计(Object-Oriented Design,OOD)的主要任务是将分析模型转化为适合计算机系统处理的设计模型。OOD 应针对系统实现的具体要求(如人机界面、任务管理、数据结构的表示和处理等因素）对分析模型进行必要的补充、修改和调整，最终建立一个完整的设计模型。设计模型要达到的目标是明确地抽象出目标系统如何完成的细节。

3. 面向对象的编程

面向对象的编程（Object-Oriented Programming，OOP）是指将 OOD 的系统设计模型用面向对象的程序设计语言予以具体实现。具体而言，OOP 是实现在面向对象设计模型中的各个对象所规定完成的任务。

4. 面向对象的测试

面向对象的测试（Object-Oriented Testing，OOT）的主要任务是发现软件系统中的错误。任何一个软件系统在交付使用之前都要经过严格的测试，OOT 采用面向对象的概念和原则来组织软件系统测试，以对象的类作为基本测试单位，可以更准确地发现程序错误，提高测试效率。

5. 面向对象的维护

面向对象的维护（Object-Oriented Maintenance，OOM）是指采用面向对象的方法进行软件维护。即使经过严格的测试，软件系统中通常还会存在一些错误和 bug，因此在软件使用过程中需要不断地维护。使用面向对象的方法开发的软件系统，其程序与问题域是一致的，因此减少了软件维护人员对现有软件系统理解的难度。无论是发现程序中的错漏而追溯到问题域，还是因现实需求发生变化而追踪到程序，都相对容易一些，面向对象的封装性使得一个对象的修改对其他对象的影响很少，因此，运用面向对象的软件维护方法可以极大地提高软件维护的效率。

1.2 C++ 语言程序设计

1.2.1 C++ 语言的产生

程序设计语言是用于书写计算机程序的语言，具有特定的词法与语法规则，由人编写，用于描述解决问题的方法，供计算机阅读和执行。

在程序设计语言的发展史上，最成功的程序设计语言当属 C 语言。C 语言是一种面向过程的结构化程序设计语言，由贝尔实验室的 Dennis Richie 于 1972 年研制开发，最初它是作为 UNIX 操作系统的开发工具，在贝尔实验室内部使用，后来 C 语言经过不断改进，成为一种功能丰富、表达能力强、使用灵活方便、应用面广、目标程序高、可移植性好的语言，既具有高级语言的优点，又具有低级语言的许多特点，特别适合进行系统软件开发，因此引起人们的广泛重视，在短短的三十几年中风靡全世界。许多系统软件和应用软件都是用 C 语言编写的，掌握 C 语言成为计算机开发人员必修的基本功，影响了整整一代计算机开发人员。

尽管 C 语言有很多优点，但它仍然是一种结构化和模块的程序设计语言，其本质是面向过程的。在处理小规模的程序问题时，使用结构化程序设计语言还比较得心应手，但当问题比较复杂、程序规模比较大时，结构化程序设计就显得有些力不从心，因为程序设计者必须细致地考虑程序设计的每个细节，准确地考虑程序运行过程中所发生的所有问题。

作为一种经典的、面向过程的程序设计语言，C 语言把数据和数据处理过程分离成相互独立的实体，当数据结构改变时，所有相关的处理过程都要进行相应的修改，程序的可重用性差。

随着 Windows 为代表的各种图形用户界面（Graphics User Interface，GUI）软件的日益普及和流行,传统的面向过程的程序设计难以适应,因为每一个图形化的窗口界面都包含许多丰富的对象和图形组件(如各种图标、菜单命令等),这就要求应用软件必须根据用户的要求随时予以响应,而用户操作的选择又不是基于某个固定的过程或流程,而是根据用户的实际需求随时选取响应的对象,执行相应的操作,因此软件的功能很难用过程来描述与实现,如果仍然使用面向过程的方法与语言,软件的开发和维护将面临困境。

为了解决软件开发中的困境,消除结构化编程语言的局限,实现 Windows 标准软件的"所见即所得"的要求,提高软件开发效率,人们需要引入新的程序设计方法,开发出新的语言来满足日益复杂的软件开发需求。C++ 语言的设计目标,就是要让 C++ 既有 C 语言的灵活性、可适应性和高效性,又有抽象性和面向对象的特性,使得 C++ 语言能够适应以 Windows 为代表的各种图形用户的需求,实现软件设计的"所见即所得",同时能够被应用于那些对效率和可适应性具有极高要求的大型的、复杂的程序设计任务之中。

由于面向对象的思维方式符合人们对客观世界的认识规律,而 C 语言的应用非常广泛,因此面对程序设计方法的革命,最好的办法不是另外发明一种新的语言去代替它,而是在它原有的基础上继续加以发展,在这种形式下,C++ 语言应运而生。

1980 年,贝尔实验室的 Bjarne Stroustrup 通过引入面向对象的概念改造了 C 语言,使其成为现在的 C++ 语言。C++ 语言既保留了 C 语言原有的所有优点,又增加了面向对象的机制。C++ 对 C 的改进主要体现在增加了适用于面向对象的程序设计的"类(class)",因此最初它被 Bjarne Stroustrup 称为"带类的 C(C with class)",后来为了强调它是 C 的增强版,用了 C 语言中的自加运算符++,改称为 C++。

由于 C++ 的出现,面向对象编程才真正深入人心。而 C/C++ 语言也因此如日中天,几乎在所有的程序设计领域中都能看见它们的身影,而微软的 Visual C++ 以及 Borland C++ Biulder 的推出更是将 C++ 语言推上了大型应用软件开发的王者宝座。

1.2.2　C++ 语言的特点

C++ 语言是由 C 语言发展而来的,用 C 语言编写的众多库函数和实用软件可方便地移植到 C++ 中。C++ 语言保持了 C 语言的简洁、高效和在某些操作上沿用了汇编语言指令的特点,用 C 写的程序基本上可以不加修改地用于 C++ 编译环境,但与 C 语言相比,它是一种崭新的程序设计语言,具有自己的特点,主要表现在以下几个方面。

1. 支持面向对象的程序设计

C++ 语言包括了几乎所有的支持 OOP 的语法特征。由于面向对象的方法更接近人类认识世界的方法,C++ 对于问题更容易描述,程序更容易理解与维护,更有利于大型程序设计;C++ 的封装和信息隐藏把数据和功能封装到类和对象之中;C++ 通过泛型和继承的方式实现了重用和多态,提高了编程效率;C++ 通过函数与运算符重载提高了程序的适应性和灵活性。

2. 支持泛型程序设计

泛型是指向程序的数据类型中加入类型参数的一种能力,也称参数化的类型或参数多态性。例如 List 是一个数组,但它不像一般的数组那样,每个元素都是确定类型。List 的元素可以是整型、实型、字符型或其他更复杂的数据类型。当使用 List 泛型数组时会给程序设计带来很多灵活性,增强了程序的适应能力。

泛型程序设计(generic programming)是指在程序设计时将数据类型参数化,编写具有通用性和可重用的程序。对泛型程序设计的支持是 C++ 的一个明确、独立的设计目标。C++ 通过函数模板和类模板实现了类型和函数定义的参数化，保证了面向对象的程序设计和泛型程序设计的有机统一。

3．功能强大的标准模板库

C++的标准模板库（Standard Template Library，STL）不仅提供了丰富的、标准的数据结构和算法，而且通过泛型思想（generic paradigm）组织软件结构，提高了 C++语言的抽象能力。

4．C++语言是一种更好的"C 语言"

C++语言是 C 语言的超集，是一种更好的"C 语言"。C++语言引入的内联函数（inline）概念取代了 C 语言的宏定义；引入引用（reference）的概念，部分取代了 C 语言中过于灵活而影响安全性的指针；引入动态内存运算符 new 和 delete，取代 C 语言中比较低级的内存分配函数；引入数据输入/输出的 I/O 流，取代了 C 语言中烦琐的格式化输入/输出函数。C++语言还对 C 语言的类型进行了系统的改革和扩充，堵塞了 C 语言中的许多漏洞，C++编译提供了更好的类型检查和编译时的分析，能检查出更多的类型错误，改善了 C 语言的安全性。

1.2.3 C++语言的发展

C++语言发展大致经历了 3 个阶段：

第一个阶段从 20 世纪 80 年代到 1995 年，1983 年 C++首次投入使用，吸收了很多新的特性，其中包括虚函数、操作符重载、新的自由存储分配等，并更名为 C++；1989 年在 C++ Release 2.0 中引入多继承、抽象类、静态成员函数、常成员函数等新特性；1990 年又加入模板和异常处理；1993 年加入运行时类型识别和名字空间；1994 年 C++ ANSI/ISO 委员会草案登记。这一阶段 C++语言基本上是传统类型上的面向对象语言，并逐渐发展成为主流编程语言之一。

第二个阶段从 1995 年到 2000 年，这一阶段由于标准模板库（STL）和后来的 Boost 等程序库的出现，泛型程序设计在 C++中占据了越来越多的比重。在经过数次大的修改后，1997 年 ANSI C++标准正式通过并发布，1998 年被国际标准化组织（ISO）批准为国际标准（ANSI/ISO C++），成为一个统一、完整、稳定的系统，并拥有一个强大的标准程序库。尽管直到现在，各厂商的 C++语言大多不能完全符合标准 C++，然而 C++标准的制定的确使得各种版本 C++的绝大部分内容都符合（ANSI C++）。

第三个阶段从 2000 年至今，由于以 Loki、MPL 等程序库为代表的产生式编程和模板元编程的出现，C++出现了发展历史上又一个新的高峰：2003 年 C++标准委员会发布 C++03，扩展了 C++标准程序库；2005 年发布 C++ Library Technical Report 1，加入新的容器类（unordered_set、unordered_map、unordered_multiset 和 unordered_multimap）和多个支撑正则表达式、元组和函数对象封装器等；2008 年发布 C++新标准 C++0x；2011 年 C++11 横空出世，支持 Lambda 表达式、对象类型自动推断、统一的初始化语法、委托构造函数、deleted 和 defaulted 函数声明 nullptr、右值引用，加入了新的智能指针类 shared_ptr 和 unique_ptr，引入多线程支持并行计算，这些新技术的出现以及和原有技术的融合使 C++已经成为当今主流程序设计语言中最复杂、最强大的一员。

1.2.4 C++语言的应用

C++语言的发展过程不仅是一个特性不断增加、内容不断丰富的过程，更是一个在应用领域中不断攻城略地的过程。在其四十余年的发展过程中，C++在多个应用领域都得到了广泛的应用和发展。无论是在最初的 UNIX/Linux 操作系统上，或者是在 Windows 操作系统上，还是在最近兴起的嵌入式系统上，C++ 都占有一席之地。

　　Windows 操作系统底层是使用 C++ 开发的，可以说 Windows 操作系统中流淌的是 C++ 的血液，这使得 C++ 语言调用 Windows API 有着天然的优势，因此在 Windows 操作系统上运行的很多应用程序都是用 C++ 开发的（如 Word、Excel、Access、PowerPoint、Outlook、Internet Explorer、Visual Studio、Adobe Systems、Amazon.com、Maya、Google 搜索引擎、百度搜索引擎和许多运行于 Windows 操作系统上的游戏软件等），其维护和升级都需要使用 C++，虽然现在 Windows 操作系统上的程序设计语言有很多，但是 C++ 依然以其独特的优势在 Windows 平台上占据不可撼动的地位。

　　如果说在 Windows 操作系统下 C++ 还有其他的竞争者，那么在 Linux 系统就是 C/C++ 的天下。Linux 操作系统上大多是服务器端的应用，这些应用强调高性能，这恰恰是 C++ 语言的优势。大多数 Linux 上的应用都是使用 C++ 开发的，例如著名的网络服务器 Apache、数据库服务器 MySQL 等。如果想在 Linux 操作系统上开发应用，那么 C++ 是最重要的编程语言之一。

　　随着各种数码产品的流行和数控系统的普及应用，嵌入式系统成为热门的开发领域。目前，虽然各种嵌入式系统的硬件有了较大的提高，但相对计算机系统而言，其硬件条件依然受到较大限制，这使得嵌入式系统对开发语言有着特殊的要求。比如，嵌入式系统的 CPU 主频比较低，内存容量相对较小，要求应用软件的可执行代码简洁、高效，能够对内存进行良好的管理，同时在保持硬件相对稳定的前提下能够对软件进行可持续的升级，必须采用面向对象的程序设计方法实现数据与代码的相对分离，这正是 C++ 的优势所在，因此 C++ 在嵌入式系统上的应用也日益普及，不断挤占以前的 C 语言和汇编语言所占据的空间。

1.3　C++ 程序开发过程

　　C++ 程序开发通常要经过 5 个阶段，包括编辑、预处理、编译、连接、运行与调试。

　　首先是**编辑**阶段，编辑阶段的任务是编辑**源程序**，源程序是使用 C++ 语句书写的程序。C++ 源程序文件通常带有 .h、.c、.cpp 扩展名，其中 .cpp 是标准的 C++ 源程序扩展名。在不同的操作系统与编译器环境下，使用源程序的编辑器也不同。在 Linux 系统中，通常使用的编辑器有 VI 与 EMACS。在 Microsoft Windows 系统中，如 Borland C++、Microsoft Visual C++ 的集成编译环境中包含了编辑器。当然，用户还可使用其他文字处理软件（如 Microsoft Word）阅读与编辑源程序。接着，使用编译器对源程序进行**编译**。编译器负责将源程序翻译为机器语言代码（目标代码）。编译过程分为词法分析、语法分析、代码生成 3 个步骤。

　　词法分析过程分析源程序语句，从语句中识别出有意义的单词（或称为词法记号），词法记号是程序所使用的基本符号，是最小的程序单元。词法记号有标识符、运算符（或称操作符）、分隔符、语言的关键字、各种文字等。词法分析是检查程序是否正确使用了语言的成分，如检查到错误，将错误显示给用户。

　　语法是指构造程序的形式或规则，也称文法。**语法分析**根据高级语言程序的语法规则来识别程序的逻辑结构，例如各种表达式、控制结构等。语法分析检查程序是否正确使用了语言的结构，如检查到错误，将错误显示给用户。

代码生成将词法分析、语法分析过程的结果生成目标程序（或称目标代码），**目标程序**可以是机器指令代码，也可用汇编语言或其他中间语言表示。目标程序文件的扩展名为.obj。

在编译器开始翻译之前，**预处理器**会自动执行源程序中的预处理语句（命令）。这些预处理语句是规定在编译之前执行的语句，其处理包括将其他源程序文件包括到要编译的文件中以及执行各种文字替换等。

虽然目标程序可以是由可执行的机器指令组成的，但并不能由计算机直接执行，因为C++程序通常包含了对其他模块定义的函数和数据的引用，如标准库、自定义库或模块。在C++编译器生成目标码时，这些地方通常是"漏洞"，**连接器**的功能就是将目标码同缺失函数的代码连接起来，将这个"漏洞"补上，生成可执行代码，存储成可执行文件。Windows系统下可执行文件的扩展名为.exe。

在C++系统下开发程序的一般过程如图1-2所示。

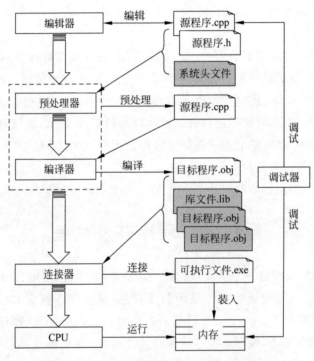

图 1-2　程序开发过程图

现在一些C++系统产品，如Microsoft Visual C++和Borland C++，将程序的编辑、编译和连接集成在一个集成环境中。在这个环境中，编译与连接可以一起进行，但编译与连接是两个不同的阶段，当连接出错时，C++系统会显示连接错误。

程序连接通过后，将生成可执行文件。在运行时，可执行文件由操作系统装入内存，然后CPU从内存中取出程序执行。

在程序开发过程的各个阶段都可能出现错误，编译阶段出现的错误称为编译错误；连接阶段出现的错误称为连接错误；在程序运行过程中出现的错误称为运行错误，也称为逻辑错误。这时可通过C++系统提供的**调试工具**debug帮助发现程序的逻辑错误，然后修改源程序，改正错误。目前,C++系统都提供源代码级的调试工具,可直接对源程序进行调试。

1.4 C++程序实例

1.4.1 简单的 C++程序

【例 1-1】 一个简单的 C++程序,用于显示"Hello C++!"。

```
1   /*************************************************
2    *   程序名: p1_1.cpp                            *
3    *   功  能: 显示"Hello C++!"                    *
4    ************************************************* /
5   # include < iostream >          //载入头文件
6   using namespace std;            //使用命名空间 std
7   int main()                      //程序入口
8   {
9       cout << "Hello C++!"<< endl;
10      return 0;
11  }
```

程序解释:

(1) 程序中的第 1~4 行是注释块。一个注释块包括若干行,程序员一般在程序开头的**注释块**中标明程序的名称、程序所要完成的功能、程序员的姓名、程序的最后修改时间。注释块在预处理时被过滤,不被编译,因此不形成目标码。注释块的格式为:

```
/ *  注释行 1
     注释行 2
      ⋮
     注释行 n * /
```

注释块以 / * 开头,直到遇到 * / 才结束,中间的内容为注释。

(2) 另外一种注释方法是**注释行**,注释行的格式为:

```
程序语句 //注释行
```

每行中//后面的内容均为注释。本例中的第 5~7 行都含有注释。两种注释方法虽然有同样的功能,但使用哪种注释要看程序员的偏好。一般而言,注释块方法用在程序及程序模块的开头,对整个程序或模块进行注释。注释行一般用于程序中,对所在的行进行注释。

(3) 程序的第 5 行"# include < iostream >",此语句以 # 开头,是一条**预处理指令**(语句),在编译时由预处理器执行,其功能是将<>中指定位置的头文件 iostream 复制(包含)到源程序中,iostream 的位置由编译器设定。iostream 之所以称为头文件,是因为它们被放在程序的开头,在 C 语言和早期的 C++中,这些文件都以.h 为扩展名,它们通常放在指定位置的include 子目录下。iostream 中包含了用于输入/输出处理的对象与函数原型,凡是程序中要进行输入/输出处理,都要包含 iostream 头文件。本程序将信息输出到显示器,其中用到了输入/输出对象 cout 与<<,所以要包含 iostream 头文件。

（4）预处理指令在编译时由预处理器处理了,没有编译成执行指令,因此也称为伪指令。预处理指令以换行结尾。

（5）第 7 行：main()称为主函数,是程序的入口,表示程序从此处开始执行。每个程序只有一个入口,所以,如果一个程序包含多个源程序模块,只允许其中一个模块有 main()函数。

（6）第 8 行与第 11 行用了一对花括号{},在 C++中用花括号将多条语句括起来,形成一个程序块。

（7）第 9 行"cout << "Hello C++!" << endl;"中,cout 为标准输出流对象,它与显示器相连;<<是插入操作符,endl 为换行符号。在用"cout <<"输出基本类型数据时,系统会判断数据的类型,并自动选择合适的格式显示输出。整个语句的功能是将"Hello C++!"字符串与endl 依次插入到 cout 中。因此,其结果是在屏幕上显示出"Hello C++!"并换行。

（8）C++程序中的语句以分号结尾,而不是通过换行结尾。所以,一个语句如果太长可以分多行写,多个语句也可以写在一行。

（9）第 6 行"using namespace std;"表示使用 std 名字空间。

☆注意：

（1）C++程序中用到的关键字（非自定义）,例如本程序中的 include、using、namespace、main、cout、endl 等一律为小写英文字母。

（2）程序中用到的符号,例如本程序中的/、* 、<,>、#、(、)、{、}、;、"等一律为英文符号,不能是全角中文符号。

1.4.2　使用名字空间

在现实世界中往往会出现人名相同的现象,如果同名的人出现在同一场合就会出现混乱。在程序设计语言中,大型应用程序由许多人完成,他们各自为自己的模块命名,因此命名冲突是一种潜在的危险。C++提供**名字空间**（namespace）将相同的名字放在不同空间中来防止命名冲突。

标准 C++库提供的对象等都放在标准名字空间 std 中,使用名字空间 std 的方法如下：

1. 利用 using namespace 使用名字空间

使用方法如下：

```
using namespace std;
```

表明此后程序中的所有对象如没有特别声明,均来自名字空间 std。

2. 用域分辨符::为对象分别指定名字空间

例如：

```
std::cout <<"Hello C++"<< std::endl;
```

分别指明了此处 cout、endl 的名字空间。

3. 用 using 与域分辨符指定名字空间

使用方法如下：

```
using std::cout;
```

表明此后的 cout 对象如没有特别声明,均取自名字空间 std 中。

程序 p1_1.cpp 中的 cout 与 endl 来自 C++ 中的标准名字空间 std，p1_1.cpp 还可改写成：

```
# include < iostream >
int main()
{
        std::cout <<"Hello C++!"<< std::endl;
        return 0;
}
```

或：

```
# include < iostream >
using std::cout;
using std::endl;
int main()
{
        cout <<"Hello C++!"<< endl;
        return 0;
}
```

这 3 个程序都是使用名字空间 std，程序 p1_1.cpp 最简单。所以，在后面的程序中都采用程序 p1_1.cpp 中使用名字空间的方式。

早期的 C++ 标准不支持名字空间，因此，在程序中不需要声明使用名字空间。

C 语言与早期的 C++ 头文件都带扩展名.h，新版本的 C++ 为了对 C 语言以及老版本 C++ 程序的支持，附带了这些头文件。如果用早期的 C++（如 Visual C++6.0），程序 p1_1.cpp 写成：

```
1   # include < iostream.h >          //使用早期 C++ 的头文件
2   int main()
3   {
4         cout <<"Hello C++!"<< endl;
5         return 0;
6   }
```

但是，如果使用不带.h 扩展名的标准 C++ 头文件，必须同时声明名字空间，并且包含头文件在前，声明使用的名字空间在后。

1.4.3　输入/输出简介

在 C++ 中，程序的输入被看作从键盘、磁盘文件或其他输入源输入的一串连续的字节流；程序的输出看作是输出到显示器、磁盘文件或其他目标的一串连续的字节流。因此，C++ 输入/输出被称为输入/输出流。C++ 提供了标准化的输入/输出功能，当使用 C++ 的标准输入/输出时，必须包含头文件 iostream。

在 C++ 中使用对象 cin（读作 see-in）作为标准输入流对象，通常代表键盘，cin 与提取操作符>>连用，使用格式为：

```
cin >> 对象 1 >> 对象 2 >>…>>对象 n;
```

意思是从标准输入流对象键盘上提取 n 个数据分别给对象 1、对象 2、…、对象 n。

在 C++ 中使用对象 cout（读作 see-out）作为标准输出流对象，通常代表显示设备，cout 与插入操作符 << 连用，使用格式为：

cout << 对象 1 << 对象 2 <<…<< 对象 n;

意思是依次将对象 1、对象 2、…、对象 n 插入到标准输出流对象中，从而实现对象在显示器上的输出。图 1-3 演示了将一个数据从键盘输入，然后输出到显示器的过程。

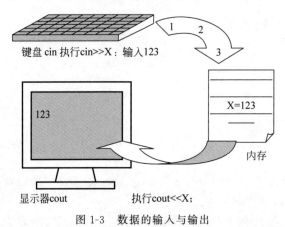

图 1-3　数据的输入与输出

【例 1-2】　从键盘上接收 3 个数，求平均值后显示出来。

```
1   /*************************************************
2   *   程序名:p1_2.cpp                             *
3   *   功    能:求 3 个数的平均值,演示 C++的简单 I/O  *
4   *************************************************/
5   # include < iostream >
6   using namespace std;
7   int main()
8   {
9       float num1, num2, num3;        //定义 3 个数
10      cout << "Please input three numbers:" ;
11      cin >> num1 >> num2 >> num3;
12      cout << "The average of "<< num1 <<", "<< num2 <<" and "<< num3;
13      cout <<" is: "<<(num1 + num2 + num3)/3 << endl;
14      return 0;
15  }
```

运行结果：

```
Please input three numbers: 101 201 300 ↵
The average of 101,201 and 300 is: 200.667
```

☆注意：在运行结果框中，用下画线表示从键盘输入，↵ 表示输入 Enter 键。

程序解释：

（1）程序运行到第 11 行时，等待输入 3 个数，用户输入 3 个数时用空格分隔，按下 Enter

键后,3 个数依次被 num1、num2 和 num3 接收。在输入多个数据时,用空格分隔。

(2) 程序的第 12 行向 cout 插入了 6 个对象,其中有 3 个字符串和 3 个数。

(3) 第 13 行输出 3 个对象,即 is:、(num1+num2+num3)/3、endl。其中,(num1+num2+num3)/3 是一个计算式,可见输出对象可以是计算式。endl 是用于控制输出格式的操纵符,使用 endl 进行换行并刷新输出流。

C++ 系统中提供了大量的操纵符,表 1-1 列举了常用的操纵符。

表 1-1　常用操纵符

操纵符	作　用	说　明
Oct	数据以八进制形式输出	作用范围为后续输出的整数对象,小数不起作用
Dec	数据以十进制形式输出(默认)	
Hex	数据以十六进制形式输出	
Endl	换行并刷新输出流	
setw(n)	设置输出宽度	仅对后一个对象起作用,需包括头文件 iomanip
setprecision(n)	设置输出小数位数(默认为6)	作用范围为后续对象,需包括头文件 iomanip

在使用 setw(n) 与 setprecision(n) 这种函数形式的操纵符时,还需要包含输入/输出操纵符头文件 iomanip,iomanip 意为 input and output manipulate(操纵)。

setprecision(n) 控制输出流显示浮点数输出精度,n 包含整数和小数部分,但不包括小数点的位数。

如果在程序 p1_2.cpp 中使用 setw() 设定输出宽度,使用 setprecision() 设置输出精度,程序做如下修改。

【例 1-3】　带输出格式控制的输出。

```
1   /ᗺᗺᗺᗺᗺᗺᗺᗺᗺᗺᗺᗺᗺᗺᗺᗺᗺᗺᗺᗺᗺᗺᗺᗺᗺᗺᗺᗺᗺᗺᗺᗺᗺᗺᗺᗺᗺ
2   *　程序名:p1_3.cpp                                        *
3   *　功　能:求 3 个数的平均值,演示 C++ 简单 I/O 格式控制       *
4   *ᗺᗺᗺᗺᗺᗺᗺᗺᗺᗺᗺᗺᗺᗺᗺᗺᗺᗺᗺᗺᗺᗺᗺᗺᗺᗺᗺᗺᗺᗺᗺᗺᗺᗺᗺᗺᗺ/
5   #include <iostream>
6   #include <iomanip>
7   using namespace std;
8   int main()
9   {
10      float num1, num2, num3;        //定义 3 个数
11      cout << "Please input three numbers:";
12      cin >> num1 >> num2 >> num3;
13      cout << setw(8) << setprecision(12);
14      cout << "The average of " << num1 << ", " << num2 << " and " << num3;
15      cout << " is:" << setw(20) << (num1 + num2 + num3)/3 << endl;
16      return 0;
17  }
```

运行结果:

```
Please input three numbers: 101 201 300 ↙ 宽度为 20

The average of 101, 201 and 300 is:   200.666671753

                                      精度为12
```

程序解释：

（1）第 13 行 setw(8)设定输出宽度为 8，当数据的长度小于 8 时，前面补空格；当大于 8 时，按数据的实际宽度输出。setw()只对后面一个对象起作用，"The average of ?"的宽度大于 8，按实际宽度输出；setw(8)对 num1 不起作用，所以 num1、num2、num3 按实际宽度输出。

（2）setprecision(12)设定输出精度，设置的精度为 n 表示输出的小数，包括整数部分，但不包括小数点的长度。不使用 setprecision()时默认精度为 6。细心的读者会发现输出的结果中只有 7 位数字是准确的，这是因为 float 这类数的精度为 7 位，当设置输出精度大于一个数本身的精度时，会补上无意义的小数。

（3）当设定精度 n 小于整数部分的位数时输出方式为科学记数法，n 为尾数部分的精度。例如，如果将精度设置为 3，输出结果为：

```
Please input three numbers: 123 1234 12345↙
The average of 123 ,1.23e+003 and 1.23e+004 is: 4.57e+003
                                                          精度为3
```

关于输出流的格式控制，将在以后的章节中详细叙述。

本 章 小 结

（1）C++语言兼容 C 语言，具有面向对象的特点，支持面向对象程序设计方法。

（2）面向对象的基本概念有对象、类、消息。

（3）面向对象的基本特征有抽象、封装、继承和多态性。

（4）面向对象的软件开发包括面向对象的分析、面向对象的设计、面向对象的编程、面向对象的测试和面向对象的维护。

（5）C++程序设计的步骤有编辑、预编译、编译、连接、调试与运行。

（6）程序注释有两种方法，编程人员应培养给程序写注释的好习惯。

（7）预处理指令 include 在编译的预处理阶段将头文件搬到程序中，包含头文件是 C++程序必不可少的部分。

（8）标准 C++的类库定义在名字空间 std 中，用户可以通过 3 种方法使用名字空间。

（9）在输入/输出格式中，各种控制符的作用范围不同。

习 题 1

1. 填空题

（1）面向对象的方法将现实世界中的客观事物描述成具有属性和行为的_____，抽象出共同属性和行为，形成_____。

（2）C++程序开发通常要经过 5 个阶段，包括_____、_____、_____、_____、_____。首先是_____阶段，任务是_____，C++源程序文件通常带有_____扩展名。接着使用_____对源程序进行_____，将源程序翻译为机器语言代码（目标代码），过程分为词法分析、语法分析、代码生成 3 个步骤。

在此之前，_____会自动执行源程序中的_____，将其他源程序文件包括到要编译的文件中，以及执行各种文字替换等。

_____的功能就是将目标码同缺失函数的代码连接起来，将这个"漏洞"补上，生成_____。运行时，可执行文件由操作系统装入内存，然后 CPU 从内存中取出程序执行。若程序运行过程中出现错误，还需要对程序进行_____。

（3）对象与对象之间通过_____进行相互通信。

（4）_____是对具有相同属性和行为的一组对象的抽象；任何一个对象都是某个类的一个_____。

（5）_____是指在一般类中定义的属性或行为被特殊类继承之后可以具有不同的数据类型或表现出不同的行为。

（6）面向对象的软件开发过程主要包括 _____、_____、_____、_____和_____。

（7）C++提供_____将相同的名字放在不同空间中来防止命名冲突。

（8）♯include＜iostream＞是一条_____指令（语句），在_____时由_____执行，其功能是_____。

（9）C++中使用_____作为标准输入流对象，通常代表键盘，与提取操作符_____连用；使用_____作为标准输出流对象，通常代表显示设备，与_____连用。

2. 简答题

（1）叙述机器语言、汇编语言、高级语言的特点。

（2）结构化语言与面向对象的语言是截然分开的吗？

（3）C++语言是纯粹的面向对象的程序设计语言吗？

（4）C 语言编写的程序不加修改就可以在 C++编译器中编译吗？

（5）C++的源程序是什么类型的文件？如何在 Word 中进行编辑？

（6）如何将一个 C++源程序变成可执行程序？产生的各类文件的扩展名是什么？

（7）如果要求不使用 include 包含头文件，有什么办法使程序正常编译运行？

（8）下列程序中如有错误与不妥当之处请指出。

```
/// ***********************************************
*    程序名:p1_2.cpp                              *
*    功　能:求 3 个数的平均值,演示 C++的简单 I/O   *
*********************************************** /
Using namespace std
♯ include ＜ iostream ＞;
using std∷endl;
int main()
    float num1, num2, num3;          //定义 3 个数
    cin ＜＜ num1 ＜＜ num2 ＜＜ num3;
    cout ＞＞" The average is:" ＞＞ setw(30) ＞＞(num1 + num2 + num3)/3 ＞＞ endl;
    return 0;
}
```

3. 选择题

(1) C++语言属于(　　)。

　　A. 机器语言　　　　B. 低级语言　　　　C. 中级语言　　　　D. 高级语言

(2) C++语言程序能够在不同操作系统下编译、运行,说明 C++具有良好的(　　)。

　　A. 适应性　　　　B. 移植性　　　　C. 兼容性　　　　D. 操作性

(3) #include 语句(　　)。

　　A. 总是在程序运行时最先执行　　　　　B. 按照在程序中的位置顺序执行

　　C. 在最后执行　　　　　　　　　　　　D. 在程序运行前就执行了

(4) C++程序运行时,总是起始于(　　)。

　　A. 程序中的第一条语句　　　　　　　　B. 预处理命令后的第一条语句

　　C. main()　　　　　　　　　　　　　　D. 预处理指令

(5) 下列说法正确的是(　　)。

　　A. 用 C++语言书写程序时,不区分大小写字母

　　B. 用 C++语言书写程序时,每行必须有行号

　　C. 用 C++语言书写程序时,一行只能写一个语句

　　D. 用 C++语言书写程序时,一个语句可分几行写

(6) 在下面概念中,不属于面向对象编程方法的是(　　)。

　　A. 对象　　　　　　B. 继承　　　　　　C. 类　　　　　　　D. 过程调用

(7) 下列程序的运行结果为(　　)。

```cpp
# include < iostream >
# include < iomanip >
using namespace std;
int main()
{
    cout << setprecision(4)
        << setw(3)
        << hex
        << 100/3.0
        <<" , ";
    cout << 24 << endl;
    return 0;
}
```

　　A. 3.333e+001,18　　B. 33.33,18　　　　C. 21,18　　　　D. 33.3,24

4. 程序填空题

为了使下列程序能顺利运行,请在空白处填上相应的内容:

```cpp
# include    ①
# include    ②
    ③    ;
    ④    ;
    ⑤
int main()
{
    float i, j;
    cin    ⑥    i    ⑦    j;
```

```
    cout   ⑧   setw(10)   ⑨   i * j;
    return 0;
}
```

5. 编程题

（1）编写一程序输出用＊组成的菱形图案。

（2）编写一程序，输入任意十进制数，将其以八进制、十六进制的形式输出。

（3）仿照本章例题设计一个程序，输入两个数，将它们相除，观察为无限循环小数时按精度从小到大输出的结果。

## 第 2 章

C++ 语言基础

◇ **引言**

从本质上讲,计算机解决各种实际问题是通过对反映这一问题的数据进行处理来实现的,数据处理是程序的基本功能。数据处理在程序中由相应的语句完成,它包括两个要素,即数据、处理。数据类型、数据的表示、数据的存储是关于数据的基本知识,数据处理是由对数据进行运算的各种运算符按一定规则组成表达式来实现的。

一个程序往往由一系列语句组成,程序的执行原则是由上而下、一行一行顺序执行,但大家在执行程序时往往遇到这种情况:根据不同的选择或计算结果要进行不同的处理;有的语句要反复执行多次,这就需要程序有控制转向能力和反复执行语句的能力。C++提供了判断、转移、循环控制语句来实现对程序的转移与循环控制。

一个程序经常会通过多次执行相同或相近功能的程序段完成,于是人们将功能重复的程序段抽象出来形成一个独立的功能模块,并为它命名,在程序中凡是用到此功能模块的地方就用它的名字代替,这样避免了重复设计的缺点,这种抽象出来的功能模块称为**函数**。

本章介绍 C++程序设计的基本部分——数据类型、变量与常量、控制结构和函数。

◇ **学习目标**

(1)掌握 C++基本数据类型的定义名、长度、表示范围;

(2)掌握变量和常量的定义方法,变量赋值的实质,会定义各种类型的变量;

(3)掌握常用运算符的含义、优先级、结合性、使用方法以及表达式的构成规则;

(4)掌握隐式类型转换和显式类型转换的概念和使用方式;

(5)理解并掌握分支语句 if、switch 以及 for、while、do…while 这 3 种循环的语法和使用场合;

(6)掌握函数的声明和定义、函数的调用及函数的参数传递过程;掌握递归函数和内联函数的使用;掌握函数重载的使用方法;

(7)了解各类系统函数,掌握常用的系统函数的使用。

2.1　C++数据类型

数据是程序处理的对象,为了描述现实世界中不同特点的事物,C++设计了多种数据类型。C++提供了多种数据类型用于表示与存储数据,满足程序处理的需要。图 2-1 展示了C++的数据类型。

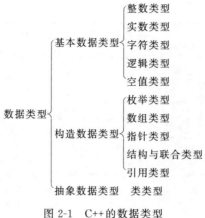

图 2-1　C++的数据类型

2.1.1　C++字符集

字符集是构成 C++程序语句的最小元素。C++程序语句(字符串除外)只能由字符集中的字符构成。字符集中的字符都能由键盘输入,字符集由下列各类字符构成:

(1) 英文字母 A~Z、a~z。

(2) 数字 0~9。

(3) 特殊字符:

空格　!　#　%　^　&　*　_(下画线)　-　+
=　|　~　<　>　/　\　'　"　?
,　.　;　( )　[ ]　{ }

从字符集构成可以看出,C++字符集由除@符号以外的所有能由键盘输入的英文字符构成。这些字符可以组合起来使用,如作为标识符、数据;有的可单独使用,如+、-、*、/分别表示加、减、乘、除运算。

2.1.2　C++基本数据类型

C++的基本数据类型大体上可分为五大类,即布尔型、字符型、整数型、实数型、空值型,分别用关键字 bool、char、int、float、void 表示。其中,布尔型也称为逻辑型。有的类型还可以通过加上修饰符进一步细分,int 型可以加上是否带符号的修饰符 signed(有符号)、unsigned(无符号),将 int 型分成 signed int(有符号整型)与 unsigned int(无符号整型)。int 型还可以加上长短修饰符 short、long,将 int 型分成 short int(短整型)、long int(长整型)。float(浮点)类可以分为 double(双精度)、long double(长双精度)型。表 2-1 中列出了 C++基本数据类型。

表 2-1　基本数据类型表

类别	数据类型定义名	表示范围(存储值的范围)	字节数	有效位数
bool	bool	false、true(0,1)	1	
char	[signed] char	'\x80'~'\x7F'(−128~127)	1	
	unsigned char	'\x00'~'\xFF'(0~255)	1	
	wchar_t	'\x0000'~'\xFFFF'(0~65 535)	2	

续表

类别	数据类型定义名	表示范围（存储值的范围）	字节数	有效位数
int	[signed] int	$-2^{31} \sim 2^{31}-1$（$-2\ 147\ 483\ 648 \sim 2\ 147\ 483\ 647$）	4	
	signed [int]	$-2^{31} \sim 2^{31}-1$	4	
	unsigned [int]	$0 \sim 2^{32}-1$（$0 \sim 4\ 294\ 967\ 295$）	4	
	[signed] short [int]	$-2^{15} \sim 2^{15}-1$（$-32\ 768 \sim 32\ 767$）	2	
	[signed] long [int]	$-2^{31} \sim 2^{31}-1$	4	
	unsigned short [int]	$0 \sim 2^{16}-1$（$0 \sim 65\ 535$）	2	
	unsigned long [int]	$0 \sim 2^{32}-1$	4	
float	float	$\pm 3.4e \pm 38$	4	7
	double	$\pm 1.7e \pm 308$	8	15
	long double	$\pm 1.7e \pm 4932$	10（或 8）	19
void	void			

对表 2-1 说明如下：

（1）表中的符号［］表示可选，表示其中的内容可以默认。如［signed］char 表示 char 类型，默认为 signed char；在使用类型名定义一个变量时，［］中的内容可以省略。

（2）整型 int 默认为有符号整型，即类型 signed int 与 int 相同，所以 signed short int、signed long int 分别与 short int、long int 相同。

（3）如果 int 型有长短修饰或符号修饰，int 也可省略。

（4）符号的类型修饰 signed、unsigned 与长短修饰 short、long 可以随意组合，且前后顺序随意。

（5）整型数据的长度（存储空间）随系统的不同而不同，在 16 位系统下，如 DOS 下，其长度与短整型相同，占有 16 位。在 32 位系统下，如 Linux、UNIX、Windows NT 系统下，其长度为 32 位。表 2-1 中的整型是 32 位系统下的整型。

（6）“有效位数”栏中的数据是指浮点数十进制的有效位数，包括整数与小数部分，参见附录 A。

（7）因为一个字节的编码最多只能表示 256 个字符，像汉字这样的字符集字符个数远远超过 256 个。在 C++ 中提供了 wchar_t 类型，用于描述像汉字这样的大字符集。汉字字符集有简体字符集 GB2312、繁体字符集 Big5。在 C++ 中，对于大字符集字符可用多个 char 类型的数据来实现，wchar_t 类型主要用在国际化程序的实现中。

（8）空值型 void 用于描述没有返回值的函数以及通用指针类型。

（9）有的编译器（如 Visual C++）对 long double 采用 8 个字节存储。

2.1.3　数值

数值指程序中表示的直接参加运算的数，在有的书上称之为**字面常量**（literal constant）或**字面值、常量**。字面是程序中直接用符号表示（而不是机器码）的数值；**常量**指在程序运行过程中其值不能被改变的量。出现在程序中的数值在程序运行过程中是不能被改变的，故称之为**字面常量**。通俗地说，字面常量就是数。

与数据类型相对应，C++ 中的数值主要有整型数（值）、浮点数（值）、字符数（值）、字符串数（值）和布尔型数（值），本节讨论各种类型数值的表示方法。

☆**注意：**

有人将 literal constant 翻译成**文字常量**，与字符串常量混淆，这是错误的。

1．整型数

1）整型数的表示形式

整型数可以采用十进制、八进制和十六进制的形式表示，其方法是在数字前面加上进制前缀，各种进制的整数表示如下。

（1）十进制整数：十进制是整型数的默认表示形式，不需要加任何前缀。人们熟悉的数学中的数据就是用十进制表示的。十进制使用的数字有 0、1、2、3、4、5、6、7、8、9，例如 123、456、1、−123 都是十进制整数。

（2）八进制整数：以数字 0 作为前缀，数字为 0、1、2、3、4、5、6、7。例如 0123 表示八进制数 123，即 $(123)_8$，其值为 $1\times8^2+2\times8^1+3\times8^0$，等于十进制数 83；−017 表示八进制数 $(-17)_8$，即十进制数 −15。

（3）十六进制整数：以 0x 或 0X 开头，数字有 0、1、2、3、4、5、6、7、8、9、A、B、C、D、E、F。其中英文字母 A～F 代表的值为 10～15。例如 0x12B 表示十六进制数 $(12B)_{16}$，其值为 $1\times16^2+2\times16^1+11\times16^0$，等于十进制数 299；−0x17 等于十进制数 −23。

十六进制使用的英文字母除了大写字母外，还可以使用 a、b、c、d、e、f 小写字母，且大小写可以混用。

表 2-1 中列出的多种类别的整数，它们的数值都有相应的表示方法，C++采用在数字后面加后缀的方法表示不同类别的整型数值。

☆**注意：**

（1）各进制数只能使用其规定的数字，N 进制使用的数字为 $0\sim N-1$。例如 0128 是不合法的八进制数，因为 8 不是八进制所使用的数字。

（2）八进制整数前不能省略 0，省略了 0 就是十进制数。

2）整数的分类

整数的类型分为以下几种。

（1）基本整型数：基本整型数为有符号整型数，简称为整型数，表示基本整型数不需要在数字后加任何后缀。

在 16 位系统下，整型数的长度为 16 位（两个字节），用十进制表示的取值范围为 −32 768～32 767，例如 12、−1235 等是用十进制表示的整型数。用十六进制形式表示的范围为 0x8000～0x7FFF，例如 0xc、0xfb2d 是用十六进制表示的整型数，其值分别为 12、−1235。

在 32 位系统下，长度为 32 位（4 个字节），用十进制表示的取值范围为 −2 147 483 648～2 147 483 647，例如 12、−1235 等。用十进制形式表示的范围为 0x80000000～0x7FFFFFFF，例如，12、−1235 用十六进制表示分别为 0xc、0xfb2d。

（2）长整型数：长整型的长度和取值范围与 32 位系统下的基本整型一样，表示方法则是在数字后加 l 或 L 作为标记，例如 345667L、−123L、12l。

（3）无符号整型数据：无符号整型数据的长度和基本整型常量一样，但取值范围不同，在 16 位系统下，取值范围为 0～65 535；在 32 位系统下，取值范围为 0～4 294 967 295。其表示方法是在数字后加 u 或 U 作为标记，例如 235u、12U。其中，12u 和 12 的区别是 12u 为无符号整数，12 为有符号整数。

（4）无符号长整型数据：无符号长整型的长度和取值范围与 32 位系统下的基本整型一

样,表示方法是在数字后同时加 l(或 L)和 u(或 U),例如 235Lu、121U。

当同时加 L 和 U 表示无符号长整型的常量时,先后顺序任意,如 17896UL 可表示成 17896LU。

☆**注意**:

(1) 为了区别表示长整型数字母 l 与数字 1,一般使用大写 L。

(2) 在定义一个整型数时,不管采用哪种进制形式,都不要超过其表示范围。

2. 浮点型数

浮点型数即人们平常使用的实型数,由整数部分和小数部分组成,通常有两种表示形式,即十进制数形式和指数形式。

(1) 十进制数形式:由 0~9 和小数点组成,例如 23.456、−12.3 等。

(2) 指数形式:表示格式如下。

十进制浮点型数|基本整型数$_1$E 基本整型数$_2$

在格式描述中:

- 符号|表示"或"。
- 十进制浮点型数与基本整型数$_1$是底数。
- E 或 e 代表底数 10。
- 基本整型数$_2$为指数,例如 1.3e4、−12.5e−4 分别表示 1.3×10^4 和 -12.5×10^{-4}。

当以指数形式表示一个实数时,整数部分和小数部分可以省略其一,但不能都省略。例如.123E5、123.E−6 都是正确的,但不能写成 E−2 这种形式。

浮点数默认为双精度浮点型,在内存中占 8 个字节,取值范围为 ±1.7e±308。如果带有后缀 F 或 f,则为 float 类型,在内存中占 4 个字节,取值范围为 ±3.4e±38。

3. 字符型数

字符型数是用英文单引号括起来的一个字符,例如'a'、'A'等。事实上,字符数据中存储的是字符的整数值,即 ASCII 码值。ASCII 码表见附录 D,ASCII 码表制定的是字符与其机内存储值对应的一个标准,例如'A'、'0'对应的 ASCII 码值分别为 65 与 48。

数字、英文字母等字符数据可用单引号括起来的方法来表示,但有些 ASCII 码字符(如回车、退格等)不能直接用单引号。这些数据可用**转义序列**来表示,所谓的转义序列是以被称为**转义符**的反斜杠\开头的字符或数据序列。转义序列有下面两种形式。

形式 1:

\字符助记符

形式 2:

\字符的 ASCII 码值

形式 1 中的字符助记符为一个字母,例如 n、t 分别为 newline(换行符)、table(制表符)的助记符,故\n、\t 分别表示换行符与制表符。

形式 2 中字符的 ASCII 码值的形式为\ooo 与\xhh,其中\ooo 表示 3 位八进制数,\xhh

表示两位十六进制数。例如,制表符 table 用第 2 种形式的转义序列表示为\011 或\x09。在\ooo 中,ooo 为不超过 3 位的八进制数字,可以不以 0 开头。

　　形式 1 与形式 2 的使用范围不同,形式 1 仅限于几个常用字符数据;而形式 2 可以表示所有 ASCII 码字符以及扩展的交换码 EBCDIC(Extended Binary Coded Decimal Interchange Code)。扩展的交换码将 128 个 ASCII 码扩展到 256 个,EBCDIC 表见附录 D。

　　表 2-2 列出了 C++预定义的常用转义序列以及它们在数据输出流中起的特殊控制作用。

　　在转义序列表中,前面的几个转义序列为助记字母形式,后面的\、'、" 3 个字符可以由键盘直接输入。那么为什么还要使用转义序列呢? 这是因为,\本身用作转义字符、'用于表示字符、"用于表示字符串,因此只能在前面多加一个\表示了。

表 2-2　C++预定义的转义序列

转义序列	含　　义	ASCII 码名	ASCII 码值
\n	换行符,相当于按 Enter 键,包括回车、换行	NL(LF)	D、A
\t	横向(水平)跳到下一制表位置,相当于按 Tab 键	HT	9
\v	竖向跳格	VT	B
\b	退格,相当于按 Backspace 键	BS	8
\r	回车(return)	CR	D
\f	走纸(feed)换页	FF	C
\a	鸣铃(alert)	BEL	7
\\	反斜线符	\	5C
\'	单引号	'	27
\"	双引号	"	22
\ooo	ooo 为 3 位八进制数		
\xhh	hh 为两位十六进制数		Hh

【例 2-1】　显示转义序列的用法。

```
1   /**************************************************
2   *   程序名: p2_1.cpp                            *
3   *   功　能: 转义序列的用法                        *
4   **************************************************/
5   # include < iostream >
6   using namespace std;
7   int main()
8   {
9       cout <<'A'<<'\t'<<';'<<'\n';
10      cout <<'\102'<<'\011'<<'\073'<<'\012';
11      cout <<'\103'<<'\11'<<'\73'<<'\12';
12      cout <<'\x44'<<'\x09'<<'\x3b'<<'\x0a';
13      cout <<'\x45'<<'\x9'<<'\x3b'<<'\xa';
14      cout <<"\x46\x09\x3b\x0d\x0a";
15      cout <<"\xcd\xcd\xcd\xcd\xcd"<< endl;
16      return 0;
17  }
```

运行结果：

```
A  ;
B  ;
C  ;
D  ;
E  ;
F  ;
屯屯
```

程序解释：

（1）第 9 行：以转义序列的助记符形式依次输出 A、制表符、分号、换行。

（2）第 10 行：在转义序列中，以八进制表示字符的 ASCII 码值，依次输出 B、制表符、分号、换行。

（3）第 11 行：在转义序列中，以八进制表示字符的 ASCII 码值，依次输出 C 等，转义序列中省略了八进制数前面的 0。

（4）第 12 行：在转义序列中，以十六进制表示字符的 ASCII 码值，依次输出 D 等。

（5）第 13 行：在转义序列中，以十六进制表示字符的 ASCII 码值，依次输出 E 等，转义序列中省略了十六进制数前面的 0。

（6）第 14 行：在字符串中采用转义序列输出 ASCII 码字符。

（7）第 15 行：在输出字符串中转义序列表示的字符是 EBCDIC 码中的字符，在非汉字系统中输出的是======；在汉字系统下，每两个 EBCDIC 码字符被当成了一个汉字码，因此输出了两个汉字。当然，如果程序中要输出汉字，直接在双引号中输入汉字即可，不必使用汉字的国标码。

☆**注意：**

由于一个汉字字符包含两个字符，因此不能在单引号中使用汉字。

4. 字符串

字符串数值简称字符串，是使用一对双引号括起来的字符序列。例如，英文串：

"This is a string\n"

中文串：

"我们都是中国人\t 我们热爱自己的祖国\n"

从上述字符串可以看出，转义序列可以用在字符串中。字符串与字符有以下区别：

（1）字符由单引号括起来，字符串由双引号括起来。例如，'a'与"a"分别表示 a 字符与 a 字符串。

（2）字符只能是单个字符，字符串可以是零个或多个字符。例如，'abd'是不合法的，但""是合法的，表示空串。

（3）字符占一个字节的内存空间，字符串占内存的字节数等于字符串的长度加 1。系统自动在字符串末尾添加'\0'作为结束标记。'\0'占一字节，它的 ASCII 代码值为 0，作为字符串结束标记占用存储空间但不记入字符串的实际长度。例如，'a'在内存中占用一个字节；而"a"在内存中占用两个字节，分别存放 a 和\0。

5. 布尔型数

布尔型数值只有两个,即 true(真)和 false(假),主要用于表示表达式的计算结果。在
C++的算术运算式中,把布尔型数据当作整型数据,将 true 和 false 分别当作 1 和 0。在逻辑运
算式中,则把非 0 数据当成 true,把 0 当成 false。

☆注意:

不能将 true 和 false 写成 TRUE 和 FALSE。

2.2　变量与常量

变量是存储数据的内存区域,变量名是这块区域的名字或助记符。变量之所以叫变量,是
因为在程序运行的过程中变量标识的内存区中的数据可以改变。在 C++中,变量的取名要遵
循标识符的构成规则。

2.2.1　标识符与关键字

标识符用来标识程序中的一些实体,是这些实体的名字,包括函数名、变量名、类名、对象
名等。在日常生活中,人名就是一个人的标识符。标识符的构成规则如下:

(1) 以大写字母、小写字母或下画线开头。

(2) 可以由大写字母、小写字母、下画线、数字组成。

(3) 大写字母与小写字母分别代表不同的标识符。

(4) 不能是 C++的关键字。

asm	const_cast	explicit	inline	public	struct	typename
auto	continue	export	int	register	switch	union
bool	default	extern	long	reinterpret_cast	template	unsigned
break	delete	false	mutable	return	this	using
case	do	float	namespace	short	throw	virtual
catch	double	for	new	signed	true	void
char	dynamic_cast	friend	operator	sizeof	try	volatile
class	else	goto	private	static	typedef	wchar_t
const	enum	if	protected	static_cast	typeid	while

C++的**关键字**是 C++预定义的单词,也叫**保留字**,意思是为 C++语言保留,不能用作标识
符。当程序员将关键字作为标识符时,一般编译系统会警告。关键字按字典的顺序排列见上
面,在之后的章节中将逐步涉及。

在符合构成规则的前提下,什么样的标识符才是一个好的标识符? 对于这个问题,每个人
有自己的观点。一般而言,标识符要有意义、简洁、易区分,以便程序易读,用户在编程时不易
犯错误。

2.2.2　变量的定义与赋初值

变量必须先声明其类型和名称,然后才能使用,编译器根据不同的类型分配相应的内存空
间。变量的类型如图 2-1 所示,变量名应遵循标识符的约定。

变量定义的一般格式为:

> 数据类型　变量名$_1$,变量名$_2$,…,变量名$_n$;

例如,下列语句定义了两个 int 型变量和 3 个 float 型变量:

```
int sum, area;
float x,y,z;
```

在定义一个变量的同时,可以用赋值运算符＝给它赋以初值,＝在所有程序设计语言中都不是数学中"相等"的意思,它表示将＝右边的数存放到左边变量（对象）表示的存储单元中。给变量赋初值的格式如下:

> 数据类型　变量名$_1$ = 初值$_1$,变量名$_2$ = 初值$_2$,…,变量名$_n$ = 初值$_n$;

例如:

```
int sum = 100;                //定义整型变量 sum,并将其值初始化为 100
double pi = 3.1416;           //定义双精度型变量 pi,并将其值初始化为 3.1416
char c1 = 'a', c2 = 'b';      //定义字符型变量 c1、c2,并将其值初始化为 'a'、'b'
```

示意图见图 2-2。

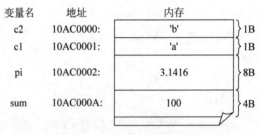

图 2-2　变量的内存图

在定义变量的同时赋初值还有另外一种方法,就是在变量后面将初值放在括号中,格式如下:

> 数据类型　变量名$_1$(初值$_1$),变量名$_2$(初值$_2$),…,变量名$_n$(初值$_n$);

例如,上述各变量的定义与赋初值的等价形式如下:

```
int sum(100);
double pi(3.1416);
char c1('a'), c2('b');
```

2.2.3　符号常量

前面讲过,常量是指在程序运行过程中其值不能被改变的量。因此,一个具体的数值称为字面常量,例如:

```
i < = 255;
area = r * r * 3.14;
```

但在程序中直接使用数值有两个问题。

（1）**可读性差**：255 和 3.14 是什么意思呢？实际上，255 是一个字节表示的最大的无符号数，3.14 是 π 值。

（2）**可维护性差**：当程序中出现多个 3.14 时，如果要将它们改为 3.14159，就要对程序中的每个 3.14 进行修改。

解决这个问题的办法是将一个具体的数值符号化，一个符号化的数值称为**符号常量**（symbolic constant），通俗地说就是有名字的常量。C++符号常量的定义形式如下：

```
#define 符号常量名 数值
```

可以将上述两个数定义成符号常量：

```
#define MaxChar 255
#define PI      3.14
```

与直接使用数据相比，使用常量增强了程序的可读性，程序中的 PI 让人立即明白是圆周率。如果要将 3.14 修改成 3.141 59，只需在定义处修改即可。

☆**注意**：

（1）定义符号常量时不能用赋值符，#define PI＝3.14 是错误的。

（2）由于 define 是预处理指令，语句不能以分号结尾。

2.2.4 常变量

C++为符号常量提供了一种新方法，格式为：

```
const 数据类型 符号常量名 = 数值
```

其中，const 可以与数据类型说明位置互换。

对比变量的定义格式我们发现：定义一个常变量实际上是在定义一个变量的基础上前面加了 const 修饰。const 的意思是"常"，"常"的意思是不可改变，用 const 修饰后，变量的值就不能改变了，因此变成了"常量"。这种用 const 定义的符号常量实际上是一种"**常变量**"。const 修饰符还可以修饰其他类型的对象，在 C++中有广泛的用途。

例如：

```
const short int MaxChar = 255;      //定义了一个值为 255 的常量，名为 MaxChar
const float PI = 3.14;              //PI 被定义为一个取值为 3.14 的浮点型常量
```

与符号常量相比，常变量有以下好处：

（1）常变量与变量定义的格式相似，使程序保持良好的风格。

（2）常变量可以按照不同的需要选择合适的数据类型，节省内存空间，在运算式中有明确的类型。

因此，在 C++程序中一般使用常变量而不使用符号常量。

☆**注意**：

（1）在定义常变量时一定要赋初值。例如：

```
const float PI;                     //错误，定义时没有给出初值
```

（2）常变量虽是变量，但在程序中间不能更新其值。例如：

```
PI = 3.14159;                    //错误!常量不能被改变
```

虽然将字面常量、符号常量、常变量统称为常量，但前两者与常变量是有本质区别的。字面常量与符号常量代表的数值在程序的指令中不占数据空间，而常变量的值与其他变量一样，保存在专门的内存空间中。在后面的章节中，仍然与其他教材保持一致，用常量来通指 3 种类型的常量。

2.3　运算符与表达式

运算符是描述对数据进行的运算（操作）、体现数据之间运算关系的符号，运算符也叫操作符。C++语言提供了十分丰富的运算符，保证了各种操作的方便实现。

运算符按所要求的操作数的多少，可分为单目运算符、双目运算符和三目运算符。单目运算符需要一个操作数，双目运算符需要两个操作数，三目运算符需要 3 个操作数。

按运算符的运算性质又可将运算符分为算术运算符、关系运算符、逻辑运算符等。

通俗地说，**表达式**是运算符与数据连接起来的表达运算的式子，表达式也称**运算式**。表达式可以是一个单独的常量、变量，常量、变量的值就是表达式的值；一个表达式的值又可以参加运算构成更复杂的表达式。

2.3.1　运算符

1. 优先级与结合性

运算符具有优先级与结合性。**优先级**是指表达式中运算符运算的顺序。当一个表达式中包含多个运算符时，先进行优先级高的运算，再进行优先级低的运算。

如果表达式中出现了多个优先级相同的运算，运算顺序就要看运算符的结合性了。所谓**结合性**是指操作数左、右两边运算符的优先级相同时，优先和哪个运算符结合起来进行运算。运算符的结合顺序有两种，即**左结合**和**右结合**。左结合是指在运算符优先级相同的情况下，左边的运算符优先与操作数结合起来进行运算；右结合是指在运算符优先级相同的情况下，右边的运算符优先与操作数结合起来进行运算。

例如，若运算符 op1 与 op2 的优先级相同，当 op1、op2 属于左结合时，运算顺序如下：

num1 **op1** num2 **op2** num3 ⟹ (num1 **op1** num2) **op2** num3

左结合

若 op1、op2 属于右结合，运算顺序如下：

num1 **op1** num2 **op2** num3 ⟹ num1 **op1** (num2 **op2** num3)

右结合

附录 C 列出了 C++语言中常用运算符的功能、优先级和结合性。

2. 算术运算符

算术运算符是 C++中最常用的一种运算符，基本算术运算符及其含义见表 2-3。

表 2-3　算术运算符

优先级	运算符	含义	结合性
2	＋	正号	从右向左
	－	负号	
4	＊	乘	从左向右
	/	除	
	％	取余	
5	＋	加	
	－	减	

说明：表中优先级数字小的优先级高。

对算术运算符说明如下：

(1) 算术运算符的意义与数学中相应符号的意义是一致的,它们之间的相对优先级关系与数学中也是一致的,＋(正号)、－(负号)是一元运算,优先级高于二元运算,＊、/、％的优先级高于＋(加)、－(减)运算。

例如：

a = 10; b = 5; a + b * − 1;

由于负号－的优先级高于＊和＋,并且结合性为右结合,所以先做 1 取负运算,然后再做乘法得－5,最后算加法,得到结果 5。

(2) ％运算符也称为取余运算符,要求它的两个操作数的值必须是整数或字符型数。

"操作数$_1$％操作数$_2$"的计算结果是操作数$_1$被操作数$_2$除的余数。当两个操作数都是正数时,结果为正;如果有一个(或两个)操作数为负,余数的符号取决于计算机,因此移植性无法保证。例如：

```
21 ％ 6          //结果是 3
4 ％ 2          //结果是 0
21 ％ − 5        //与计算机相关,结果为 − 1 或 1
```

(3) 当/运算符用于两个整数相除时,如果商含有小数部分,将被截掉。例如：

```
5/4          //结果是 1
4/5          //结果是 0
```

如果要进行通常意义的除运算,则至少应保证除数或被除数中有一个是浮点数或双精度数。例如：

```
5/4.0          //结果是 1.25
4.0/5          //结果是 0.8
```

☆注意：

在书写除法运算式时,通常在参加运算的整数值后补上小数点与 0 作为双精度(double)常量参加运算。

(4) 在使用算术运算符时,用户需要注意有关算术表达式求值溢出的处理问题;在做除法运算时,若除数为零或实数的运算结果溢出,系统会认为是一个严重的错误而中止程序的运行。而整数运算产生溢出时则不认为是一个错误,但这时运算结果已经不正确了,所以对整数溢出问题进行处理是程序设计者的责任。

例如，下列程序段：

```
short i = 32767,j,k;
j = i + 1;
k = i + 2;
cout <<"j = "<< j <<", k = "<< k << endl;
```

执行结果为：

```
j = - 32 768, k = - 32 767
```

由于 i、j、k 的类型为短整型，取值范围为 -32 768～32 767。当 i＝32 767 再加 1 时，结果超出 j 的取值范围，发生溢出。另外，虽然结果错误，但程序可以执行。

3. 关系运算符

在解决许多问题时都需要进行情况判断，C++中提供了关系运算符用于比较运算符两边的值。比较后返回的结果为 bool 型值 true(1)或 false(0)。关系运算符都是二元运算符，共有 6 种，见表 2-4。

表 2-4　关系运算符

优先级	运算符	含义	结合性
7	>	大于	从左向右
	<	小于	
	>=	大于等于	
	<=	小于等于	
8	==	等于	
	!=	不等于	

若关系运算符的计算结果继续用在表达式中，将 true 与 false 分别当成了 1 与 0。

关系运算符的操作数可以是任何基本数据类型的数据，但由于实数（float）在计算机中只能近似地表示一个数，所以一般不能直接进行比较。当需要对两个实数进行＝＝、!= 比较时，通常的方法是指定一个极小的精度值，若两个实数的差在这个精度之内，就认为两个实数相等，否则认为不等。

x＝＝y 应写成 fabs(x－y)< 1e－6

x!＝y 应写成 fabs(x－y)> 1e－6

fabs(x)用于求 double 类型数 x 的绝对值，在使用时需要头文件 cmath。

关系表达式就是由关系运算符将两个操作数连接起来的式子。这两个操作数可以是常量、变量、算术表达式以及后面要讲到的逻辑表达式、赋值表达式和字符表达式等。例如：

```
a + b > c + d
```

因为＋的优先级高于＞，所以先分别求出 a＋b 和 c＋d 的值，然后进行比较运算。

以下式子都是合法的关系表达式：

```
'a'<'b' + 'c'
a > b > = c > d
a == b < c
```

☆**注意:**

关系运算符的比较运算由两个等号组成,不要误写为赋值运算符＝。

4. 逻辑运算符

逻辑运算符实现逻辑运算,用于复杂的逻辑判断,一般以关系运算的结果作为操作数,操作数类型为 bool 型,返回类型也为 bool 型。逻辑运算符见表 2-5。

表 2-5　逻辑运算符

优先级	运算符	含义	结合性
2	!	取反	从右向左
12	&&	与	从左向右
13	||	或	

逻辑运算的功能见表 2-6。

表 2-6　逻辑运算的功能表

p	q	!p	p&&q	p||q
0	0	1	0	0
0	1		0	1
1	0	0	0	1
1	1		1	1

逻辑运算符的操作数为 bool 型,当为其他数据类型时,将它转换成 bool 值参加运算。

设 a＝10、b＝5、c＝−3,则:

!a 的值为 0;

a&&b 的值为 1;

a\|\|b 的值为 1;

a+c>=b&&b 的值为 1。因为＋的优先级高于>=,先做 a+c,得 7;再与 b 比较,7 大于等于 5 成立,结果为真,用 1 表示;最后再做逻辑与运算,1 和 b 逻辑与结果得 1。

对于 a+c<b&&b,同样可以计算出结果为 0。

C++对于二元运算符 && 和\|\|可进行**短路求值**(short-circuit evaluation)。

由于 && 与\|\|表达式按从左到右的顺序进行计算,如果根据左边的计算结果能得到整个逻辑表达式的结果,右边的计算就不需要进行了,该规则称为短路求值。例如:

(num!= 0)&&(1/num > 0.5)

当 num 为 0 时,&& 操作符的第一个操作数结果为 false,这样就不会计算第二个操作数。同时避免了计算 1/num 时当 num 为 0 时的除 0 的错误。

当表示的逻辑关系比较复杂时,用小括号将操作数括起来是一种比较好的方法。

5. 位运算符

C++语言中保留了低级语言中的二进制位运算符,以提高计算的灵活性与效率。位运算分为移位运算和按位逻辑运算,位运算符见表 2-7。

表 2-7　位运算符

优先级	运算符	含义	结合性
2	~	位求反	从右向左
6	<<	左移	
	<<	右移	从左向右
9	&	位与	
10	^	位异或	
11	|	位或	

　　位运算符是对其操作数按二进制形式逐位进行逻辑运算或移位操作的,运算对象为bool、char、short、int 等类型数,但不能是实型数据。为了下面举例的方便,现设有两个变量:

```
unsigned char c(135),d(43);
```

并设它们的值分别为 135 和 43,二进制表示分别为 10000111 和 00101011。

　　对各个运算符的功能叙述如下:

　　(1) 运算符~将操作数逐位取反,即将原来为 1 的位变为 0,原来为 0 的位变为 1。例如,按位求反~c 的结果为 01111000。

　　(2) 运算符 & 将两个操作数的对应位逐一地进行逻辑与运算。与运算的规则为"见零则零",即两个数中只要有一个为 0,则其逻辑与的结果就为 0。

　　(3) 运算符 | 将两个操作数的对应位逐一地进行逻辑或运算。逻辑或运算的规则为"见壹则壹",即两个数中只要有一个为 1,则其逻辑或的结果就为 1。

　　(4) 运算符 ^ 将两个操作数的对应位逐一地进行逻辑异或运算。逻辑异或运算的规则为"同则零,异则壹",即两个数只要不同,则其逻辑异或的结果就为 1,否则为 0。

　　(5) 运算符 << 将左操作数向左移动其右操作数所指定的位数,移出的位补 0。

　　例如,位移运算 $d << 1$ 的结果为 01010110,即十进制的 86;而位移运算 $d << 2$ 的结果为 10101100,即十进制的 172。这两个例子可以看出:将一个数左移一位,相当于将该数乘以 2;左移两位,相当于将该数乘以 4。一般来说,将一个数左移 n 位,就相当于将该数乘以 2^n。所以,在程序中常用左移位进行快速的乘法运算。

　　在用移位方法进行乘法运算时,同样要注意溢出问题。例如,$c << 1$ 的结果为 14,而不是 c 的两倍(270),这是由于移位时将 c 的最高位移出之故。用户还应注意,若被移位的是一个有符号数,移位后可能使该数的符号发生变化,这一点对右移运算同样适用。

　　(6) >> 将左操作数向右移动其右操作数所要求的位数,移出的位补 0。例如,位移运算 $c >> 2$ 的结果为 00100001,即十进制的 33,与左移操作相对应。将一个数右移 n 位,相当于将该数除以 2^n,这与整型和字符型数据的除法运算完全一致,所以在程序中常用右移位进行快速的除法运算。

　　(7) 按位左移运算符与插入运算符同形(同一个符号),按位右移运算符与提取运算符同形。那么编译器是如何区分 cout << 7 << 3 的呢? 是将 7 左移 3 位,还是向屏幕上输出 7、3 呢? 编译器将把该表达式解释成向屏幕输出 7、3,这是由于 cout 是 C++语言中预定义的输出流类的对象,在该对象所属的类中,对运算符 << 所执行的操作进行了新的定义(运算符重载,将在第 9 章中介绍)。对于按位右移与提取运算符,编译器也是按此原则解释。

　　位运算符的运算过程见图 2-3。

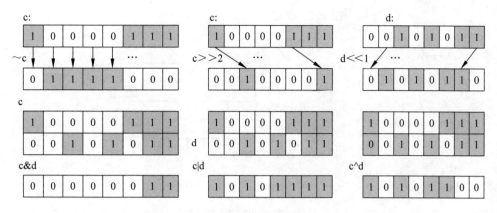

图 2-3 位运算过程示意图

6. 赋值运算符

赋值运算符之所以称为赋值运算符,是因为其功能是"赋给变量以值",除了在定义变量时给变量赋初值外,通常还用于改变变量的值。各赋值运算符及其功能如表 2-8 所示。

表 2-8 赋值运算符

优先级	运算符	含 义	举 例	结合性
15	=	赋值		从右向左
	* =	乘赋值	a*=b 等价于 a=a*b	
	/=	除赋值	a/=b 等价于 a=a/b	
	%=	取余赋值	a%=b 等价于 a=a%b	
	+=	加赋值	a+=b 等价于 a=a+b	
	-=	减赋值	a-=b 等价于 a=a-b	
	<<=	左移赋值	a<<=b 等价于 a=a<<b	
	<<=	右移赋值	a<<=b 等价于 a=a<<b	
	&=	位与赋值	a&=b 等价于 a=a&b	
	^=	位异或赋值	a^=b 等价于 a=a^b	
	|=	位或赋值	a|=b 等价于 a=a|b	

C++提供的赋值运算符分为两种,即简单赋值运算符和复合赋值运算符,它们都是双目运算符。简单赋值运算符的使用格式如下:

左表达式 = 右表达式

其功能是将右表达式(右操作数)的值放到左表达式表示的内存单元中,因此左表达式一般是变量或表示某个地址的表达式,称为**左值**,在运算中作为地址使用;右表达式在赋值运算中是取其值使用,称为**右值**。所有赋值运算中左表达式都要求是左值。

同样一个变量,作为左值与作为右值有不同的意义。作为左值,是一个内存单元的地址;作为右值,是内存单元中所存的数值。赋值运算见图 2-4。

复合赋值运算符有 10 种,由 5 个算术运算符、5 个位运算符和基本赋值运算符组成。

复合赋值运算符的运算过程为先将两个表达式做运算符所规定的算术或位运算,然后将

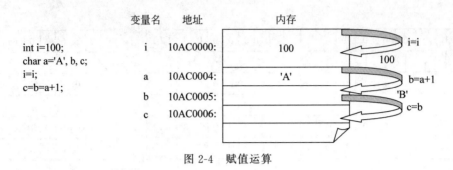

图 2-4 赋值运算

运算的结果赋给左表达式。

左表达式 @ = 右表达式; ⟹ 左表达式 = (左表达式 @ 右表达式);

"@＝"为复合赋值运算符，"@"代表复合赋值运算符中的算术或位运算符。

例如，设 a 和 b 的值分别为 2 和 6，复合赋值运算式 b ＊ ＝a＋3 的计算过程如下：

① 先计算复合赋值运算符的右表达式的值，即 a＋3 的和，结果为 5；

② 然后做复合赋值运算符所规定的算术运算，即求 b 与上述结果的乘积，结果为 30；

③ 最后进行赋值运算，将上述运算结果赋给复合赋值运算符的左操作数 b，同时，整个表达式的值也为 30。

其他复合赋值运算符所构成复合赋值表达式的运算过程以此类推。

对赋值运算还有下列几点说明：

第一，用赋值运算符＝连接起来的表达式称为赋值表达式。赋值表达式是 C++语言（包括 C 语言）中所特有的，在其他大多数语言中，只有赋值语句而没有赋值表达式这一语法要素。赋值表达式仍可作为操作数进行运算，赋值表达式的类型为左边变量的类型，其返回值为赋值后左边变量的值。例如：

```
float x;
x = 2.6;          //返回值为 2.6，类型为 float
```

第二，复合赋值运算符所表示的表达式不仅比一般赋值运算符表示的表达式简练，而且所生成的目标代码也较少，因此在 C++语言程序中应尽量采用复合赋值运算符的形式表示。

第三，在 C++中还可以连续赋值，赋值运算符具有右结合性。例如：

```
x = y = 2.6;       //它相当于 x = (y = 2.6);
a = b = 3 + 8;     //先做 3 + 8，然后将 11 赋给 b，再将 b 的值 11 赋给 a
c = b * = a + 3;   //运算分解为①a + 3; ②b = b * (a + 3); ③c = b
```

7. ＋＋、－－运算符

＋＋（自增）、－－（自减）是 C++中使用方便且效率很高的两个运算符，它们都是单目运算符。这两个运算符有前置和后置两种形式。所谓前置是指运算符在操作数的前面，所谓后置是指运算符在操作数的后面。例如：

```
i++;              //++后置
--j;              //--前置
```

＋＋、－－运算符如表 2-9 所示。

表 2-9　＋＋、－－运算符

优先级	运算符	含　义	结合性
1	＋＋	后置自增	从左向右
	－－	后置自减	
2	＋＋	前置自增	从右向左
	－－	前置自减	

无论是前置还是后置,这两个运算符的作用都是使操作数的值增 1 或减 1,但对由操作数和运算符组成的表达式的值的影响完全不同。

例如,前置形式为:

```
int i = 5; x = ++i; y = i;        //i先加1(增值)后再赋给x(i=6,x=6,y=6)
int i = 5; ++i; x = y = i;        //(i=6,y=6,x=6)
```

后置形式为:

```
int i = 5; x = i++; y = i;        //i赋值后再加1(x=5,i=6,y=6)
int i = 5; i++; x = y = i;        //(i=6,y=6,x=6)
```

比较上述结果可以知道:若对某变量自增(自减)而不赋值,结果都是该变量本身自±1。若某变量自加(自减)的同时还要参加其他运算,则前缀运算是先变化后运算,后缀运算是先运算后变化。

由于＋＋、－－运算符内含了赋值运算,所以运算对象只能赋值,不能作用于常量和表达式。因此,5＋＋、(x＋y)＋＋都是不合法的。

8. 其他运算符

在 C++中还有以下几种运算符:

1) 条件运算符

C++中唯一的一个三目运算符是条件运算符,因此条件运算符也称三目运算符。它能够实现简单的选择功能,类似于条件语句,故称条件运算符。条件运算符的优先级为 14,是优先级很低的运算符。条件运算符的格式如下:

```
d1?d2: d3
```

其中,d1、d2 和 d3 分别是 3 个表达式。该运算符的功能如下:

(1) 先计算 d1;

(2) 如果 d1 的值为 true(非 0),返回 d2 的值作为整个条件运算表达式的值;

(3) 如果 d1 的值为 false(0),返回 d3 的值作为整个条件运算表达式的值。

条件运算表达式的返回类型将是 d2 和 d3 这两个表达式中类型较高(表示的数值范围大)的类型。例如:

```
a = (x > y? 12 : 10.0);        //若x>y(x>y的值为true),将12赋给a, 否则a=10.0
```

条件运算表达式的返回类型为 10.0 的类型 double。

```
x?y=a+10:y=3*a-1;        //若x非0则把a+10的值赋给y,否则把3*a-1的值赋给y
```

2）逗号运算符

逗号可作为分隔符使用，用于将若干变量隔开，例如"int a,b,c"；也可作为运算符使用，称为逗号运算符，用于将若干独立的表达式隔开。

逗号运算符的一般形式如下：

表达式$_1$，表达式$_2$，…，表达式$_n$；

使用逗号运算符可以将多个表达式组成为一个表达式，逗号表达式的求解过程为先求表达式$_1$的值，再求表达式$_2$的值……最后求表达式$_n$的值。整个逗号表达式结果的值是最后一个表达式$_n$的值。它的类型也是最后一个表达式的类型。

在 C++程序中，逗号运算符常用来将多个赋值表达式连成一个逗号表达式，例如：

a = a + b, b = b * c, c = c - a;

设 a＝3，b＝5，c＝7，该表达式依次计算出 a 的值为 8、b 的值为 35、c 的值为－1，且整个表达式的值为－1。更进一步：

x = (a = a + b, b = b * c, c = c - a);　　//x 的值为 - 1

逗号运算符还用在只允许出现一个表达式而又需要多个表达式才能完成运算的地方，用它将几个表达式连接起来组成一个逗号表达式。

在 C++语言的所有运算符中，逗号表达式的优先级最低。

3）求字节运算符 sizeof

sizeof 是 C++语言的一种单目运算符，用来求某种类型或某个变量所占的字节数（长度）。例如 C++语言的其他操作符＋＋、－－等，它并不是函数。

sizeof 运算符以 int 型形式给出了其操作数的存储空间大小。操作数可以是一个表达式或括在括号内的类型名。操作数的存储大小由操作数的类型决定。

sizeof 运算符用在类型说明符或变量名的左边，该运算符的使用格式如下：

sizeof（类型说明符｜变量名｜常量）

sizeof 运算符返回值的类型为 size_t，在头文件 stddef.h 中定义，它是一个依赖于编译系统的值，一般定义为：

typedef unsigned int size_t;

例如：

int a,b [10];

使用 sizeof(a)将获得变量 a 在计算机内存中所占的字节数。在 32 位系统下，表达式 sizeof(a)的值应该为 4，与 sizeof (int)的值相等；同样，sizeof(b)的值为 40，它是数组 b 的所有元素所占的总内存字节数；sizeof(3.1)的值为 8，即双精度数的长度。

☆注意：

sizeof 操作符不能用于函数类型、不完全类型或位字段。不完全类型是指具有未知存储大小的数据类型，包括未知存储大小的数组类型、未知内容的结构或联合类型、void 类型等。

4）成员运算符

在 C++语言中提供了指明数组元素、结构和联合成员的运算符。

（1）下标运算符[]：用来指明数组元素，[]中将给出该数组元素位置的下标表达式，该表达式是一个常量表达式。

（2）取结构或联合变量成员运算符：用来指明结构或联合变量的成员，详见本书第 5 章。

（3）通过指针取结构或联合体成员运算符—>：详见本书第 5 章。

5）取地址运算符 &

该运算符用来获取某个变量的内存单元地址值，它是一个单目运算符，其格式如下：

&变量名

例如：

int a;

&a 表示取变量 a 的地址值，即变量 a 在内存中被分配的内存地址值。

取地址运算符 & 可作用在各种变量名前，如数组元素名、结构变量等，不能作用在常量、非左值表达式前，因为常量和非左值表达式是没有内存地址的。

6）取指针内容运算符 *

取指针内容运算符是一个单目运算符，运算符号为 *，用来间接地获取某指针变量指向内存单元的值。

例如：

int a = 5;
int * p = &a;

变量 a 标识的内存单元中存放的值为 5，指针变量 p 指向变量 a，将该运算符作用于 p（即 * p），表示取 p 指向的内存单元的内容，p 指向的内存单元为变量 a。因此，* p 取出 a 存放于内存单元的值 5。

关于取指针内容运算符和前面的取地址运算符将在 5.3 节中详述。

7）括号运算符

该运算符是用来改变原来的优先级的，括号运算符的优先级最高。括号运算符可以包含使用（即嵌套），即在括号内还可以使用括号，在出现多重括号时，应该先做最内层括号，按从里向外的顺序进行。在实际编程中，经常使用括号来改变优先级，即在某些表达式中要求先做优先级低的运算符，这时只好用括号来改变优先级。

这几种运算符见表 2-10。

表 2-10　其他运算符

优先级	运算符	含　义	结合性
1	( )	括号	从左向右
	[]	数组下标	
	.	通过对象取成员	
	—>	通过指针取成员	

续表

优先级	运算符	含　义	结合性
2	&	取地址	从右向左
	*	间接（通过指针）访问	
	sizeof	计算内存字节数	
14	?:	三元条件运算	从右向左
16	,	逗号	从左向右

8) 运算符优先级的规律

本节列出了 C++ 中的大多数运算符，其优先级从 1 到 16，各类运算符还有不同的结合性，可以总结出以下规律：

（1）运算符的优先级按单目、双目、三目、赋值依次降低。

① 单目运算是右结合的，旨在与右边的数结合在一起形成一个整体，因此优先级高。

② 算术运算中的＋（正）、－（负）、＋＋、－－，逻辑运算中的取非!，按位运算中的取反～从各类运算中提取到单目运算中。

③ 赋值运算之所以优先级低且为右结合，是因为要右边的表达式计算完后才赋值给左边的变量。

（2）算术、移位、关系、按位、逻辑运算的优先级依次降低。

① 移位运算是一种高效的算术运算，看作算术运算的补充，优先级在算术运算后。

② 算术运算后的结果要进行比较，因此关系运算的优先级在算术、移位后。

③ 关系运算得出的逻辑值要进行运算，所以逻辑运算优先级在关系运算后。

④ 按位（逻辑）运算是对二进制进行的低级算术运算，运算符又属于逻辑运算，故放在逻辑运算前。

2.3.2　表达式

C++ 语言中用户的所有操作都是用表达式表示的，所以，清楚地了解表达式的求值顺序是正确书写表达式的关键。表达式的求值顺序取决于表达式中参与运算的运算符的优先级、结合性和语言的具体实现。例如，下面是一个常见的表达式：

a > b && c < d || e >> 3 != 0

由于 C++ 语言的运算符数量庞大，优先级、结合性各不相同，记忆起来有一定的难度。所以，适当地在表达式中加上一些圆括号，不仅明确地规定了表达式的运算顺序，而且提高了程序的可读性。例如上述表达式可写成：

(a > b) && (c < d) || ((e >> 3) != 0)

实际上并没有改变原表达式的运算顺序，但却方便了人们对该表达式的理解。C++ 编译器在编译源程序时会自动删除源程序中的分隔符，所以多加的圆括号对并不会影响程序的运行效率。

【例 2-2】　演示算术运算表达式的用法。

```
1  /*****************************
2  *   程序名:p2_2.cpp              *
```

```
3   *   功   能:演示算术运算表达式              *
4   ************************************** /
5   # include < iostream >
6   using namespace std;
7   int main( )
8   {
9       int   a;
10      a = 2 * 3 + - 3 % 5 - 4/3;
11      float b;
12      b = 5 + 3.2e3 - 5.6/0.03;
13      cout << a <<"\t"<< b << endl;
14      int m = 3,n = 4;
15      a = m++ - ( -- n);
16      cout << a <<"\t"<< m <<"\t"<< n << endl;
17      return 0;
18  }
```

运行结果:

```
2     3018.33
0     4     3
```

【例 2-3】 演示逻辑运算表达式的用法。

```
1   / **************************************
2   *   程序名: p2_3.cpp                    *
3   *   功   能:演示逻辑运算表达式            *
4   ************************************** /
5   # include < iostream >
6   using namespace std;
7   int main( )
8   {
9       int x,y,z;
10      x = y = z = 1;
11      -- x && ++y && ++z;
12      cout << x <<'\t'<< y <<'\t'<< z << endl;
13      ++x && ++y && ++z;
14      cout << x <<'\t'<< y <<'\t'<< z << endl;
15      ++x && y -- || ++z;
16      cout << x <<'\t'<< y <<'\t'<< z << endl;
17      return 0;
18  }
```

运行结果:

```
0     1     1
1     2     2
2     1     2
```

【**例 2-4**】　演示条件表达式的用法。

```
1    /********************************
2     *    程序名：p2_4.cpp            *
3     *    功  能：演示条件表达式       *
4     ******************************** /
5    # include < iostream >
6    using namespace std;
7    int main()
8    {
9        int i = 10, j = 20, k;
10       k = (i < j) ? i : j;
11       cout << i <<'\t'<< j <<'\t'<< k << endl;
12       k = i - j ? i + j : i - 3 ? j : i;
13       cout << i <<'\t'<< j <<'\t'<< k << endl;
14       return 0;
15   }
```

运行结果：

```
10      20      10
10      20      30
```

上述程序与运行结果的分析留给读者思考。

运算符的优先级与结合性规定了表达式中相邻两个运算符的运算次序，但对于双目运算的操作数，C++没有规定它们的计算次序。例如，对于表达式：

```
exp1  +  exp2;
```

先计算 exp1 还是 exp2？不同的编译器可能有不同的做法。

在数学上，对于双目运算符，不论先计算哪一个操作数，要求最终计算结果一样。在 C++ 中计算一个操作数时，该计算会改变（影响）另一个操作数，从而导致因操作数的不同计算次序产生不同的最终计算结果。对于因操作数计算的次序不同产生不同结果的表达式为**带副作用的表达式**。在计算时会影响其他操作数的值，引起副作用的运算符为**带副作用的运算符**。如 ++、−− 以及各种赋值运算符为带副作用的运算符。例如：

```
x = 1,(x + 2) * (++x)
```

先计算 x+2 表达式的值为 6。

若先计算++x，由于修改了 x+2 中 x 的值，计算结果为 8。

在 C++中规定先计算逻辑与（&&）和逻辑或（||）的第一个操作数，再计算第二个操作数，以便进行短路求值。条件（?:）、逗号（,）运算符也规定了操作数的计算次序，除此以外，其他运算符没有规定操作数的计算次序，计算次序由具体的编译器决定。因此在含这些运算符的表达式中，避免在操作数中引入带副作用的运算符。

2.3.3　类型转换

C++语言允许在一个表达式中参与运算的操作数的数据类型不一致，即 C++语言支持不同数据类型数据之间的混合运算。在对这样的表达式求值时,C++语言需要对其中的一些操作数进行类型转换。表达式中的类型转换有两种方式,即自动转换和强制转换。自动转换一般只发生在算术表达式的运算中,因此,一般类型转换都应该用强制类型转换。

1. 自动转换

一般情况下,双目运算中的算术运算符、关系运算符、逻辑运算符和位操作运算符组成的表达式要求两个操作数的类型一致,如果操作数类型不一致,则转换为高的类型。

各种类型的高低顺序如下:

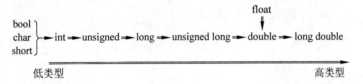

自动转换发生在不同类型的混合运算时,由编译系统自动完成。具体规则如下:

(1) 若参与运算量的类型不同,则先转换成同一类型,然后进行运算,转换按数据长度增加的方向进行,以保证精度不降低,且运算结果(即表达式的值)的类型是运算式的最终类型。

(2) 所有的浮点型运算都是以双精度进行的,即使是仅含 float 型单精度运算的表达式,也要先转换成 double 型,再做运算。

(3) bool 型、char 型和 short 型参与运算时,必须先转换成 int 型。

(4) 逻辑运算符要求参与运算的操作数必须是 bool 型,如果操作数是其他类型,编译系统会自动将非 0 数据转换为 true,将 0 转换为 false。

(5) 位运算的操作数必须是整数,当二元位运算的操作数是不同类型的整数时,也会自动进行类型转换。

(6) 在赋值运算中,当赋值号两边的数据类型不同时,赋值号右边量的类型将转换为左边量的类型。如果右边量的数据类型长度比左边长,可能丢失一部分数据,或降低精度。

```
int p = 3.1;          //降低了精度
float f = 3.5;        //未降低精度
```

(7) 将 signed 型的整型变成较长的 signed 型的整型,当 unsigned 型变成较长的整型时,原值以及正负符号不变。

```
int a = - 2;
long b = a;           //b 的值仍为 - 2
```

(8) 将 unsigned 型和同长度的 signed 型互变时,其值根据自身所属范围发生适当的变化。例如:

```
unsigned short a = 65535;
short int b = a;        //b 的值变成 - 1
short int a = - 2;
unsigned short b = a;   //b 的值变成 65534
```

假设定义变量为:

```
char c = 1;
float f = 3.1;
```

表达式('3' >= f) + ('B' - c) / 1.0 + f 的类型转换如图 2-5 所示。

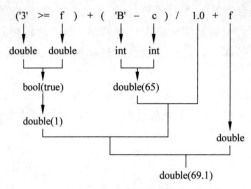

图 2-5　表达式的类型转换示意图

2. 强制类型转换

强制类型转换的作用是将某种类型强制转换成指定的数据类型，旧式的 C 语言风格的强制类型转换的格式如下：

类型说明符　（表达式）
或
（类型说明符）　表达式

例如：

```
int(a + b)          //将 a + b 运算的结果转换成 int 型
5/float(3)          //将 3 转换成 float 型
```

由于类型说明符是单目运算符，其优先级比较高，高于所有的二目运算符。通过强制类型转换，只得到了一个所需类型的值，原变量或表达式的值并没有发生变化。

例如：

```
int a;float x = 8.57;
a = int(x);             //取整数部分,舍弃小数部分
```

结果 $a=8$，x 仍为 float 型，其值仍为 8.57。

从上面的例子可以看出，采用强制类型转换将高类型数据转换为低类型数据时，数据精度可能会受到损失。

标准 C++ 提供了新式的强制类型转换运算，格式如下：

static_cast　<类型说明符>　（表达式）
reinterpret_cast <类型说明符>　（表达式）
const_cast　 <类型说明符>　（表达式）
dynamic_cast <类型说明符>　（表达式）

其中：

- static_cast 用于一般表达式的类型转换。例如：

```
int a;float x = 8.57;
a = static_cast < int > (x);       //将变量 x 的类型转换成 int 型
```

- reinterpret_cast 用于非标准的指针数据类型转换,例如将 void ＊ 转换成 char ＊。
- const_cast 将 const 表达式转换成非常量类型,常用于将限制 const 成员函数的 const 定义解除。
- dynamic_cast 用于进行对象指针的类型转换。

后 3 种类型转换将在以后的章节中逐步介绍。

2.4　控　制　结　构

语句是程序中可以独立执行的最小单元,类似于自然语言中的句子。与句子由句号结束一样,语句一般由分号结束。语句通常是由表达式构成的,表达式尾部加上分号构成**表达式语句**。但表达式不是语句,所以表达式不能在程序中独立存在。例如:

```
a = b + c;        //赋值语句
i + j;                       //空语句
;                          //空语句
```

均是 C++语言的合法语句。

在上述语句中,第 1 条语句是一条由赋值表达式构成的语句,通常称其为赋值语句;第 2 条语句是一条由算术运算表达式构成的语句。应当说明的是,该语句尽管是合法的,但没有什么实际意义,一般在程序中不使用这样的语句。第 3 条语句是由一个空的表达式构成的语句,这样的语句称为**空语句**。空语句不仅合法,而且在程序中有其实用价值,它常被用于在程序中某处根据语法要求应该有一条语句,而实际上又没有什么操作可执行的场合。

在 C++语言中,变量的说明必须以分号结束,所以变量的说明也是语句,称为**说明语句**。正是由于在 C++语言中存在说明语句这一概念,才使变量说明可以出现在程序中任何一个语句可以出现的地方,提高了变量说明的灵活性。与其他语言相比,例如 C 语言,由于说明不是语句,所以变量只能集中地在一个模块的首部进行说明。

由一对花括号{}括起来的多条语句称为一个块语句。例如:

```
{
    int i = 5;
    i = (i + 5)/2;
    cout << i << endl;
}
```

块语句也称复合语句,它在语法上等价于一条语句。块语句主要用于这样的场合:在程序的某处需要执行一项必须由多条语句才能完成的操作,而从语法上讲,程序在此处只允许存在一条语句。花括号是 C++语言中的一个标点符号,左括号标明了块语句的起始位置,右括号标明了块语句结束,它的作用就像单条语句中的分号一样。因此,右花括号后边不再需要分号。

块语句与本章将介绍的判断、循环语句均属于结构语句。结构语句决定一个程序的结构与流程。

2.4.1 判断

在学习了数据类型、表达式、赋值语句和数据的输入/输出后，用户就可以编写程序完成一些简单的功能了。但是学习者现在能写的程序还只是一些顺序执行的程序序列。实际上人们所面对的客观世界远不是这么简单，除了最简单的程序外，顺序的程序执行过程对于人们必须要解决的问题来说是不够的。

例如有一数学函数如下，要求输入一个 x 值，求出 y 值。

$$y = \begin{cases} x & (x \geqslant 0) \\ -x & (x < 0) \end{cases}$$

这个问题人工计算起来并不复杂，但如何将这一计算方法用计算机语言描述清楚，使计算机能够计算呢？很显然用顺序执行的语句序列是无法描述的，这里必须进行判断，需要用到判断选择结构。

再比如要统计某门课程的平均成绩。这个问题用人工计算的方法很简单，但是当数据量很大时，人们就不得不借助于计算机了。计算机的计算速度很快，但计算方法必须由人们准确地描述清楚。这个算法的核心就是进行累加，显然不可能用顺序执行的语句来进行大量数据的罗列，这种情况需要用循环控制结构。

为了描述程序的流程，人们使用一种名为流程图的工具。**流程图**是用来描述算法（程序）的工具，它具有简洁、直观、准确的优点，一些常用的流程图符号如图 2-6 所示。在本章中将使用它来描述语句的功能。

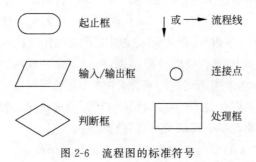

图 2-6　流程图的标准符号

1. if 判断

判断选择结构又称条件分支结构，是一种基本的程序结构类型。在程序设计中，当需要进行选择、判断和处理的时候，就要用到条件分支结构。条件分支结构的语句一般包括 if 语句、if…else 语句、switch…case 语句。

if 语句是专门用来实现判断选择型结构的语句。基本的 if 语句具有以下一般形式：

```
if (表达式) 语句;
```

其中，表达式通常是一个关系表达式或逻辑表式，语句可以是一个单条语句或是一个块语句，甚至是一个空语句。它的执行过程是首先计算表达式的值，如果表达式的值为真，则执行语句段；否则跳过语句，直接执行 if 语句的后继语句，如图 2-7 所示。在 C++中，if 后面实际上可以跟任意一个可计算出结果的表达式，甚至可以直接用常量 0 代表逻辑假，用非 0 代表逻辑真。

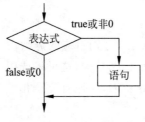

图 2-7　if 语句流程图

☆**注意**:

表达式两边的括号必不可少。

例如:

```
if (i > 10)   i = i - 5;
cout << i << endl;
```

其执行过程如下:先对 i 的值进行判断;如果 i 的值大于 10,则将 i 的值减 5,然后输出;否则直接输出 i 的值。

完整的 if 语句的一般形式如下:

```
if  (表达式)  语句 1;
else   语句 2;
```

它的执行过程是首先计算表达式的值,如果表达式的值为真,则执行语句 1;否则执行语句 2,如图 2-8 所示。通常,将前者称为 if 分支,将后者称为 else 分支。应当说明的是,尽管完整的 if 语句中存在两个语句段,且有两个表示语句结束的分号,但整个语句在语法上只是一条语句。尤其要注意 if 分支后边的分号是不可缺少的(除非这里是一条复合语句)。

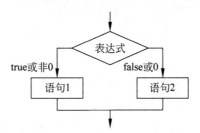

图 2-8　if…else 语句流程图

例如:

```
if (x > y) cout << x << endl;
else cout << y << endl;
```

实现了从 x 和 y 中选择较大的一个输出的功能。

由于 if 语句的语句段要求是一条 C++语句,而 if 语句本身就是一条合法的 C++语句,所以可以将 if 语句用作 if 语句的语句段,这就是所谓的 if 语句的嵌套。if 语句的嵌套常用于多次判断选择。

【例 2-5】 将百分制的成绩按等级输出。

分析：等级分为 4 等，即 A、B、C、D，分别对应的分数段为 90～100、80～89、60～79、0～59，转换时需要进行多次判断，要用多重选择结构，这里将选用嵌套的 if 语句。

编写多重分支的程序，为了防止错误，应该首先画出流程图，然后按照流程图写语句。流程如图 2-9 所示。

```
1    /*******************************************
2    *   程序名: p2_5.cpp                        *
3    *   功   能: 将百分制的成绩按等级输出           *
4    ******************************************* /
5    # include < iostream >
6    using namespace std;
7    int main()
8    {
9        int n;
10       cout <<"Enter the score:";
11       cin >> n;
12       if (n >= 60)
13           if (n >= 90)
14               cout <<"The degree is A"<< endl;
15           else if (n >= 80)
16               cout <<"The degree is B"<< endl;
17           else
18                   cout <<"The degree is C"<< endl;
19       else
20           cout <<"The degree is D"<< endl;
21       return 0;
22   }
```

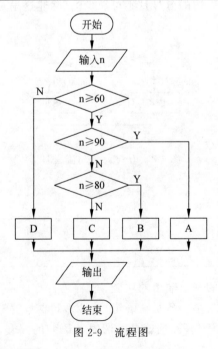

图 2-9　流程图

运行结果:

```
Enter the score:86 ↙
The degree is B
Enter the score:74 ↙
The degree is C
Enter the score:48 ↙
The degree is D
```

程序解释:

由于 if 语句存在两种形式,当发生嵌套时将面临理解的问题,在程序 p2_5.cpp 中就出现了下列嵌套形式:

```
if(表达式 1)
        if(表达式 2)
            语句 1;
        else
            语句 2;
```

其中,else 解释为属于第 1 个 if 与属于第 2 个 if 会有完全不同的结果。那么,else 究竟属于哪个 if? 对于上述歧义,C++规定 else 与前面最近的没有 else 的 if 语句配对。因此上述嵌套的 if 语句解释如下:

```
if (表达式 1)
        if (表达式 2) 语句 1; else 语句 2;
```

如果需要将 else 与一个 if 语句配对,程序要做以下修改:

```
if (表达式 1) {
        if (表达式 2)
            语句 1;
        }
else
        语句 2;
```

修改后相应的解释为:

```
if (表达式 1)
    { if (表达式 2) 语句 1;}
else
    语句 2;
```

2. switch…case 判断

在有的问题中,虽然需要进行多次判断选择,但是每一次都是判断同一个表达式的值,这样就没有必要在每一个嵌套的 if 语句中都计算一遍表达式的值,为此 C++中有 switch 语句专门用来解决这类问题。switch 语句的语法形式如下:

```
switch (表达式)
{
    case 常量表达式 1: [语句块 1][break;]
    case 常量表达式 2: [语句块 2][break;]
     ⋮
    case 常量表达式 n: [语句块 n][break;]
    [default: 语句块 n+1]
}
```

其中：

- 表达式可以是任意一个合法的 C++ 表达式，但其值只能是字符型或者整型。
- 常量表达式是由常量组成的表达式，其值也只能是字符型常量或者整型常量，各常量表达式的值不可以重复（相等）。
- 符号[ ]表示其中的内容可选，语句块是可选的，它可以由一条语句或一个复合语句组成。
- break 语句、default 语句也是可选的。

switch 语句的执行过程如下：

① 先求出表达式的值。

② 将表达式的值依次与 case 后面的常量表达式值相比较，若与某一常量表达式的值相等，则转去执行该 case 语句后边的语句序列，直到遇到 break 语句或 switch 语句的右花括号为止。

③ 若表达式的值与 case 语句后的任一常量表达式的值都不相等，如果有 default 语句，则执行其后边的语句序列；如果没有 default 语句，则什么也不执行。

由 switch 语句的执行过程可以看出，若某一分支要求执行不止一条语句，则所要求执行的多条语句不必写成语句块的形式。default 语句可以放在 switch 语句中的任意位置，但一般放在最后作为 switch 语句的最后一个分支。

☆**注意：**

在使用 switch…case 语句时经常会丢失必要的 break 语句，这样程序就会产生结果的错误，此类错误往往不易发觉。

switch 语句是一个很好的多路分支选择语句，常用它来实现较为复杂的多路分支程序。程序 p2_6.cpp 是程序 p2_5.cpp 的 switch 语句的实现。

【例 2-6】 将百分制的成绩按等级输出的 switch…case 语句的实现。

```
1   / ********************************************************
2   *   程序名: p2_6.cpp                                      *
3   *   功   能: 将百分制的成绩按等级输出的 switch…case 实现      *
4   ******************************************************** /
5   # include < iostream >
6   using namespace std;
7   int main()
8   {
9       int n;
10      cout <<"Enter a score:";
```

```
11      cin >> n;
12      switch(n/10)
13      {
14          case 9: case 10:
15              cout <<"The degree is A"<< endl;
16              break;
17          case 8:
18              cout <<"The degree is B"<< endl;
19              break;
20          case 7: case 6:
21              cout <<"The degree is C"<< endl;
22              break;
23          default:
24              cout <<"The degree is D"<< endl;
25      }
26      return 0;
27 }
```

if 语句和 switch 语句的比较如下:

if 语句和 switch 语句都可以用来处理程序中的分支问题,在许多场合可以互相替代。但是它们之间还是有一些差别的,其主要表现如下:

(1) if 语句常用于分支较少的场合,而 switch 语句常用于分支较多的场合。

(2) if 语句可以用来判断一个值是否落在一个范围内,而 switch 语句则要求其相应分支的常量必须与某一值严格相等。例如,设 i 为一个整型变量,若 i 的值为 1、2、3 或 4,就执行某一操作语句,则相应的 if 语句和 switch 语句分别为:

if(i >= 1&&i <= 4)
　　　执行语句;
　　　// …
	switch(i) {
	　　　case 1:
	　　　case 2:
	　　　case 3:
	　　　case 4:
	　　}

若值的范围较大,显然 if 语句要优于 switch 语句。特别是当表达式的值是一个实数时,通常只能使用 if 语句。

2.4.2　循环

1. for 循环

在一个程序中,常常需要在给定条件成立的情况下重复地执行某些操作。C++语言为实现这一目的提供了 3 种循环语句,即 for 语句、while 语句和 do…while 语句。在循环语句中,重复执行的操作称为循环体。循环体可以是单条语句、块语句甚至是空语句。

for 循环的使用非常灵活,既可以用于循环次数确定的情况,也可以用于循环次数未知的情况。for 语句的语法形式如下:

```
for(表达式 1;表达式 2;表达式 3) 语句
```

（1）上述格式可理解为"for(循环变量赋初值；循环条件；循环变量增值)循环体"。

（2）for 是关键字。

（3）表达式 1、表达式 2 和表达式 3 是任意表达式。

（4）语句为循环体，它可以是一条语句，也可以是复合语句，还可以是空语句。

（5）for 循环语句的执行过程如下：

① 计算表达式 1 的值。

② 计算表达式 2 的值，并进行判断，如果表达式 2 的值为 0(false)则退出该循环，执行该循环体后面的语句；如果表达式 2 的值为非 0(true)转③。

③ 执行循环体的语句。

④ 计算表达式 3 的值。

⑤ 转②。

for 循环语句的执行过程如图 2-10 所示。

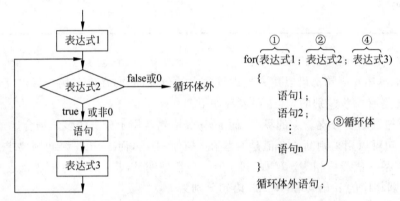

图 2-10　for 循环语句的执行过程

在程序中，for 循环的基本用法为先说明一个整型或字符型变量作为循环变量，然后在初始化部分为循环变量置一初值，在循环条件部分用一关系表达式给出循环变量的值在什么范围时继续循环，在增量部分用一赋值表达式给出循环变量的变化量；最后，退出循环体。

【例 2-7】　求 1＋3＋5＋…＋99。

分析：求 1～100 的奇数和就是一个累加的算法，累加过程是一个循环过程，可以用 for 语句实现。

```
1   /*********************************************
2   *  程序名：p2_7.cpp                          *
3   *  功　能：用 for 语句计算 1＋3＋5＋…＋99      *
4   ********************************************* /
5   # include < iostream >
6   using namespace std;
7   int main()
8   {
9       int i, sum = 0;
10      for(i = 1; i < 100; ++i, ++i)
11        sum = sum + i;
12      cout <<" sum =  "<< sum << endl;
```

```
13      return 0;
14  }
```

运行结果：

```
sum = 2500
```

程序解释：

（1）for 循环还有各种不同的格式，在使用时可以灵活选择。

（2）for 语句一般形式中的表达式 1 可以省略，此时表达式 1 应出现在循环语句之前。

（3）for 语句一般形式中的表达式 3 可以省略，即将循环变量增量的操作放在循环体内进行。

（4）表达式 1 不仅可以设置循环变量的初值，还可以通过逗号表达式设置一些其他变量的值。类似的，表达式 2 和表达式 3 都可以这样，正如程序第 10 行的 for 语句中使用了 ++i 表达式。

（5）for 语句一般形式中的表达式 2 如果省略，即不判断其循环条件，则循环将无终止地进行下去。如果要结束循环，需要在循环体内设置 break 语句，退出循环。

for 循环可以嵌套，所谓循环结构嵌套是指一个循环体内可以包含另一个完整的循环结构，构成多重循环结构。下面举例说明。

【例 2-8】　百钱买百鸡问题：鸡翁一，值钱五；鸡婆一，值钱三；鸡雏三，值钱一；百钱买百鸡。问鸡翁、鸡婆、鸡雏各几？

分析：鸡翁最多有 20 个，鸡婆最多有 33 个，鸡雏最多有 100 个。采用穷举的方式，考查每一种可能是否满足百钱买百鸡。

```
1   /***********************************
2   *   程序名：p2_8.cpp              *
3   *   功　能：求解百钱买百鸡问题      *
4   *********************************** /
5   # include < iostream >
6   using namespace std;
7   int main()
8   {
9     const int cock = 20, hen = 33, chick = 100;      //分别表示鸡翁、鸡婆、鸡雏的最大数
10        int i, j, k;
11        for(i = 0; i <= cock; i++)
12          for(j = 0; j <= hen; j++)
13            for(k = 0; k <= chick; k++)
14              //鸡的个数和钱数必须为整数
15              if ((i + j + k) == 100&&(5 * i + 3 * j + k/3) == 100&&k % 3 == 0)
16              cout <<"鸡翁、鸡婆、鸡雏各有：\t"<< i <<"\t"<< j <<"\t"<< k << endl;
17      return 0;
18  }
```

运行结果：

```
鸡翁、鸡婆、鸡雏各有：0    25   75
鸡翁、鸡婆、鸡雏各有：4    18   78
鸡翁、鸡婆、鸡雏各有：8    11   81
鸡翁、鸡婆、鸡雏各有：12    4   84
```

程序解释：

由于计算的数据是整数，为了保证 k/3 是整数，还需加上 k%3==0 的判断。

for 语句是 C++语言中最为灵活的循环语句，可以毫不夸张地说，C++语言中的 for 语句可以解决编程中的所有循环问题。

对于用多重循环实现的程序，有时可以进行循环优化，循环优化是指通过减少循环的层次以及每层循环体执行的次数来节省系统资源（时间），提高程序运行效率。对百钱买百鸡问题可以进行多种循环优化，留给读者作为练习。

2. while 循环

在 C++中 while 循环可以用两种循环控制语句实现，即 while 语句和 do…while 语句。

while 语句的语法形式如下：

```
while(条件表达式) 语句
```

其中：
- while 是关键字。
- 条件表达式给出是否执行循环体的判断条件，常用关系表达式或逻辑表达式作为条件表达式，也可以用其他表达式或常量。
- 语句是 while 循环的循环体，它可以是一条语句，也可以是复合语句。如果在 while 循环头下面有花括号，则循环体将是由花括号括起的复合语句。如果在 while 循环头下面无花括号，则循环体将是一条语句，其余语句是循环语句后面的语句。
- while 语句的执行过程为先计算条件表达式，如果该表达式的值为非零，则执行循环体的语句；否则退出循环，不执行循环体，而执行该循环语句后面的语句。也就是说，当循环条件为真时反复执行循环体。因此，while 循环也被称为"当"型循环。while 语句的执行流程如图 2-11(a)所示。

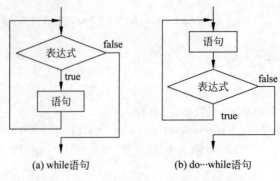

(a) while语句　　　　　　　(b) do…while语句

图 2-11　while 与 do…while 执行流程

下面通过具体实例说明 while 循环语句的应用。

【例 2-9】　用 while 循环求 1＋3＋5＋…＋99。

```
1    / ***********************************
2    *    程序名: p2_9.cpp              *
3    *    用 while 语句计算 1＋3＋5＋…＋99 *
4    *********************************** /
5    # include < iostream >
6    using namespace std;
7    int main()
8    {
9        int i = 1, sum = 0;
10       while (i < 100)
11       {
12           sum = sum + i;
13           ++i, ++i;
14       }
15       cout <<" sum = "<< sum << endl;
16       return 0;
17   }
```

```
/ ***********************************
*    程序名: p2_10.cpp               *
*    用 do…while 计算 1＋3＋5＋…＋99 *
*********************************** /
# include < iostream >
using namespace std;
int main()
{
    int i = 1, sum = 0;
    do
    {
        sum = sum + i;
        ++i, ++i;
    } while( i < 100);
    cout <<" sum = "<< sum << endl;
    return 0;
}
```

程序解释：

（1）对比程序 p2_7.cpp 可以发现，for 循环体中的表达式 1"i＝1"搬到了 while 前；表达式 2 仍作为 while 的条件表达式；表达式 3"＋＋i，＋＋i"搬到了 while 的循环体中。

（2）在本例中，改变循环条件的语句是"＋＋i，＋＋i"。

（3）在使用 while 语句时应注意，一般来说在循环体中应该包含改变循环条件表达式的语句，否则会造成无限循环（死循环）。

3. do…while 语句

do…while 语句的语法形式如下：

```
do 语句 while(条件表达式);
```

其中：

- do 和 while 是关键字。
- do…while 语句和 while 语句的执行过程基本相同，所不同的是，while 语句先判断给定条件是否成立，后执行循环体；而 do…while 语句则正好相反——先执行循环体后判断条件表达式的值，若表达式的值为真则反复执行循环体，直到表达式的值为假时退出循环。因此，do…while 语句也被称为"直到"型循环。
- 在一定条件下，while 循环可能一次都不执行，而 do…while 循环在任何条件下至少要执行一次。这一点正是在程序设计中决定选择 while 语句还是选择 do…while 语句的重要依据。do…while 语句的执行过程如图 2-11(b)所示。

☆**注意：**

do…while(条件表达式)后面的分号不可省去。

【例 2-10】　用 do…while 循环求 1＋3＋5＋7＋…＋99。

程序如上面的 p2_10.cpp 所示。执行该程序的输出结果与例 2-7 程序的输出结果相同，但当 i 的初值≥100 时结果就不同了。

2.4.3 转移

C++语言还提供了一些转移语句,它们主要用于改变程序中语句的执行顺序,使程序从某一语句有目的地转移到另一语句继续执行。这里介绍 3 个转移语句,即 break 语句、continue 语句和 goto 语句。其中,goto 语句是非结构化控制语句,而 break 语句和 continue 语句是半结构化控制语句,它们会改变语句的执行顺序,因此应在程序中尽量少用。

1. break 语句

break 语句的格式如下：

```
break;
```

break 语句的功能是中断所在循环体或 switch…case 语句块,跳转到本层循环体外。前面关于 switch…case 语句的例子中演示了 break 语句的使用。

【例 2-11】 判断一个数是否为素数。

分析：素数是不能被大于等于 2 的数整除的数。用一个循环依次判断此数是否被大于等于 2 的数整除,一旦被一个数整除,就用 break 跳出循环,宣布此数不是素数。

```
1   /***********************************************
2    *    程序名: p2_11.cpp                        *
3    *    功  能: break 用法,判断一个数是否是素数   *
4    *********************************************** /
5   # include < iostream >
6   using namespace std;
7   int main()
8   {
9       int i,n;
10      while(1)
11      {
12          cin >> n;
13          if(n <= 1)
14              break;
15          for(i = 2;i < n;i++)
16              if(n % i == 0) break;
17          i >= n ? cout << n <<"是素数\n" : cout << n <<"不是素数\n";
18      }
19      return 0;
20  }
```

运行结果：

```
5 ↙
5 是素数
6 ↙
6 不是素数
7 ↙
7 是素数
0 ↙
```

程序解释：

（1）程序第 16 行当判断不是一个素数时，用 break 中断循环。由于 break 所在的是多重循环的内层，因此外层循环仍未中断。

（2）程序第 14 行，break 中断了最外层循环，中止了继续从键盘输入数据。

☆注意：

既然 break 语句用来中断循环，它一定要用在循环体或 switch…case 体中，用在其他地方就会出错。

2. continue 语句

continue 语句的格式如下：

```
continue;
```

（1）continue 语句的功能是从循环体中的当前位置跳转到循环的开始处，继续执行循环体。

（2）continue 语句只能用在循环语句的循环体内。在循环执行的过程中，如果遇到 continue 语句，程序将结束本次循环，接着开始下一次的循环。

在程序 p2_11 中，将第 16 行的 break 更换成 continue，程序运行时当发现一个数不是素数时直接跳到第 15 行继续执行。这样，程序的结果是错误的。

3. goto 语句

goto 语句的格式如下：

```
goto   语句标号;
```

goto 语句的功能是程序跳到语句标号位置，继续执行程序。语句标号属于标识符，它标识语句的形式如下：

```
语句标号:   语句
```

（1）其中的语句可以是任意语句，例如{、while()、for()等。

（2）在 C++语言中，goto 语句的使用被限制在一个函数体内，即 goto 语句只能在一个函数范围内进行语句转移。在同一函数中，语句标号应该是唯一的。有关函数的概念将在第 4 章中详细介绍。

【例 2-12】 goto 语句的使用。

在程序 p2_11.cpp 的第 17 行前加上语句标号 goon，将第 16 行改为 goto goon，程序的功能与原程序相同。

```
16   if (n%i==0) goto goon;
17   goon:   i>=n ? cout <<n <<"是素数\n" : cout <<n <<"不是素数\n";
18   }
```

goto 语句的作用是使程序的执行无条件地转向语句标号后边的语句。应强调指出的是，可以利用 goto 语句从循环体中跳出，但不得用 goto 语句从循环体外跳转到循环体中。

goto 语句不仅可以用在循环语句中，也可以用在程序中任何需要它的地方（尽管在现代程序设计中很少有这种需要）；goto 语句可以出现在标号前边（称向后跳转），也可以出现在标号后边（称向前跳转）。

尽管 C++语言中提供了 goto 语句，但它绝不鼓励程序员使用 goto 语句。甚至可以这样来看待 goto 语句：在早期的程序设计方法中，goto 语句是控制程序流程的基本手段之一，而在现代程序设计方法中，它变成了程序设计高手的技巧之一。

2.5 函　　数

2.5.1 函数的定义

函数是一个命名的程序代码块，是程序完成其操作的场所。在程序设计中，有许多算法是通用的，例如求一个数的平方根，解一元二次方程。如果将这些算法定义为函数，程序员就可以在程序中需要这些算法的地方直接使用它们，而不必再进行定义。

函数必须先定义才可以使用，所谓定义函数就是编写完成函数功能的程序块。定义函数的一般格式为：

```
返回类型 函数名 ( 数据类型 1 参数 1，数据类型 2 参数 2，…)
{
        语句序列                                形参表
}
```

其中：

- 返回类型为函数返回值的类型，可以是系统中任一基本数据类型或用户已定义的一种数据类型，它是函数执行过程中通过 return 语句要求的返回值的类型，又称为该**函数的类型**。当一个函数不需要通过 return 语句返回一个值时，称为无返回值函数或无类型函数，此时需要使用 void 作为类型名。
- **函数名**是用户为函数所起的名字，它是一个标识符，应符合 C++标识符的一般命名规则，用户通过使用这个函数名和实参表可以调用该函数。
- **形参表**可以包含任意多项（可以没有），当多于一项时，前后两个参数之间必须用逗号分开。每个参数项由一种已定义的数据类型和一个变量标识符组成，该变量标识符成为该函数的形式参数，简称形参，形参前面给出的数据类型称为该形参的类型。没有形参的函数可以在形参表的位置填上 void 或保留空白，但形参两边的圆括号不可以省略。没有形参的函数也称无参函数；若形参表不为空，同时又不是保留字 void，则称为带参函数。
- 用花括号括起来的语句序列组成了函数体，即函数所完成的具体操作，函数体一般分为 3 部分：第 1 部分为定义部分，定义函数所需要的局部常量与**局部变量**；第 2 部分为函数的功能部分，完成函数的功能；第 3 部分为返回值部分，返回函数的结果。如果函数体中没有任何语句，则该函数称为空函数。
- 每个函数都是一个功能独立的模块，绝不允许在一个函数体内定义另一个函数。

本章以前所有例子中给出的 main()函数都属于函数定义,下面再举一个定义函数的例子。

【例 2-13】　函数的定义与使用。

```
1   /**********************************
2   *   程序名: p2_13.cpp              *
3   *   功  能: 函数的使用,对两个数取大   *
4   ********************************** /
5   # include < iostream >
6   using namespace std;
7   int max( int x, int y)
8   {
9       int z;
10      z = (x > y)?x:y;
11      return z;
12  }
13  int main()
14  {
15      int a,b;
16      cin >> a >> b;
17      cout << max(a,b)<< endl;
18      return 0;
19  }
```

运行结果:

```
1 2↙
2
```

程序解释:

(1) 程序第 7 行为函数定义语句;

(2) 程序第 8~12 行为函数体,其中,第 9 行定义临时变量 z 供函数使用;第 10 行是功能部分;第 11 行是返回部分。

函数的返回值是通过返回语句 return 实现的。return 语句的一般格式为:

```
return 表达式;
```

该语句计算表达式的值,并将这个值返回给主调函数,同时结束该函数的执行。第 11 行可以改为:

```
return (x > y)?x:y;
```

对于没有返回值的函数,return 语句可有可无。如果有 return 语句,这时的 return 语句应表示为:

```
return;
```

一个函数中允许出现多个 return 语句，分别用于不同条件下函数的返回。

该函数一经定义，就可以在程序中多次使用，函数的使用是通过函数调用来实现的。

2.5.2　函数原型的声明

在 C++ 程序中使用函数前首先需要对函数原型进行声明，告诉编译器函数的名称、类型和形式参数。在 C++ 中，函数原型的声明原则如下：

（1）如果函数定义在先，调用在后，调用前可以不必声明；如果函数定义在后，调用在先，调用前必须声明。

（2）在程序设计中，为了使程序设计的逻辑结构清晰，一般将主要的函数放在程序的起始位置声明，这样也起到了列函数目录的作用。

声明函数原型的形式如下：

> 返回类型 函数名 (数据类型 1 参数 1, 数据类型 2 参数 2, …)；

（1）声明函数原型的形式和定义函数时的函数头的形式基本相同，不过由于声明函数原型是一条语句，它必须以分号结尾。

（2）函数原型中的返回类型、函数名和形参表必须与定义该函数时完全一致，但形参表中可以不包含参数名，而只包含形参的类型。例如：

```
int max( int x, int y);
int max( int, int);
```

都是合法的函数原型，且意义相同。加上参数名会使函数的功能和参数更清晰。

2.5.3　函数的调用

1. 函数的调用形式

在 C++ 程序中，除了 main() 函数以外，任何一个函数都在 main() 函数中直接或间接地被调用。调用一个函数就是执行该函数的函数体的过程。

函数调用的一般形式如下：

> 函数名 (参数 1, 参数 2, …)；
> 　　　　实际参数表

（1）**实际参数表**中的实际参数又称实参，它是一个表达式，用来初始化被调用函数的形参。因此，应与该函数定义中的形参表中的形参一一对应，即个数相等且对应参数的数据类型相同。

（2）函数调用时，首先计算出每个实参表达式的值，然后使用该值初始化对应的形参，即用第一个实参初始化第一个形参，用第二个实参初始化第二个形参，以此类推。

（3）函数调用是一个表达式，函数名连同括号是函数调用运算符。表达式的值就是被调函数的返回值，它的类型就是函数定义中指定的函数返回值的类型，即函数的类型。

（4）如果函数的返回值为 void，说明该函数没有返回值。这时该函数的调用表达式只能在其后加分号用作表达式语句；如果函数有返回值，则可以把调用表达式当作普通变量用在表达式中。

例如,在程序 p2_13 中,max(a,b)就是对函数的调用,调用表达式放在一个输出语句中:

cout << max(a,b)<< endl;

☆**注意:**

主函数 main()不需要进行原型声明,也不允许任何函数调用它,它只由操作系统调用并返回操作系统。

2. 函数调用的执行过程

当调用一个函数时,整个调用过程分为 3 步进行,第 1 步是函数调用,第 2 步是函数体执行,第 3 步是返回,即返回到函数调用表达式的位置。

第 1 步:函数调用。

函数调用过程就是调用语句执行的过程,步骤如下:

① 将函数调用语句的下一条语句的地址保存在一个被称为"栈"的内存空间中,以便函数调用完后返回。将数据放到栈空间中的过程称为压栈。

② 对实参表从后向前依次计算出实参表达式的值,并将值压栈。

对于例 2-13 中的函数 void max(int x,int y){…}用"max(a, b);"调用时,依次执行 push(b)、push(a)将 b、a 的值压栈。

③ 跳转到函数体处。

第 2 步:函数体执行。

函数体执行的过程是逐条运行函数体中语句的过程。

④ 如果函数中还定义了变量,将变量压栈。

⑤ 将每一个形参以栈中对应的实参值取代,执行函数的功能体。

⑥ 将函数体中的变量、保存在栈中的实参值依次从栈中取出,以释放栈空间。从栈中取出数据称为出栈,x 出栈用 pop(x)表示。

在函数 max()的功能模块中,x、y 分别以 a、b 在栈中的值取代,对 x、y 进行运算实际上是对 a、b 的值进行运算。

第 3 步:返回。

⑦ 返回过程执行的是函数体中的 return 语句。

其过程为从栈中取出调用时压入的地址,跳转到函数调用语句的下一条语句。当 return 语句不带表达式时,按保存的地址返回;当 return 语句带有表达式时,将计算出的 return 表达式的值保存起来,然后再返回。

以函数 max()为例,演示函数调用的详细过程如图 2-12 所示。

图中,bp、bp-4 等表示栈的符号地址,[bp]、[bp-4]等表示符号地址中的数值。

3. 函数参数的按值传递

从以上步骤可以看出,函数调用过程实际上执行了一个从参数传递→执行函数体→返回的过程。其中的函数参数传递过程的实质是将实参值通过栈空间一一传送给形参的过程,这种把实参表达式的值传送给对应的形参变量的传递方式称为"按值传递"。在 C++语言中,实参与形参有 3 种结合方式,即传值调用、传地址调用和引用调用。其余两种结合方式将在后面介绍。

函数参数按值传递过程如图 2-13 所示。

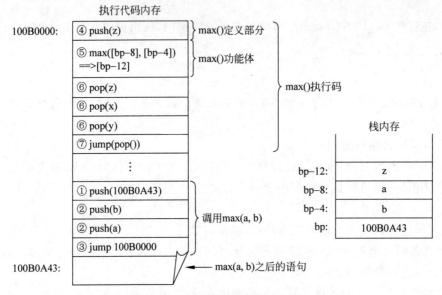

图 2-12　函数调用的详细过程

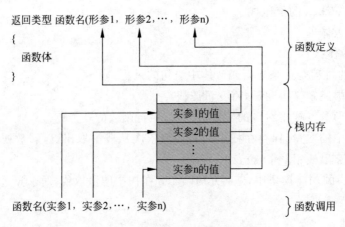

图 2-13　函数参数按值传递过程

传值调用简称为值调用。在值调用时,实参仅将其值赋给了形参,因此,在函数中对形参值的任何修改都不会影响到实参的值。

【例 2-14】　函数的传值调用。

```
1   /*********************************************
2   *  程序名: p2_14.cpp                         *
3   *  功  能: 函数的传值调用, 将两个数交换        *
4   ********************************************* /
5   # include < iostream >
6   using namespace std;
7   void swap( int a, int b )
8   {
9       int t;
10      t = a, a = b, b = t;
```

```
11  }
12  int main()
13  {
14      int x = 2, y = 5;
15      cout <<"x = "<< x <<" y = "<< y << endl;
16      swap(x, y);
17      cout <<"after swap: ";
18      cout <<"x = "<< x <<" y = "<< y << endl;
19      return 0;
20  }
```

运行结果：

```
x = 2 y = 5
after swap: x = 2 y = 5
```

程序解释：

从运行结果可以看出，虽然在函数 swap()中两个形参的值做了交换，但它们对应的实参的值并未改变。传值调用的好处是减少了主调函数与被调函数之间的数据依赖，增强了函数自身的独立性。当然，在实际应用中有时需要用函数来修改实参的值。为达到此目的，需要使用第 5 章中将要介绍的传地址调用和传引用调用。

4. 嵌套与递归

1) 函数的嵌套调用

在一个函数中调用其他函数的过程称为函数的嵌套。C++中函数的定义是平行的，除了main()以外，都可以互相调用。函数不可以嵌套定义，但可以嵌套调用。比如函数 1 调用了函数 2，函数 2 再调用函数 3，这便形成了函数的嵌套调用。

【例 2-15】 求 3 个数中最大数和最小数的差值。

分析：这里设计了 3 个函数，即求 3 个数中最大值的函数 max()、求 3 个数中最小值的函数 min()、求差值的函数 dif()。由主程序中调用 dif()，dif()又调用 max()和 min()。

```
1  /*************************************************************
2   *    程序名：p2_15.cpp                                      *
3   *    功　能：函数的嵌套调用，求 3 个数中最大数和最小数的差值  *
4   *************************************************************/
5  #include < iostream >
6  using namespace std;
7  int max(int x, int y, int z)
8  {
9      int t;
10     t = x > y?x:y;
11     return(t > z?t:z);
12  }
13  int min(int x, int y, int z)
14  {
15     int t;
16     t = x < y?x:y;
```

```
17        return(t<z?t:z);
18    }
19    int dif(int x,int y,int z)
20    {
21        return max(x,y,z) - min(x,y,z);
22    }
23    int main()
24    {
25        int a,b,c;
26        cin>>a>>b>>c;
27        cout<<"Max - Min = "<<dif(a,b,c)<<endl;
28        return 0;
29    }
```

运行结果：

```
1 0 -1↙
Max - Min = 2
```

2）函数的递归调用

在调用一个函数的过程中又直接或间接地调用该函数本身的这一现象称为**函数的递归调用**。在许多学科中，常常用递归的方法来定义一个概念。例如，数学中阶乘的概念常定义成以下形式：

$$n! = \begin{cases} 1 & (n=0) \\ n(n-1)! & (n>0) \end{cases}$$

将一个递归的概念提炼成一个适合计算机处理的算法，当然，采用递归算法是最直接的。C++语言支持函数的递归调用。

递归调用可以分为直接递归调用和间接递归调用。**直接递归调用**是在调用函数的过程中又调用该函数本身；**间接递归调用**是在调用 f1() 函数的过程中调用 f2() 函数，而在 f2() 中又需要调用 f1()。

递归方法是从结果出发，归纳出后一结果与前一结果直到初值为止存在的关系，要求通过分析得到初值＋递归函数，然后设计一个函数（递归函数），这个函数不断使用下一级值调用自身，直到结果已知处。因此，设计递归函数一般选择控制结构。

递归函数设计的一般形式如下：

```
函数类型 递归函数名 f(参数 x)
{
    if(满足结束条件)
        结果 = 初值;
    else
        结果 = 含 f(x-1)的表达式;
    返回结果;
}
```

【例 2-16】　求 n!。

分析：n!的计算公式是一个递归形式的公式,因而在编程时也采用递归算法。递归结束的条件是 n=1。

```
1   /*************************************************
2    *   程序名: p2_16.cpp                          *
3    *   功　能: 函数的递归调用, 求 n!              *
4    *************************************************/
5   # include< iostream >
6   using namespace std;
7   int fac( int n)
8   {
9       int t;
10      if(n == 1)
11          t = 1;
12      else
13          t = n * fac( n - 1);
14      return (t);
15  }
16  int main( )
17  {   const int max_n = 12;        //int 类型数能表示的 n! 的最大 n
18      int n;
19      cout <<"Input a integer number:";
20      cin >> n;
21      if (n > = 1&&n < = max_n)
22          cout <<"Factorial of "<< n <<" is: "<< fac(n)<< endl;
23      else
24          cout <<"Invalid n. "<< endl;
25      return 0;
26  }
```

运行结果：

```
12↙
479001600
```

程序解释：

实际上,递归程序分两个阶段执行(见图 2-14)。

① **调用**：欲求 fac(n),先求 fac(n−1)、fac(n−2)、…、fac(1),若 fac(1)已知,回推结束。

② **回代**：知道 fac(1),可求出 fac(2)、fac(3)、…、fac(n)。

5. 带默认形参值的函数

C++语言允许在函数说明或函数定义中为形参预赋一个默认的值,这样的函数称为**带有默认形参值的函数**。在调用带有默认参数值的函数时,若为相应形参指定了实参,则形参将使用实参的值;否则,形参将使用其默认值,这就极大地方便了函数的使用。

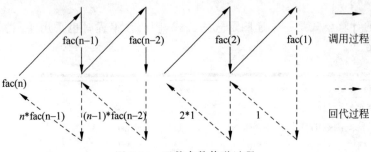

图 2-14　函数参数传递过程

例如：

```cpp
int sub( int x = 8, int y = 3)
{
    return x - y;
}
int main()
{
    sub(20,15);          //传递给形参 x、y 的值分别为 20 和 15
    sub(10);             //传递给形参 x、y 的值分别为 10 和 3
    sub();               //传递给形参 x、y 的值分别为 8 和 3
    return 0;
}
```

使用带有默认形参值的函数时应注意以下几点：

（1）若函数具有多个形参，则默认形参值必须自右向左连续地定义，并且在一个默认形参值的右边不能有未指定默认值的参数。这是 C++语言在函数调用时参数是自右至左入栈这一约定所决定的。例如：

```cpp
int f( int a, float b = 5.0, char c = '.', int d = 10);        //正确
int f( int a = 1, float b = 5.0, char c = '.', int d);         //错误，d 未给值
int f( int a = 1, float b, char c = '.', int d = 10);          //错误，b 未给值
```

（2）在调用一个函数时，如果省略了某个实参，则直到最右端的实参都要省略（当然，与它们对应的形参都要有默认值）。例如，假如有以下声明：

```cpp
int f( int a, float b = 5.0, char c = '.', int d = 10);
```

采用以下调用形式是错误的：

```cpp
f(8, , ,4);              //语法错误
```

（3）默认形参值的说明必须出现在函数调用之前。也就是说，如果存在函数原型，则形参的默认值应在函数原型中指定；否则在函数定义中指定。另外，若函数原型中已经给出了形参的默认值，则在函数定义中不得重复指定，即使所指定的默认值完全相同也不行。例如：

```cpp
int sub( int x = 8, int y = 3);          //默认形参值在函数原型中给出
int main()
{
    sub(20,15);                          //20 - 15
    sub(10);                             //10 - 3
```

```
    sub(); //8 - 3
    return 0;
}
 int sub( int x, int y) //默认形参值没有在函数定义时给出
{
  return x - y;
}
```

（4）在同一个作用域，一旦定义了默认形参值，就不能再定义它。

```
int f( int a, float b, char c = '.', int d = 10);
int f( int a, float b, char c = ' * ', int d = 8);        //错误:企图再次定义默认参数 c 和 d
```

（5）如果几个函数说明出现在不同的作用域内，则允许分别为它们提供不同的默认形参值。

例如：

```
int f( int a = 6, float b = 5.0, char c = '.', int d = 10);
int main()
{
    int f( int a = 3, float b = 2.0, char c = 'n', int d = 20);
    cout << f()<< endl;               //f 函数使用局部默认参数值
    return 0;
}
```

（6）对形参默认值的指定可以是初始化表达式，甚至可以包含函数调用。例如：

int f(int a, float b = 5.0, char c = '.', int d = sub(20,15));   //d 参数的默认值是函数调用

（7）当在函数原型给出了形参的默认值时，形参名可以省略。例如：

int f(int , float = 5.0, char = '.', int = sub(20,15));

2.5.4 内联函数

在本章开头提到过使用函数有利于代码重用，可以提高开发效率，增强程序的可维护性，也有利于许多人一起分工协作开发。前面的函数调用过程显示，当调用一个函数时，程序要转到内存中函数的起始地址去执行，执行完函数的代码后再返回到调用点继续执行，这种转移操作要求在转移前保护现场及保存返回后执行的地址，返回后要回复现场并按保存的地址继续执行，这一切都需要时间和空间方面的开销。

对于一些函数体代码不是很大，但又频繁调用的函数来讲，则附加的时间开销将大得不容忽视，函数调用的时间开销与由于采用了函数而节省的空间开销相比显得很不合算。C++语言为了解决这一矛盾，引入了"**内联函数**"解决这一问题。

内联函数是通过在编译时将函数体代码插入到函数调用处，将调用函数的方式改为顺序执行方式来节省程序执行的时间开销，这一过程称为**内联函数的扩展**。因此，内联函数实际上是一种用空间换时间的方案。

内联函数应该定义在前，使用在后，定义时只需在函数定义的头前面加上关键字 inline 即可。内联函数的定义形式如下：

```
inline 函数类型 函数名 (形式参数表)
{
    函数体;
}
```

在内联函数扩展时也进行了实参与形参结合的过程：先将实参名（而不是实参值）与函数体中的形参替换，然后搬到调用处。但从用户的角度看，调用内联函数和一般函数没有任何区别。下面就是一个使用内联函数的例子。

【例 2-17】　内联函数的使用。

```
1   /****************************************
2    *   程序名: p2_17.cpp               *
3    *   功　能: 内联函数的使用          *
4    **************************************** /
5   # include < iostream >
6   using namespace std;
7   inline double CirArea(double radius)
8   {
9       return 3.14 * radius * radius;
10  }
11  int main()
12  {
13      double r1(1.0),r2(2);
14      cout << CirArea(r1)<< endl;
15      cout << CirArea(r1 + r2 + 4)<< endl;
16      return 0;
17  }
```

运行结果：

```
3.14
153.86
```

程序解释：

程序第 14、15 行在编译时分别替换为：

```
cout << 3.14 * r1 * r1 << endl;
cout << 3.14 * (r1 + r2 + 4) * (r1 + r2 + 4)<< endl;
```

☆注意：

（1）如果仅在声明函数原型时加上关键字 inline，并不能达到内联效果。

（2）内联函数的定义必须出现在对该函数的调用之前，这是因为编译器在对函数调用语句进行替换时必须事先知道替换该语句的代码是什么，这也是仅在声明函数原型时加上关键字 inline 并不能达到内联效果的原因。

C++语言引入内联函数,其目的是提高函数的执行效率,同时取代 C 语言中容易出错的带参数的宏代码,以加强类型安全检查,增加程序的安全性。

使用内联函数虽然节省了函数调用的时间开销,但却是以代码膨胀(空间开销)为代价的,因此用户在具体编程时应仔细权衡时间开销与空间开销之间的矛盾,以确定是否采用内联函数。以下情况不宜使用内联函数:

(1) 如果函数体内的代码比较长,使用内联函数将导致内存消耗代价较高。

(2) 在内联函数体内不宜出现循环。

(3) 递归函数不能定义为内联函数。

(4) 在内联函数体内不宜含有复杂结构控制语句,例如 switch 等。

与处理 register 变量相似,是否对一个内联函数进行扩展完全由编译器自行决定,编译器将根据函数的定义自动取消不值得的内联操作,因此说明一个内联函数只是请求而不是命令编译器对它进行扩展。事实上,如果将一个较复杂的函数定义为内联函数,大多数编译器会自动地将其作为普通函数处理。

2.5.5　函数的重载

通过名字(标识符)方便存取各种数据和代码,是任何程序设计语言的一个重要特征。当人们创建一个对象(如变量)时,要为它取一个名字;一个函数就是一个命名的程序代码块,是程序完成其操作的场所,函数名就是该函数的名字。

通常,自然语言中的同一个词可以代表许多种不同的含义,这要依赖上下文来确定。这就是所谓的一词多义——词的重载。例如,人们可以说"洗衣服,洗汽车",因为通常认为"洗"这个动作具有一定的共性,即使该动作执行的对象不同,人们也能够自然理解,但如果非要定义"两个汉字",一个是"洗衣服的洗",一个是"洗汽车的洗",那将是很累赘、很愚蠢的,不符合自然语言的语法习惯,也会导致汉字的数量大大增加。

在大型软件设计中,由于要求程序中的变量和函数名能够"望名知意",因此功能相近且有一定共性联系的函数名都用不同的函数名。例如,如果人们想对 3 种不同类型的数据(整型、字符型和实型)求和就不得不用 3 个不同的函数名,即 add _ int()、add _ char()和 add _ float(),而对这 3 种不同类型的数据操作,程序员关注的是"求和"这个共性,采用多个函数名既增加了编程者的工作量,让程序显得累赘,也容易造成潜在的名字冲突。

为此,C++允许用一个函数名来表达这些功能相同、只是操作类型不同的函数,即函数重载(overload)。函数重载的本质就是允许功能相同,但函数参数或函数类型不同的函数采用同一个函数名,从而在编译器的帮助下能够用一个函数名访问一组相关的函数。

在 C++语言中,**函数重载**就是指同一个函数名可以对应多个函数的实现,即这些函数名是相同的,但是它们的形参个数和类型却不同,编译器能够根据它们各自的实参和形参的类型以及参数的个数进行**最佳匹配**,自动决定调用哪一个函数体。

例如:

```
int max(int,int);
int max(int,int,int);
float max(float,float);
double max(double,double);
```

就是合法的函数重载。

　　C++之所以能够处理重载函数得益于函数原型。函数原型不仅指出了函数名，也指出了函数参数类型。在调用中，两个函数即使名字相同，只要参数不同，编译器仍能予以区分。

【例 2-18】　重载函数应用举例。

　　编写 3 个名为 add 的重载函数，分别实现两个整数相加、两个实数相加、一个整数和一个实数相加、一个实数和一个整数相加的功能。

```
1   /********************************
2   *   程序名：p2_18.cpp            *
3   *   功　能：函数的重载           *
4   ********************************/
5   # include < iostream >
6   using namespace std;
7   int add( int x, int y)
8   {
9       cout <<"(int, int)\t";
10      return x + y;
11  }
12  double add(double x, double y)
13  {
14      cout <<"(double, double)\t";
15      return x + y;
16  }
17  int add( int x, double y)
18  {
19      cout <<"(int, double)\t";
20      return int(x + y);
21  }
22  double add(double x, int y)
23  {
24      cout <<"(double,int)\t";
25      return x + y;
26  }
27  int main()
28  {
29      cout << add(9,8)<< endl;
30      cout << add(9.0,8.0)<< endl;
31      cout << add(9,8.0)<< endl;
32      cout << add(9.0,8)<< endl;
33      return 0;
34  }
```

运行结果：

```
(int, int)   17
(double,double)  17
(int, double)  17
(double, int)  17
```

程序解释：

为了显示调用了哪个函数,在每一个函数体中添加了显示标识。

函数重载应注意以下几点:

(1) 各个重载函数的返回类型可以相同,也可以不同。但如果函数名相同、形参表也相同,仅仅是返回类型不同,则是非法的。在编译时会认为是语法错误。例如:

```
int add(int i1,int i2);
float add(int f1,int f2);
```

C++无法区分这两个函数,因为在没有确定函数调用是对哪一个重载函数之前,返回类型是不知道的。

(2) 确定对重载函数的哪个函数进行调用的过程称为**绑定**(binding),绑定的优先次序为精确匹配、对实参的类型向高类型转换后的匹配、实参类型向低类型及相容类型转换后的匹配。

程序 p2_18.cpp 中的 add() 调用通过精确匹配进行了函数绑定。如果再加上下列调用:

```
add('A','A'+'0');
add(float(8),float(9));
add(long double(8),9);
```

add('A','A'+'0')的实参类型为(char,int),不能从重载函数中获得精确匹配,于是将char 型转换成 int 型,然后与 add(int,int)绑定。

add(float(8),float(9))的实参向(double,double)转换,然后与 add(double,double)绑定。

add(long double(8),9)实参类型为(long double,int),在重载函数中既没有精确匹配,向高类型转换后也得不到匹配,于是向低类型转化。

由于存在 add(int,int)、add(double,int)两个重载函数,编译器不知道进行哪种类型的转换,与哪个函数绑定,这种现象称为**绑定(匹配)二义性**。

消除这种二义性的办法如下:

① 添加重载函数定义,使调用获得精确匹配。例如增加定义 add(long double,int)。

② 将函数的实参进行强制类型转换,使调用获得精确匹配。其调用形式可改为 add(double(long double(8)),9),但改为 add(long double(8),long double(9))同样会出现绑定二义性。

(3) 重载函数与带默认形参值的函数一起使用时,有可能引起二义性。例如:

```
void add(int x, int y, int z = 0);
```

当调用 add(8,9)时,不知与 add(int,int)还是与 add(int,int,int=0)绑定。

消除这种二义性的方法是增加或减少实参个数。

2.5.6　常用的 C++ 系统函数

C++不仅允许程序员根据自己的需要定义函数,还为程序员提供了大量的标准库函数,这些函数原型在相应的头文件中,在使用时要包含相应的头文件。

表 2-11 列出了各类函数,以及在前面学习时用到的常用函数,以后使用到的函数将在后面的章节中陆续介绍。在编写程序时,常常通过编译系统的帮助功能查找函数的原型、功能以及使用方法。

表 2-11　C++ 函数分类表

类别	原型	功能简述	C++头文件	C式头文件
数学	double sqrt(double x)	求 x 的平方根	cmath	math. h
	int abs(int i) long labs(long n) double fabs(double x)	分别求整型数、长整型数、浮点数的绝对值		
	double pow(double x, double y)	x 的 y 次幂		
	double exp(double x)	e 的 x 次幂		
	double log(double x)	lnx 即 $\log_e x$		
	double log10(double x)	$\log_{10} x$		
	double sin(double x)	分别求 x 的正弦值、		
	double cos(double x)	余弦值、		
	double tan(double x)	正切值；x 为弧度数		
	double asin(double x)	分别求 x 的反正弦值、		
	double acos(double x)	反余弦值、		
	double atan(double x)	反正切值		
	double ceil(double x)	求不小于 x 的最小整数		
	double floor(double x)	求不大于 x 的最大整数		
字符	int isalpha(int c)	c 是否是字母	iostream	ctype. h
	int isdigit(int c)	c 是否是数字		
	int tolower(int c)	将 c 转换成小写字母		
	int toupper(int c)	将 c 转换成大写字母		
字符串	char * strcpy(char * s1, char * s2)	将字符串 s2 复制给 s1	iostream	string. h
	unsigned strlen(char * str)	求字符串 str 的长度		
内存操作	void * memcpy(void * d, void * s, int c)	将 s 指向的内存区域的 c 个字节复制到 d 向的区域	iostream	memory. h
类型转换	int atoi(char * s)	将字符串转换成整数	iostream	stdlib. h
	char * itoa(int v, char * s, int x)	将整数 v 按 x 进制转换成字符串 s		
时间	time_t time(time_t * timer)	返回 1970/1/1 零点到目前的秒数	ctime	time. h
其他	srand(unsigned seed)	设置随机数的种子	iostream	stdlib. h
	int rand()	产生 0～RAND_MAX 的随机数		
	exit(int)	终止正在执行的程序		

☆注意：

（1）在 C++ 中，旧式的 C 风格的头文件去掉了扩展名 h，加上了前缀 C，如 stdlib. h 在 C++ 中变成了 Cstdlib。

（2）当使用了"＃include ＜ iostream ＞ using namespace std；"时，许多头文件不需要包含了。在表 2-11 中，用 iostream 表示不再需要包含相应的 C++ 风格的头文件。

【例 2-19】　产生 100 个学生的某门功课的成绩，要求精确到 0.5 分。

分析：可以利用随机函数 rand()产生 100 个 5～1000 的整数，然后将它们转换成要求的数。

```
1    /**************************************************
2    *    程序名：p2_19.cpp                            *
3    *    功　能：利用系统函数 rand()随机产生学生成绩   *
4    **************************************************/
5    # include < iostream >
6    # include < stdlib. h >
7    using namespace std;
8    int main(){
9        int x, i(0);
10       srand(124);                    //设置种子
11       do
12       {
13           x = rand();
14           if(x > = 5&&x < = 1000)
15           {
16               x = (x/5) * 5;
17               cout << x/10.0 <<"\t";
18               i++;
19           }
20       } while (i < 100);
21       return 0;
22   }
```

运行结果：

44	79	63	10.5	20.5	50	7.5	14.5	10	76.5
92	85.5	69	35	99.5	67.5	90.5	34	47	80
18.5	99.5	5	44	79.5	3.5	49	91.5	87	67.5
94.5	28	25	77.5	80.5	32	34.5	34.5	51.5	81.5
22.5	33	36	4.5	40	62.5	84.5	29	70.5	73.5
74.5	83.5	78	33.5	13.5	2	63	42.5	69.5	9.5
41.5	49	7	92.5	50.5	59	81	54	54.5	25
70	68	55	81	84	18.5	59	40.5	58	48.5
66	33	7.5	16.5	28.5	53.5	45	17	15.5	23.5
97	71	8.5	95	59.5	86	72.5	14	77.5	40

程序解释：

第 10 行设置随机数种子，在使用 rand()产生随机数时，以种子为基准，若种子相同，每次产生的随机数也相同。

本 章 小 结

（1）字符集是构成 C++程序语句的最小元素，在程序中除了字符串常量外，所有构成程序的字母均取自字符集。

（2）C++的基本数据类型包括布尔型、字符型、整数型、实数型、空值型，分别用 bool、char、

int、float、void 表示。其中，float 类型对有些带小数的实数只能近似表示。各种数据类型都有自己的表示范围。

（3）在字符常量中，有些转义（如\t、\n）常用在输出流中用来控制输出格式。整数（常量）的默认类型为 int，实数（常量）的默认类型为 double。

（4）给变量赋值的实质是将一个数放到变量名标识的内存单元中。在包含赋值运算的运算符中，操作数必须是一个左值。

（5）字面常量、符号常量、常变量统称常量。

（6）各种运算符种类繁多，且具有不同的优先级与结合性，大致优先顺序为一元运算优先于二元运算；二元运算优先于三元运算；算术、移位、关系、按位、逻辑运算的优先级依次降低。

（7）复杂的运算式要多使用括号，以方便阅读与理解。

（8）在表达式中，参加运算的数据如果类型不同可以自动转换，自动转换的规律是低类型向高类型转换，以不丢失数据、不降低精度为原则。

（9）除了自动类型转换外，C++提供了多种强制类型转换方法，供在特定的场合使用。

（10）在含操作数、计算次序不定的运算符的表达式中，避免在其操作数中引入带副作用的运算符。带副作用的运算符有＋＋、－－、各类赋值运算符等。

（11）表达式语句由表达式加上分号构成，完整实现表达式的功能；结构语句用于控制程序的结构；块语句是用{ }括起来的各种语句系列，在程序中可以看成是一条语句。

（12）if 语句有基本形式与 if…else 形式，由这两种形式可以组合成各种结构，但本质上只有这两种形式。在两种形式组合使用发生理解的歧义时，C++规定 else 与前面最近的没有 else 的 if 语句配对。

（13）switch…case 语句方便实现多重分支，使程序结构更加清晰，但不能取代基本的 if 语句。

（14）C++提供了 for、while、do…while 这 3 种循环语句，不同场合、不同使用者使用不同的语句。一般来说，当不知道循环次数时，可以考虑使用 while 语句；当不知道循环次数，但循环至少执行一次时，使用 do…while 语句；for 语句最复杂也最灵活，一般在已知循环次数时可以考虑使用 for 语句。在使用 for 语句时要注意，for 语句中的最后一个表达式在循环体执行完后再执行。

（15）break 语句用在循环和 switch…case 语句中，用于跳出语句块。continue 语句用在循环语句中，用来结束本次循环，忽略后面的语句。

（16）函数是一个功能独立的具有名称的程序代码，在程序的其他地方通过使用函数名与传递参数对函数进行调用。

（17）一个函数只有被声明或定义后才能被调用。函数声明语句与函数定义中的函数头基本相同，所不同的是，声明语句必须以分号结束，形参表中可以为任意形参名或者不给出形参名。

（18）函数调用过程包括通过栈内存保存返回地址传递参数、执行函数体、返回 3 个阶段。将实参的值传递给形参的这种传值调用方式不改变实参的值。

（19）递归函数适用于以递归方式定义的概念。

（20）带 inline 关键字定义的函数为内联函数，在编译时将函数体展开到所有调用处。内联函数的好处是节省函数调用过程的开销。

（21）函数名相同,但对应形参表不同的一组函数称为重载函数。参数表不同是指参数个数不同或在个数相同的情况下至少有一个参数的对应类型不同。

（22）确定对重载函数中函数进行绑定的优先次序为精确匹配、对实参的类型向高类型转换后的匹配、实参类型向低类型及相容类型转换后的匹配。

（23）对重载函数绑定时可能产生二义性,重载函数与带默认形参值的函数一起使用时有可能引起二义性。

（24）内联函数的展开、重载函数的绑定均在编译时进行。

习　题　2

1. 填空题

（1）C++的基本数据类型可分为五大类,即_____、_____、_____、_____、_____,分别用关键字_____、_____、_____、_____、_____定义,长度分别为_____、_____、_____、_____、_____字节。整型、字符型的默认符号修饰为_____。

（2）十进制数值、八进制数值、十六进制数值的前缀分别为_____、_____、_____。

（3）有 C++预定义的常用转义序列中,在输出流中用于换行、空格的转义序列分别为_____、_____。

（4）布尔型数值只有两个,即_____、_____。在 C++的算术运算式中,它们分别当作_____、_____。

（5）字符由_____括起来,字符串由_____括起来。字符只能有_____个字符,字符串可以有_____个字符。空串的表示方法为_____。

（6）关系运算符操作数的类型可以是_____,对其中的_____类型数不能直接比较。

（7）&& 与 || 表达式按_____的顺序进行计算,以 && 连接的表达式,如果左边的计算结果为_____,右边的计算不需要进行,就能得到整个逻辑表达式的结果:_____;以 || 连接的表达式,如果左边的计算结果为_____,就能得到整个逻辑表达式的结果:_____。

（8）>>运算符将一个数右移 n 位,相当于将该数_____ 2^n,<<运算符将一个数左移 n 位,相当于将该数_____ 2^n。

（9）所有含赋值运算的运算符的左边要求是_____。

（10）前置++、--的优先级_____于后置++、--。

（11）按操作数数目分,运算符的优先级从高到低排列为_____,按运算符的性质分,优先级从高到低排列为_____。

（12）在表达式中,会产生副作用的运算符有_____。

（13）函数执行过程中通过_____语句将函数值返回,当一个函数不需要返回值时需要使用_____作为类型名。

（14）在 C++程序中,如果函数定义在后,调用在先,需要_____,告诉编译器函数的_____、_____、_____。其格式和定义函数时的函数头的形式基本相同,它必须以_____结尾。

（15）函数参数传递过程的实质是将实参值通过_____——传送给形参。

（16）递归程序分两个阶段执行,即_____、_____。

(17) 带 inline 关键字定义的函数为_____，在_____时将函数体展开到所有调用处。内联函数的好处是节省_____开销。

(18) 函数名相同，但对应形参表不同的一组函数称为_____，参数表不同是指_____。

(19) 确定对重载函数中函数进行绑定的优先次序为_____、_____、_____。

(20) 内联函数的展开、重载函数的绑定、类模板的实例化与绑定均在_____阶段进行。

2. 选择题

(1) 下列选项中，均为常用合理的数值的选项是（　　）。

    A. .25　　1L　　0Xfffe　　　　　　　B. '好!'　　3333333333　　 −01U

    C. 10^8　　'\'　　'\x'　　　　　　　 D. 08　　FALSE　　1e+08

(2) 如(1)题选项中，均为不合理(能通过编译，但不提倡使用)的数值的选项是（　　）。

(3) 如(1)题选项中，均为不合法(不能通过编译)的数值的选项是（　　）。

(4) 下列选项中，均为合法的标识符的选项是（　　）。

    A. program　a&b　2me　　　　　　 B. ccnu@mail　C++　a_b

    C. π　　变量a　a　b　　　　　　　　 D. ___Line　_123　Cout

(5) 如(4)题选项中，均为不合法的标识符的选项是（　　）。

(6) 若定义"short int i=32769;"，"cout << i;"的输出结果为（　　）。

    A. 32 769　　　　B. 32 767　　　　C. −32 767　　　　D. 不确定的数

(7) 若定义"char c='\78';"则变量c（　　）。

    A. 包含一个字符　　　　　　　　　　 B. 包含两个字符

    C. 包含 3 个字符　　　　　　　　　　 D. 定义不合法

(8) 若定义"int a=7; float x=2.5, y=4.7;"，则 x+a%3 * static_cast < int >(x+y)% 2/4 的值为（　　）。

    A. 2.5　　　　　B. 2.75　　　　　C. 3.5　　　　　D. 0.0

(9) 设 i 为 int 型、f 为 float 型，则 10 + i+ 'f'的数据类型为（　　）。

    A. int　　　　　B. float　　　　　C. double　　　　D. char

(10) 设变量 f 为 float 型，将 f 小数点后第 3 位四舍五入，保留小数点后两位的表达式为（　　）。

    A. (f * 100+0.5)/100　　　　　　　　 B. (f * 100+0.5)/100.0

    C. (int)(f * 100+0.5)/100.0　　　　　 D. (int)(f * 100+0.5)/100

(11) 下列运算要求操作数必须为整型的是（　　）。

    A. /　　　　　　B. ++　　　　　　C. != 　　　　　D. %

(12) 若变量已正确定义并具有初值，下列表达式合法的是（　　）。

    A. a:=b++　　　　　　　　　　　　　 B. a=b+3=c++

    C. a=b++=c　　　　　　　　　　　　 D. a=b++, b=c

(13) 6 种基本数据类型的长度排列正确的是（　　）。

    A. bool=char<int≤long=float<double

    B. char<bool=int≤long=float<double

    C. bool<char<int<long<float<double

    D. bool<char<int<long=float<double

(14) 若变量 a 是 int 类型,执行"a＝'A'＋1.6;",正确的叙述为(   )。

    A. a 的值是字符 C

    B. a 的值是浮点型

    C. 不允许字符型数与浮点型数相加

    D. a 的值是'A'的 ASCII 码值加上 1

(15) 判断 char 型变量 c 是否为英文字母的表达式为(   )。

    A. 'a'<=c<='z' && 'A'<=c<='Z'

    B. 'a'<=c&&c<='z' || 'A'<=c&&c<='Z'

    C. 'a'<=c<='z' || 'A'<=c<='Z'

    D. ('a'<=c||c<='z') && ('A'<=c||c<='Z')

(16) 下列表达式中没有副作用的是(   )。

    A. cout＜＜i＋＋＜＜i＋＋   B. a＝(b=1)＋=2

    C. a＝(b=1)＋2   D. c＝a＊b＋＋＋b

(17) 下列语句中的 x 和 y 都是 int 型变量,其中错误的语句是(   )。

    A. x=y++;   B. x=++y;   C. (x+y)++;   D. ++x=y;

(18) 对于 if 语句中的表达式的类型,下面描述正确的是(   )。

    A. 必须是关系表达式

    B. 必须是关系表达式或逻辑表达式

    C. 必须是关系表达式或算术表达式

    D. 可以是任意表达式

(19) 以下错误的 if 语句是(   )。

    A. if(x＞y) x++;

    B. if(x == y) x++;

    C. if(x＜y) {x++; y－－}

    D. if(x != y) cout＜＜x else cout＜＜y;

(20) 以下程序的输出结果为(   )。

```
int main() {
    int a(20),b(30),c(40);
    if(a>b) a = b, b = c; c = a;
    cout <<"a = "<< a <<",b = "<< b <<",c = "<< c;
    return 0;
}
```

    A. a＝20,b＝30,c＝40   B. a＝20,b＝40,c＝20

    C. a＝30,b＝40,c＝20   D. a＝30,b＝40,c＝30

(21) 以下程序的输出结果为(   )。

```
int main() {
    int a(1),b(3),c(5),d(4),x(0);
    if(a<b)
    if(c<d) x = 1;
    else if(a<c)
        if(b<d) x = 2;
```

```
        else x = 3;
        else x = 6;
        else x = 7;
            cout << x;
        return 0;
    }
```

  A. 1   B. 2   C. 3   D. 6

（22）以下程序的输出结果为（ ）。

```
    int main() {
      int x(1),a(0),b(0);
      switch(x) {
      case 0: b++;
      case 1: a++;
      case 2: a++; b++;
      }
      cout <<"a = "<< a <<", b = "<< b;
      return 0;
    }
```

  A. a＝2,b＝1   B. a＝1,b＝1   C. a＝1,b＝0   D. a＝2,b＝2

（23）以下程序的输出结果为（ ）。

```
    int main()
    {
        int a(15),b(21),m(0);
        switch (a % 3)
        {
          case 0: m++;break;
          case 1: m++;
              switch(b % 2)
              {
                default: m++;
                case 0: m++; break;
              }
        }
        cout << m;
        return 0;
    }
```

  A. 1   B. 2   C. 3   D. 4

（24）与"y＝(x>0 ? 1 : x<0 ? −1 : 0);"的功能相同的 if 语句是（ ）。

  A.
```
    if(x > 0) y = 1;
    else if(x < 0) y = −1;
    else y = 0;
    y = −1;
```

  B.
```
    if(x)
    if(x > 0) y = 1;
    else if(x < 0)y = −1;
    y = 0;
```

  C.
```
    if(x)
    if(x > 0) y = 1;
    else if(x == 0)y = 0;
    else y = −1;
```

  D.
```
    if(x >= 0)
    if(x > 0)y = 1;
    else y = −1;
```

(25) 以下循环的执行次数为(　　)。

```
for(int i = 2; i!= 0;) cout << i-- ;
```

A. 死循环　　　　　　B. 0 次　　　　　　C. 1 次　　　　　　D. 两次

(26) 下列程序的运行结果是(　　)。

```
int main() {
  int a(1),b(10);
  do {
    b- = a; a++; } while(b - - < 0);
  cout <<"a = "<< a <<",b = "<< b;
  return 0;
}
```

A. a=3,b=11　　　B. a=2,b=8　　　C. a=1,b=-1　　　D. a=4,b=9

(27) 下面程序段循环执行了(　　)。

```
int k = 10;
while (k = 3) k = k - 1;
```

A. 死循环　　　　　　B. 0 次　　　　　　C. 3 次　　　　　　D. 7 次

(28) 语句 while(!E)中的表达式!E 等价于(　　)。

A. E==0　　　　　B. E!=1　　　　　C. E!=0　　　　　D. E==1

(29) 以下程序段(　　)。

```
x = -1;
do { x = x * x; } while (!x);
```

A. 死循环　　　　　　　　　　B. 循环执行一次

C. 循环执行两次　　　　　　　D. 语法错

(30) 与"for(表达式1;表达式2;表达式3)循环全体;"功能相同的语句为(　　)。

A.
```
表达式1;
while(表达式2){
    循环体;
    表达式3;}
```

B.
```
表达式1;
while(表达式2){
    表达式3;
    循环体; }
```

C.
```
表达式1;
do{
    循环体;
    表达式3;} while(表达式2);
```

D.
```
do {
    表达式1;
    循环体;
    表达式3;} while(表达式2)
```

(31) 以下循环体的执行次数为(　　)。

```
for(int x = 0,y = 0;(y = 123) && (x < 4); x++);
```

A. 死循环　　　　B. 次数不定　　　　C. 4 次　　　　D. 3 次

(32) 以下不是死循环的语句为(　　)。

A. for(y=0, x=1;x>++y;x=i++) i=x;

B. for(; ; x++=i);

C. while(1) {x++;}

D. for(i=0; ; i--) sum+=i;

（33）下列程序的运行结果是（　　　）。

```
int main()
{
  int a(1),b(1);
  for(; a<=100; a++) {
    if(b>=10) break;
    if(b % 3 == 1) {b+=3; continue; }
  }
  cout << a;
  return 0;
}
```

  A. 101   B. 6   C. 5   D. 4

（34）以下循环体的执行次数为（　　　）。

```
int i(0);
while(i<10) {
  if(i<1) continue;
  if(i==5) break;
  i++;
}
```

  A. 死循环   B. 1   C. 10 次   D. 6 次

（35）执行语句序列

```
int n;
cin >> n;
switch(n)
{
  case 1:
  case 2:cout <<'1';
  case 3:
  case 4:cout <<'2';break;
  default:cout <<'3';
}
```

时，若键盘输入 1，则屏幕显示（　　　）。

  A. 1   B. 2   C. 3   D. 12

（36）在下列定义中，正确的函数定义形式为（　　　）。

  A. void fun(void)   B. double fun(int x; int y)

  C. int fun();   D. double fun(int x,y)

（37）函数 int fun(int x, int y) 的声明形式不正确的为（　　　）。

  A. int fun(int , int);   B. int fun(int y, int x);

  C. int fun(int x, int y)   D. int fun(int i, int j);

（38）在 C++语言中，函数返回值的类型由（　　　）。

  A. return 语句中的表达式类型决定

  B. 调用该函数时的主调函数类型决定

    C. 调用该函数时系统临时决定

    D. 定义该函数时所指定的数据类型决定

（39）若有函数调用语句：

```
fun(a + b, (x, y), (x, y, z));
```

此调用语句中的实参个数为（　　）。

    A. 3   B. 4   C. 5   D. 6

（40）在 C++中，关于默认形参值，正确的描述是（　　）。

    A. 设置默认形参值时，形参名不能省略

    B. 只能在函数定义时设置默认形参值

    C. 应该先从右边的形参开始向左边依次设置

    D. 应该全部设置

（41）对重载函数的要求，准确的为（　　）。

    A. 要求参数的个数不同

    B. 要求参数中至少有一个类型不同

    C. 要求参数个数相同时类型不同

    D. 要求函数的返回类型不同

（42）系统在调用重载函数时根据一些条件确定调用哪个重载函数，在下列条件中，不能作为依据的是（　　）。

    A. 实参个数   B. 实参类型   C. 函数名称   D. 函数类型

（43）在下列函数原型声明中，错误的是（　　）。

    A. void Fun(int x＝0,int y＝0);

    B. void Fun(int x,int y);

    C. void Fun(int x,int y＝0);

    D. void Fun(int x＝0,int y);

（44）若同时定义了以下函数，则 fun(8, 3.1)调用的是下列（　　）函数。

    A. fun (float, int)   B. fun (double, int)

    C. fun (char, float)   D. fun (double, double)

3. 简答题

（1）若定义"int x＝3,y；"，那么下列语句执行后 x 和 y 的值分别是多少？

① y = x++ - 1;

② y = ++x - 1;

③ y = x-- +1;

（2）运行下面的程序段，观察其输出，如将式中的 && 改为 ||，运行结果是什么？

```
int a = 1,b = 2,m = 2,n = 123;
cout <<((m = a > b)&&++n)<< endl;
```

（3）运行下面的程序，观察其输出。

```
int x,a;
x = (a = 3 * 5,a * 4),a + 5;
cout <<"x = "<< x <<" a = "<< a << endl;
```

（4）下列表达式在计算时是如何进行类型转换的？

10/static_cast < float >(3) * 3.14 + 'a' + 10L * (5 > 10)

4．程序填空题

（1）下列程序接受从键盘输入的两个数以及＋、－、* 、/运算符,将两个数进行加、减、乘、除,输出运算结果,请填空。

```cpp
int main() {
    char c;
    float a, b, result(0);
    int tag(1);              //标志,1:合法,0:数据或操作不合法
    cin >> a >> b >> c;
    switch (c) {
     case      ①      : result = a + b; break;
     case      ②      : result = a - b; break;
     case      ③      : result = a * b; break;
     case      ④      :
        if(b == 0) {
            cout <<"divide 0"<< endl;
            tag = 0;
            ⑤
        }
        result = a/b;
        break;
        ⑥
       tag = 0;
       cout <<"invalid operation"<< endl;
        ⑦
    }
    if(tag)
      cout << result << endl;
    return 0;
}
```

（2）下列程序的功能是输出 100 以内能被 3 整除且个位数为 6 的所有整数,请填空。

```cpp
int main() {
    int i, j;
    for (i = 0;      ①      ; i++) {
        j = i * 10 + 6;
      if (      ②      ) continue;
      cout << j;
      }
      return 0;
}
```

（3）斐波那契数列有如下特点：第 1、2 个数都是 1,从第 3 个数开始,每个数都是前两个数的和。下列程序的功能是求数列的前 m(m＞1)个数,按每行 5 个数输出。

```cpp
int main() {
    int f1(1), f2(1), m;
    cin >> m;
```

```
    cout << f1 <<"\t"<< f2 <<"\t";
    for (int i = 2; i < m; i++) {
        ____①____
        ____②____
        cout << f2 <<"\t";
        if ( ____③____ ) cout << endl;
    }
    return 0;
}
```

5. 程序分析题

（1）写出并分析下列程序的运行结果：

```cpp
# include< iostream >
using namespace std;
void swap(int x, int y) {
    int t;
    t = x, x = y, y = t;
    cout <<"&x:"<< &x <<", &y:"<< &y <<", &t:"<< &t << endl;
}
int main()
{ int a = 3, b = 4;
  cout <<"&a:"<< &a <<", &b:"<< &b << endl;
  cout <<"a = "<< a <<", b = "<< b << endl;
  swap(a, b);
  cout <<"a = "<< a <<", b = "<< b << endl;
  return 0;
}
```

（2）下列程序有错误之处，请指出并改正，然后分析改正后的运行结果。

```cpp
# include< iostream >
using namespace std;
int add(int x, int y, int z = 0) {
    cout <<"(int, int, int = 0)\t";
    return x + y; }
int add(int x, char y) {
    cout <<"(int, char)\t";
    return x + y; }
int main(){
  cout << add(9,8)<< endl;
  cout << add(9.0,8.0)<< endl;
  cout << add(9,8.0)<< endl;
  cout << add(9.0,8)<< endl;
  cout << add(9,'A')<< endl;
  cout << add('A','A' - '0')<< endl;
  return 0;
}
```

6. 编程题

（1）摄氏温度与华氏温度的转换公式为：

$$c = \frac{5}{9}(f - 32)$$

其中 c 为摄氏温度，f 为华氏温度，写出两者互相转换的表达式，将表达式放到程序中，以整数形式输入一种温度值，以整数形式输出转换后的温度值。

（2）用三目运算符求 3 个数 x、y、z 的最大者。

（3）分别写出引进与不引进第 3 个变量交换两个变量值的表达式（语句）。

（4）求 n！（n 由键盘输入），当结果将要超出表示范围时退出，显示溢出前的 n 以及结果。

（5）改写本章将百分制换算成等级分的程序，优化判断。

（6）改写本章百钱买百鸡程序，减少循环层数以及循环次数，优化循环。

（7）编写程序，分别正向、逆向输出 26 个大写英文字母。

（8）从键盘输入一个整数，判断该数是几位数，逆向输出该数。

（9）从键盘输入一个整数，判断该数是否为回文数。所谓回文数就是从左到右读与从右向左读都是一样的数，例如 7887、23432 是回文数。

（10）编写一程序，按下列公式求圆周率，精确到最后一项的绝对值小于 10^{-8}。

$$\frac{\pi}{4} = 1 - \frac{1}{3} + \frac{1}{5} - \frac{1}{7} + \cdots$$

（11）根据历法，凡是 1、3、5、7、8、10、12 月，每月 31 天，凡是 4、6、9、11 月，每月 30 天，2 月闰年 29 天，平年 28 天。闰年的判断方法如下：

① 如果年号能被 400 整除，此年为闰年；

② 如果年号能被 4 整除，且不能被 100 整除，此年为闰年；

③ 否则不是闰年。

编程输入年、月，输出该月的天数。

（12）假定邮寄包裹的计费标准如下表，输入包裹重量以及邮寄距离，计算出邮资。

重量/g	邮资/(元/件)	重量/(g)	邮资/(元/件)
15	5	60	14（每满 1000km 加收 1 元）
30	9	≥75	15（每满 1000km 加收 1 元）
45	12		

* 重量在档次之间按高档靠。

（13）编写一函数，按不同精度求圆周率。

（14）设计一函数，判断一整数是否为素数。

（15）设计一递归函数，求 x 的 y 次幂。

## 第 3 章

构造数据类型

◇ **引言**

在实际应用中,除了使用基本数据类型描述所处理的问题外,人们经常要处理一些更复杂的数据对象,这些复杂的数据对象无法用单一的基本数据类型来描述,它们需要用一些简单的基本数据类型组合成比较复杂的数据类型才能予以描述和定义。为此,C++中提供了**构造数据类型**。

构造数据类型是用基本数据类型构造的用户自定义数据类型,用来对复杂的数据对象进行描述与处理。构造数据类型也称为自定义数据类型,包括枚举、数组、指针、字符串、引用类型、结构和联合。

◇ **学习目标**

(1) 掌握枚举类型的使用;

(2) 深入理解数组的概念,掌握数组应用的一般方法;

(3) 深入理解指针的概念,掌握指针的使用;

(4) 注意指针与数组的区别,会使用多重指针以及指针与数组的多种混合体,会分配动态数组;

(5) 理解字符串的概念,会使用字符串;

(6) 理解引用的概念,掌握引用型函数参数的用法;

(7) 掌握结构与联合类型的使用,并注意二者的区别。

3.1 枚 举 类 型

在生活中人们都有这样的常识:一个星期有 7 天,分别是星期一、星期二、⋯、星期日;交通灯只有红、黄、绿 3 种颜色。类似这样的情况还有很多例子,在计算机中可以用 int、char 等类型来表示这些数据。但是,如果将星期一至星期日表示为 1~7 的整数,一方面在程序中容易将它们与其他不表示星期的整数混淆;另外,由于它们只能取有限的几种可能值,这样在程序中对数据的合法性检查成为一件比较麻烦的事。C++中的枚举类型就是专门用来解决这类问题的。

3.1.1 枚举类型的定义

如果一个变量只有几种可能的取值,可以使用枚举类型来定义。枚举类型属于用户自定义数据类型。所谓"枚举",是指将变量所有可能的取值一一列举出来,变量的取值只限于列举出来的常量。

枚举类型的声明的一般形式如下：

enum　枚举类型名　{枚举常量 1,枚举常量 2,…,枚举常量 n};

其中：

- 枚举类型名以及枚举常量为标识符,遵循标识符的取名规则。
- 在定义一个枚举类型时定义了多个常量,供枚举类型变量取值,我们称此常量为枚举常量。当没给各枚举常量指定值时,其值依次默认为 0、1、2、…在定义枚举类型时,也可以使用赋值号另行指定枚举常量的值。

例如：

enum weekday { SUN,MON,TUE,WED,THU,FRI,SAT };

定义了 7 个枚举常量以及枚举类型 weekday。枚举常量具有默认的整数与之对应：SUN 的值为 0、MON 的值为 1、TUE 的值为 2、…、SAT 的值为 6。

enum city{ Beijing,Shanghai,Tianjin = 5,Chongqing};

枚举常量 Beijing 的值为 0,Shanghai 的值为 1,Tianjin 的值为 5。对于没有指定值的枚举常量,编译器会将前一个常量值加 1(下一个整数)赋给它,所以 Chongqing 的值为 6。

枚举类型定义了以后就可以使用枚举常量、枚举类型来定义变量了,定义枚举变量的方法与定义其他变量的方法一样。例如：

enum city city1,city2;
city city1,city2;

用两种方法定义了 city1、city2 两个枚举类型的变量名。

枚举类型变量也可以在定义枚举类型的同时定义,例如：

enum city{ Beijing,Shanghai,Tianjin = 5,Chongqing} city1,city2;

在定义枚举类型的同时定义枚举类型变量可以省略枚举类型名,例如：

enum { Beijing,Shanghai,Tianjin = 5,Chongqing} city1,city2;

在定义变量时可以顺便给出初值,若不给初值,默认初值为随机的无意义的数。

3.1.2　枚举类型的使用

定义一个枚举类型后,就可以直接使用各个枚举常量了。用枚举类型建立枚举变量后可以对枚举变量实施赋值以及进行其他运算,包括对枚举变量进行赋值,其值要求为同一枚举类型,否则在编译时会出错。

例如：

weekday d1,d2,d3,d4;
d1 = SUN;
d2 = 6;   //错误
d3 = Shanghai;   //错误

其中,对 d2 所赋之值是整数 6,不是枚举常量;可以将一个整型值强制转换成同类型的枚举常量赋给枚举变量：

d2 = (weekday)6;

对 d3 的赋值不是同类型的枚举常量。

　　枚举常量、枚举类型的变量可进行算术运算、关系运算。对枚举类型实施算术、关系运算时,枚举值转换成整型值参加运算,结果为整型值。如果要将结果赋给枚举变量,还要将结果转换成枚举值。

　　例如:

d1 = d1 + 2;　　　　　　　//是错误的,因为结果为 int 型

需要将它强制转换成枚举型:

d1 = (weekday)(d1 + 2);
d1++;　　　　　　　　　//也是错误的

枚举常量、枚举类型的变量可直接进行各种形式的关系运算。

　　例如:

if(city1 == 3);
if(city2 > = Beijing);
if(Shanghai == 1);
if(city1 > SUN);

另外,枚举类型变量不能直接进行输入,例如:

cin >> d1;　　　　　　　//错误

☆注意:

　　(1) 枚举常量是常量,不是变量,所以不能对枚举常量进行赋值。在上例中不能进行"Shanghai=Beijing;"的赋值。

　　(2) 枚举常量的值不是列举的字符串,其值为整数。

　　(3) 编译器对赋给枚举变量的对象(数)进行类型检查,如类型不相符则发出警告。当类型相同,而值超出此类枚举类型的枚举常量范围时也是正常的。

　　【例 3-1】　输入城市代号,输出城市名称。

```
1  /***********************************************************
2  *   程序名:p3_1.cpp                                       *
3  *   功　能:枚举类型的使用,输入城市代号,输出城市名称        *
4  *********************************************************** /
5  # include < iostream >
6  using namespace std;
7  enum city{ Beijing,Shanghai,Tianjin = 6,Chongqing};
8  int main()
9  {
10    int n;
11    cout <<"Input a city number ("<< Beijing - 1 <<" to exit):"<< endl;
12    cin >> n;
13    while(n > = Beijing){
14      switch(n) {
15        case Beijing: cout <<"Beijing"<< endl;break;
16        case Shanghai:cout <<"Shanghai"<< endl;break;
```

```
17          case Tianjin:cout <<"Tianjin"<< endl;break;
18          case Chongqing:cout <<"Chongqing"<< endl;break;
19          default:cout <<"Invalid city number!"<< endl;break;
20      }
21      cin >> n;
22  }
23  return 0;
24 }
```

运行结果：

```
Input a city number ( – 1 to exit):
1 ↙
Shanghai
8 ↙
Invalid city number!
– 1 ↙
```

3.2 数   组

在程序中经常需要处理成批的数据，如一个班学生某门功课的成绩，这类数据有一个共同的特点：它们有若干个同类型的数据元素，并且各个数据元素之间存在某种次序关系。如果用单个变量表示数据元素，一方面要建立很多变量，另一方面无法体现数据元素之间的关系。C++以及其他高级语言提供了数组这种数据类型来表示上述数据。

数组是一组在内存中依次连续存放的、具有同一类型的数据变量所组成的集合体。其中的每个变量称为数组元素，它们属于同一种数据类型，数组元素用数组名与带方括号的数组下标一起标识。数组可以是一维的，也可以是多维的。

3.2.1 一维数组的定义与使用

数组属于构造数据类型，在使用之前必须先进行类型定义。

1. 一维数组的定义

定义一维数组的一般形式如下：

```
数据类型    数组名[常量表达式];
```

其中：
- 数组元素的类型可以是 void 型以外的任何一种基本数据类型，也可以是已经定义的构造数据类型。
- 数组名是用户自定义的标识符，用来表示数组的名称，代表数组元素在内存中的起始地址，是一个地址常量。
- 常量表达式必须是 unsigned int 类型的正整数，表示数组的大小或长度，也就是数组所包含数据元素的个数。

- []是数组下标运算符,在数组定义时用来限定数组元素的个数。

例如,下面定义了两个不同类型的数组:

```
int a[5];               //定义了一个 5 个元素的整型数组 a
weekday b[10];          //定义了一个 10 个元素的枚举数组 b,weekday 为已定义的枚举类型
```

数据类型相同的多个数组可以在同一条语句中予以定义。例如:

```
int a1[10],a2[20];      //同时定义了两个整型数组
```

数据类型相同的简单变量和数组也可以在一个语句中定义。例如:

```
int x,a[20];            //同时定义了一个整型变量和一个整型数组
```

数组在定义之后,系统将会从内存中为其分配一块连续的存储空间,从第 1 个数据元素开始依次存放各个数组元素。例如,定义的数组 a 的内存排列(分配)示意如图 3-1 所示。

一维数组所占内存大小(字节数)的计算公式如下:

```
    n * sizeof(元素类型);
或
    sizeof(数组名);
```

其中,n 为数组的长度。

若定义"int a[100]; sizeof(a)＝100 * sizeof(int)＝400",数组 a 所占内存的大小为 400 个字节。

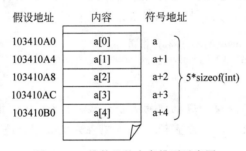

图 3-1　一维数组的内存排列示意图

在定义数组时可以使用类型定义 typedef 为数组类型取一个名字,格式如下:

```
    typedef   数据类型   数组名[常量表达式];
```

例如:

```
typedef int A[5];
```

定义了一个整型数组 A,同时 A 是一个类型名。因此,可以使用类型 A 定义变量:

```
A b;
```

定义了与 A 类型、长度相同的数组 b。

2. 一维数组的初始化

一维数组的初始化是指在定义数组的同时给数组中的元素赋值。其一般语法格式如下:

数据类型　数组名[常量表达式] = {初值 1,初值 2,…,初值 n};
　　　　　　　　　　　　　　　　　　＿＿＿＿＿＿＿＿＿＿＿＿＿＿＿
　　　　　　　　　　　　　　　　　　　　　　　　初值表

其中：

- {初值 1,初值 2,…,初值 n}称为初值表,初值之间用逗号分隔,所有初值用{ }括起来。
- 初值可以是一个变量表达式,初值与数组元素的对应关系是初值 i 为数组的第 i 个元素,所以,初值个数 n 不能超过数组的大小。
- 若初值表中的初值个数(项数)小于数组的大小,则未指定值的数组元素被赋值为 0,但初值表中的项数不能为 0。例如：

weekday b[10] = {MON,WED,FRI};

经过以上定义和初始化后,b 的前 3 个元素的值分别为 MON、WED、FRI,其余元素的值为默认值 0。

- 当对全部数组元素赋初值时,可以省略数组的大小,此时数组的实际大小就是初值列表中初值的个数。例如：

char str[] = {'a','b','c','d','e'};

则数组 str 的实际大小为 5。

- 在函数中定义数组时,如果没有给出初值表,数组不被初始化,其数组元素的值为随机值;在函数外定义数组,如果没有初始化,其数组元素的值为 0。
- 数组初值表可以用一个逗号结尾,其效果和没有逗号一样。例如：

int a[2] = {1,2};与 int a[2] = {1,2,};相同
int b[] = {1,2};与 int b[] = {1,2,};相同

☆注意：

在定义数组时,编译器必须知道数组的大小,并据此为整个数组分配适当大小的内存空间。因此,数组元素的个数一定是常量表达式,只有在定义数组时进行初始化才能省略数组的大小。

3. 一维数组的存取

对一维数组实施的存取操作有两类,即存取数组元素与读取数组元素的地址。数组元素是通过数组名及下标来标识的,这种带下标的数组元素也称为下标变量,下标变量可以像简单变量一样参与各种运算。存取一维数组元素的格式如下：

数组名[下标表达式];

其中：

- 下标表达式可以是变量表达式,用来标识数组元素,不同于数组定义时用来确定数组长度的常量表达式。
- 当定义了一个长度为 n 的一维数组 a 时,C++规定数组的下标从 0 开始,依次为 0、1、2、3、…、n−1,对应的数组元素分别是 a[0]、a[1]、…、a[n−1],因此下标表达式的值要在 0～n−1 范围内。例如：

a[1 + 2] = 100;　　　　　　//将数组 a 的第 4 个元素赋值 100

【例 3-2】　学生成绩排序。

分析：学生成绩由键盘输入，当输入一个负数时，输入完毕。

采用直观的"**选择排序法**"进行排序，基本步骤如下：

① 将 a[0]依次与 a[1]～a[n−1]比较，选出大者与 a[0]交换，最后 a[0]为 a[0]～a[n−1]中的最大者；

② 将 a[1]依次与 a[2]～a[n−1]比较，选出大者与 a[1]交换，最后 a[1]为 a[1]～a[n−1]中的最大者；

③ 同理，从 i=2 到 i=n−1，将 a[i]依次与 a[i+1]～a[n−1]比较，选出较大者存于 a[i]中。

```cpp
1   /**********************************
2    *   程序名: p3_2.cpp               *
3    *   功   能: 数组应用——选择排序     *
4    ********************************** /
5   # include < iostream >
6   using namespace std;
7   int main()
8   {   const int MaxN = 5;
9       int n,a[MaxN],i,j;
10      for (n = 0;n < MaxN;n++)
11      {
12          cin >> a[n];                //输入数组元素
13          if(a[n]< 0)
14              break;
15      }
16
17      //对数组元素逐趟进行选择排序
18      for(i = 0;i < n−1;i++)
19          for(j = i + 1;j < n;j++)        //从待排序序列中选择一个最大的数组元素
20              if(a[i]< a[j])
21              {
22                  int t;
23                  t = a[i];               //交换数组元素
24                  a[i] = a[j];
25                  a[j] = t;
26              }
27      for(i = 0;i < n;i++)
28          cout << a[i]<<"\t";          //显示排序结果
29      return 0;
30  }
```

运行结果：

```
80   90   95   70    −1↙
95   90   80   70
```

4. 数组的地址

数组元素的地址通过数组名来读取,其格式如下:

> 数组名 + 整型表达式;

由于其地址不是实际的地址值,称这个地址表达式为符号地址表达式。例如一维数组元素 a[5]的符号地址表达式为 a+5。

若 a 是一个 int 型数组,数组的符号地址表达式 a+n 所表达的地址是第 n+1 个元素 a[n]的地址,代表的实际地址值为:

```
a + n * sizeof(int)
```

而不是 a+n。

(1) 在使用数组时最常犯的错误是数组元素越界,包括上标越界和下标越界。上标越界是指数组元素的访问地址值超过了数组的起始地址;下标越界是指数组元素的访问地址越过了数组中最后一个数组元素的地址。对于这种错误,编译器无法知道,往往在运行时出错,因此大家在进行程序设计时应格外注意。

(2) 数组名是一个地址常量,不能作为左值(赋值的目标),因此,不能将一个数组整体复制给另外一个数组。

```
int a[5],c[5],i;
a = c;                    //错误
```

正确的方法是将对应的元素进行复制,见下列程序段:

```
for(i = 0;i < 5;i++)
    a[i] = c[i];          //将数组 c 中元素的值复制到数组 c 的对应元素中
```

还可以使用 memcpy 函数进行内存字节复制,memcpy 的使用格式如下:

> Memcpy(目标地址 d,源地址 s,字节数 n);

其功能是将源地址 s 开始的 n 个字节复制到目标地址 d。

将数组 a 复制到 c 可以用下列语句实现:

```
memcpy(c,a,sizeof(a));
```

需要注意的是,使用 memcpy 函数要包含相应的头文件。

(3) 在函数中可以将一个一维数组作为函数的形式参数,用来接受一个一维数组传递过来的地址。

3.2.2　二维数组的定义与使用

一个班学生多门功课的成绩、在数学中经常用到的矩阵,这些都是二维表,用一维数组不便表示和存取,C++提供了二维数组来描述这样的二维表。

1. 二维数组的定义

二维数组在第一维的基础上增加了一维,其定义格式如下:

```
数据类型    数组名[常量表达式 2][常量表达式 1];
```

其中：

- 常量表达式 1 为第一维元素的个数，常量表达式 2 为第二维元素的个数。
- 二维数组 a[m][n] 是以长度为 n 的一维数组为元素的数组，因此等价于以下定义方式：

```
typedef   数据类型   一维数组名[常量表达式 1];
一维数组名   二维数组名[常量表达式 2];
```

例如：

```
int M[2][3];
```

定义了一个整型二维数组 M，数组 M 也可以用下列方式定义：

```
typedef int M1[3];          //定义了一个一维整型数组 M1
M1   M[2];                  //以 M1 为类型定义数组 M
```

如果一维数组描述排列成一行的数据，那么二维数组则描述若干行这样的数据。因此，二维数组可以看作是数学上的一个矩阵。第一维元素个数为矩阵的列数，第二维元素个数为矩阵的行数。因此二维数组的定义格式可以写成：

```
数据类型    数组名[行数][列数];
```

在定义一个二维数组后，系统为它分配一块连续的内存空间，二维数组 a[m][n] 占内存空间的计算公式如下：

```
     sizeof(数组名);
或
     m * sizeof(a[0]);
或
     m * n * sizeof(数据类型)
```

既然一个二维数组是由若干个一维数组排列构成的，二维数组在内存中的排列顺序为先顺序排列每个一维元素，构成一维数组；再将各个一维数组顺序排列，构成二维数组。

int M[2][3] 的排列顺序如下：

(1) 先将 3 个 int 元素排列组成两个一维数组 M[0]、M[1]。

```
M[0]: M[0][0],M[0][1],M[0][2]
M[1]: M[1][0],M[1][1],M[1][2]
```

(2) 再将两个一维数组排成一个二维数组。

```
M: M[0],M[1]
```

(3) 数组 M 在内存中的排列如图 3-2 所示。

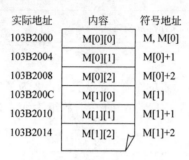

实际地址	内容	符号地址
103B2000	M[0][0]	M, M[0]
103B2004	M[0][1]	M[0]+1
103B2008	M[0][2]	M[0]+2
103B200C	M[1][0]	M[1]
103B2010	M[1][1]	M[1]+1
103B2014	M[1][2]	M[1]+2

图 3-2　二维数组的内存排列示意图

2. 二维数组的初始化

二维数组的初始化形式与一维数组类似：

> 数据类型 数组名[常量表达式 2][常量表达式 1] = 初值表；

其中，初值表具有两种形式，即嵌套初值表和线性初值表。

1）嵌套初值表

以二维数组 M[m][n]为例，嵌套初值表的格式如下：

> M 的初值表 = {M[0]初值表,M[1]初值表,…,M[m-1]初值表}
> M[i]初值表 = {M[i][0]初值表,M[i][1]初值表,…,M[i][n-1]初值表};i 从 0 到 m-1;

嵌套初值表由一维初值表嵌套构成，各层的构成规则与一维数组的初值表相同。下面是对数组初始化的例子：

```
int M[3][4] = {{1,2,3,4},{3,4,5,6},{5,6,7,8}};   //M 数组元素被全部初始化
int a[2][3] = {{1},{0,0,1}};                      //初始化了部分数组元素
int b[][3] = {{1,2,3},};                          //初始化了全部数组元素
int d[][3] = {{1,3,5},{5,7,9}};                   //初始化了全部数组元素,省略了高维元素个数
```

2）线性初值表

线性初值表与一维数组的初值表相同，初值表的项目个数不超过各维元素个数的乘积（总元素个数）。

数组元素按内存排列顺序依次从初值表中取值，下列各数组使用了线性初值表，结果与使用嵌套初值表相同。

```
int M[3][4] = {1,2,3,4,3,4,5,6,5,6,7,8};   //M 数组元素被全部初始化
int a[2][3] = {1,0,0,0,1,1};               //初始化了全部数组元素
int b[][3] = {1,0,0,0,0,0};                //初始化了全部数组元素,省略了高维元素个数
```

当使用线性初值表而省略高维元素个数时，高维元素个数如下：

> 向上取整数(线性初值表项数/低维元素个数)

例如"int b[][3]={1,0,0,0};"，高维元素个数为 2。

初始化二维数组时要注意以下两点：

（1）使用嵌套初值表时，每一维的初值数不能超过对应维元素的个数。例如：

int a[3][2] = {{1,2,3}};　　　　　　　　　　//错误，第一维元素个数为 2，却给了 3 个初值

（2）即使使用嵌套初值表，只有最高维元素的个数能省略。例如：

int a[][] = {{1,2,3},{4,5,6}};　　　　　　//错误，省略了多维元素个数

3. 二维数组的存取

存取二维数组元素的格式如下：

```
数组名[行下标表达式] [列下标表达式]
```

其中：

- 行下标表达式与列下标表达式的值同样从 0 开始，a[i][j]表示数组的第 i＋1 行、第 j＋1 列的元素。由于数组元素是变量，可以对其进行各种操作。
- 数组元素如果定义数组 a[m][n]，即数组第一维大小为 n，第二维大小为 m，a[i][j]的排列位置与在内存中的地址计算公式如下：

```
a[i][j]的排列位置 = 第一维大小 n * i + j + 1;
a[i][j]的地址 = a 的起始地址 + (第一维大小 n * i + j) * sizeof(数据类型)
```

数组的地址只能读取，二维数组的 a[m][n]地址表达式如下：

```
a,a[0]:            //为数组 a 的起始地址，即 a[0][0]的地址
a[i]:              //为数组的第 i + 1 行的地址，即 a[i][0]的地址
a[i] + j:          //为数组的第 i + 1 行的第 j + 1 元素的地址，即 a[i][j]的地址
a + k:             //为数组的第 k + 1 行的地址，即 a[k][0]的地址
```

【例 3-3】　计算一个班每个学生各门课程的总成绩，并计算每门课程的平均分。

```
1    /*******************************************************************
2    *    程序名：p3_3.cpp                                              *
3    *    功　能：求学生多门功课的总分，并求所有学生各门功课的平均分     *
4    *******************************************************************/
5    # include < iostream >
6    using namespace std;
7    int main()
8    {
9        const int MaxN = 100, CourseN = 5;
10       int n, score[MaxN][CourseN + 1] = {0};
11       float aver[CourseN + 1] = {0};
12       for(n = 0; n < MaxN; n++)                        //输入学生成绩
13       {
14       for(int j = 0; j < CourseN; j++)
15           cin >> score[n][j];
16           if(score[n][0] < 0) break;                   //输入 - 1，结束输入
17       }
18       for(int i = 0; i < n; i++)                       //计算每个学生的总分
19           for(int j = 0; j < CourseN; j++)
```

```
20          score[i][CourseN] = score[i][CourseN] + score[i][j];
21      for(int j = 0;j < CourseN + 1;j++)                        //计算每门课程的平均分
22      {
23          for(int i = 0;i < n;i++)
24              aver[j] = aver[j] + score[i][j];
25          aver[j] = aver[j]/n;
26      }
27      for(i = 0;i < n;i++)                                      //输出每个人的成绩与总分
28      {
29          for(int j = 0;j < CourseN + 1;j++)
30          cout << score[i][j]<<"\t";
31          cout << endl;
32      }
33      cout <<" ---------------------------------------- "<< endl;
34      for(i = 0;i < CourseN + 1;i++)                            //输出每门功课的平均分
35          cout << aver[i]<<"\t";
36      cout << endl;
37      return 0;
38  }
```

运行结果：

```
70   71   72   73   74 ↙
82   83   84   85   86 ↙
92   93   94   95   96 ↙
-1    0    0    0    0 ↙
70      71      72      73      74      360
82      83      84      85      86      420
92      93      94      95      96      470
-------------------------------------------------------------
81.3333  82.3333  83.3333  84.3333  85.3333  416.667
```

程序解释：

（1）定义 score[MaxN][CourseN＋1]存储最多 MaxN 个学生 CourseN 门功课的成绩，定义列的大小为 CourseN＋1 是为了在最后一列存储每个学生各门功课的总分。

（2）float aver[CourseN＋1]用来存储 CourseN 门功课的平均分以及总分的平均分；单独定义一个浮点型一维数组来存储平均分是考虑到平均分要求更加精确，同时避免因学生人数太多，累加总分超出整数的表示范围。

3.2.3　多维数组

使用二维数组可以方便地存储一个班学生多门功课的成绩，而一个班学生的历年成绩则需要维数更高的三维数组，三维以及高于三维的数组称为多维数组。

三维数组是以二维数组为元素的数组，如果将一个二维数组看成是一张由行、列组成的表，三维数组则是由一张张表排成的一"本"表，第三维的下标为表的"页"码。同理，一个 n(n≥3) 维数组是以一个 n－1 维数组为元素的数组。

1. 多维数组的定义

多维数组的定义与二维数组类似，可以一次定义，也可以逐步由低维数组定义。

例如：

```
int b[2][3][4];              //定义了一个三维数组
```

也可用下列方式分步定义：

```
typedef int B1[3][4];
B1 b[2];
```

多维数组在内存中的排列方式同样是先排低维数组，由低向高依次排列。例如 b[2][3][4] 的排列顺序如下：

2. 多维数组的初始化与存取

多维数组的初始化形式与二维数组类似，有嵌套初值表、线性初值表两种形式。在使用线性初值表初始化时，数组元素按内存排列顺序依次从初值表中取值。

对多维数组进行存取包括对数组元素的存取和对数组元素的地址的读取，当一个多维数组的下标数与维数相同时，为对数组元素的存取。

例如 b[1][2][3] 是对数组元素的存取。

对数组的元素进行存取时，各维的下标不能越界。

当下标个数小于维数时表示的是一个地址，当表示地址时，下标也不能越界。

例如，下列都是 b[2][3][4] 的地址表达式：

```
b;              //数组 b 的起始地址
b[1];           //b[1][0][0]的地址
b[2];           //错误,下标越界
b[0]+1;         //与 b[0][1]相同,b[0][1][0]的地址
b[1][2];        //b[1][2][0]的地址
b[1][2]+4;      //b[1][2][4]的地址,但数组 b 中没有 b[1][2][4]这个元素,故指向了其他地方
```

一个多维数组元素的地址有以下 n 种表示方法，以数组 b[K][M][N] 的元素 b[k][m][n] 为例（其中，$0 \leqslant k < K, 0 \leqslant m < M, 0 \leqslant n < N$）：

（1）使用取地址运算符 &。

b[k][m][n] 的地址为 &b[k][m][n]

（2）利用低维地址。

b[k][m]+n

（3）利用起始地址。

&b[0][0][0]+k*M*N+m*N+n

只要内存够大，定义多少维数组没有什么限制。但一般来说，二维数组已经够用了。

3.2.4　数组与函数

数组名是一个地址，不能当作一个左值，但是可以作为函数的形参，接受实参传送来的地址。当形参接受实参传送来的地址后，形参数组与实参共享内存中的一块空间。函数体通过形参对数组内容的改变会直接作用到实参上。数组名作为形参是数组应用的一个重要方面。

【例 3-4】　编程将各班学生成绩分班按总分从高到低排序。

分析：首先要将各班学生成绩集中，然后对每个班的学生成绩排序。将各班学生成绩集中的过程是按班级排序的过程，因此要进行两次排序，这样设计了一个对数组各列排序的函数：

void sort(int a[][col], int n, int Cn, dir D)

形式参数 int a[][col] 是一个列数为 col 的数组，n 为数组的行数，Cn 是要排序的列数，D 是枚举类型，指明排序是升序还是降序。升序的枚举值为 Asc，降序的枚举值为 Des。

学生成绩数组行的排列格式为学号、班号、成绩 1、成绩 2、总分。

```
1    /*****************************************************
2     *   程序名：p3_4.cpp                                *
3     *   功　能：利用对一个多维数组的某列排序的函数         *
4     *           将学生某门功课的成绩分班级排序             *
5     *****************************************************/
6    # include < iostream >
7    using namespace std;
8    const col = 5;
9    enum dir {Asc, Des};
10   void sort(int a[][col], int n, int Cn, dir D)      //排序
11   {
12       int t[col];                                    //用于暂存一行数据
13       for(int i = 0; i < n - 1; i++)
14           for(int j = i + 1; j < n; j++)             //从待排序序列中选择一个最大(小)的数组元素
15               if(a[i][Cn] < a[j][Cn]&&D == Des||a[i][Cn] > a[j][Cn]&&D == Asc)
16               {
17                   memcpy(t, a[i], sizeof(t));        //交换数组行
18                   memcpy(a[i], a[j], sizeof(t));
19                   memcpy(a[j], t, sizeof(t));
20               }
21   }
22   int main(){
23   {
24       const CourseN = 5;
25       int n, score[][CourseN] = {{20140101, 1, 82, 86, 0},
26                                  {20140203, 2, 80, 80, 0},
27                                  {20140204, 2, 86, 90, 0},
28                                  {20140205, 2, 90, 83, 0},
29                                  {20140102, 1, 75, 86, 0}};
30       n = sizeof(score)/sizeof(score[0]);
31       for(int i = 0; i < n; i++)                     //计算每个学生的总分
32           for(int j = 2; j < CourseN - 1; j++)
33               score[i][CourseN - 1] = score[i][CourseN - 1] + score[i][j];
```

```
34      sort(score,n,4,Des);              //按总分降序排序
35      sort(score,n,1,Asc);              //按班号的升序排序
36      for(i = 0;i < n;i++)              //输出每个人的成绩与总分
37      {   for(int j = 0;j < CourseN;j++)
38              cout << score[i][j]<<"\t";
39          cout << endl;
40      }
41      return 0;
42 }
```

运行结果：

```
20140101   1   82   86   168
20140102   1   75   86   161
20140204   2   86   90   176
20140205   2   90   83   173
20140203   2   80   80   160
```

程序解释：

第 34、35 行是先按总分降序排序,后按班号的升序排序。这样,在按班级中(排序)时的成绩已经是从高到低有序排列,因此,这种顺序在各班中能保持。

(1) 当数组作为形式参数,函数调用时传递的是地址。所以,形式参数中数组的大小(多维数组的最高维)没有意义,可以不带,也可以随便填一个正常数。例如第 10 行改为:

sort(int a[1][col],int n,int Cn,dir D)

(2) 因为形式参数中数组的元素个数没有给定,在函数体中,不知道对哪个范围的元素进行操作,所以还需要添加一个参数 n 来指明存取的范围。显然,这个范围不能大于实在参数中数组的大小。

☆**注意：**

(1) 使用数组名传递地址时,虽然传递的是地址,但形参与实参的地址(数组)类型应一致。例如:

fun(int a[2][3]);
int b[3],c[3][4],d[5][4][3];
fun(b[3])   //错误,传递的是数据,不是地址
fun(b);fun(c);fun(d);   //均错误
fun(d[1]);   //正确

(2) 形式参数中数组元素的个数没有给定,因此,在函数体中,对数组存取的下标可以为任意值而不会出现编译错误。但是,当这个下标超过了实在参数数组的个数范围时,存取的就不是实在参数数组中的内容了。例如:

fun(int a[]) { a[10] = 9;}
int b[4],c[11];
fun(b);   //在函数体中的a[10],超越了b[4]的范围
fun(c);   //正确

3.2.5　字符数组与字符串

存放字符型数据的数组称为**字符数组**,字符数组也分为一维数组和多维数组。前述的数组的定义及初始化同样适用于字符数组,除此以外,C++对字符数组的初始化还可以使用字符串形式。

1. 用字符进行初始化

用字符进行初始化的语法格式与其他类型的数组一样。

例如：

```
char s1[] = {'C','h','i','n','a'};
char s2[][4] = {{'H','o','w'},{'a','r','e'},{'y','o','u'}};
```

2. 用字符串进行初始化

在 C++中,对于字符串的处理可以通过字符数组实现,因此可以用字符串初始化字符数组,其语法格式如下：

```
char 数组名[常量表达式] = {"字符串常量"};
```

例如：

```
char s3[] = "China";
char s4[][4] = {"how","are","you"};
```

前面讲过,字符串是以字符\0 结尾的依次排列的多个（一串）字符,因此用字符串初始化字符数组时,\0 附带在后面与前面的字符一起作为字符数组的元素。用字符串初始化数组后,数组名就是字符串的首地址,数组就是一个字符串。而在使用字符串初始化数组时,除非将\0 作为一个元素放在初值表中,否则\0 不会自动附在初值表中的字符后。因此,一个字符数组不一定是字符串。

在上例中,s1、s3 是一维字符数组,其中 s3 是一个字符串,s1 的大小为 5,s3 的大小为 6。s2、s4 是二维字符数组,其中 s4 是一个以字符串为元素的数组,即字符串数组,两者的长度均为 3。

☆注意：

(1) 用字符串初始化字符数组时,系统会在字符数组的末尾自动加上一个字符'\0',因此数组的大小比字符串中实际字符的个数大 1;字符串长度用 strlen()函数求得。例如：

```
sizeof(s3) = strlen(s3) + 1;
```

(2) 当用字符初始化字符数组时,如果初值表中的初值个数（项数）小于数组的大小,则未指定值的数组元素被赋值为 0,这时字符数组就变成字符串了。

(3) 用字符串初始化一维字符数组时,可以省略花括号{}。

(4) 初始化时,若字符串中的字符个数大于数组长度,系统会提示语法错误。

(5) 使用下列方式初始化一个字符串是错误的：

```
s3[] = '\0';            //错误,试图用字符初始化数组
s3[] = "\0";            //将字符数组初始化成空串
```

3. 字符数组的使用

字符数组也是数组,人们同样可以通过数组名及下标引用数组中的元素。为方便对字符与字符串的处理,C++提供了许多专门处理字符与字符串的函数,这些函数原型在各自的头文件中定义。

表 3-1 列出了常用的字符与字符串处理函数的调用方法与功能简介,函数原型与详细的功能可以从 C++编译器的帮助文档中获得。

表 3-1　常用字符与字符串处理函数

函数的用法	函数的功能	头文件
strlen(字符串)	返回字符串的长度(不包括\0)	Cstring
strset(字符数组,字符 C)	将字符数组中的所有字符都设为指定字符 C,并以\0 结尾	
strlwr(字符串)	将字符串中的所有字符转换成小写字符	
strupr(字符串)	将字符串中的所有字符转换成大写字符	
strcmp(串 s1,串 s2)	比较两个字符串的大小,即按从左到右的顺序逐个比较对应字符的 ASCII 码值。若 s1 大于 s2,返回 1;若 s1 小于 s2,返回 −1;若 s1 等于 s2,返回 0。串 s1,s2 可以是字符串常量	
strcpy(串 s1,串 s2)	将字符串 s2 复制到 s1 所指的存储空间中,然后返回 s1。其中,串 s2 可以是字符串常量	
strcat(串 s1,串 s2)	将字符串 s2 连接到 s1 所指的字符串之后的存储空间中,并返回 s1 的值	
toupper(字符)	将小写字符转换成大写字符	Ctype
tolower(字符)	将大写字符转换成小写字符	
atoi(字符串)	将数字字符串转换成整型数	Cstdlib
atol(字符串)	将数字字符串转换成长整型数	
atof(字符串)	将数字字符串转换成浮点数	
ultoa(无符号长整数,字符数组,进制)	将无符号长整型数转换成指定的进制数并以字符串的形式存放到字符数组中	

【**例 3-5**】　将若干个姓名按字母顺序重新排列,然后从中查找一个指定的名字,输出所在位置。

分析:将上述字符串存放在一个二维数组 NameTab[ ][ ]中,将排序程序设计成函数 order(),排序过程使用系统函数 strcmp()和 strcpy()。将查找程序设计成函数 find(),使用系统函数 strcmp();由于是在排好序的字符串中查找,当进行到当前字符串比要找的大时,就不需要再向后进行了。

```
1  /******************************
2  *　程序名: p3_5.cpp          *
3  *　功　能: 字符串的排序与查找   *
4  ******************************/
5  # include< iostream >
6  using namespace std;
7  const NameLen = 20;
8  void order(char name[][NameLen], int n)              //字符串排序
9  {
10     char temp[NameLen];
```

```cpp
11      for(int i=0;i<n-1;i++)                               //选择排序
12          for(int j=i+1;j<n;j++)
13              if(strcmp(name[i],name[j])>0)                //比较两个字符串的大小
14              {
15                  strcpy(temp,name[i]);                    //字符串交换
16                  strcpy(name[i],name[j]);
17                  strcpy(name[j],temp);
18              }
19  }
20  int find(char name[][NameLen],int n,char searchname[NameLen])
21  {
22      for(int i = 0;i<n;i++)
23          if(strcmp(name[i], searchname) == 0)             //找到,返回位置
24              return i+1;
25          else if(strcmp(name[i], searchname)>0)           //未找完,但找不到,返回 0
26              return 0;
27      return 0;                                            //找完,找不到,返回 0
28  }
29 30   int main()
31  {
32  char NameTab[][NameLen] = {"GongJing","LiuNa","HuangPin","ZhouZijun",
33      "LianXiaolei","ChenHailing","CuiPeng","LiuPing"};
34      char searchname[NameLen];
35      int n = sizeof(NameTab)/NameLen;
36      order(NameTab,n);
37      for(int i = 0;i<n;i++)                               //输出排序后的各姓名
38          cout << i+1 <<'\t'<< NameTab[i]<< endl;
39      cout <<"Input the searching name:";
40      cin >> searchname;
41      if(n = find(NameTab,n, searchname))
42          cout <<"Position:"<< n << endl;
43      else
44          cout <<"Not found!"<< endl;
45      return 0;
46  }
```

运行结果：

```
1     ChenHailing
2     CuiPeng
3     GongJing
4     HuangPin
5     LianXiaolei
6     LiuNa
7     LiuPing
8     ZhouZijun
Input the searching name:LiuPing
Position:7
```

3.3 指 针

指针是 C++ 语言最重要的特性之一,也是 C++ 的主要难点。指针提供了一种较为直观的地址操作的手段,正确地使用指针,可以方便、灵活而有效地组织和表示复杂的数据。指针在 C++ 程序中扮演着非常重要的角色,从某种程度而言,如果不能深刻地理解指针的概念,正确而有效地掌握指针,就不可能真正学好 C++,但是指针也是学习者最容易产生困惑并导致程序出错的原因之一。

3.3.1 指针的定义与使用

1. 地址与指针

当定义一个变量后,内存中将会划出一块由若干个存储单元组成的区域,用于保存该变量的数据。在内存里每个存储单元都有各自的编号,称为**地址**。如果将计算机的内存比作一条街,那么每个内存单元就是街上的房间,地址就是房间的门牌号码。

在定义一个变量后,变量获得了内存空间,变量名也就成为了相应内存空间的名称。由于人们并不关心变量所在内存单元的实际地址,在程序中往往利用变量名来存取该变量的内容(值),就好像变量名就是变量的值一样。至于变量究竟在内存的哪个单元,如果非要知道不可,可以使用取地址操作符 &。

那么地址又如何存放呢? 在 C++ 中提供了**指针**类型,它是一种用于存放内存单元地址的变量类型,地址就存储在这种指针类型的变量中。正因为指针变量存储的是地址,用它来指明内存单元,所以形象地称这种地址变量为**指针**。指针变量就好像是保存门牌号码的房子。

有时,常把地址变量、地址、地址变量的值均统称为指针。

2. 指针变量的定义

每存储一个地址,就要定义一个指针变量。定义指针变量的格式如下:

```
数据类型    * 变量名;
```

其中:

- 数据类型是指针变量所指向对象的数据类型,它可以是基本数据类型,也可以是构造数据类型以及 void 类型。
- 变量名是用户自定义的标识符。
- * 表示声明的变量是一个指针变量,而不是普通变量。

在定义了指针变量后,无论指针指向何种类型的对象,由于指针变量存放的都是内存单元的地址,所以,其存储空间的大小均为 4 个字节。例如:

```
int * ip;                //定义了一个 int 型的指针变量 ip
float * fp;              //定义了一个 float 型指针变量 fp
typedef int A[10];
A * ap;                  //定义了一个 A 类型的指针变量 ap
sizeof(ip) = sizeof(fp) = sizeof(ap) = 4;
```

虽然所有指针变量都占 4 个字节,但不同类型的指针变量用于存放不同的类型变量的地址,上述定义的指针变量 ip 用于存放 int 型变量的地址,fp 用于存放 float 型变量的地址,正像街道上的商店门牌、住宅门牌、银行门牌要放在不同的地方一样。

指针变量的运算规则与它所指的对象类型是密切相关的，在 C++ 中没有一种孤立的所谓的"地址"类型，因此声明指针时必须明确说明它是用于存放什么类型数据的地址。

3. 指针的初始化与赋值

定义了一个指针，只是得到了一个用于存储地址的指针变量。若指针变量既没有初始化，也没有赋值，其地址值是一个随机的数。也就是说，不能确定指针变量中存放的是哪个内存单元的地址，这时候指针所指的内存单元中有可能存放着重要数据或程序代码，如果盲目去访问，可能会对系统造成很大的危害，因此指针变量在使用之前必须有确定的指向，应先赋值，然后再引用。给指针变量赋值可以在定义变量时进行，语法形式如下：

```
数据类型 *指针变量名 = 初始地址表达式;
```

其中，初始地址表达式可以是地址常量、地址表达式、指针变量表达式。

在定义变量后，使用赋值语句给指针变量赋值的语法形式如下：

```
指针变量名 = 地址表达式;
```

在进行赋值时应注意：

（1）不要将一个非地址常量、变量以及无意义的实际地址赋给指针变量。例如：

```
int * p = 100;              //错误,100 是一个 int 型常量,不是一个地址常量
int * p = (char *)100;      //危险!100 是一个无意义的实际地址,可能指向危险区域
int * p = NULL;             //一个空指针,也可以用 int * p = 0
```

（2）可以使用一个已初始化的指针给另一个指针赋值，但类型必须一致，如果不一致，可进行强制类型转换。

```
Char * p = NULL;
int * ip = (int *)p + 100;  //将 char 型指针强制转换成 int 型指针
```

（3）对于基本数据类型的变量、数组元素，可以使用取地址运算符 & 来获得它们的地址，但是只有类型一致才能赋值。

```
int a[10];              //定义 int 型数组
int * i_pointer = a;    //定义并初始化 int 型指针
int * ip = &a;          //错误,地址类型不一致,a 的类型是数组,&a 是一个数组类型的地址
int * ip = &a[2];       //正确
char * cp = &a[2];      //错误,cp 的类型是 char 型指针,&a[2]是一个 int 型地址
```

（4）有一种特殊的 void 类型指针，可以存储任何的类型地址；但将一个 void 类型的地址赋给非 void 类型的指针变量时要使用类型强制转换。

```
void v;             //错误,不能定义 void 类型的变量
void * vp;          //定义 void 类型的指针
int * ip, i;
vp = &i;            //void 类型指针指向整型变量
vp = ip;            //用 int 型地址给 void 型指针赋值
ip = (int *)vp;     //类型强制转换,void 类型地址赋值给整型指针
```

4. 指针运算

指针变量存放的是地址,因此指针的运算实际上就是地址的运算,但正是由于指针的这一特殊性,使指针所能进行的运算受到了一定的限制。指针通常进行下列几种运算:赋值运算、取值运算、算术运算、相减运算、比较运算。

1) ＊ 和 ＆ 运算

C++提供了两个与地址相关的运算符 ＊ 和 ＆,对它们在不同情况下的具体含义必须注意区别。

＊ 称为指针运算符。当出现在数据定义语句中时,＊ 在数据类型与变量之间,是一个二元运算符,用来定义指针变量;当出现在指针变量表达式左边时,是一个一元运算符,表示访问指针所指对象的内容。作为一元运算符的格式如下:

```
＊ 指针变量表达式
```

其中,指针变量表达式不能是一个地址常量。例如:

```
int a[4] = {1,2,3};
int ＊ ip = &a[2];
cout << ＊ ip;          //输出 ip 指向单元的内容,内容为整型数 3
＊ ip = 100;            //将 100 赋给 a[2]
```

上述程序段在内存中的情况如图 3-3 所示。

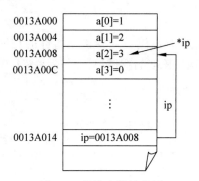

图 3-3　指针变量的使用

＆ 出现在变量左边时,是一个一元运算符,表示取变量的地址。但 ＆ 操作的对象只能是左值,不能是变量表达式;并且,使用 ＆ 操作得到的地址类型与它作用的变量类型相同。＆ 运算符常与 ＊ 运算符搭配使用,例如:

```
int a,b;
int ＊ pa, ＊ pb = &b;       //pb 指向 b
pa = &a;                   //pa 指向 a
pa = &(a + 1);             //错误,a + 1 是一个变量表达式,不是一个左值
```

2) 指针与整数的加减运算

指针的加减运算与普遍变量的加减运算不同,由于指针存储的是变量的内存地址,指针加上或减去一个整数 n,表示指针从当前位置向后或向前移动 n 个 sizeof(数据类型)长度的存储

单元。因此对于不同的数据类型，n 的实际大小就不同。例如程序段：

```
int b[2][3][4];
typedef char A[10];
int * p1 = b[1][0];
int * p2 = (int *)b[1];
int * p3 = (int *)(b + 1);
double * pd = (double *)p3;
A * pa = (A *)p3;
cout << p1 <<","<< p2 <<","<< p3 <<","<< pd <<","<< pa << endl;
cout << p1 + 1 <<","<< p2 + 1 <<","<< p3 + 1 <<","<< pd + 1 <<","<< pa + 1 << endl;
```

运行结果：

```
0013FF80,0013FF80,0013FF80,0013FF80,0013FF80
0013FF84,0013FF84,0013FF84,0013FF88,0013FF8A
```

p1、p2、p3、pd、pa 以不同的方法指向了 b[1][0][0]，但均加上 1 后，由于 p1、p2、p3 是 int 型指针，因此地址在原来的基础上加上了一个 sizeof(int)，pd 加上了 sizeof(double)，pa 加上了 sizeof(A)。

一般而言，指针的算术运算往往是和数组的使用相联系的，因为只有在使用数组时才可以得到连续分配的可操作的内存空间。对于一个独立变量的地址，如果进行算术运算，结果有可能得到一个异常的地址，因此在对指针进行算术运算时一定要确保运算结果所指向的地址是程序中正确分配的地址。

3）指针自增、自减运算

指针的自增、自减运算是指针加减运算的特例。指针的自增或自减表示指针从当前位置向后或向前移动 sizeof(数据类型)长度的存储单元。请注意下列表达式的计算顺序及含义：

```
int * p, * q, a = 5;
p = &a;
p++;               //指针 p 后移 4 个字节
* p++;             //先读取 p 指向的变量 a 的值 5，然后使指针 p 后移 4 个字节
(* p)++;           //读取 p 指向的变量 a 的值，然后使 p 指向的变量 a 自增 1
* ++p;             //先使指针 p 后移 4 个字节，然后读取 p 指向的变量的值
++ * p;            //将 p 指向的变量 a 自增 1
* q++ = * p++;     //这是一种常用的表达式，依次执行 * q = * p、q++、p++
```

4）两个指针相减

当两个指针指向同一个数组时，两个指针的相减才有意义。两个指针相减的结果为一个整数，表示两个指针之间数组元素的个数。

5）两个指针的比较运算

两个指针的比较一般用于下面两种情况，一是比较两个指针所指向的对象在内存中的位置关系；二是判断指针是否为空指针。

5. void 类型指针

指向 void 类型的指针是一种不确定类型的指针，它可以指向任何类型的变量。实际使用 void 型指针时，只有通过强制类型转换才能使 void 型指针得到具体变量的值。在没有转换前 void 型指针不能进行指针的算术运算。请看下面的程序段：

```
void * vp;                    //定义了一个 void 型指针 vp
int i = 6, * ip;
vp = &i;                      //vp 指向整型变量 i
cout <<"i = "<< * vp << endl;  //错误
cout <<"i = "<< * (int * )vp << endl;
ip = (int * )vp;              //ip 指向 vp 指向的变量 i
cout <<"i = "<< * ip << endl;
```

即使 void 型指针 vp 指向了整型变量 i,但也不能用 * vp 访问 i 的内容,必须进行强制转换 * (int *)vp 后才能访问 i 的内容,所以 * (int *)vp 才是正确的写法。

3.3.2 指针与字符串

字符型指针用于存放字符型变量的地址,而字符串的本质是以'\0'结尾的字符数组,一个字符型指针存储了字符数组的第一个元素的地址也就存储了字符串的地址,这个指针就指向了字符串。在定义一个字符数组时,可以将一个字符串常量作为初值,但将字符串常量作为初值赋给字符数组和将字符串常量作为初值赋给字符指针变量,二者的含义是不同的。

例如:

```
char str[5] = "abcd";
char * p_str = "abcd";
```

上述字符串的定义有下列不同:

(1) 字符数组 str[5]被赋值为"abcd",因此,数组 str 的 5 个数组元素的值分别为字符'a'、'b'、'c'、'd'和\0。字符指针 p_str 被赋值为"abcd",则意味着指针 p_str 的值为字符串常量"abcd"的第一个字符'a'在内存中的地址。

(2) 字符指针 p_str 比 str 多分配了一个存储地址的空间,用于存储字符串的首地址。

当定义了一个指向字符串的指针后,即可以与字符数组相同的方式存取字符串了。具体表现在以下方面:

① 字符数组名与字符指针名等效。

例如"cout << str << endl;"与"cout << p_str << endl;"均输出字符串。

☆注意:

(1) 对于字符类型以外的数组与指针,使用 cout 输出的是地址,但对于字符数组与字符指针,用 cout 输出的是字符串。如果要输出字符数组的地址与字符指针的地址,要将它们强制转换成 void 型指针。例如,"cout <<(void *) str << endl;"与"cout <<(void *) p_str << endl;"均输出字符串地址。

(2) 空指针与指向空串的指针是不同的,空指针指针变量的内容为 0;指向空串的指针变量的内容不为 0,但指针指向的第一个单元的内容为 0。对一个空指针指向的内容存取是有危险的。例如:

```
char * p1 = NULL;    //空指针,NULL 为系统常量,其值为 0,常用来表示空指针
char * p2 = 0;       //空指针,0 用来给指针赋初值时,相当于 NULL
char * q1 = "\0";    //空串
char * q2 = '\0';    //空指针
```

② 可以将字符指针当字符数组使用,通过下标存取字符串中的字符:

```
* (p_str + 1);
```

p_str[1]为 p_str+1 指向的字符。

虽然指针变量可以相互赋值，但是对指针指向的字符串进行复制同样不能用简单的赋值语句实现，例如：

```
char * p = "abcde";
char * q = "12345";
p = q;                    //只是将 p 指向了 q，并没有将 q 复制给 p
```

要将 q 复制给 p，除了使用与复制字符数组相同的 3 种方法外，还可用以下程序段：

```
while( * q)               //字符串的复制
    * p++ = * q++;
* q = '\0';               //加上字符串结束标志
```

由于字符指针变量本身不是字符数组，如果它不指向一个字符数组或其他有效内存，就不能将字符串复制给该字符指针。一个指针没有指向一个有效内存就被引用，则称为"野指针"操作。"野指针"操作容易引起程序异常，甚至导致系统崩溃，所以字符指针必须先初始化，然后再引用。

例如：

```
char str[12];
char * p_str;
strcpy(p_str,"Hello,");    //野指针操作，p_str 没有指向任何有效内存
p_str = str;               //指向有效内存
strcpy(p_str,"Hello,");
```

3.3.3　指针与数组

1. 使用指针操作符 * 存取数组

在 C++中，指针与数组有着十分密切的关系。数组是一个在内存中顺序排列的同类型数据元素组成的数据集合，数组的各元素在内存中是按下标顺序连续存放的。指针的加减运算的特点使得指针操作符特别适合处理存储在一段连续内存空间中的同类型数据。这样，使用指针操作符对数组及其元素进行操作就非常方便。

1) 一维数组的指针操作

当定义一维数组 T a[N]（T 为类型）时，下式为存取数组元素 a[i]的等效方式：

$$* (a + i);$$

而 a+i 为 a[i]的地址。

2) 多维数组的指针操作

对于多维数组，使用指针同样可以灵活地访问数组元素。若定义数组 T b[K][M][N]，下式为存取数组元素 a[i][j][k]的等效方式：

$$* (* (* (b + i) + j) + k);$$

其中，* (* (b+i)+j)+k 为 b[i][j][k]的地址，即"&b[i][j][k];"；* (* (b+i)+j)为 b[i][j][0]的地址，即"b[i][j];"；* (b+i)为 b[i][0][0]的地址，即"b[i];"。

2. 指针数组

指针数组是以指针变量为元素的数组，指针数组的每个元素都是同一类型的指针变量。

定义一维指针数组的语法形式如下：

> 类型名　＊ 数组名[下标表达式]；

在指针数组的定义中有两个运算符，即 ＊ 和[]，运算符[]的优先级高于 ＊，所以 ＊ p[N]等价于 ＊(p[N])，p [N]表示一个数组，而 ＊ 表示数组元素为指针变量。

例如：

int ＊ p_a[5];

定义了一个指针数组，其中有 5 个数组元素，每个数组元素都是一个 int 类型的指针，也可以用下列方式定义。

(1) 定义指针：typedef int ＊I_P；

(2) 定义数组：I_P p_a[5]。

指针数组的一个常用用法是用它来存储若干行字符串，由于每行字符串的长度不一样，如果用二维字符数组存储将浪费空间。例如：

```
char ＊ sentence[ ] = {"I'm a Chinese.",
                      "I come from Beijing.",
                      "I like computer.",
                      "Programming is fun!"
                     };
```

☆注意：

(1) 对指针数组的存取同样可以使用指针方式、数组方式以及指针与数组结合的方式。一维指针数组与二维指针数组对应，可采用存取二维数组的方式存取。

(2) 指针数组的每一个元素都是一个指针，因此必须先赋值，后引用。

3. 数组指针

数组指针是指向数组的指针。定义一维数组指针的语法形式如下：

> 类型名 (＊ 指针名) [下标表达式]；

虽然运算符[]的优先级高于 ＊，但是在数组指针的定义式中(＊指针名)改变了这种优先级，它表明定义的首先是一个指针，然后才是什么类型的指针。例如：

int(＊ a_p)[5];

定义了一个指针，用于指向一个大小为 5 的 int 型数组，等效于下列定义方式。

(1) 定义数组类型：typedef int I_A[5]；

(2) 定义指向数组的指针：I_A ＊ a_p。

指针数组与数组指针的内存图如图 3-4 所示。

☆注意：

在给数组指针赋值时类型要匹配，例如：

int a[5];

int b[6];

a_p = a;　　　　　　　　　//错，因为 a 是一个 int 型的地址

```
a_p = &b;                    //错,&b 是一个 int[6]的地址,而 a_p 指向的类型为 int[5]
a_p = &a;                    //正确
```

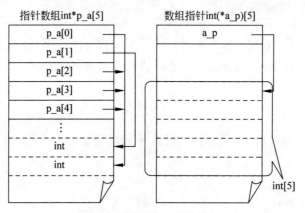

图 3-4　指针数组与数组指针

3.3.4　多重指针

如果已经定义了一个指针类型,我们再定义一个指针,用于指向已经定义的指针变量,后面定义的指针变量就是一个指向指针的指针变量,简称指向指针的指针,这样的指针也称二重（级）指针。其语法格式如下:

```
类型名    ** 变量名;
```

其中,两个星号 ** 表示定义的是一个指向指针的指针变量。

例如:

```
int ** pp;
```

定义了一个二级指针变量,等效于下列定义方式:

```
typedef int * P;
P * p;
```

二级指针常用来指向一个指针数组。

例①:

```
int a[2][3] = {1,2,3,4,5,6};   //声明并初始化二维数组
int * p_a[3];                  //声明整型指针数组
p_a[0] = a[0];                 //初始化指针数组元素
p_a[1] = a[1];
int ** pp;
pp = p_a;
```

☆注意:

在使用二级指针时容易犯两类错误。

（1）类型不匹配。例如:

```
pp = a;                        //错误,因为 pp 是一个 int ** 型变量,a 是一个 int[2][3]型的地址
```

```
pp = &a;                 //错误,pp 是一个 int ** 型变量,&a 是一个(＊)int[2][3]型的地址
pp = &a[0];              //错误,pp 是一个 int ** 型变量,&a[0]是一个(＊)int[3]型的地址
```

（2）指针没有逐级初始化。例如：

```
int i = 3;
int ** p2;
* p2 = &i;
** p2 = 5;
cout << ** p2;
```

虽然上述程序段编译、连接时均没有错误,但运行时出错。其原因在于"int ** p2;"只定义了一个指针变量,变量中的内容(地址)是一个无意义的地址,而"* p2＝&i;"是对无意义的内存单元赋值,这样是错误与危险的,正确的方法是从第一级指针开始逐级初始化。

例②：

```
int i = 3;
int ** p2;
int * p1;
p1 = &i;                 //初始化一级指针
p2 = &p1;                //初始化二级指针
** p2 = 5;               //通过指针给变量 i 赋值
cout << ** p2;           //结果为 5
```

上述两个二级指针在内存中的分布如图 3-5 所示。

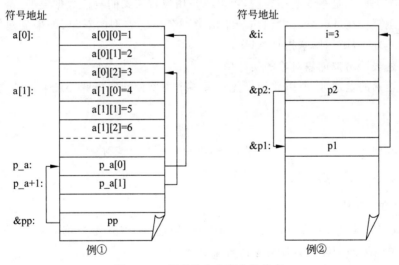

图 3-5　二级指针在内存中的分布

当一个二级指针指向一个指针数组后,对数组元素的存取可以使用指针方式、数组方式、混合方式：

```
p[i][j];                 //存取数组元素 a[i][j]的数组方式
* ( * (p + i) + j);      //存取数组元素 a[i][j]的指针方式
* (p[i] + j);            //存取数组元素 a[i][j]的混合方式
```

三重及以上的指针统称为多重指针,要定义一个 n 重指针(变量),需要 n 个 ＊。例如：

```
int *** p;               //定义了一个三重指针
```

一般而言，二重指针就足够使用了，三重指针的使用场合很少，使用多重指针要注意下面两点：

（1）不管是多少重指针，定义后只建立了一个指针变量，分配一个指针变量的空间。

（2）初始化多重指针要从第一层开始逐步向高层进行。

3.3.5 动态内存分配

对于类型相同的大量数据，我们可以用数组来存储。数组是一种静态内存分配方法，其长度是固定的，由数组定义语句确定，由编译系统予以分配。

在程序的运行过程中，有时我们很难事先确定需要多少数组元素，只能按预先估计的最大可能数量进行定义，这有可能造成内存的巨大浪费，而且一旦超过预先定义的最大长度，数组就会越界，造成程序异常乃至系统崩溃。

在 C++ 中，动态内存分配技术可以保证程序在运行过程中根据实际需要申请适量的内存，使用结束后还可以释放。C++ 通过 new 运算和 delete 运算实现动态内存分配。

1. new 运算

new 运算的作用是按指定类型和大小动态地分配内存，基本语法形式如下：

```
指针变量 = new 类型名(初值列表);
```

其中：

- 数据类型可以是基本数据类型，也可以是用户自定义的复杂数据类型。
- new 运算符在堆(内存)中创建一个由类型名指定类型的对象，如果创建成功，返回对象的地址，否则返回空指针 NULL。
- 初值列表给出被创建对象的初始值。
- 由于返回的是地址，所以要用事先定义一个类型相同的指针变量来存储这个地址。

例①：

```
int * ip;
ip = new int(5);                 //ip指向一个初值为 5 的 int 型对象
```

也可以使用一条语句定义：

```
int * ip = new int(5);
```

首先定义了一个整型指针 ip，然后申请内存，创建一个 int 型数据对象，并将该数据对象初始化为 5，最后返回创建的数据对象的地址存入 ip。

使用 new 运算可以创建一个数据对象，也可以创建同类型的多个对象——数组。由于数组大小可以动态给定，所创建的对象称为动态数组。new 在创建动态数组时，需要给出数组的结构说明。其语法格式如下：

```
指针变量 = new 类型名 [下标表达式];
```

其中：

- 下标表达式与数组初始化时的常量表达式不同，可以是变量表达式。
- 用 new 申请失败时返回 NULL，申请一个动态数组往往需要较大的空间，因此在程序中需要对 new 的返回值进行判断,看是否申请成功。

例②:

```
int * pa;
pa = new int [5];          //pa 指向 5 个未初始化的 int 型数据对象的首地址
```

也可以使用一条语句定义:

```
int * pa = new int[5];
```

使用 new 也可以创建多维数组,其语法形式如下:

> 指针变量 = new 类型名 T [下标表达式 1][下标表达式 2][…]

其中:

- 当用 new 创建多维数组时,只有下标表达式 1 可以是任意正整数的表达式,而其他下标表达式必须是值为正整数的常量表达式。
- 如果内存申请成功,new 运算返回一个指向新分配内存首地址的指针,它是一个 T 类型数组的指针,而不是 T 类型指针。数组元素的个数为除最左边一维(最高维)外各维下标表达式的乘积。

例③:

```
int * pb;
pb = new int[3][4][5];
```

☆**注意**:

(1) 用 new 运算符申请分配的内存空间必须用 delete 释放。

(2) delete 作用的指针必须是由 new 分配内存空间的首地址。

(3) 对于一个已分配内存的指针,只能用 delete 释放一次。

(4) new 和 delete 运算实现了堆空间的动态分配,它在带来方便的同时也潜伏了可能的隐患:使用 new 进行内存分配之后,忘记了使用 delete 运算进行内存回收,即"内存泄露",如果程序长时间运行,则有可能因内存耗尽而使系统崩溃,所以对 new 和 delete 要养成配对使用的良好习惯。

(5) 如果使用 pb=new int[3][3][5]也是错误的,因为 new 返回的是一个 int[3][5]型地址,而 pb 是一个 int[4][5]型指针变量,因此指针变量类型应与 new 返回的地址类型一致。

上面的语句会产生错误,因为在这里 new 操作产生的是指向一个 int[4][5]的二维 int 型数组的指针,而 pb 是一个 int 型数据的指针。

正确的写法如下:

```
int ( * pb)[4][5];
pb = new int[3][4][5];
```

如此得到的指针 pb 既可以作为指针使用,也可以像一个三维数组名一样使用。

2. delete 运算

当程序不再需要由 new 分配的内存空间时,可以用 delete 释放这些空间。其语法格式如下:

```
delete 指针变量名;
```

如果删除的是动态数组,则语法格式如下:

```
delete [] 指针变量名;
```

其中:
- 括号[]表示用 delete 释放为多个对象分配的地址,[]中不需要说明对象的个数。
- 不管建立的动态数组是多少维,释放的格式都是一样的。

对于例①、②、③分配的空间,释放语句如例④:

例④:

```
delete ip;
delete [] pa;
delete [] pb;
```

3. 动态存储的应用

前面讲述的指针数组虽然每行元素的个数可以不同,但行数(指向每行的指针数)一定,无法满足计算过程中要求行数可变的应用需求。例如,计算过程中需要根据计算结果 m、n 建立 m×n 维动态二维矩阵。

【例 3-6】 输入 m、n,建立 m×n 维动态二维矩阵。

分析:建立一个动态的二维数组存储矩阵要比建立一维数组复杂得多,步骤如下:
① 建立一个二重指针;
② 二重指针指向动态分配的 m 维指针数组;
③ 为指针数组的每个指针动态分配空间,并使指针指向它。

在使用 delete 释放时,其顺序与分配顺序相反:
① 释放指针数组的每个指针的空间;
② 释放指针数组的空间。

```
1   /*********************************
2   *    程序名: p3_6.cpp              *
3   *    功  能: 动态二维矩阵           *
4   ********************************* /
5   # include< iostream >
6   using namespace std;
7   int main()
8   {
9       int m,n;
10      int ** dm;
11      cout <<"input matrix size m,n:";
12      cin >> m >> n;
13      dm = new int * [m];                //建立 m 个指针,存储 m 行
14      for(int i = 0;i < m;i++)           //为每行分配 n 个空间
15          if((dm[i] = new int [n]) == NULL)
16              exit(0);
```

```
17      for(i = 0;i < m;i++)                    //输入矩阵元素
18      {
19          for(int j = 0;j < n;j++)
20              cin >> dm[i][j];
21      }
22      for(i = 0;i < m;i++)                    //输出矩阵元素
23      {
24          for(int j = 0;j < n;j++)
25              cout << dm[i][j]<<"\t";
26          cout << endl;
27      }
28      for(i = 0;i < m;i++)                    //释放 m 个指针指向的空间
29          delete[]dm[i];
30      delete[]dm;                             //释放 m 个指针
31      return 0;
32  }
```

运行结果：

```
input matrix size m,n:2 3 ↙
1 2 3 ↙
4 5 6 ↙
1    2    3
4    5    6
```

程序解释：

（1）第 20、25 行输入、输出时对数组元素的存取可以写成指针形式：

* (* (dm + i) + j)；

（2）若要存储若干行文本，由于各行文本有长有短，为了节省存储空间，需要为每行分配不同的空间。将第 15 行修改成分配各行需要的空间数即可。

思考：

建立一个动态数组后，在程序的运行过程中若发现空间不够，应做以下步骤的处理：

（1）重新分配一个容量足够大的动态数组；

（2）将原来的动态数组中的内容复制到新数组中；

（3）释放原来的数组的空间。

【例 3-7】 动态创建多维数组。

分析：当用 new 动态创建多维数组时，如果内存申请成功，new 运算返回一个指向新分配内存首地址的指针，它是一个 **T 类型数组**的指针，而不是 T 类型指针，数组元素的个数为除最左边一维（最高维）外各维下标表达式的乘积。

```
1  /*****************************************
2   *   程序名：p3_7.cpp                    *
3   *   功  能：动态创建多维数组             *
4   ***************************************** /
5  # include < iostream >
```

```
6   using namespace std;
7   int main()
8   {
9       float ( * p)[3][4];
10      int i,j,k;
11      p = new float[2][3][4];
12      for (i = 0; i < 2; i++)
13        for (j = 0; j < 3; j++)
14          for (k = 0; k < 4; k++)
15            * ( * ( * (p + i) + j) + k) = i * 100 + j * 10 + k;        //通过指针访问数组元素
16      for (i = 0; i < 2; i++)
17      {
18        for (j = 0; j < 3; j++)
19        {
20          for (k = 0; k < 4; k++)
21            //将指针 cp 作为数组名使用,通过数组名和下标访问数组元素
22            cout << p[i][j][k]<<" ";
23          cout << endl;
24        }
25        cout << endl;
26      }
27      return 0;
28  }
```

运行结果：

```
0   1   2   3
10  11  12  13
20  21  22  23

100  101  102  103
110  111  112  113
120  121  122  123
```

思考：

建立一个动态数组后,如果在程序的运行过程中数组溢出,程序运行结果又将是什么？请读者尝试修改程序,使数组溢出并分析程序的运行结果。

3.3.6　指针与函数

1. 指针作为函数参数

在 C++语言中,函数之间的数据传递有多种方法,主要有值传递方式和地址传递方式两种,而地址传递方式又有指针方式和引用方式。

当需要在不同的函数之间传递大量数据时,程序执行时调用函数的开销就会比较大,这时,如果需要传递的数据是存放在一个连续的内存区域中,就可以只传递数据的起始地址,而不必传递数据的值,这样就会减小开销、提高效率。C++的语法对此提供了支持,函数的参数不仅可以是基本类型的变量、对象名、数组名或函数名,而且可以是指针。

指针作为函数参数是一种地址传递方式。指针可以作为函数的形参,也可以作为函数的

实参。如果以指针作为函数的形参,在调用时实参将值传递给形参,也就是使实参和形参指针变量指向同一内存地址,这样在子函数运行过程中,通过形参指针对数据值的改变也同样影响着实参所指向的数据值,从而实现参数双向传递的目的,即通过在被调用函数中直接处理主调函数中的数据而将函数的处理结果返回其调用者。

【例 3-8】 用传指针方式实现两个数据交换。

分析:用传值的方式无法实现两个数据交换。用指针作为形参,从实参传入要交换数据的地址,在函数体内将指针指向的两个数据交换存储位置,这样通过"釜底抽薪"的方式实现了数据交换。为了实现不同类型的数据交换,形式参数采用 void 指针。

```cpp
1  /*************************************************
2   *    程序名: p3_8.cpp                          *
3   *    功  能: 实现两个数据交换的通用程序        *
4   *************************************************/
5  # include < iostream >
6  using namespace std;
7  void swap_i(int * num1, int * num2)              //整型数交换
8  {   int t;
9      t = * num1;
10      * num1 = * num2;
11      * num2 = t;
12  }
13  void swap(void * num1, void * num2, int size)    //所有类型数据交换
14  {   char * first = (char * )num1, * second = (char * )num2;
15      for(int k = 0; k < size; k++)
16      {
17          char temp;
18          temp = first[k];
19          first[k] = second[k];
20          second[k] = temp;
21      }
22  }
23  int main()
24  {
25      int a = 3, b = 6;
26      double x = 2.3, y = 4.5;
27      char c1[8] = "John", c2[8] = "Antony";
28      cout <<"before swap:a = "<< a <<" b = "<< b << endl;
29      swap_i(&a, &b);
30      cout <<"after swap:a = "<< a <<" b = "<< b << endl;
31      cout <<"before swap:x = "<< x <<" y = "<< y << endl;
32      swap(&x, &y, sizeof(x));
33      cout <<"after swap:x = "<< x <<" y = "<< y << endl;
34      cout <<"before swap:c1 = "<< c1 <<" c2 = "<< c2 << endl;
35      swap(&c1, &c2, sizeof(c1));
36      cout <<"after swap:c1 = "<< c1 <<" c2 = "<< c2 << endl;
37      return 0;
38  }
```

运行结果：

```
before swap:a = 3 b = 6
after swap:a = 6 b = 3
before swap:x = 2.3 y = 4.5
after swap:x = 4.5 y = 2.3
before swap:c1 = John c2 = Antony
after swap:c1 = Antony c2 = John
```

另外，常用指针作为形参接受指针、数组作为实参传送过来的地址，在函数体内，可以使用数组、指针形式存取实参的值。表 3-2 是常用的传递实例，完整的程序请读者自己完成。

表 3-2　指针作为实参的实例

数据存储方式	函数原型	调用形式	功能说明
int a[] = {1,2,3,4,5};	int sum(int * p,int n)	sum(a,5);	指针指向的 n 个数求和
char * p = "abcde";	toupper(char * p)	toupper(p);	指针指向的字符串变成大写
int a[][3] = {1,2,3,4,5,6};	ds(int (* p)[3],int m,int n)	ds(a,2,3)	显示二维静态数组的各元素
int ** dm; //动态数组	dd(int ** p,int m,int n)	dd(dm,m,n)	显示二维动态数组的各元素

2. 指针型函数

除 void 类型的函数以外，每个被调用函数在调用结束之后都要有返回值，指针也可以作为函数的返回值。当一个函数声明其返回值为指针类型时，这个函数就称为指针型函数。

指针型函数的定义形式如下：

```
数据类型 * 函数名(参数表);
```

其中，数据类型表明函数返回指针的类型；* 表示函数的返回值是指针型，可以使用多个 * 返回多重指针。

使用指针型函数的最主要目的就是要在函数调用结束时把大量的数据从被调用函数返回到主调函数中，而通常非指针型函数在调用结束后只能返回一个值。

在调用指针型函数时，需要一个同类型的指针变量接受返回的值。

【例 3-9】 用指针型函数返回两个超长整数的和。

分析：当一个整数大于 10^{10} 时，C++ 就无法用整型变量进行存储与运算了。如果采用字符串存储整数，则可以存储任意长的整数。数字串中的数字字符不是数，要将它们变成数，从低位到高位逐位相加、进位，最后将每位数变成数字字符。

数字字符与数的关系为数字字符 = 数 + '0'。

```
1  /*********************************
2  *  程序名：p3_9.cpp              *
3  *  功  能：超长整数加法           *
4  ********************************* /
5  # include < iostream >
6  using namespace std;
7  char * ladd(char * s1,char * s2)
8  {
```

```
9        int n1,n2,n;
10       char  * res,c = 0;
11       n1 = strlen(s1);                        //n1 = 数字串 s1 的长度
12       n2 = strlen(s2);                        //n2 = 数字串 s2 的长度
13       n = n1 > n2 ? n1 :n2;                   //数字串 s1、s2 的最大长度
14       res = new char [n + 2];                 //申请存结果串的内存
15       for(int i = n + 1;i > = 0;i -- )        //将 s1 从低位开始搬到 res,没有数字的位
                                                 //以及最高位填'0'
16           res[i] = i > n - n1 ? s1[i - n - 1 + n1] :'0';
17       for(i = n;i > = 0;i -- )
18       {
19           char tchar;
20           tchar = i > n - n2 ? res[i] - '0' + s2[i - n + n2 - 1] - '0' + c :res[i] - '0' + c;
                                                 //将数字符变成数
21           c = tchar > 9 ? 1 :0;               //设进位
22           res[i] = c > 0 ? tchar - 10 + '0' :tchar + '0';//将数字变成数字字符
23       }
24       return res;
25   }
26   int main()
27   {
28       char num1[100],num2[100], * num;
29       cin >> num1 >> num2;
30       num = ladd(num1,num2);
31       cout << num1 <<" + "<< num2 <<" = "<< num << endl;
32       delete [ ] num;
33       return 0;
34   }
```

运行结果:

```
12345678901234 ↙
99999 ↙
12345678901234 + 99999 = 012345679001233
```

程序解释:

(1) 第 14 行为结果数字串分配内存空间。如果在函数体内使用一个临时数组存储数字串,函数调用结束后临时空间就不存在了,返回的是一个错误的地址。

(2) 第 31 行释放数字串所占空间。使用"cout << ladd(num1,num2)<< endl;"同样可以调用函数进行运算,并显示结果,但每次调用函数 ladd 时分配的内存空间都没有释放。如果调用次数多了,大量的空间不能释放,就会造成死机。因此要避免编写在函数体内申请空间、在函数体外释放空间的程序。

3. 指向函数的指针

在程序运行时,不仅数据要占用内存空间,程序的代码也被调入内存并占据一定的内存空间。每一个函数都有函数名,实际上,这个函数名就是该函数的代码在内存中的起始地址。当调用一个函数时,编译系统就是根据函数名找到函数代码的首地址,从而执行这段代码。由此看来,函数的调用形式为**函数名**(**参数表**),其实质就是**函数代码首地址**(**参数表**)。

函数指针就是指向某个函数的指针，它是专门用于存放该函数代码首地址的指针变量。一旦定义了某个函数指针，那么它就与函数名有同样的作用，在程序中就可以像使用函数名一样通过指向该函数的指针来调用该函数。类似于指向某个数组的指针一样，它代表该数组的首地址，可以通过该指针访问数组元素。

函数指针的定义语法形式如下：

```
数据类型 ( * 函数指针名)(形参表);
```

其中：
- 数据类型为函数指针所指函数的返回值类型；形参表则列出了该指针所指函数的形参类型和个数。
- 函数指针名与 * 外面的圆括号( )是必需的，圆括号改变了默认的运算符的优先级，使得该指针变量被解释为指向函数的指针。如果去掉圆括号，将被解释为函数的返回值为指针。

函数指针在使用之前也要进行赋值，使指针指向一个已经存在的函数代码的起始地址。其语法形式如下：

```
函数指针名 = 函数名;
```

赋值符右边的函数名所指出的必须是一个已经声明过的和函数指针具有相同返回类型和相同形参表的函数。在赋值之后，就可以通过函数指针名直接引用该指针所指向的函数了，即该函数指针可以和函数名一样出现在函数名能出现的任何地方。

调用函数指针指向的函数有以下两种格式：

```
① 函数指针名(实参表);
② ( * 函数指针名)(实参表);
```

例如：

```
int add( int a, int b);          //定义函数
int ( * fptr)( int a, int b);    //定义函数指针
fptr = add;                      //函数指针赋值,最好是 fptr = &add
```

采用下列任何一种形式调用函数 add：

```
add(1,2);          //用函数名调用函数 add
( * fptr)(1,2);    //用指向函数的指针调用函数 add
fptr(1,2);         //用指向函数的指针调用函数 add
```

虽然 3 种调用形式的结果完全相同，当用指向函数的指针调用函数 add()时，习惯上使用(* fptr)(1,2)，因为这种形式能更直观地说明是用指向函数的指针来调用函数的。

指向函数的指针常用来实现菜单程序，根据不同的选择执行菜单项中对应的功能，各功能由指向函数的指针实现。

【例 3-10】 用指向函数的指针实现各种算术运算的菜单程序。

分析：为了实现菜单功能，需要定义一个函数指针数组存储各函数名（地址），调用时通过

各数组元素指向的函数名来调用对应的函数。

```
1  / ********************************
2  *    程序名: p3_10.cpp             *
3  *    功   能: 模拟简单菜单程序         *
4  ******************************** /
5  # include < iostream >
6  using namespace std;
7  int add( int a, int b) {
8      return a + b;
9  }
10 int sub( int a, int b) {
11     return a - b;
12 }
13 int mul( int a, int b) {
14     return a * b;
15 }
16 int divi( int a, int b) {
17     if (b == 0) return 0x7fffffff;
18     else return a/b;
19 }
20 int ( * menu[])( int a, int b) = {add, sub, mul, divi};
21 int main()
22 {
23     int num1, num2, choice;
24     cout <<"Select operator:"<< endl;
25     cout <<"      1:add"<< endl;
26     cout <<"      2:sub"<< endl;
27     cout <<"      3:multiply"<< endl;
28     cout <<" 4:divide"<< endl;
29     cin >> choice;
30     cout <<"Input number(a, b):";
31     cin >> num1 >> num2;
32     cout <<"Result:"<< menu[choice - 1](num1, num2)<< endl;
33     return 0;
34 }
```

运行结果：

```
Select operator:
    1:add
    2:sub
    3:multiply
    4:divide
3 ↙
Input number(a, b):4 5 ↙
Result:20
```

思考：

如果 p3_10 的运行结果中选择操作为 4↙，输入为 Input number(a,b):5　0↙输出结果将是什么？

3.3.7　指针常量与常量指针

一个指针可以操作两个对象，一个是指针值（即地址），一个是通过指针间接访问的变量的值，于是指针也可分为指针常量（constant pointer）和常量指针（pointer to constant）。

1. 指针常量

指针常量是相对于指针变量而言的，也就是指针值不能被修改的指针。

如果在定义指针时指针前用 const 修饰，被定义的指针就变成了一个指针类型的常量，指针类型的常量简称为**指针常量**。定义指针常量的格式如下：

```
数据类型 * const 指针名 = 变量名;
```

（1）修饰符 const 与指针变量紧邻，说明指针的值不允许修改，所以一定要在定义时给出初值：

```
int a = 2;
int b = 3;
int * const p = &a;          //定义了一个指针常量并初始化
p = &b;                      //错误,指针常量的值为常量,不能指向其他变量
p = NULL;                    //错误,指针常量的值为常量,不能被修改
```

（2）因为 const 修饰的是指针，而不是指针指向的对象的值，所以指针指向的对象的值可以被更改：

```
* p = 4;                     //正确,指针常量所指变量的值可以被修改
* p = b;                     //正确,指针常量所指变量的值可以被修改
```

2. 常量指针

如果在定义指针变量时数据类型前用 const 修饰，被定义的指针变量就是指向常量的指针变量，指向常量的指针变量简称为**常量指针**。定义常量指针的格式如下：

```
const 数据类型 * 指针变量 = 变量名;
```

（1）定义一个常量指针后，指针指向的对象的值不能被更改，即不能通过指针来更改所指向的对象的值，但指针本身可以改变，指向另外的对象。

```
const int a = 2;
int b = 3;
const int * p = &a;          //定义了一个常量指针并初始化
p = &b;                      //正确, 常量指针可以指向其他变量
p = NULL;                    //正确,指针常量的值可以被修改
```

（2）因为 const 修饰的是指针指向的值，而不是指针，所以指针指向的值不能被更改。

```
* p = 4;                    //错误,常量指针所指变量的值不可以被修改
* p = b;                    //错误,常量指针所指变量的值不可以被修改
```

（3）为了防止通过一个非常量指针修改常量指针指向的值,将一个常量指针赋给一个非常量指针是错误的。

```
int * q;
q = p;                      //错误,将一个常量指针赋给非常量指针
```

（4）可以将一个非常量指针赋给一个常量指针,这是因为 const 修饰的是指针指向的内容,而不是指针的值（地址值）。

```
p = NULL;                   //正确
p = q;                      //正确
```

（5）const 用在数组的类型前修饰数组元素,数组元素为常量的数组称为**常量数组**,常量数组的元素不可改变,也不可将地址赋给非常量指针。

```
const int a[3] = {1,2,3};   //定义常量数组
a[0] = 0;                   //错误,常量数组的元素不可修改
int * p = a;                //错误,常量数组的地址不能赋给非常量指针
```

☆**注意**：

常量数组的所有元素必须全部赋初值。

```
const int a[] = {1,2,3};         //正确
const char a[] = {'1','2','3'};  //正确
const int a[10] = {1,2,3};       //错误,常量数组元素没有全部赋初值
```

3. 指向常量的指针常量

指针常量保护指针的值不被修改,常量指针保护指针指向的值不被修改,为了将两者同时保护,可以定义指向常量的指针常量,简称为**常指针常量**。常指针常量意为一个指向常量的指针,指针值本身也是一个常量。常指针常量的定义格式如下：

```
const 数据类型 * const 指针变量 = 变量名;
```

（1）左边的 const 与数据类型相结合,表明数据的值是常量；右边的 const 用在变量前,表明变量的值是常量。

（2）定义一个常指针常量后,修改指针的值与修改指针指向内容的值都是错误的：

```
const int a = 2;
int b = 3;
int * q = &b;
const int * const p = &a;   //定义了一个常量指针并初始化
p = &b;                     //错误,常指针常量的值为常量,不能指向其他变量
p = NULL;                   //错误,常指针常量的值为常量,不能被改变
* p = b;                    //错误,常指针常量所指的值为常量,不能被改变
p = q;                      //错误,常指针常量的值为常量,不能被改变
q = p;                      //错误,不能将一个常指针赋给非常指针
```

常指针类型通常用作函数的形参，以防止在函数体内通过形参修改实参指向的值，以保护实参。

3.4 引　　用

3.4.1 引用的定义

从逻辑上理解，**引用**（reference）是已存在变量的别名（alias）。通过引用，我们可以间接访问变量，指针也能间接访问变量，但引用在使用上比指针更安全。引用的主要用途是描述函数的参数和返回值，特别是传递较大的数据变量。

对引用型变量的操作实际上就是对被引用变量的操作。当定义一个引用型变量时，需要用已存在的变量对其初始化，于是引用就被绑定在那个变量上，对于引用的改动就是对它所绑定的变量的改动，反之亦然。

定义一个引用型变量的语法格式如下：

```
数据类型 & 引用变量名 = 变量名;
```

其中：
- 数据类型应与被引用变量的类型相同；
- & 是引用运算符，在这里是二元操作符；
- 变量名为已定义的变量。

例如：

```
int x;
int & refx = x;
```

refx 是一个引用型变量，它被初始化为对整型变量 x 的引用。即给整型变量 x 起了一个别名 refx，refx 称为对 x 的引用，x 称为 refx 的引用对象。

当定义一个引用变量后，系统并没有为它分配内存空间。refx 与被引用变量 x 具有相同的地址，即 refx 与 x 使用的是同一内存空间。对引用变量值的修改就是对被引用变量的修改，反之亦然。

```
x = 3;
cout << refx;                    //结果为 3
refx = 5;
cout << x;                       //结果为 5
```

引用变量的内存图见图 3-6。

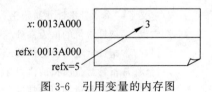

图 3-6　引用变量的内存图

　　从以上分析可知,从物理实现上看,引用是一个隐性的指针,即引用值是引用所指向的变量的值。引用与所引用的变量值的关系看似直接访问,实为间接访问,这幕后的转换工作是由编译做的。编译将引用转换为指针操作,因而,引用不能操作自身的地址,每次访问引用,实际上是在访问所指向的变量。

　　与指针相比,引用不占用新的地址,节省了内存开销,而且隐去了地址操作。一方面,引用封锁了对地址的可修改性,使得间接访问操作更安全了。指针是低级的直接操作内存地址的机制,其功能强大,但若使用不慎极易产生错误。在 C++语言中,指针可由整型数强制类型转换得到,处理不当可能对系统造成极大的破坏。另一方面,引用封装了指针,它不直接操作地址,不可以由强制类型转换得到,因而具有较高的安全性,避免了由于使用指针直接访问内存地址而产生的一些难以察觉的错误,因而,高级编程多用引用,低级编程多用指针,这主要是从安全因素着眼的。

3.4.2　引用与函数

1. 引用作为函数的参数

　　若引用作为函数的形参,在进行函数调用时,进行实参与形参的结合,其结合过程相当于定义了一个形参对实参的引用。因此,在函数体内,对形参进行运算相当于对实参进行运算。

【例 3-11】　使用引用参数实现两个数的交换。

```
1   /*********************************************
2    *    程序名: p3_11.cpp                      *
3    *    功　能: 使用引用参数实现两个数的交换    *
4    ********************************************* /
5   # include < iostream >
6   using namespace std;
7   void swap( int &refx, int &refy)
8   {
9       int temp;
10      temp = refx;
11      refx = refy;
12      refy = temp;
13  }
14  int main( )
15  {
16      int x = 3, y = 5;
17      cout <<"before swap:x = "<< x <<" y = "<< y << endl;
18      swap(x, y);
19      cout <<"after swap:x = "<< x <<" y = "<< y << endl;
20      return 0;
21  }
```

运行结果:

```
before swap:x = 3 y = 5
after swap:x = 5 y = 3
```

程序解释：

执行 swap(x, y)时，首先进行参数传递，其过程相当于执行：

```
int& refx = x;
int& refy = y;
```

这样定义了对 x、y 的引用 refx、refy。在函数体中，交换变量 refx 和 refy 的值就是交换变量 x 和 y 的值。

与指针相比，引用作为函数参数具有下面两个优点：

（1）函数体的实现比指针简单。用指针作为形参，在函数体内形参要带着 * 参加运算；而用引用作为形参，在函数体内参加运算的为形参变量。

（2）调用函数语法简单。用指针作为形参，实参需要取变量的地址；而用引用作为形参，与简单传值调用一样，实参为变量。

2. 引用作为函数的返回值

函数返回值类型为引用型，在函数调用时，若接受返回值的是一个引用变量，相当于定义了一个对返回变量的引用；若接受返回值的是一个非引用变量，函数返回变量的值赋给接受变量。

如果函数返回值类型为引用型，则要求返回值为左值。这样，函数调用式可以当作左值。

【例 3-12】 使用引用作为函数的返回值。

```cpp
1   /**********************************************
2    *  程序名: p3_12.cpp                          *
3    *  功  能: 使用引用作为函数的返回值            *
4    ********************************************** /
5   # include < iostream >
6   using namespace std;
7   int max1( int a[ ], int n)        //求数组 a[ ]中元素的最大值
8   {
9      int t = 0;
10     for( int i = 0; i < n; i++)
11         if(a[ i]> a[t]) t = i;
12        return a[t] + 0;
13  }
14  int& max2( int a[ ], int n)       //求数组 a[ ]中元素的最大值
15  {
16     int t = 0;
17     for( int i = 0; i < n; i++)
18         if(a[ i]> a[t]) t = i;
19  return a[t];
20  }
21  int& sum( int a[ ], int n)        //求数组 a[ ]中元素的和
22  {
23     int s = 0;
24     for( int i = 0; i < n; i++)
25         s += a[ i];
26     return s;
27  }
28  int main()
```

```
29  {
30      int a[10] = {1,2,3,4,5,6,7,8,9,10};
31      int m1 = max1(a,10);
32      int m2 = max2(a,10);
33      int &m3 = max2(a,10);
34      int &m4 = sum(a,10);
35      cout <<"m1 = "<< m1 << endl;
36      cout <<"m2 = "<< m2 << endl;
37      cout <<"m3 = "<< m3 << endl;
38      cout <<"m4 = "<< m4 << endl;
39      m3 += 10;
40      max2(a,10) -= 100;
41      cout << sum(a,10)<< endl;
42      return 0;
43  }
```

运行结果：

```
m1 = 10
m2 = 10
m3 = 10
m4 = - 858993460
 - 35
```

程序解释：

（1）第 32 行使用 int 型变量接受函数返回的 int & 型的值。

（2）第 33、34 行使用 int& 型变量接受函数返回的 int & 型的值，但是不能使用引用变量接受返回类型为非引用型的函数值，int &m4＝max1(a, 10)是错误的。

（3）第 33 行 m3 引用的返回值变量 a[t]在函数调用结束时仍然有效，所以 m3 的值是有效的。

（4）第 34 行 m4 引用的返回值变量 s 是函数体内的变量，在函数调用结束时失效，故 m4 的值－858993460 是一个无效的值。因此，当函数返回类型是引用型时，返回变量不能是临时变量。

（5）第 12 行，a[t]＋0 作为函数 max1()的返回值，但在 max2()中不能使用 a[t]＋0 作为返回值。当函数返回类型是引用型时，返回值一定是一个左值。

（6）第 39 行，可通过引用变量修改返回变量的值。

（7）第 40 行，当函数返回类型是引用型时，函数调用形式可以作为左值接受右值对象的值。

（8）由于第 39 行将返回变量 a[9]的值变成 20，第 40 行将 a[9]变成－80，最后数组 a[]中元素的和为－35。

3.4.3　常引用

如果在定义引用变量时用 const 修饰，被定义的引用就是**常引用**。定义常引用的格式如下：

```
const 数据类型 & 引用变量 = 变量名；
```

定义一个常引用后，就不能通过常引用更改引用的变量的值了。

例如：

```
int i (100);
const int & r = i;
```

若试图使用 r＝200 更改 i 的值是错误的，但通过 i 本身可以改变 i 的值：

```
i = 200;
```

此时 r 的值变成 200。

常引用类型常用作函数的形参类型，在把形参定义为常引用类型时，在函数体内就不能通过形参改变实参的值了，保证了函数调用时实参是"安全"的，这样的形参称为只读形参。

```
void fun(const int& x, int& y) {
    x = y;                //错误，x 不可修改
    y = x;
}
```

☆注意：

形参为常引用类型时，实参可以是常量、变量表达式；如果形参为非常引用类型，实参必须为左值。对于 void fun（const int& x，int& y），调用 fun（100,200）是错误的，调用 fun(100,a)是正确的(a 为变量)。

3.5　结构与联合

数组是由类型相同的数据元素构成的，然而，在程序中往往需要处理一些由不同类型数据元素所构成的数据。例如，一个学生的基本情况由学号、姓名、性别、出生日期、成绩等数据元素构成，这些数据元素具有不同的数据类型，如果使用独立的不同数据类型的变量来描述这些信息，那么变量之间的关系不能体现出来。C++提供了描述不同数据类型的组合体的方法，即结构（struct）与联合（uion）。

C++语言是从 C 语言发展而来的，为了与 C 语言兼容，C++中也保留了 C 语言中的结构与联合。C++语言并不是纯粹的面向对象的程序设计语言，它追求的是程序设计的高效性，因此，为了保证程序设计的效率和方便，C++保留了一些面向过程的程序设计特征。在 C++中"类"是封闭的，类的主要成员都是私有属性（private），而"结构"是开放性的，其成员属性都是公有属性（public），因此，在需要开放性的地方，适合采用结构可以提高程序设计的效率。

在 C++中，依然保留了联合。在某些 C++程序设计中，联合的作用很重要，没有其他构造数据类型可以替代它。例如，在一些非标准扩展的程序设计中，使用联合是必要的；对于很多内存受限的系统，如移动设备、嵌入式系统、游戏程序等对内存的使用和调度要求较高的程序环境中，需要使用同一块内存代表不同的含义，最适合的数据结构就是联合。

3.5.1　结构

1. 结构类型的定义

结构类型将不同数据类型组合成一个整体类型，定义结构类型的格式如下：

```
struct 结构类型名
{
    数据类型 1   成员名 1;
    数据类型 2   成员名 2;
    …
    数据类型 n   成员名 n;
};
```

其中：

- struct 是关键字，表示定义的是一个结构类型；
- 结构类型名必须是一个合法的标识符，结构类型名省略时表示定义的是一个无名的结构体；
- 结构类型的成员数量不限，各成员构成成员表；数据类型可以是基本数据类型，也可以是构造数据类型；
- 结构类型定义的结束符，不能省略。

例如，下面定义了一个学生信息的结构类型：

```
enum gender {man,ferman};
struct student
{
    long no,birthday;          //学号、生日
    char name[22];             //姓名
    gender sex;                //性别
    float score;               //成绩
};
```

☆**注意**：

（1）结构类型由多个成员类型组合而成，所以结构类型变量所占内存的大小理论上应该为各个成员所占内存大小之和。为了提高对内存的存取速度，C++分配各个结构成员的内存空间以字为单位，以保证其地址在字的整数倍处，所以结构成员内存空间存在间隙。

```
student 的理论值 = sizeof(long) * 2 + sizeof(char) * 22 + sizeof(gender) + sizeof
(float)
                = 8 + 22 + 4 + 4 = 38;
student 实际值 = sizeof(student) = 8 + 24 + 4 + 4 = 40;
```

因此，在程序中要避免用结构成员大小计算结构变量所占的内存。

（2）定义了一个结构类型，但并没有定义变量，结构类型中的成员名既不能当作类型名，也不能当作变量使用。

例如：

```
score = 95;                    //错误,成员名不能当作变量
cout << sizeof(name);          //成员名不能当作类型名
```

2. 结构变量的定义与使用

结构变量的定义与其他类型变量的定义格式相同，既可以和结构类型一起定义，也可以在使用前临时定义。

结构变量的初始化方法与数组的初始化方法相似，初始化格式如下：

> 结构类型名 结构变量名 = {成员名1的值,成员名2的值,…,成员名n的值};

例如：

student s001 = {200507038,19850708,"ZhangShan",man,95.5};

☆**注意**：

（1）初始化结构变量时成员值表中的顺序要与定义时的顺序相同。

student s001 = {200507038,19850708,man,"ZhangShan",95.5};//成员值顺序错误

（2）只有在定义结构变量时才能对结构变量进行整体初始化，在定义了结构变量后每个成员单只能单独初始化。

student s001;
s001 = {200507038,19850708 ,"ZhangShan" ,man,95.5};   //错误,在定义结构变量后进行整体初始化

（3）在定义结构类型与结构变量时不能对成员进行初始化。

```
struct student
{
    long no = 20030108,birthday;    //错误
    char name[20];
    gender sex;
    float score = 95;               //错误
} s001;
```

（4）定义无名结构类型时一定要同时定义变量。

在定义结构变量后，相当于定义了多个成员变量，通过结构变量名存取各个成员变量的格式如下：

> 结构变量名.成员名;

例如：

student s002;
strcpy(s002.name,"LiGuohua");

通过 s002.name＝"LiGuohua"的方法给 s002.name 这个字符数组整体赋初值同样是错误的，可以通过逐个给结构变量赋值的方法来初始化结构变量。

通过一个指向结构变量的指针存取结构成员的，格式如下：

> 指向结构变量的指针名 -> 结构变量名的成员名;

（5）结构变量之间可以相互赋值，结构变量之间的赋值等价于各个成员之间逐一相互赋值。如果成员是数组，则将数组元素一一赋值。

例如：

s001 = s002;

相当于进行以下赋值：

```
s001.no = s002.no;
s001.birthday = s002.birthday;
...
s001.score = s002.score;
```

对于 s001.name 相当于进行了：

```
memcpy(s001.name,s002.name,sizeof(s002.name));
```

但对于结构变量中的指针，C++只是将地址进行了赋值。结构变量间的赋值称为**结构式拷贝**，属于浅拷贝（后面章节将详细介绍）。

【例 3-13】 使用结构数组存储学生信息，按学生成绩从高到低排序。

分析：按成绩排序时需要进行数组元素交换，利用结构式拷贝对结构体中存储学生姓名的字符数组进行复制，从而将成绩与姓名一并交换。

```cpp
/ **********************************************
 *   程序名：p3_13.cpp                        *
 *   功  能：学生成绩的排序,结构数组应用        *
 ********************************************** /
# include < iostream >
using namespace std;
struct student
{
    char name[20];
    float score;
};
int input(student s[ ], int n)                 //返回实际输入人数
{
    for(int i = 0; i < n; i++)
    {
        cin >> s[i].name >> s[i].score;
        if (s[i].score < 0) break;
    }
    return i;
}
void output(student s[ ], int n)
{   for(int i = 0; i < n; i++)
        cout << s[i].name <<"\t"<< s[i].score << endl;
}
void sort(student a[ ], int n)
{
    for(int i = 0; i < n - 1; i++)                //排序
        for(int j = i + 1; j < n; j++)
            if(a[i].score < a[j].score)
            {
                student t;
                t = a[i];                         //交换数组元素
                a[i] = a[j];
                a[j] = t;
```

```
35              }
36 }
37 int main()
38 {
39      const int MaxNum = 100;           //学生人数
40      int num;                          //实际人数
41      student s[MaxNum];
42      num = input(s,MaxNum);
43      sort(s,num);
44      output(s,num);
45      return 0;
46 }
```

运行结果：

GongJing	80 ↙	ChenHailing	98
LiuNa	90 ↙	LianXiaolei	92
zhouZijun	86 ↙	LiuNa	90
LianXiaolei	92 ↙	zhouZijun	86
ChenHailing	98 ↙	CuiPeng	84
CuiPeng	84 ↙	GongJing	80
exit	− 1 ↙		

程序解释：

程序第 33～35 行对数组元素进行交换，$t = a[i]$ 等价于：

```
t.score = a[i].score;
memcpy(t.name,a[i].name,sizeof(a[i].name));
```

3. 结构体的应用

结构数组与链表体现了结构的主要应用。结构数组是以结构类型数据为元素的数组。例如，可以使用结构数组存储若干个学生的信息，但数组各个元素在内存中是连续存放的，需要系统提供连续的内存块，另一方面，当从数组中插入或删除数据元素时需要移动大量的元素。链表是通过指针将一个个数据元素链接起来，就像是一条"链子"，形象地称这种结构为链表。与数组相反，链表不需要整块内存，只需要多块零碎的内存，这样系统容易满足；当在链表中插入或删除一个元素时，不需要移动其他数据元素。由于链表具有这样的优点，因而有广泛的用途。

构成链表的数据元素称为结点，每个结点只有一个指针指向下一个结点的链表称为单向链表；若一个结点有两个指针，一个指向前一个结点（前驱结点），另一个指向后一个结点（后继结点），这样的链表称为双向链表。若链表的最后一个结点指向第一个结点，称这样的链表为循环链表或环形链表。

定义一个单向链表结点的格式如下：

```
struct 结点的类型名
  {
    数据成员定义;
    struct 结点类型名 * 指针名;
  }
```

例如，下面定义了一个学生信息的链表结点结构：

```
struct student
{
    char name[20];
    float score;
    struct student * next;
}
```

对链表的操作有建立、检索、插入、删除。

以学生信息链表为例，图 3-7 演示链表的建立过程。

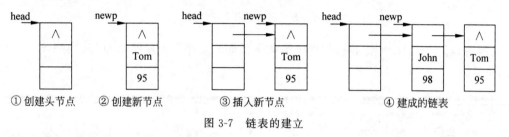

图 3-7　链表的建立

（1）创建头结点。

头结点也称哨兵结点，是链表的第一个结点，不存储数据，是为了方便链表操作而设的一个结点。若头结点的指针域值为空，表示链表为空。

创建头结点的语句如下：

```
newp = new student;
newp - > next = NULL
head = newp;
```

（2）创建新结点。

```
newp = new student;
```

（3）插入新结点。

如果要插入一个结点，首先要找到插入位置。假定要建立一个按成绩从高到低排列的链表，查找插入位置需要从头结点开始遍历链表，直到找到这样的一个结点，其后继结点的成绩比要插入结点的成绩低，插入点就在此结点之后。假定 p 指向当前结点，插入新结点 newp 的步骤如图 3-8 所示。

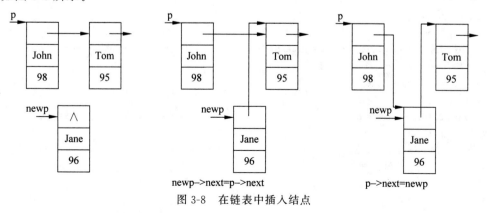

图 3-8　在链表中插入结点

（4）删除结点。

如果要删除一个结点，一定要有一个指向此结点前驱结点的指针，除非是头结点。删除结点的操作步骤如图 3-9 所示。

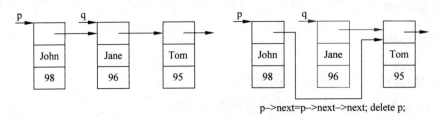

图 3-9　删除链表中的结点

【例 3-14】　使用单向链表按学生成绩从高到低的顺序存储学生信息，从中删除不及格学生的信息。

```
1   /****************************************
2    *   程序名：p3_14.cpp                    *
3    *   功　能：单向链表的排序、查找、插入、删除    *
4    ****************************************/
5   # include < iostream >
6   using namespace std;
7   struct student
8   {
9       char name[20];
10      float score;
11      struct student * next;
12  };
13  typedef student NODE;
14  NODE * Search(NODE * head, int key) {       //查找关键字小于 key 的结点的前驱
15      NODE * p;
16      p = head;
17      while(p -> next!= NULL) {
18          if(p -> next -> score < key)
19              return p;
20          p = p -> next;
21      }
22      return p;
23  }
24  void InsertNode(NODE * p, NODE * newp) {     //在 p 之后插入结点 newp
25      newp -> next = p -> next;
26      p -> next = newp;
27  }
28  void DelNode(NODE * p) {                     //删除 p 结点的一个后继结点
29      NODE * q;
30      if(p -> next!= NULL) {
31          q = p -> next;
32          p -> next = q -> next;
33          delete q;
```

```
34          }
35      }
36  void DelList(NODE * head) {                    //销毁整个链表
37      NODE * p;
38      p = head;
39      while(head - > next!= NULL) {
40              head = head - > next;
41              delete p;
42              p = head;
43          }
44      delete head;
45      }
46  void DispList(NODE * head) {                    //显示链表各元素
47      NODE * p;
48      p = head;
49      while(p - > next!= NULL) {
50          cout << p - > next - > name <<"\t"<< p - > next - > score << endl;
51          p = p - > next;
52      }
53  }
54  int main()
55  {
56    NODE * newp, * head, * p;
57    char name[20];
58    float score, low = 60;
59    if((newp = new NODE) == NULL) {
60      cout <<"new NODE fail!"<< endl;
61      exit(0);
62  }
63  head = newp;
64  head - > next = NULL;
65  cout <<"Input name and score( - 1 to exit):"<< endl;
66  cin >> name >> score;
67  while(score > 0)
68  {
69      if((newp = new NODE) == NULL)
70      {
71          cout <<"new NODE fail!"<< endl;
72          exit(0);
73      }
74      strcpy(newp - > name, name);
75      newp - > score = score;
76      newp - > next = NULL;
77      p = Search(head, score);
78      InsertNode(p, newp);
79      cin >> name >> score;
80  }
81  cout <<"Before delete:"<< endl;
82  DispList(head);
83  for(p = Search(head, low); p - > next!= NULL; p = Search(head, low))
```

```
84     DelNode(p);
85 cout <<"After delete:"<< endl;
86 DispList(head);
87 DelList(head);
88 return 0;
89 }
```

运行结果：

Input name and score (−1 to exit):		Before delete:		After delete:	
GongJing	80 ↙	ChenHailing	98	ChenHailing	98
LiuNa	90 ↙	LianXiaolei	92	LianXiaolei	92
Zhouzijun	86 ↙	LiuNa	90	LiuNa	90
LianXiaolei	92 ↙	Zhouzijun	86	Zhouzijun	86
ChenHailing	98 ↙	CuiPeng	84	CuiPeng	84
CuiPeng	84 ↙	GongJing	80	GongJing	80
exit	−1 ↙				

3.5.2 联合

1. 联合类型的定义

联合（union）类型也称为共用体类型，它是一种与结构类型类似的数据类型，提供了一种可以将几种不同类型数据存放于同一段内存，对其中各个成员可以按名存取的机制。定义联合类型的语法形式如下：

```
union 联合类型名
{
    数据类型 1    成员名 1;
    数据类型 2    成员名 2;
    …
    数据类型 n    成员名 n;
};
```

例如，下面定义了联合类型：

```
union UData
{
        char      Ch;
        short     Sint;
        long      Lint;
        unsigned  Uint;
        float     f;
        double    d;
        char      str[10]
};
```

与结构类型不同，联合类型虽然由多个成员类型组合而成，但联合类型变量的各个成员拥有共同的内存空间,联合类型变量所占内存的大小应为各个成员所占内存大小的最大值。如果其中有构造数据类型,其大小为其中最长的基本数据类型的整数倍。

```
sizeof(UData)的理论值 = sizeof(str) = 10;
sizeof(UData)的实际值 = sizeof(double) * 2 = 16;
```

2. 联合变量的定义与使用

联合变量的定义与其他类型变量的定义格式相同,既可以和联合类型一起定义,也可以在使用前临时定义。

联合变量只能初始化第一个成员,初始化格式如下:

联合类型名　联合变量名 = {成员名 1 的值};

例如:

```
UData u = {65};
UData u2 = {"123456789"};          //错误,除非将 str[10]当作第 1 个成员
```

在定义无名联合类型时,其中的成员类型可以当作变量使用,例如:

```
union {
  char c;
  int i;
};
c = 'a';
i = 65;
cout << c;                    //显示 A
```

由于变量 c 与 i 有相同的内存单元,所以最终 c 的值为 65;由于无名联合既具有其成员共有内存单元的性质,又具有不同联合名直接存取成员的性质,所以无名联合常用在结构体中。

在定义联合变量后,相当于定义了多个成员变量,通过联合变量名存取各个成员变量的格式如下:

联合变量名.成员名;

通过一个指向联合变量的指针存取结构成员的格式如下:

指向联合变量的指针名 -> 联合变量的成员名;

---

3. 联合变量在内存中的排列

在定义联合变量后,联合变量在内存中获得了共同的内存,由于各个成员的数据类型不同,因此长度也不同。各成员在内存中的排列均从低地址开始,遵循“低地址低字节,高地址高字节”的原则。

例如:

```
UData u;
strcpy(u.str,"123456789");       //给成员 u.str 赋初值
```

其内存图如图 3-10 所示。

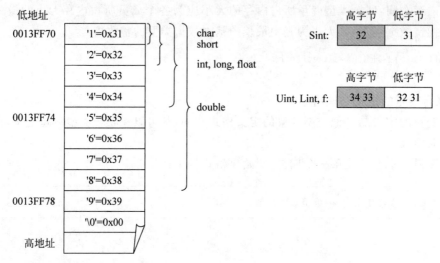

图 3-10　联合体在内存中的排列

【例 3-15】　显示联合体中各成员的内存排列。

```
1   /****************************************************
2   *   程序名: p3_15.cpp                              *
3   *   功   能: 显示联合体中各类型成员的内存排列       *
4   **************************************************** /
5   # include < iostream >
6   using namespace std;
7   int main() {
8       union UData
9       {
10          char      Ch;
11          short     Sint;
12          long      Lint;
13          unsigned  Uint;
14          float     f;
15          double    d;
16          char str[10];
17      };
18      UData u;
19      strcpy(u. str,"123456789");
20      cout <<"char:"<<'\t'<< u. Ch << endl;
21      cout <<"short:"<<'\t'<< hex << u. Sint << endl;
22      cout <<"long:"<<'\t'<< u. Lint << endl;
23      cout <<"unsigned:"<<'\t'<< u. Uint << endl;
24      cout <<"float:"<<'\t'<< u. f << endl;
25      cout <<"double:"<<'\t'<< u. d << endl;
26      cout <<"string:"<<'\t'<< u. str << endl;
27      return 0;
28  }
```

运行结果：

```
char:       1
short:      3231
long:       34333231
unsigned:   34333231
float:      1.66889e-007
double:     6.82132e-038
string:     123456789
```

思考：

请对照联合体变量的各成员内存分布图，思考程序 p3_15 的运行结果，并给出理由。

本 章 小 结

（1）枚举类型实际上是一组整型符号常量，其中的每个常量都可以进行各种运算，在对一个枚举变量赋值时一定要注意类型一致。

（2）数组是一组同类型变量，可通过数组名加下标存取其中的单个变量。各个数组元素在内存中顺序排列，数组名表示的是数组的起始地址，可以使用指针运算符用指针方式存取数组元素。

（3）一个多维数组是以低维数组为元素的数组，多维数组在内存中的排列与一维数组相同，即从低地址到高地址顺序排列。数组名表示的是数组的地址。

（4）数组名表示的地址不能是左值，但可以当作函数的形式参数，接受实参传送的地址。

（5）以 0 作为结尾符的字符数组为字符串，数组大小与字符串长度的关系为 $sizeof(s) = strlen(s) + 1$。

（6）地址变量称为指针，所有地址变量的长度都是 4 个字节。

（7）用地址变量存储数组的地址时（指针指向了数组），可通过指针名以指针方式存取数组元素，也可将指针名当作数组名以数组方式存取元素。但指针比数组多了一个存储地址的内存空间，因此指针名可以作为左值。

（8）指针指向的动态申请的数组称为动态数组，动态数组所占的内存空间需要在程序中进行释放。

（9）指针可作为函数的形参，接受实参传送的地址。

（10）引用是一个已存在变量的别名，它与被引用的对象共有内存单元，因此在定义一个引用型变量时一定要以一个已存在的变量作为初值。当引用作为函数的形参时，可以不赋初值，在函数体内引用变量代替实参进行运算，对形参的改变反映到实参上。

（11）引用型函数返回的对象被一个引用型变量接受，引用型变量成为返回对象的别名；若被一个非引用变量接受，则将返回变量的值赋给接受变量。引用型函数还可以是一个左值，接受右值对象的值。

（12）常指针、常引用类型通常用作函数的形参，以防止在函数体内通过形参修改实参指向的值，以保护实参。

（13）结构类型是各种已存在与已定义类型的组合体，同类型结构变量之间赋值等同于每一个成员之间的赋值，其中数组成员的赋值等同于数组的复制。

（14）联合类型是各种已存在与已定义类型的共同体，联合变量各成员拥有共同的内存空间。

习　题　3

1. 选择题

（1）执行以下语句后的输出结果是（　　　）。

```
enum weekday {sun,mon,tue,wed = 4,thu,fri,sat};
weekday workday = mon;
cout << workday + wed << endl;
```

  A. 6　　　　　　　　　B. 5　　　　　　　　C. thu　　　　　　　D. 编译错

（2）在 C++ 中引用数组元素时，其数组下标的数据类型允许是（　　　）。

  A. 整型常量　　　　　　　　　　　　B. 整型表达式

  C. 非浮点型表达式　　　　　　　　　D. 任何类型的表达式

（3）设有数组定义"char array [] = "China";"，则数组 array 所占的空间为（　　　）。

  A. 4 个字节　　　　B. 5 个字节　　　　C. 6 个字节　　　　D. 7 个字节

（4）若有说明"int a[][3] = {1,2,3,4,5,6,7};"，则 a 数组高维的大小是（　　　）。

  A. 2　　　　　　　　B. 3　　　　　　　C. 4　　　　　　　D. 无确定值

（5）以下定义语句不正确的是（　　　）。

  A. double x[5] = {2.0,4.0,6.0,8.0,10.0};

  B. int y[5] = {0,1,3,5,7,9};

  C. char c1[] = {'1','2','3','4','5'};

  D. char c2[] = {1,2,3};

（6）若二维数组 a 有 m 列，则在 a[i][j] 前的元素个数为（　　　）。

  A. j * m + i　　　　B. i * m + j　　　　C. i * m + j − 1　　D. i * m + j + 1

（7）以下能对二维数组 a 正确初始化的语句是（　　　）。

  A. int a[2][] = {{1,0,1},{5,2,3}};

  B. int a[][3] = {{1,2,3},{4,5,6}};

  C. int a[2][4] = {{1,2,3},{4,5},{6}};

  D. int a[][3] = {{1,0,1},{ },{1,1}};

（8）以下不能对二维数组 a 正确初始化的语句是（　　　）。

  A. int a[2][3] = {0};

  B. int a[][3] = {{1,2},{0}};

  C. int a[2][3] = {{1,2},{3,4},{5,6}};

  D. int a[][3] = {1,2,3,4,5,6};

（9）定义以下变量和数组：

```
int k;
int a[3][3] = {1,2,3,4,5,6,7,8,9};
```

则下面语句的输出结果是（　　　）。

```
for(k = 0;k < 3;k++)
    cout << a[k][2 - k]<<"\t";
```

  A. 3 5 7   B. 3 6 9   C. 1 5 9   D. 1 4 7

（10）下面定义不正确的是（   ）。

  A. char a[10] = "china";   B. char a[10]，* p = a；p="china";

  C. char * a=0；   D. int * p=10；

（11）以下不能正确对字符串赋初值的语句是（   ）。

  A. char str[5] = "good!";   B. char str[] = "good!";

  C. char str[8] = "good!";   D. char str[5] = {'g','o','o','d'};

（12）给出以下定义,则正确的叙述为（   ）。

```
char x[] = "abcdefg";
char y[] = {'a','b','c','d','e','f','g'};
```

  A. 数组 x 和数组 y 等价

  B. 数组 x 和数组 y 的长度相同

  C. 数组 x 的长度大于数组 y 的长度

  D. 数组 x 的长度小于数组 y 的长度

（13）以下程序的输出结果是（   ）。

```
int main()
  {
    char st[20] = "hello\0\t\\";
    cout << strlen(st)<<"\t"<< sizeof(st);
    return 0;
  }
```

  A. 9 9   B. 5 20   C. 13 20   D. 20 20

（14）下列程序的输出结构是（   ）。

```
# include < iostream >
using namespace std;
int main()
{
    char a[] = "Hello,World";
    char * ptr = a;
    while ( * ptr)
    {
        if( * ptr > = 'a'&& * ptr < = 'z')
            cout << char( * ptr + 'A' - 'a');
        else cout << * ptr;
        ptr++;
    }
    return 0;
}
```

  A. HELLO,WORLD   B. Hello,World

  C. Hello,world   D. hello,world

（15）要禁止修改指针 p 本身，又要禁止修改 p 所指向的数据，这样的指针应定义为（　　）。

  A. const char ＊ p＝"ABCD";

  B. char const ＊ p＝"ABCD";

  C. char ＊ const p＝"ABCD";

  D. const char ＊ const p＝"ABCD";

（16）有以下程序段：

```
int i = 0, j = 1;
int &r = i ;          //①
r = j;                //②
int * p = &i ;        //③
* p = &r ;            //④
```

会产生编译错误的语句是（　　）。

  A. ④   B. ③   C. ②   D. ①

（17）以下程序的输出结果是（　　）。

```
int main()
{
  char * str = "12345";
  cout << strlen(str)<<"\t"<< sizeof(str);
  return 0;
}
```

  A. 6　5   B. 5　6   C. 5　4   D. 5　5

（18）以下程序的输出结果是（　　）。

```
int main()
{
  char w[][10] = {"ABCD","EFGH","IJKL","MNOP"},k;
  for(k = 1;k<3;k++) cout << w[k]<< endl;
}
```

  A. ABCD   B. ABCD   C. EFG   D. EFGH

   FGH   EFG   JK   IJKL

   KL   IJ   O

   M

（19）已知"char str1[8],str2[8]＝{"good"};"，则在程序中不能将字符数组 str2 赋给 str1 的语句是（　　）。

  A. str1 ＝ str2;   B. strcpy(str1,str2);

  C. strncpy(str1,str2,6)   D. memcpy(str1,str2,5);

（20）变量的指针是指该变量的（　　）。

  A. 值   B. 地址   C. 名   D. 一个标志

（21）对于变量 p，sizeof(p)的值不为 4 的是（　　）。

  A. short int p;   B. char ＊＊＊ p;

  C. double ＊ p   D. char ＊ p＝"12345";

（22）下面能正确进行字符串赋值操作的是（　　）。

A. char s[5] = {"ABCDE"};　　　　　　B. char s[5] = {'A','B','C','D','E'};

C. char * s; s = "ABCDE";　　　　　　D. char * s; cin >> s;

(23) 对于指向同一块连续内存的两个指针变量不能进行的运算是（　　）。

A. <　　　　　　B. =　　　　　　C. +　　　　　　D. −

(24) 若有语句"int * point,a = 4；"和"point = &a；"，下面均代表地址的一组选项是（　　）。

A. a,point, * &a　　　　　　　　B. & * a,&a, * point

C. * &point, * point,&a　　　　　　D. &a,& * point,point

(25) 已有定义"int k = 2；int * ptr1, * ptr2；"，且 ptr1 和 ptr2 均指向变量 k,下面不能正确执行的赋值语句是（　　）。

A. k = * ptr1 + * ptr2；　　　　　　B. ptr2 = k；

C. ptr1 = ptr2；　　　　　　　　　　D. k = * ptr1 * (* ptr2)；

(26) 若有说明"int i,j = 2, * p = &i；"，则能完成 i = j 赋值功能的语句是（　　）。

A. i = * p；　　　　　　　　　　B. * p = * &j；

C. i = &j；　　　　　　　　　　D. i = ** p；

(27) 若有定义"int a[8]；"，则以下表达式中不能代表数组元素 a[1] 的地址的是（　　）。

A. &a[0] + 1　　　　B. &a[1]　　　　C. &a[0]++　　　　D. a + 1

(28) 若有以下语句且 0≤k<6,则正确表示数组元素地址的表达式是（　　）。

```
int x[] = {1,3,5,7,9,11}, * ptr = x,k;
```

A. x++　　　　　　B. &ptr　　　　　　C. &ptr[k]　　　　　　D. &(x+1)

(29) 下面程序段的运行结果是（　　）。

```
char * p = "abcdefgh";
p += 3;
cout << strlen(strcpy(p,"ABCD"));
```

A. 8　　　　　　　　B. 12　　　　　　　　C. 4　　　　　　　　D. 出错

(30) 设有语句"int array[3][4]；"，则在下面几种引用下标为 i 和 j 的数组元素的方法中,不正确的引用方式是（　　）。

A. array[i][j]　　　　　　　　　　B. * (* (array + i) + j)

C. * (array[i] + j)　　　　　　　　D. * (array + i * 4 + j)

(31) 若有以下定义和语句,则对 s 数组元素的正确引用形式是（　　）。

```
int s[4][5],( * ps)[5];
ps = s;
```

A. ps+1　　　　　　　　　　　　B. * (ps+3)

C. ps[0][2]　　　　　　　　　　　D. * (ps+1)+3

(32) 在说明语句"int * f ()；"中,标识符 f 代表的是（　　）。

A. 一个用于指向整型数据的指针变量

B. 一个用于指向一维数组的行指针

C. 一个用于指向函数的指针变量

D. 一个返回值为指针型的函数名

（33）函数原型为 fun(int(＊ p)[3],int)，调用形式为 fun(a,2)，则 a 的定义应该为（　　）。

A. int ＊＊ a
B. int(＊ a)[]
C. int a[][3]
D. int a[3]

（34）若"int i＝100；"，在下列引用方法中，正确的是（　　）。

A. int ＆r＝i；
B. int ＆r＝100；
C. int ＆r；
D. int ＆r＝＆i；

（35）在下列引用方法中，错误的是（　　）。

A. int i；　　　　B. int i；　　　　C. float f；　　　　D. char c；
   int ＆r＝i；　　　　int ＆r；r＝i；　　　　float ＆r＝f；　　　　char ＆r＝c；

（36）以下程序的执行结果为（　　）。

```
int f(int i){return ++i;}
int g(int &i){return ++i;}
int main() {
    int a(0),b(0);
    a += f(g(a));
    b += f(f(b));
    cout << a <<"\t"<< b;
    return 0;
}
```

A. 3　2　　　　B. 2　3　　　　C. 3　3　　　　D. 2　2

（37）以下程序的执行结果为（　　）。

```
int& max(int& x,int& y){ return(x > y?x:y);}
int main() {
    int m(3),n(4);
    max(m,n) -- ;
    cout << m <<"\t"<< n;
    return 0;
}
```

A. 3　2　　　　B. 2　3　　　　C. 3　4　　　　D. 3　3

（38）若定义结构体：

```
struct st {
    int no;
    char name[15];
    float score;} s1;
```

则结构体变量 s1 所占的内存空间为（　　）。

A. 15
B. sizeof(int)＋sizeof(char[15])＋sizeof(float)
C. sizeof(s1)
D. max(sizeof(int),sizeof(char[15]),sizeof(float))

（39）若定义联合体：

```
union { int no;
        char name[15];
```

```
float score;} u1;
```

则联合体变量 u1 所占的内存空间为(　　)。

    A. 15

    B. sizeof(int)＋sizeof(char[15])＋sizeof(float)

    C. sizeof(u1)

    D. max(sizeof(int),sizeof(char[15]),sizeof(float))

(40) 当定义"const char * p＝"ABC";"时,下列语句正确的是(　　)。

    A. char * q=p;　　B. p[0]='B';　　C. * p='\0';　　D. p=NULL;

(41) 下列语句错误的是(　　)。

    A. const int a[4]={1,2,3};　　　　B. const int a[]={1,2,3};

    C. const char a[3]={'1','2','3'};　　D. const char a[]="123";

(42) 下列语句错误的是(　　)。

    A. const int buffer＝256;

    B. const int temp;

    C. const double * point;

    D. const double * p＝new double(3.1);

2. 程序填空题

(1) 以下是一个评分统计程序,共有 8 个评委打分,统计时,去掉一个最高分和一个最低分,其余 6 个分数的平均分即是最后得分,最后显示得分,显示精度为一位整数、两位小数。程序如下,请将程序补充完整。

```
# include < iostream >
using namespace std;
int main()
{
  float x[8] = ___①___ ;
  float aver(0),max ___②___ ,min ___③___ ;
  for(int i = 0;i < 8;i++){
    cin >> x[i];
    if(x[i]> max)
      ___④___ ;
    if( ___⑤___ )
        min = x[i];
    aver += x[i];
    cout << x[i]<< endl;
  }
  aver = ___⑥___ 
  cout << aver << endl;
  return 0;
}
```

(2) 以下程序在 M 行 N 列的二维数组中找出每一行上的最大值,显示最大值的行号、列号、值。请将程序补充完整。

```
# include < iostream >
using namespace std;
```

```
int main()
{
    ____①____;
    int x[M][N] = {1,5,6,4,2,7,4,3,8,2,3,1};
    for(  ②  ;i < M;i++)
    {
        int t = 0;
        for(__③__;j < N;j++)
            if(__④__)
                __⑤__;
        cout << i + 1 <<","<< t + 1 <<" = "<< x[i][t]<< endl;
    }
    return 0;
}
```

（3）函数 expand(char * s,char * t)在将字符串 s 复制到字符串 t 时,将其中的换行符和制表符转换为可见的转义字符,即用"\n"表示换行符,用"\t"表示制表符。请填空。

```
void expand(char * s,char * t)
{
    for(int i = 0,int j = 0;s[i] != '\0';i++)
        switch(s[i])
        {
            case '\n':t[__①__] = __②__;
                    t[j++] = 'n';
                    __③__;
            case '\t':t[__④__] = __⑤__;
                    t[j++] = 't';
                    break;
            default: t[__⑥__] = s[i];
                    break;
        }
    t[j] = __⑦__;
}
```

3. 程序改错题

下列程序如有错请改正,并写出改正后的运行结果。

```
# include < iostream >
using namespace std;
int &add(int x,int y)
{
    return x + y;
}
int main()
{
    int n(2),m(10);
    cout <<(add(n,m) += 10)<< endl;
    return 0;
}
```

4. 编程题

（1）输入 10 个整数,将这 10 个整数按升序排列输出,并且奇数在前、偶数在后。比如,如果输入的 10 个数是 10 9 8 7 6 5 4 3 2 1,则输出 1 3 5 7 9 2 4 6 8 10。

（2）编程打印以下形式的杨辉三角形。

$$
\begin{matrix}
 & & & & 1 & & & & & \\
 & & & 1 & & 1 & & & & \\
 & & 1 & & 2 & & 1 & & & \\
 & 1 & & 3 & & 3 & & 1 & & \\
1 & & 4 & & 6 & & 4 & & 1 & \\
1 & 5 & & 10 & & 10 & & 5 & & 1
\end{matrix}
$$

（3）编写一个程序,实现将用户输入的一个字符串以反向形式输出。比如,输入的字符串是 ancdefg,输出为 gfedcba。

（4）编写一个程序,实现将用户输入的一个字符串中的所有字符'c'删除,并输出结果。

（5）编写一个程序,将字符数组 s2 中的全部字符复制到字符数组 s1 中,不用 strcpy 函数。在复制时,'\0'也要复制过去,'\0'后面的字符不复制。

（6）不用 strcat 函数编程实现字符串连接函数 strcat 的功能,将字符串 DStr 连接到字符串 SStr 的尾部。

（7）编程求两个矩阵的乘积,要求两个矩阵的维数由键盘临时输入。

（8）编写一个函数,判断输入的一串字符是否为"回文"。所谓"回文"是指顺读和倒读都一样的字符串。例如,"level"、"ABCCBA"都是回文。

（9）编写一个函数 int SubStrNum(char * str,char * substr),它的功能是统计子字符串 substr 在字符串 str 中出现的次数。

（10）编写一个函数,返回任意大的两整数之差。（提示:大整数用字符串来表示）

（11）编写一个程序,求解约瑟夫(Josephus)问题。约瑟夫问题描述为:n 个小孩围成一圈做游戏,给定一个数 m,现从第 s 个小孩开始,顺时针计数,每数到 m,该小孩出列,然后从下一个小孩开始,当数到 m 时,该小孩出列,如此反复,直到最后一个小孩。

（12）现有一个电话号码簿,号码簿中有姓名、电话号码,当输入电话号码时,查找出姓名与电话号码;当输入姓名时,同样查找出姓名与电话号码;还允许不完全输入查找,例如输入 010 时查找出所有以 010 开头的号码,输入"杨"时列出所有姓名以"杨"开头的号码。

## 第 4 章

C++ 程序的结构

◇ 引言

C++适合编写大型复杂的程序,一个稍大一点的程序往往由多个程序模块组成,如何将多个模块组合成程序,如何在一个程序中使用另一个程序模块的函数,以及程序编译、连接后在内存中如何存放与运行? 这些是本章讨论的重点。

◇ 学习目标

(1) 区分各种变量的类型以及在内存中的存放;

(2) 理解局部静态变量的双重特征;

(3) 区分各种类型标识符以及它们的作用域与可见性;

(4) 掌握几种预处理命令的常用用途;

(5) 理解名字空间的概念与几种使用方法。

4.1 变量的类型

4.1.1 全局变量与局部变量

除了按数据类型区分变量外,根据变量定义的位置可以把变量分成全局变量(global variable)与局部变量(local variable)。**全局变量**是指定义在函数体外部的变量,它能被所有函数使用。**局部变量**是指定义在函数或复合语句中的变量,它只能在函数或复合语句中使用。例如下列程序中,g 为全局变量;x、y、sum、i 为函数 sum()的局部变量;x、y 为函数 main()中的局部变量。

```cpp
int g = 100000;
int sum(int x, int y)
{
    int sum = 0;
    for(int i = x; i < = y; i++)
        sum = sum + i;
    return sum;
}
int main()
{
    int x = 1, y = 100;
    cout << sum(x, y) + g << endl;
    return 0;
}
```

sum()中的 x、y 只能在 sum()中使用,main()中的 x、y 只能在 main()中使用,虽然名字相同,但属于不同的变量。全局变量 g 在所有的函数中都可以使用。

变量的有效范围称为变量的作用域(scope)。归纳起来,变量有 4 种不同的作用域,即文件作用域(file scope)、函数作用域(function scope)、块作用域(block scope)和函数原型作用域(function prototype scope)。文件作用域是全局的,其他 3 个都是局部的。

4.1.2 变量的存储类型

在 C++ 语言中,变量除了有数据类型的属性外,还有存储类型的属性。变量的类型是指变量在内存中的存储方法。变量的存储方法分为静态存储和动态存储两大类,具体而言,可分为 4 种,即自动型(auto)、寄存器型(register)、外部型(extern)和静态型(static)。根据变量的定义位置和存储类型就可以知道变量的作用域和存储期(storage duration,也称生命周期),表明变量的类型。

1. auto 说明符

auto 说明符说明定义的是一个局部变量。函数中的局部变量,如果不用关键字 static 加以声明,编译系统对它们是动态分配存储空间的。局部变量的默认存储类型为 auto,所以在程序中很少使用 auto 说明符说明。

2. register 说明符

一般情况下,变量的值是存放在内存中的,当需要时由控制器发出指令将内存中该变量的值送到运算器中,经过运算器运算后,如果需要存储运算结果,再从运算器将数据送到内存存放。

如果有些变量使用频繁,例如循环结构中的循环控制变量,反复存取内存将耗费较多时间,为提高执行效率,C++ 允许将局部变量的值存放到 CPU 的寄存器中,需要时直接从寄存器中取出参加运算,不必到内存中存取,这种类型的局部变量称为寄存器变量,用关键字 register 声明。

在程序中定义寄存器变量对编译系统只是建议性的,不是强制性的。现今的优化编译系统能够识别频繁使用的局部变量,从而自动将其存放到 CPU 的寄存器中,而不需要程序设计者指定,因此,实际上用 register 声明变量是不必要的。读者对它有一定的了解即可。

3. extern 说明符

到目前为止,我们处理的程序都很小。实际上,一个完整的计算机程序很大,分成多个模块,放在不同的文件中,分开编译成目标文件,最后连接成一个完整的可执行代码。对于所有模块共同使用的全局变量,如果在所有的模块中都定义,在连接时就会出错。办法是只在一个模块中定义该全局变量,在其他模块中用关键字 extern 来声明这是一个"外来"的全局变量,即外部型变量声明。外部型变量的定义如下:

```
extern 数据类型 标识符
```

其中,标识符可以是变量名,也可以是函数原型。

外部型变量也可用于同一个文件中全局变量的提前引用声明。用 extern 扩展全局变量的作用域,虽然能够为程序设计带来方便,但应该十分慎重,因为外部型变量在多个程序文件中都可使用,在一个文件中对该变量的改变可能会影响到另一个文件中的执行结果。

例如,下列程序由 3 个模块组成,其中全局变量 G 供 3 个模块使用,g 在两个模块中使用。

【例 4-1】 extern 型变量的使用。

1	/**********************************	10	int G = 0, g = 0;
2	* 程序名: p4_1_p.cpp *	11	**int main()**
3	* 说 明: extern 型变量的使用 *	12	{
4	********************************** /	13	p1dispG();
5	# include < iostream >	14	p2dispG();
6	using namespace std;	15	p2dispg();
7	extern void p1dispG();	16	cout <<"in p G = "<< G << endl;
8	extern void p2dispG();	17	cout <<"in p g = "<< g << endl;
9	extern void p2dispg();	18	return 0;
		19	}

1	//p4_1_p1.cpp	1	//p4_1_p2.cpp
2	# include < iostream >	2	# include < iostream >
3	using namespace std;	3	using namespace std;
4	extern int G;	4	extern int G;
5	**void p1dispG()**	5	extern int g;
6	{	6	**void p2dispG()**
7	G = 11;	7	{
8	cout <<"in p1 G = "<< G << endl;	8	G = 22;
9	}	9	cout <<"in p2 G = "<< G << endl;
		10	}
		11	**void p2dispg()**
		12	{ g = 33;
		13	cout <<"in p2 g = "<< g << endl;
		14	}

运行结果:

```
in p1 G = 11
in p2 G = 22
in p2 g = 33
in p G = 22
int p G = 33
```

程序解释:

(1) 在各个程序模块中,使用 extern 只是将一个已存在的变量、函数声明为 extern 变量函数,而不是定义变量,所以不能赋初值。下面声明是错误的:

extern int G = 100;   //错误,赋给了初值

(2) 在各个程序模块中,全局变量只能在一处定义,可以在多处声明,但不管声明多少次,在程序中只有一个全局变量,所以每个模块存取的是同一个全局变量。

4. static 说明符

有时在程序设计中希望某些变量在本函数调用结束后仍然存放在内存中,可被下次调用时继续使用,可以用 static 说明符将该函数声明为 static(静态)变量。static 说明符也可用于声明外部变量。静态变量的定义格式如下:

---

static 数据类型 变量名 = 初值;

---

static 可用来声明全局静态变量和局部静态变量。当声明全局静态变量时,全局静态变量只能供本模块使用,不能被其他模块再声明为 extern 变量。如果将程序 p4_1_p.cpp 中的全局变量声明为:

static int G = 0;

那么在其他模块中就不能声明为:

extern int G;   //错误,G已经是一个 static 变量

当一个局部变量声明为 static 变量时,它既具有局部变量的性质(只能在函数体局部存取),又具有全局变量的性质(函数多次进入,变量的值只初始化一次),因此静态局部变量实际上是一个供函数局部存取的全局变量。

【例 4-2】 static 变量的使用。

```
1   /*****************************************
2    *   程序名: p4_2.cpp                      *
3    *   功  能: 静态局部变量的使用            *
4    ***************************************** /
5    #include < iostream >
6   using namespace std;
7   void fun()
8   {
9        static int n = 0;
10       int m = 0;
11       n++;
12       m++;
13       cout <<"m = "<< m <<", n = "<< n << endl;
14   }
15   int main()
16   {
17       for(int i = 0;i < 4;i++)
18           fun();
19       return 0;
20   }
```

运行结果:

```
m = 1 n = 1
m = 1 n = 2
m = 1 n = 3
m = 1 n = 4
```

程序解释:

通过比较可以看出,函数 fun()每进入一次,局部变量 m 初始化为 0;而静态局部变量 n

只是在函数 fun() 第一次进入时初始化 0，随后每次进入不再赋初值。

4.1.3　变量在内存中的存储

当一个程序准备运行时，操作系统会为程序分配一块内存空间，C++程序的内存通常被分为 5 个区，即全局数据区（data area）、代码区（code area）、栈区（stack area）、堆区（heap area）、字符串常量区。

各个区中存放的内容如表 4-1 所示。

表 4-1　内存分区表

区	存放内容	生命周期
全局数据区	全局变量、静态变量、全局常变量	程序加载（运行）时分配，运行完后释放
代码区	程序运行的函数	程序加载时分配，运行完后释放
栈区	局部变量、函数参数、程序返回地址	程序运行过程中，如函数调用时建立，则调用完后释放
堆区	new 产生的对象	用户程序中用 new 分配，用 delete 释放
字符串常量区	字符串常量	程序运行过程中生成，程序运行完成后释放

☆注意：

（1）除字符串常量外的一般常量（非常变量）是一个"立即数"，在程序代码中。

（2）除字符串常量外的局部常变量与局部变量同等看待。

（3）也有将全局常变量与字符串常量划分到常量区的分法；实际上，全局变量、静态变量与常量的存储很难细分，也没必要区分，可统称为全局数据区。

【例 4-3】　显示各类变量的内存分配，揭开程序内存分配的秘密。

```
1   /*****************************************
2    *   程序名：p4_3.cpp                      *
3    *   功　能：揭开程序内存分配的秘密          *
4    *****************************************/
5   #include <iostream>
6   using namespace std;
7   int k = 300;
8   const int i = 100;
9   #define n 5
10  const int j = 200;
11  void fun(int i = 1, int j = 2)
12  {
13      const int k = 3;
14      static int l = 0;
15      int m;
16      char * p = "abcde";
17      char * q = new char[n + 1];
18      for(m = 0;m < n;m++)
19         q[m] = 'A' + m;
20      q[m] = '\0';
21      cout <<"函数参数的地址:"<< endl;
22      cout <<"\t"<<"&i = "<< &i <<"\t"<<"&j = "<< &j << endl;
23      cout <<"局部变量的地址:"<< endl;
```

```
24      cout <<"\t"<<"&k = "<< &k <<"\t"<<"&m = "<< &m <<"\t"<<
        "&p = "<< &p <<"\t"<<"&q = "<< &q << endl;
25      cout <<"静态局部变量的地址:"<< endl;
26      cout <<"\t"<<"&l = "<< &l << endl;
27      cout <<"字符串常量的地址:"<< endl;
28      cout <<"\t"<<"p 串的地址 = "<<(void * )p << endl;
29      cout <<"堆的地址:"<< endl;
30      cout <<"\t(void * )q = "<<(void * )q << endl;
31      cout <<"\tq 串 = "<< q << endl;
32      delete [] q;
33      cout <<"\tdelete 后,(void * )q = "<<(void * )q << endl;
34      cout <<"\tdelete 后,q 指向的单元的内容 = "<< q << endl;
35  }
36  int main()
37  {
38      L1: fun();
39      L2: cout <<"全局变量的地址:"<< endl;
40          cout <<"\t&i = "<< &i <<"\t"<<"&j = "<< &j <<"\t"<<"&k = "<< &k << endl;
41          cout <<"函数的入口地址:"<< endl;
42          //cout <<"&fun = "<< &fun <<"\t"<<"&main = "<< &main << endl; //VC
43          cout <<"\t&fun = "<<(void * )fun <<"\t"<<
        "&main = "<<(void * )main << endl;
44          return 0;
45  }
```

运行结果:

```
函数参数的地址:
        &i = 0x28ff00      &j = 0x28ff04
局部变量的地址:
        &k = 0x28fedc      &m = 0x28fed8      &p = 0x28fed4      &q = 0x28fed0
静态局部变量的地址:
        &l = 0x47700c
字符串常量的地址:
        p 串的地址 = 0x46e024
堆的地址:
        (void * )q = 0x7617d8
        q 串 = ABCDE
        delete 后,(void * )q = 0x7617d8
        delete 后,q 指向的单元的内容 = 0 $ v
全局变量的地址:
        &i = 0x46e11c      &j = 0x46e120      &k = 0x46d000
函数的入口地址:
        &fun = 0x401334      &main = 0x40178d
```

根据运行结果,可以画出内存分配图,如图 4-1 所示。

程序解释:

(1) 当函数被调用时才为函数的形参、返回代码地址、局部变量分配空间。由于空间在栈

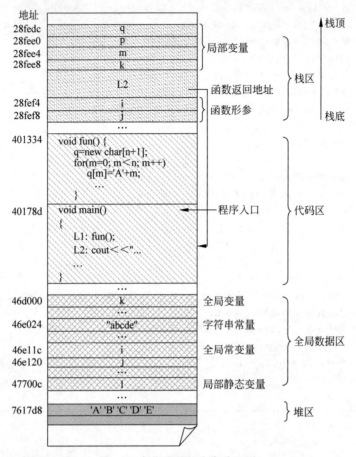

图 4-1　各类变量的内存分配图

中,所以从栈底开始依次按形参、返回代码地址、局部变量的顺序从高地址向低地址分配。其中,在分配形参地址时,按从右向左的顺序;在分配各局部变量的地址时,按定义的先后次序。

（2）当函数调用结束时,该函数占用的栈空间被收回,收回的顺序（即各变量消失的顺序）与分配的顺序相反。

（3）程序运行时,系统为各个函数的执行代码在代码段中分配空间,然后将代码调入内存。各函数在代码区中的排列次序按函数定义的先后次序。程序运行结束时,程序占用的代码段空间被收回。

（4）全局常变量、全局变量、局部静态变量在程序运行前在全局数据区进行分配,不同编译器分配的地址顺序不同。

（5）字符串常量与全局常变量的地址分配在一起。

（6）当程序运行结束后,全局数据区中各类变量的空间被系统收回。

（7）堆空间不是系统为程序自动分配的,它是程序执行过程中由 new 语句为变量分配的。即使指向堆空间的指针变量消失,new 语句分配的空间也不会消失。new 语句分配的空间由 delete 语句释放。

（8）**变量的生存期**为从产生到消失的时期。全局变量（包括全局常变量）、静态变量、字符串常量生存期为整个程序的生存期,因此称为静态生存期;局部变量的生存期起于函数调用,结束于函数调用结束,其生存期是动态的,因此称为动态生存期。

4.2　标识符的作用域与可见性

标识符的作用域是标识符在程序源代码中的有效范围,从小到大分为函数原型作用域、块作用域(局部作用域)、文件作用域(全局作用域)。

4.2.1　函数原型作用域

函数原型作用域是 C++程序中最小的作用域。函数原型声明时形式参数的作用范围就是函数原型的作用域。例如,有下列函数声明:

```
fun( int i, int j);
```

标识符 i、j 的作用域为函数原型,即函数 fun 形参的两个括号之间,在其他地方不能引用这些标识符。正因为函数原型中形参标识符的作用域为函数原型,因此形参中的标识符可以省略,也可以与函数体中的形参标识符不同名,保留标识符是为了提高程序的可读性。

4.2.2　块作用域

所谓的块就是用{}括起来的一段程序,在块中定义的标识符,作用域从声明处开始,一直到块的大括号为止。

【例 4-4】　块作用域演示。

```
1   / ****************************************
2   *   程序名: p4_4.cpp                      *
3   *   功  能: 演示标识符作用域               *
4   **************************************** /
5   # include < iostream >
6   using namespace std;
7   int i = 100, j = 200;
8   void fun( int i = 2)
9   {
10      cout <<"L2: i = "<< i << endl;
11      {
12          int i = 3;
13          cout <<"L3: i = "<< i << endl;
14          {
15              for( int i = 4; i < 5; cout <<"L6: i = "<< i << endl, i++)
16              {
17                  cout <<"L4: i = "<< i << endl;
18                  int i = 5;
19                  i++ ;
20                  cout <<"L5: i = "<< i << endl;
21              }
22          }
23      }
24  }
25  int main()
26  }
```

```
27    fun();
28    return 0;
29  }
```

运行结果：

```
L2: i = 2
L3: i = 3
L4: i = 4
L5: i = 6
L6: i = 4
```

程序解释：

（1）第 15 行定义的 i＝4 其作用域为 for 后面的（）。for（）后面{}中的块相当于 for 的内嵌块，虽然第 18 行定义了 i＝5，但此处的 i 与 for（）中的 i 不属于同一个块，所以不是同一个变量，但在 GCC 编译器下认为对 i 进行了重定义而报错。

（2）第 19 行 i＋＋是对第 18 行中的 i 进行的，故值为 6。for 语句中最后输出的 i 为 for（）块中的 i，故其值为 4。

（3）只有在不同的块中才能定义同名的标识符，通过这种方法可判断标识符是否属于同一块。

块作用域包括以下几种：

（1）函数的函数体属于一个块；

（2）for（）语句中，括号（）中的内容属于一个块；

（3）复合语句中，括号{}中的内容属于一个块。

4.2.3　文件作用域

不在函数原型中，也不在块中的标识符，其作用域开始于声明点，结束于文件尾，具有文件作用域。

函数、全局变量与常量有文件作用域。如例 4-4 中的全局变量 i＝100、j＝200 以及函数 fun（）。

4.2.4　可见性

程序运行到某一点能够引用到的标识符称为该处可见到的标识符。可见性表示从程序的某处能看到的标识符，即标识符的作用范围。由于标识符的作用范围从小到大分为函数原型作用域、块作用域、文件作用域 3 层，因此标识符可见性的一般规则描述如下：

（1）块内层可以看到外层定义的各种标识符。

（2）如果内、外层块定义的标识符同名，实际上代表不同的实体，在内层只能看到与之最近的标识符，相当于外层标识符被内层同名的标识符隐藏了。

（3）内层标识符的作用域不能覆盖（作用）到外层，所以在外层看不到内层的标识符。

（4）同层中，后面语句定义的标识符作用域不能作用到前面的语句和块。因此，前面的语句看不到后面语句定义的标识符。

（5）作用域作用的方向为从外向内、从前向后；可见性的方向则为从内向外、从后向前。

在例 4-4 中,在第 19 行可见到的变量有 j＝200,i＝5,函数有 fun();在第 27 行可见到的变量有 i＝100,j＝200,函数有 fun()。

4.3　程序的文件结构与编译预处理命令

一个高级语言源程序要在计算机上运行,必须先用编译程序将其翻译成机器语言。在编译之前还要做某些预处理工作,例如去掉注释、变换格式等。

C++源程序中以♯开头、以换行符结尾的行称为预处理命令。预处理命令不是 C++语言的语法成分,在编译前由预处理器执行,在目标程序中不含预处理指令对应的机器码。因此,预处理命令不以分号结尾。

许多预处理命令更适合 C 程序员,但为了处理 C 遗留的代码,C++编程者也应该熟悉预处理命令。

4.3.1　文件包含命令♯include

文件包含是指在一个 C++源程序中通过♯include 命令将另一个文件(通常是以.h、.c 或.cpp 为扩展名的文件)的全部内容包含进来。文件包含命令的一般格式如下:

	♯ include　　　<被包含文件名>
或	
	♯ include　　　"被包含文件名"

编译时预编译器将被包含文件的内容插入到源程序中♯include 命令的位置,以形成新的源程序。

下面给出了文件包含命令♯include 预编译的示意。

1	/ ＊＊＊＊＊＊＊＊＊＊＊＊＊＊＊＊＊＊		1	/ ＊＊＊＊＊＊＊＊＊＊＊＊＊＊＊＊＊＊＊
2	＊　程序名: p4_5.cpp　　　　＊		2	＊　程序名: mymath.h　　　　＊
3	＊　说　明: 主程序　　　　＊		3	＊　功　能: 自定义的数学函数　＊
4	＊＊＊＊＊＊＊＊＊＊＊＊＊＊＊＊＊＊ /		4	＊＊＊＊＊＊＊＊＊＊＊＊＊＊＊＊＊＊ /
5	♯ include < iostream >		5	♯ include < iostream >
6	using namespace std;		6	using namespace std;
7	♯ **include "mymath.h"**		7	**int max(int x, int y)**
8	int main( ) {		8	{
9	cout << max(5,6)<< endl;		9	return x > y?x:y;
10	return 0;		10	}
11	}			

对主程序 p4_5.cpp 编译时预处理程序执行♯include"mymath.h",将 p4_5.cpp 变成:

1	♯ include < iostream >
2	using namespace std;
3	♯ include < iostream >
4	using namespace std;
5	int max(int x, int y)

```
6   {
7       return x > y?x:y;
8   }
9   int main() {
10      cout << max(5,6)<< endl;
11      return 0;
12  }
```

文件包含有以下用途：

一个大程序通常分为多个模块，并由多个程序员分别编程。有了文件包含处理功能就可以将多个模块共用的数据（例如符号常量和数据结构）或函数集中到一个单独的文件中（如上例中的文件 mymath.h 和 p4_5.cpp）。这样，凡是要使用其中的数据或调用其中函数的程序员，只要使用文件包含处理功能将所需文件包含进来即可，不必再重复定义它们，从而减少了重复劳动。

常用在文件头部的被包含文件称为"标题文件"或"头部文件"，常以.h(head)为扩展名，简称为头文件。在头文件中，除了可包含宏定义外，还可包含外部变量定义、结构类型定义等。

文件包含可以嵌套，即被包含文件中又包含另一个文件。但一条包含命令只能指定一个被包含文件，如果要包含 n 个文件，则要用 n 条包含命令。

文件包含两种格式的区别如下。

(1) 使用尖括号<>：到编译器指定的文件包含目录去查找被包含的文件。在 VC 下，可以激活 Tools 菜单，选择 Options 命令，在多页框中选择 Directories，再在 Show directories for 组合框中选择 include files，这样就能看到 VC 系统的文件包含目录写在 Directories 文本框中。

(2) 使用双引号" "：系统首先到当前目录下查找被包含文件，如果没有找到，再到系统指定的文件包含目录去查找。

(3) 一般来说，使用尖括号包含系统提供的头文件，使用双引号包含自己定义的头文件与源程序。""之间可以指定包含文件的路径。例如"#include "c:\\c++prog\\myhead.h""表示将把 C 盘 c++prog 目录下的文件 myhead.h 的内容插入到此处（字符串中要表示\，必须使用\\）。

4.3.2 不带参数的宏定义

宏定义分为两种，即不带参数的宏定义和带参数的宏定义。

#define 命令定义一个标识符来代表一个字符串（表达式），当在源程序中发现该标识符时，都用该字符串替换，以形成新的源程序。这种标识符称为**宏名**(macro name)，将程序中出现的与宏名相同的标识符替换为字符串的过程称为**宏替换**或**宏代换**(macro substitulition)。不带参数的宏定义的一般形式如下：

#define	标识符	单词串

其中：
- #define 是宏定义命令名称。

- 标识符(宏名)被定义用来代表后面的单词串。
- 单词串是宏的内容文本,也称为**宏体**,可以是任意以回车换行结尾的文字。
- 单词串一般不用分号结尾。

请看下面的例子:

源程序	预编译处理(宏替换)后的源程序

# include < iostream > 	
using namespace std;
# define SIZE 10 	
# define NEWLINE "\n" 	
# define TAB "\t" 	
int main()
{
  int a[SIZE], i;
  for (i = 0; i < SIZE; i++)
    cout << a[i]<< TAB;
  cout << NEWLINE;
  return 0;
}
	# include < iostream >
	using namespace std;
	# define SIZE 10
	# define NEWLINE "\n"
	# define TAB "\t"
	int main()
	{
	  int a[10], i;
	  for (i = 0; i < 10; i++)
	    cout << a[i]<<"\t";
	  cout << "\n";
	  return 0;
	}

预编译器在处理上表左边的程序时,将源程序中的 SIZE 都替换为 10,将所有的 NEWLINE 都替换为"\n",最后形成了右边的新源程序送给编译器编译。在程序中多处用到宏 SIZE,如果需要修改 SIZE 的值,无须修改程序中所有出现该数据的位置,只需修改宏定义即可。所以宏定义不仅提高了程序的可读性、便于调试,而且提高了程序的可移植性。

☆**注意**:

宏替换时仅仅是将源程序中与宏名相同的标识符替换成宏的内容文本,并不对宏的内容文本做任何处理。

在定义宏时要注意以下几点:

(1) 程序员通常用大写字母来定义宏名,以便与变量名区别。这种习惯能够帮助读者迅速识别发生宏替换的位置。同时最好把所有宏定义放在文件的最前面或另一个单独的文件中,不要把宏定义分散在文件的多个位置。

(2) 在定义宏时,如果单词串太长,需要写多行,可以在行尾使用反斜线\续行符。例如:

```
# define LONG_STRING  "this is a very long string that is\
used as an example"
```

(3) 双引号包括在替代的内容之内。

(4) 宏名的作用域是从 # define 定义之后直到该宏定义所在文件结束,但通常把 # define 宏定义放在源程序文件的开头。如果需要终止宏的作用域,可以使用 # undef 命令,其一般格式如下:

```
# undef      标识符
```

（5）宏可以嵌套定义、重复定义，但不能递归定义。例如，下列嵌套定义是正确的：

```
#define  R     2.0
#define  PI    3.14159
#define  L     2*PI*R
```

在编译预处理时，宏 L 被 2 * 3.14159 * 2.0 替换，但下面的宏定义是错误的：

```
#define  M  M + 10          //不可以递归定义宏
```

（6）程序中的字符串常量即双引号中的字符，不作为宏进行宏替换操作。例如：

```
#define XYZ this is a test
cout <<"XYZ";
```

此时输出的将是 XYZ，而不是 this is a test。

（7）在定义宏时，如果宏是一个表达式，那么一定要将这个表达式用（）括起来，否则可能会引起非预期的结果。

4.3.3 带参数的宏定义

#define 还有一个重要的功能，即定义带参数的宏。这样的宏因为定义成一个函数调用的形式，也被称为类函数宏。在 C++ 中由于可以使用函数模板，这种用宏定义的函数模板被取代。带参数的宏定义的一般形式如下：

```
#define    标识符(参数列表)    单词串
```

其中，参数表由一个或多个参数构成，参数只有参数名，没有数据类型符，参数之间用逗号隔开，参数名必须是合法的标识符。参数列表类似函数的形参表。

预编译器首先将实参按参数列表中参数对应的顺序取代内容文本中的参数，再将这个宏的实际内容文本替换源程序中的宏标识符：

源程序	预编译处理（宏替换）后的新源程序

`#define MAX(x,y) ( ( (x) > (y) ) ? (x) :(y) )`
`int main()`
`{`
  `float a = - 2.5, b = - 3.2;`
  `cout << MAX(a,b)<< endl;`
  `return 0;`
`}`
	`int main()`
	`{`
	  `float a = 2.5, b = - 3.2;`
	  `cout << ( ( (a) > (b) ) ? (a) : (b) )<< endl;`
	  `return 0;`
	`}`

预编译器在处理上面源程序中的 MAX(a,b) 时，首先将 MAX(x,y) 的宏内容文本中的 x 替换成 a，将 y 替换成 b，形成新的宏内容是（（（a）＞（b））？（a）：（b）），然后将 MAX(a,b) 替换成（（（a）＞（b））？（a）：（b））。

由于带参数的宏在使用时参数大多是表达式，宏内容本身也是表达式，因此不仅需要将整个宏内容括起来，还要将宏参数用（）括起来，否则可能引起非预期的结果。

宏定义语句一般位于函数外，必须单独占一行，在程序中定义宏时，必须在 #define 命令的最后按回车键，否则会引起编译错误。

4.3.4　条件编译

一般情况下,源程序中所有的语句都参加编译,但有时用户也希望根据一定的条件编译源文件的不同部分,这就是条件编译。条件编译使得同一个源程序在不同的编译条件下得到不同的目标代码。

条件编译有几种常用的形式,分别介绍如下:

1. ♯if…♯endif 形式

♯if…♯endif 形式的条件编译的格式如下:

```
♯if        条件 1
           程序段 1
♯elif      条件 2
           程序段 2
…
♯else
           程序段 n
♯endif
```

其中:

- elif 是 else if 的缩写,但不可以写成 else if。
- ♯elif 和 ♯else 可以省略,但 ♯endif 不能省略,它是 ♯if 命令的结尾。
- ♯elif 命令可以有多个。
- if 后面的条件必须是一个常量表达式,通常会用到宏名,条件可以不加括号()。

其作用是如果条件 1 为真就编译程序段 1,如果条件 2 为真就编译程序段 2,…,如果各条件都不为真编译程序段 n。

例如,下面的程序利用 ACTIVE_COUNTRY 定义货币的名称:

源程序	预编译处理后的新源程序

`♯define USA        0`
`♯define CHINA      1`
`♯define ENGLAND    2`
`♯define ACTIVE_COUNTRY USA`
`♯if  ACTIVE_COUNTRY == USA`
`    char * currency = "dollar";`
`♯elif ACTIVE_COUNTRY = = ENGLAND`
`    char * currency = "pound";`
`♯else`
`    char * currency = "yuan";`
`♯endif`
`int main()`
`{`
`  float money;`
`  cin >> money;`
`  cout << money << currency << endl;`
`  return 0;`
`}`
	`char * currency = "dollar";`
	
	`int main()`
	`{`
	`  float money;`
	`  cin >> money;`
	`  cout << money << currency << endl;`
	`  return 0;`
	`}`

#if 和#elif 常常与 defined 命令配合使用，defined 命令的格式如下：

```
defined(宏名)
或
defined 宏名
```

其功能是判断某个宏是否已经定义，如果已经定义，defined 命令返回 1，否则返回 0。
defined 命令只能与#if 或#elif 配合使用，不能单独使用。例如，#if defined(USA)的含义是
"如果定义了宏 USA"。

2. #ifdef…#endif

#ifdef…#endif 形式的条件编译的格式如下：

```
#ifdef 宏名
    程序段 1
#else
    程序段 2
#endif
```

其中：

- #else 可以省略，#endif 不能省略，它是#if 命令的结尾。
- 在#ifdef 和#else 之间可以加多个#elif 命令。
- "#ifdef 宏名"的含义是判断是否定义了宏，它等价于"#if defined(宏名)"。

其作用是如果宏名已被#define 行定义，则编译程序段 1，否则编译程序段 2。

3. #ifndef…#endif

#ifndef…#endif 形式的条件编译的格式如下：

```
#ifndef 宏名
    程序段 1
#else
    程序段 2
#endif
```

该形式与第 2 种形式的区别仅在于，如果宏名没有被#define 定义，则编译程序段 1，否则
编译程序段 2。

条件编译主要用于下面几种场合：

第一，便于程序的移植。例如在计算机上，最常用的 C++有 BC++、VC++、Linux GNU
C++，三者在实现上有一些不同之处，如果我们希望自己的源程序能够适应这种差异，可以在
有差异的地方插入选择判断：

```
#ifdef VC++
        ... //Visual C++独有的内容
#endif
#ifdef BC++
        ... //Borland C++独有的内容
#endif
```

```
# ifdef GC++
        ... //Linux Gnu C++独有的内容
# endif
```

如果希望这个程序在 Borland C++环境下编译运行,可在程序的前面写上:

```
# define BC++
```

这样一个源程序只要修改一句就可以适应 3 种 C 编译,商业软件经常这样编写。再比方说商业软件的版本中经常出现的单机版、网络版,其实网络版只是在单机版的基础上增加了一些网络功能,功能大体相同,所以在同一软件程序中将单机版的功能和网络版的功能通过条件编译就可以得到相应的版本。

第二,避免重复包含导致变量函数的重复定义引起的冲突。如果某个程序的头文件中已定义了某个常量,用条件编译进行判断后就不再重新定义该常量,避免造成不一致;如果在头文件中包含某个模块,用条件编译进行判断后可不再重复包含此模块,避免变量、函数重名冲突。

源程序	预编译处理后的新源程序

`/ ***************************`
`*    mymath. h           *`
`*************************** /`
`# include < iostream >`
`using namespace std;`
`# define INTMAX`
`int max( int x, int y)`
`{`
`  return x > y?x:y;`
`}`
`/ *********************`
`*    主程序           *`
`********************* /`
`# include < iostream >`
`using namespace std;`
`# include "mymath. h"`
`# ifndef INTMAX`
`int max( int x, int y)`
`{`
`    return x > y?x:y;`
`}`
`# endif`
`int main( )`
`{`
`    cout << max(5,6)<< endl;`
`    return 0;`
`}`
	`# include < iostream >`
	`using namespace std;`
	`# include < iostream >`
	`using namespace std;`
	`# define INTMAX`
	`int max( int x, int y)`
	`}`
	`    return x > y?x:y;`
	`}`
	`int main( )`
	`{`
	`    cout << max(5,6)<< endl;`
	`}`
	
	解释: 主程序中定义的 int max(int, int)在预处理时被过滤掉,没有进入编译,避免了与 mymath. h 中的 int max(int, int)冲突。

第三，使用条件编译便于调试程序，一般当我们开始写一个程序时难免出错，为了便于检查错误，通常加一些输出来跟踪中间结果。当然，你可以先写一些 cout（或其他函数）语句，在程序调试完毕后再删除这些语句，一个更好的方法是把它们写到条件编译部分中。例如：

```
#define DEBUG 1
    ...
#ifdef DEBUG
    cout(...)
#endif
```

在调试时，由于定义了 DEBUG，临时结果被输出，这有利于显示程序是否正确，一旦程序完毕，这些输出就变得多余了，这时可以从程序中去掉 #define DEBUG，然后再编译，则临时结果不再输出。一般有经验的程序员总是用这种方法来书写和调试程序。

4.4 名字空间

一个软件往往由多个模块（组件）组成，这些模块由不同程序员（软件商）提供，不同模块可能使用了相同的标识符，简单地说就是同一个名字在不同程序模块中代表不同的事物。当这些模块用到同一个程序中时，同名标识符就引起了名字冲突问题。C++ 提供了名字空间（namespace）将相同的名字放到不同空间中，利用名字空间对标识符常量、变量、函数、对象和类等进行分组，每个组就是一个名字空间，从而防止命名冲突。

定义一个名字空间的格式如下：

```
namespace   名称
{
    成员;
}
```

其中：

- namespace 为关键字。
- 名称为名字空间标识符。
- 成员为函数、变量、常量、自定义类型等。

例如一个名为 TsingHua 的软件公司为自己的组件建立了一个名字空间，将它存入头文件 TsingHua.h。

```
/ ************* TsingHua.h ********** /
namespace TsingHua
{
    int year = 2015;
    char name[] = "TsingHua Software";
    void ShowName()
    {
        cout << name <<" "<< year << endl;
    }
}
```

对名字空间的使用通常有以下几种方式。

1. 个别使用声明方式

个别使用声明方式的格式如下：

```
名字空间名::成员使用形式
```

其中：

- ::为作用域分辨符。
- 成员使用形式包括函数调用式、变量名、常量名、类型名等。

【例 4-5】　名字空间的使用。

对 TsingHua 名字空间的成员采用个别使用声明方式。

```
1   /*******************************
2    *    程序名: p4_6.cpp            *
3    *    功  能:名字空间的使用       *
4    ******************************* /
5   # include < iostream >
6   using namespace std;
7   # include "TsingHua. h"
8   int main()
9   {
10      TsingHua::ShowName();           //个别声明方式
11      return 0;
12  }
```

2. 全局声明方式

全局声明方式的格式如下：

```
using namespace 名字空间名
```

这种方式表明此后使用的成员来自声明处的名字空间,程序 p4_6.cpp 中的第 6 行：

```
using namespace std;
```

表明此后使用的名字空间为 C++ 标准库名字空间 std,此后的 cout、endl 均来自名字空间 std。

3. 全局声明个别成员

全局声明个别成员的格式如下：

```
using 名字空间名 N::成员名 M
```

这种声明形式表明以后使用的成员 M 来自名字空间 N。成员名 M 为函数、变量、常量、类型的名字。

【例 4-6】 名字空间的使用。

```
1    / *********************************
2    *   程序名: p4_7.cpp              *
3    *   功　能:名字空间的使用        *
4    ********************************* /
5    # include < iostream >
6    using std::cout;                      //后面的 cout 来自名字空间 std
7    using std::endl;                      //后面的 endl 来自名字空间 std
8    # include "TsingHua.h"
9    int main()
10   {
11       using TsingHua::ShowName;         //后面的 showName()来自名字空间 TsingHua
12       ShowName();
13       return 0;
14   }
```

通常,将全局声明方式与个别使用声明方式以及全局声明个别成员方式相结合使用。使用系统提供的名字空间成员采用全局声明方式,使用自己定义名字空间的成员采用个别使用声明方式或全局声明个别成员方式。

本 章 小 结

（1）全局变量是指定义在函数体外部的变量,它能被所有函数使用。局部变量是指定义在函数或复合语句中的变量,它只能在函数或复合语句中使用。

（2）当一个局部变量声明为 static 变量时,它既具有局部变量的性质（只能在函数体局部存取）,又具有全局变量的性质（函数多次进入,变量的值只初始化一次）,因此静态局部变量实际上是一个供函数局部存取的全局变量。

（3）C++程序的内存被分为 4 个区,即全局数据区、代码区、栈区和堆区。

（4）全局变量（包括全局常变量）、静态变量、字符串常量存放在全局数据区;所有的函数和代码存放在代码区;为运行函数而分配的函数参数、局部 auto 变量（包括局部常变量）、返回地址存放在栈区;堆区用于动态内存分配。

（5）全局变量（包括全局常变量）、静态变量、字符串常量生存期为整个程序的生存期,因此称为静态生存期;局部 auto 变量（包括局部常变量）的生存期起于函数调用,结束于函数调用结束,其生存期是动态的,因此称为动态生存期。

（6）标识符的作用域从小到大依次为函数原型作用域、块作用域、文件作用域。

（7）C++源程序中以 # 开头、以换行符结尾的行称为预处理命令。预处理命令在编译前由预处理器执行。

（8）C++提供名字空间（namespace）将相同的名字放在不同空间中来防止命名冲突,用户可以通过 3 种方法使用名字空间,即个别使用声明方式、全局声明方式、全局声明个别成员方式。

习　题　4

1. 填空题

(1) 按变量的定义位置来分,变量可分为＿＿＿＿与＿＿＿＿。其中,＿＿＿＿定义在函数或复合语句中,供函数或复合语句中使用。

(2) 变量按存储类型分为＿＿＿＿、＿＿＿＿、＿＿＿＿、＿＿＿＿,当声明一个＿＿＿＿变量时,它既具有局部变量的性质,又具有全局变量的性质。

(3) C++程序的内存分为 4 个区,即＿＿＿＿、＿＿＿＿、＿＿＿＿、＿＿＿＿。全局变量(包括全局常变量)、静态变量、字符串常量存放在＿＿＿＿区;所有的函数和代码存放在＿＿＿＿区;为运行函数而分配的函数参数、局部变量、返回地址存放在＿＿＿＿区,动态分配的内存在＿＿＿＿区。

(4) 全局变量(包括全局常变量)、静态变量、字符串常量具有＿＿＿＿生存期;局部变量生存期为＿＿＿＿。

(5) 函数原型中形参标识符的作用域为＿＿＿＿,函数的形参与函数体作用域为＿＿＿＿;函数、全局变量与常量有＿＿＿＿作用域。

(6) C++源程序中以＿＿＿＿开头、以换行符结尾的行称为预处理命令。预处理命令＿＿＿＿前由预处理器执行。

(7) 用户可以通过 3 种方法使用名字空间,即＿＿＿＿、＿＿＿＿、＿＿＿＿。

2. 选择题

(1) 在 C++中,函数默认的存储类别为(　　)。

　　A. auto　　　　　　B. static　　　　　　C. extern　　　　　　D. 无存储类别

(2) 以下叙述不正确的是(　　)。

　　A. 在不同的函数中可以定义相同名字的变量

　　B. 函数中的形式参数是局部变量

　　C. 在一个函数体内定义的变量只在本函数范围内有效

　　D. 在一个函数内的复合语句中定义的变量在本函数范围内有效

(3) 以下叙述不正确的是(　　)。

　　A. 预处理命令行必须以 ♯ 号开头

　　B. 凡是以 ♯ 开头的语句都是预处理命令行

　　C. 在程序执行前执行预处理命令

　　D. ♯define PI＝3.14 是一条正确的预处理命令

(4) 以下叙述不正确的是(　　)。

　　A. 动态分配的内存要用 delete 释放

　　B. 局部 auto 变量分配的内存在函数调用结束时释放

　　C. 局部字符串常量、静态变量的内存在函数调用结束时释放

　　D. 全局变量的内存在程序结束时释放

(5) 下列程序段的运行结果为(　　)。

```
♯define ADD(x) x+x
int main()
```

```
{
    int m = 1, n = 2, k = 3;
    int sum = ADD (m + n) * k;
    cout <<"sum = "<< sum;
    return 0;
}
```

A. sum＝9   B. sum＝10   C. sum＝12   D. sum＝18

（6）下列程序段的运行结果为（　　）。

```
int i = 100;
int fun()
  {
     static int i = 10;
       return ++i;
}
int main()
{
   fun();
   cout << fun()<<","<< i;
   return 0;
}
```

A. 10，100   B. 12，100   C. 12，12   D. 11，100

（7）下列程序段的运行结果为（　　）。

```
# include < iostream >
using namespace std;
# define DEBUG 2
int main()
{
  int i = 3;
  # ifndef DEBUG
  for(,,)
  cout << DEBUG <<","<< i;
  # else
  cout << i <<",";
  # endif
  cout << DEBUG;
  return 0;
}
```

A. 2，3

B. 2

C. 3，2

D. 程序语句未写完,编译错

（8）下列程序段的运行结果为（　　）。

```
# include < iostream >
using namespace std;
namespace mynamespace
{
    int flag = 10;
}
```

```
namespace yournamespace
{
    int flag = 100;
}
int main()
{
    int flag = 1000;
    using namespace yournamespace;
    cout << flag <<","<< mynamespace::flag;
    return 0;
}
```

A. 100，1000　　　B. 1000，10　　　C. 1000，1000　　　D. 100，10

（9）下列程序段的运行结果为（　　）。

```
char * inputa()
{
    char str[20] = "123";
    return str;
}
char * inputp()
{
    char * str = "123";
    return str;
}
int main()
{
    char * p = inputp();
    cout << inputa()<<","<< p << endl;
    return 0;
}
```

A. 乱码，123　　　B. 123,乱码　　　C. 123，123　　　D. 乱码,乱码

3. 程序填空题

为了使下列程序能顺利编译,请在空白处填上相应的内容：

```
# include ____①____
____②____ int sumchar(char str[]);
int main()
{
    ____③____ ;
    ____④____ ;
    char * p = new ____⑤____ ;char [180];
    cin >> p;
    cout << sumchar(p);
    ____⑥____ ;
R return 0;;
}
```

4. 程序分析题（写出运行结果）

```
# include < iostream >
```

```cpp
using namespace std;
const int PI = 3.14;                 //符号常量

const int * Fun( void )
{
    const int a = 5;                 //局部常变量
    const int * p = &a;              //局部常指针变量
    cout << "Value of local const variable a: " << a << endl;
    cout << "Address of local const variable a: " << &a << endl;
    cout << "Value of local const pointer p: " << p << endl;
    cout << "Value of local const variable a: " << * p << endl << endl;
    return p;
}

int main()
{
    const int * q;
    q = Fun();
    cout << "Main(): " << endl;
    cout << "Value of local const pointer q: " << q << endl;
    cout << "The return value of the function Func(): " << * q << endl;
    const char * str = "123ABC";     //字符串常量
    cout << "Address of string const variable: " << (void * )str
        << endl;
    cout << "Value of string const variablestr: " << str << endl;
    cout << "Address of global const variable PI: " << &PI << endl;
    cout << "Address of the function Fun(): " << (void * )Fun << endl;
    return 0;
}
```

第 5 章

类与对象

◇ **引言**

面向对象的程序设计方法就是运用面向对象的观点对现实世界中的各种问题进行抽象，然后用计算机程序来描述并解决该问题，这种描述和处理是通过类与对象实现的。类与对象是 C++程序设计中最重要的概念，在 C++中如何描述类与对象？如何通过建立类与对象解决现实世界的问题？这些将是本章重点讨论的内容。

◇ **学习目标**

(1) 掌握类的定义，会根据需求设计类；

(2) 会根据类创建各种对象；

(3) 掌握对象的各种成员的使用方法；

(4) 会设计构造函数与拷贝构造函数初始化对象，理解其调用过程与顺序；

(5) 理解浅拷贝与深拷贝的概念；

(6) 掌握动态对象以及动态对象数组的建立与释放；

(7) 理解类的静态成员的概念；

(8) 理解友元函数与友元类的概念；

(9) 掌握常对象与常成员的使用；

(10) 了解对象在内存中的分布情况。

5.1 类与对象的概念

5.1.1 从面向过程到面向对象

在面向过程的结构化程序设计中，程序模块由函数构成，函数将进行数据处理的语句放在函数体内，完成特定的功能，数据则通过函数参数传递进入函数体。在前面的章节中使用 C++编写的实际上是面向过程的程序。在面向对象的程序设计中，程序模块是由类构成的。类是对逻辑上相关的函数与数据的封装，它是对问题的抽象描述。为了对面向对象的程序设计方法有一个初步的认识，我们先举一个例子。

【例 5-1】 模拟时钟。

分析：不管什么样的时钟，也不管各种时钟是如何运行的，它们都具有时、分、秒 3 个属性。除了运行、显示时间的基本功能外，还有设置(调整)时间、设置闹钟等功能。将时钟的这些属性和功能抽象出来，分别给出面向过程的程序与面向对象的程序实现对时钟的模拟。

	时钟程序 A	时钟程序 B
1	`/*********************************`	`/*********************************`
2	`*    程序名: p5_1_a.cpp           *`	`*    程序名: p5_1_b.cpp            *`
3	`*    功  能: 面向过程的时钟程序   *`	`*    功  能: 面向对象的时钟程序    *`
4	`*********************************/`	`*********************************/`
5	`#include <iostream>`	`#include <iostream>`
6	`using namespace std;`	`using namespace std;`
7	`struct  Clock {`	`class Clock {`
8	`    int H, M, S;`	`    private:`
9	`};`	`        int H, M, S;`
10	`Clock MyClock;`	`    public:`
11	`void SetTime(int H, int M, int S)`	`        void SetTime(int h, int m, int s)`
12	`{`	`        {`
13	`  MyClock.H = (H >= 0&&H < 24)?H:0;`	`            H = (h >= 0&&h < 24)?h:0;`
14	`  MyClock.M = (M >= 0&&M < 60)?M:0;`	`            M = (m >= 0&&m < 60)?m:0;`
15	`  MyClock.S = (S >= 0&&S < 60)?S:0;`	`            S = (s >= 0&&s < 60)?s:0;`
16	`}`	`        }`
17	`void ShowTime()`	`        void ShowTime()`
18	`{`	`        {`
19	`  cout << MyClock.H <<":";`	`        cout << H <<":"<< M <<":"<< S << endl;`
20	`  cout << MyClock.M <<":";`	`        }`
21	`  cout << MyClock.S << endl;`	`};`
22	`}`	`int main()`
23	`int main()`	`{   Clock MyClock;`
24	`{   ShowTime();`	`    MyClock.ShowTime();`
25	`    SetTime(8,30,30);`	`    MyClock.SetTime(8,30,30);`
26	`    ShowTime();`	`    MyClock.ShowTime();`
27	`    return 0;`	`return 0;`
28	`}`	`}`

运行结果：

0:0:0	−85893460:−85893460:−85893460
8:30:30	8:30:30

程序解释：

通过对上述两种方案的程序进行简单的观察，可以发现它们存在下面几点不同：

（1）在程序 A 中，时钟数据用一个结构型的变量存储，对时钟数据的存取通过函数实现。由于存储时钟数据的是一个全局变量，在任何地方都可见，可以不通过函数单独存取时钟数据。在程序 B 中，只能通过类提供的函数操作时钟。

（2）在程序 A 中，数据与对数据的操作相互独立，数据作为参数传递给函数。在程序 B 中，数据与对数据的操作构成一个整体。

（3）程序 A 与程序 B 运行的初始结果不同，这是因为在程序 A 中，变量是全局的；在程序 B 中,对象(变量)MyClock 是函数 main()中的局部对象。全局变量与局部变量在没有初始化时取初值方式不同,这样造成了运行结果不同。将第 23 行移出 main()外,使之变成全局对象后,两程序的结果完全相同。

在程序 B 中发现,一个以 class 开头的类似结构体的结构将时钟的数据与对数据进行处理的函数包括在一起,这就是用 C++实现的类。

5.1.2　类的定义

简单地讲,类是一个包含函数的结构体,因此类的定义与结构类型的定义相似,其格式如下:

```
class 类名
    {
    public:
            公有数据成员或公有函数成员的定义;
    protected:
            保护数据成员或保护函数成员的定义;
    private:
            私有数据成员或私有函数成员的定义;
};
```

其中:

- 关键字 class 表明定义的是一个类。
- 类名是类的名称,应该是一个合法的标识符。
- public、protected、private 为**存取控制属性**(访问权限),用来控制对类的成员的存取,如果前面没有标明访问权限,默认访问权限为 private。
- 类的成员有数据成员和函数成员两类,类的数据成员和函数成员统称为类的成员,类的**数据成员**一般用来描述该类对象的静态属性,称为**属性**;函数成员用来描述类行为或动态属性,称为**方法**。函数成员由函数构成,这些作为类成员的函数因此也称为**成员函数**。

☆**注意**:

(1) 在 C++中,class 和 struct 都可以有成员函数,包括各类构造函数、析构函数、成员函数,并且都可以有 public、private、protected 修饰符。

(2) class 的成员默认是 private 权限,struct 的成员默认是 public 权限。

(3) 从编程习惯的角度而言,C++的 struct 中只包含数据成员不包含成员函数,是一种用户自定义的数据结构,体现的是面向过程的编程思想,而 class 既包含数据成员也包含函数成员,是数据和对数据的操作行为的封装,体现的是面向对象的编程思想。

(4) C 语言中没有 class。

例如,例 5-1 中定义了一个时钟类 Clock。

1. 数据成员

类定义中的数据成员描述了类对象所包含的数据类型,数据成员的类型可以是 C++基本

```
                                    ───────── 类名
  Class Clock
      private:              ───────── 私有属性
          int h,M,s;                            数据成员  ┐
      public:              ───────── 公有属性              │
          void seTime(int h,int m,int s)                  │
          {                                               │ 类成员
              H=h;M=m;S=s;                                 │
          }                                   函数成员     │
          void ShowTime()                                 │
          {                                               │
              cout<<H<<":"<<M<<":"<<S<<endl;              ┘
          }
  };                       ───────── 类定义结束符
```

数据类型,也可以是构造数据类型。

例①:

```
struct Record
{
    char name[20];
    int score;
};
class Team {
    private:
        int num;                    //基本数据类型
        Record * p;                 //构造数据类型
};
```

定义的类 Team 既包含基本数据类型,也包含构造数据类型。

☆注意:

(1) 因为类只是一种类型,类中的数据成员不占内存空间,因此在定义数据成员时不能给数据成员赋初值。

(2) 类的数据成员除了可以使用前面讲述的 C++类型外,还可以使用已定义的类类型。

(3) 在正在定义的类中,由于该类型没有定义完,所以不能定义该类类型的变量,只能定义该类类型的指针成员以及该类类型的引用成员。

例②:

```
class Team;                    //已定义的类
class Grade {
    Team a;                    //使用了已定义的类类型
    Grade * p;                 //使用正在定义的类类型定义指针成员
    Grade &r;                  //使用正在定义的类类型定义引用成员
    Grade b;                   //错误! 使用了未定义完的类 Grade 定义变量
};
```

2. 成员函数

作为类成员的成员函数描述了对类中的数据成员实施的操作。成员函数的定义、声明格式与非成员函数(全局函数)的格式相同。成员函数可以放在类中定义,也可以放在类外定义,放在类中定义的成员函数为内联(inline)函数。Clock 类中的成员函数就是放在类中定义的。

C++可以在类中声明成员函数的原型,在类外定义函数体。这样做的好处是相当于在类中列了一个函数功能表,使我们对类的成员函数的功能一目了然,避免了在各个函数实现的一大堆代码中查找函数的定义。在类中声明函数原型的方法与一般函数原型的声明一样,在类外定义函数体的格式如下:

```
返回值类型 类名 :: 成员函数名(形参表)
{
    函数体;
}
```

其中,::是类的作用域分辨符,用在此处,放在类名后、成员函数前,表明后面的成员函数属于前面的那个类。

Clock 类中的成员函数可以在类中声明:

```
class Clock {
        private:
            int H, M, S;
        public:
            void SetTime(int h, int m, int s);      //声明成员函数
            void ShowTime();                        //声明成员函数
        };
```

在类外实现成员函数如下:

```
void Clock::SetTime(int h, int m, int s)
    {
      H = h, M = m, S = s;
     }
    void Clock::ShowTime()
    {
     cout << H <<":"<< M <<":"<< S << endl;
    }
```

如果要将在类外定义的成员函数编译成内联函数,可以在类外定义函数时,在函数的返回类型前加上 inline。下面将 ShowTime()定义成内联函数,与在类中定义成员函数的效果相同。

```
inline void Clock::ShowTime()
    {
     cout << H <<":"<< M <<":"<< S << endl;
    }
```

☆**注意:**

在成员函数中不仅可以自由使用类的成员,还可以使用该类定义变量(对象),通过变量使用成员。其原因是函数在调用时才在栈内存中建立函数体中的变量(包括实参),这时类已经定义完毕,当然可以使用已定义完的类类型的变量。

例如,在 Clock 类中可以定义成员函数 AddTime():

```
class Clock {
```

```
    private:
        int H,M,S;
    public:
        Clock AddTime(Clock C2){          //形参为 Clock 类型的变量
            Clock T;                       //在函数体中定义了 Clock 类型的变量
            …
            return T;                      //返回类型为 Clock 类型
        }
};
```

3. 类作用域

类是一组数据成员和函数成员的集合,类作用域作用于类中定义的特定的成员,包括数据成员与成员函数,类中的每一个成员都具有**类作用域**。实际上,类的封装作用也就是限制类的成员的访问范围局限于类的作用域之内。

5.1.3 对象的建立与使用

类相当于一种包含函数的自定义数据类型,它不占内存,是一个抽象的"虚"体,使用已定义的类建立对象就像用数据类型定义变量一样。对象在建立后,对象占据内存,变成了一个"实"体,类与对象的关系就像数据类型与变量的关系一样。其实,一个变量就是一个简单的不含成员函数的数据对象。

建立对象的格式如下:

```
类名    对象名;
```

其中,对象名可以是简单的标识符,也可以是数组。

在例 5-1 中,使用

```
Clock MyClock;
```

建立了一个 Clock 型的对象 MyClock。

在建立对象后,就可以通过对象存取对象中的数据成员,调用成员函数。其存取格式如下:

```
对象名.属性
对象名.成员函数名(实参 1,实参 2,…,)
```

例如,通过对象 MyClock 使用成员函数 SetTime()的方式如下:

```
MyClock.SetTime(8,30,30);
```

至于对数据成员 H、M、S 的存取,因其存取权限为 private 而被保护,所以不能直接进行存取。

值得注意的是,为了节省内存,编译器在创建对象时只为各对象分配用于保存各对象数据成员初始化的值,并不为各对象的成员函数分配单独的内存空间,而是共享类的成员函数定义,即类中成员函数的定义为该类的所有对象所共享,这是 C++编译器创建对象的一种方法。在实际应用中,我们仍要将对象理解为由数据成员和函数成员两部分组成。

5.1.4　成员的存取控制

通过设置成员的存取控制属性使对类成员的存取得到控制,从而达到了隐藏信息的目的。C++的存取控制属性有公有类型(public)、私有类型(private)和保护类型(protected),它们的意义如表 5-1 所示。

表 5-1　存取控制属性表

存 取 属 性	意　　义	可存取对象
public	公开(公有)级	该类成员以及所有对象
protected	保护级	该类及其子类成员
private	私有级	该类的成员

类中定义为 public 等级的成员可以被该类的任何对象存取,适用于完全公开的数据。而 private 等级的成员只可被类内的成员存取,适用于不公开的数据。至于 protected 等级,属于半公开性质的数据,定义为 protected 等级的成员可以被该类及其子类存取。关于子类的概念,将在以后的章节中讲述。

在 Clock 类中,H、M、S 的存取控制属性为 private。这样,这些数据不能在类外存取而被保护,下面存取方法是错误的:

```
MyClock.M = 30;
```

而成员函数 SetTime()、ShowTime()的存取控制属性为 public,因此在类外可以通过对象存取。

由于 private 成员被隐藏起来,不能直接在类外存取,为了取得这些被隐藏的数据,通常在类内定义一个 public 的成员函数,通过该成员函数存取 private 成员,而 public 的成员函数又能在类外被调用。这样通过调用 public 型的成员函数,可以间接存取 private 成员。这样的函数起到了为 private 成员提供供外界访问的接口作用。类 Clock 中的成员函数 SetTime()、ShowTime()就是存取 private 数据成员 H、M、S 的接口。

通过接口访问类的数据成员,一方面有效地保护了数据成员,另一方面又保证了数据的合理性。在程序 p5_1_b.cpp 中通过 SetTime()设置一个合理的时钟值,但在 p5_1_a.cpp 中可以不通过 SetTime()单独设置 H、M、S 的值。

☆注意:

(1) 即使是具有 public 存取控制属性的成员,在类外对其存取还必须通过该类的对象进行。对于 Clock 中的 public 成员,下列存取方法是错误的:

```
ShowTime();                        //错误,未通过对象
Clock::ShowTime()                  //错误,未通过对象
```

(2) 在类内声明在类外定义的成员函数,其函数体属于类内,因此在函数体中可以存取类的任意存取控制属性的成员。

(3) 成员函数还可以通过对象存取形参中与函数体中本类对象的所有成员。例如 Clock 类中的成员函数 AddTime()通过形参对象 C2、函数体中的对象 T 存取了访问控制属性为 private 的数据成员 H、M、S:

```
Clock AddTime(Clock C2){
```

```
        Clock T;
        T.S = (S + C2.S) % 60;                    //通过对象 C2、T 存取了 private 数据成员 S
        ...
        return T;
    }
```

5.2　构造函数与析构函数

在定义一个对象的同时,希望能给它的数据成员赋初值——对象的初始化。在特定对象使用结束时,还经常需要进行一些清理工作。C++程序中的初始化和清理工作分别由两个特殊的成员函数完成,它们就是构造函数和析构函数。

5.2.1　构造函数

首先看一个简单变量的建立过程：每一个变量在程序运行时都要占据一定的内存空间,如果在定义一个变量时对变量进行初始化,那么在为该变量分配内存空间的同时就向新分配的内存单元写入了变量的初始值。

例如：

```
int i(2);
int * p = &i;
double a[] = {1.0,3.4,5.7,8.0};
```

对象的建立过程也是类似的：在程序载入执行的过程中,当遇到对象定义语句时,系统会申请一定的内存空间用于存放新建的对象。如果在定义对象的同时允许指定数据成员的初始值,我们希望程序能像对待普通变量那样在分配内存空间后立即将指定的初始值写入。

在例 5-1 的程序 B 中,因为对象 MyClock 在建立时没有被初始化,所以最初显示的时钟是杂乱的数字。现在,我们试图在建立 Clock 类对象 MyClock 时对其初始化：

```
Clock MyClock(0,0,0);
```

但是很不幸,这将引起编译时的语法错误。对于类对象来说,如此初始化是不行的,因为与普通变量相比,类的对象比较复杂,而且由于类的封装性,它不允许在类的非成员函数中直接访问类对象的私有和保护数据成员。这样,对类对象数据成员的初始化工作自然就落到了类对象的成员函数身上,因为它们可以访问类对象的私有和保护数据成员。C++为用户提供了专门用于对象初始化的函数——**构造函数**。

构造函数（constructor）是与类名相同的在建立对象时自动调用的函数。如果在定义类时没有为类定义构造函数,编译系统会生成一个**默认形式**的**隐含**的构造函数,这个构造函数的函数体是空的,因此默认构造函数不具备任何功能。

如果用户至少为类定义了一个构造函数,C++就不会生成任何默认的构造函数,而是根据对象的参数类型和个数从用户定义的构造函数中选择最合适的构造函数完成对该对象的初始化。

作为类的成员函数,构造函数可以直接访问类的所有数据成员,可以是内联函数,可以不带任何参数,可以带有参数表以及默认形参值,还可以重载,用户可以根据不同问题的具体需要有针对性地设计合适的构造函数将对象初始化为特定的状态。

构造函数是一种特殊的函数,主要用来在创建对象时初始化对象,即为对象的数据成员赋初始值。在需要为对象数据成员动态地分配内存时,构造函数总是与 new 运算符一起用在创建对象的语句中。一个类可以有多个构造函数,用户可根据其参数个数的不同或参数类型的不同来区分它们,即构造函数的重载。

构造函数与其他成员函数的区别如下:

(1)构造函数的命名必须和类名完全相同,而一般成员函数不能和类名相同。

(2)构造函数的功能主要用于在创建类的对象时定义初始化的状态,它没有返回值,也不能用 void 修饰,这就保证了它什么也不用返回,而其他成员函数可以有返回值,如果没有返回值,则必须用 void 予以说明。

(3)构造函数不能被直接调用,必须在创建对象时由编译器自动调用,一般成员函数在程序执行到它的时候被调用。

(4)在定义一个类的时候,如果用户没有定义构造函数,编译器会提供一个默认的构造函数,而成员函数不存在这一特点。

例如,在例 5-1 程序的 p5-1_b.cpp 中的 Clock 类中添加带有默认形参值的构造函数:

```
Clock(int h = 0, int m = 0, int s = 0)
{
        H = (h > = 0&&h < 24)?h:0;
        M = (m > = 0&&m < 60)?m:0;
        S = (s > = 0&&s < 60)?s:0;
}
```

执行:

```
Clock MyClock;
MyClock.ShowTime();
```

显示结果为:

```
0:0:0
```

这是因为建立对象时调用了 Clock(),各个形参被设成了默认值。

当执行:

```
Clock MyClock(9,30,45);
MyClock.ShowTime();
```

显示结果为:

```
9:30:45
```

这是因为建立对象时调用了 Clock(9,30,45)。

利用构造函数初始化新建立对象的方式还有:

```
Clock MyClock = Clock(9,30,45);
```

Clock(9,30,45)可看作是一个 Clock 类型的常量。

构造函数是类的一个成员函数,除了具有一般成员函数的特征外,还具有以下特殊性质:

(1)构造函数的函数名必须与定义它的类同名。

(2)构造函数没有返回值,如果在构造函数前加 void 是错误的。

（3）构造函数被声明定义为公有函数。

（4）构造函数在建立对象时由系统自动调用。

☆**注意**：

由于构造函数可以重载，可以定义多个构造函数，在建立对象时根据参数来调用相应的构造函数。如果相应的构造函数没有定义，则出错。例如，若将例 p5_1_b 中的构造函数定义成不带默认形参值的构造函数：

```
Clock( int h, int m,int s)
{
    H = (h > = 0&&h < 24)?h:0;
    M = (m > = 0&&m < 60)?m:0;
    S = (s > = 0&&s < 60)?s:0;
}
```

在定义对象 Clock MyClock 时将自动调用 Clock()，而前面在例 p5_1_b 中 Clock 类没有 Clock()函数，因此出错。

5.2.2 析构函数

自然界万物都是有生有灭，程序中的对象也是一样。对象在定义时诞生，不同生存期的对象在不同的时期消失。在对象要消失时，通常有一些善后工作需要做，例如构造对象时，通过构造函数动态申请了一些内存单元，在对象消失之前就要释放这些内存单元。C++用什么来保证这些善后清除工作的执行呢？答案是**析构函数**。

析构函数（destructor）也译作拆构函数，是在对象消失之前的瞬间自动调用的函数，其形式如下：

～构造函数名();

析构函数与构造函数的作用几乎相反，相当于"逆构造函数"。析构函数也是类的一个特殊的公有函数成员，它具有以下特点：

（1）析构函数没有任何参数，不能被重载，但可以是虚函数，一个类只有一个析构函数。

（2）析构函数没有返回值。

（3）析构函数名在类名前加上一个逻辑非运算符"～"，以与构造函数相区别。

（4）析构函数一般由用户自己定义，在对象消失时由系统自动调用，如果用户没有定义析构函数，系统将自动生成一个不做任何事的默认析构函数。

☆**注意**：

对象消失时的清理工作并不是由析构函数完成，而是靠用户在析构函数中添加清理语句完成。

【例 5-2】 构造函数与析构函数。

为 Clock 类重新定义一个析构函数如下：

```
1  /***********************************
2  *   程序名: p5_2.cpp               *
3  *   功  能: 构造函数与析构函数      *
4  ***********************************/
5  # include < iostream >
```

```
6    using namespace std;
7    class Clock {
8        private:
9          int H,M,S;
10       public:
11       Clock( int h = 0, int m = 0, int s = 0)
12       {
13           H = h, M = m, S = s;
14           cout <<"constructor:"<< H <<":"<< M <<":"<< S << endl;
15       }
16       ~Clock( )
17       {
18           cout <<"destructor:"<< H <<":"<< M <<":"<< S << endl;
19       }
20   };
21   Clock C1(8,0,0);
22   Clock C2(9,0,0);
23   int main( )
24   {
25       Clock C3(10,0,0);
26       Clock C4(11,0,0);
27   return 0;
28   }
```

运行结果:

```
constructor:8:0:0
constructor:9:0:0
constructor:10:0:0
constructor:11:0:0
destructor:11:0:0
destructor:10:0:0
```

程序解释:

(1) 从运行结果可以看出,构造函数执行的顺序为 C1::Clock( )→C2::Clock( )→C3::Clock( )→C4::Clock( ),由此看出对象建立的顺序为 C1→C2→C3→C4。即先建立全局对象,再建立局部对象。与普通变量建立的顺序相同。

(2) 析构函数调用的顺序为 C4::~Clock( )→C3::~Clock( ),由此看出对象消失的顺序为 C4→C3。这是因为局部对象在栈中建立,因此消失的顺序与建立的顺序相反。

(3) 对象 C1、C2 在什么时候消失呢? 因为 C1、C2 是全局对象,像全局变量一样,在程序结束时消失,析构函数在程序结束时调用,所以没有显示输出。

例 5-2 只是演示了构造函数与析构函数调用的顺序,并没有在析构函数中加入必要的功能。

【例 5-3】 字符串类与对象。

分析:字符串通常用字符数组来表示,C++提供了对字符数组操作的函数;同时,对字符数组又可以直接进行操作,这样对字符数组的操作显得混乱。如果将一个字符串设计成一个类,将对字符数组的操作封装在类中,通过使用类对象的方法对字符串进行操作则显得直观且不易出错。C++标准库中提供了字符串类 string,为了与之相区别,将定义的字符串类取名为 String。

```cpp
1    /******************************
2    *  程序名: p5_3.cpp            *
3    *  功  能: 基本的字符串类       *
4    ******************************/
5    # include < iostream >
6    using namespace std;
7    class String {
8        private:
9            char * Str;
10           int len;
11       public:
12       void ShowStr( )
13       {

14           cout <<"string:"<< Str <<",length:"<< len << endl;
15       }
16       String( )
17       {
18           len = 0;
19           Str = NULL;
20       }
21       String(const char  * p)
22       {
23           len = strlen(p);
24           Str = new char[len + 1];
25           strcpy(Str,p);
26       }
27       ~String( )
28       {
29           if (Str!= NULL)
30           {
31               delete [ ] Str;
32               Str = NULL;
33           }

35       }
36   };
37   int main( )
38   {   char s[ ] = "ABCDE";
39       String s1(s);
40       String s2("123456");
41       s1.ShowStr( );
42       s2.ShowStr( );
43       return 0;
44   }
```

运行结果：

```
string:ABCDE, length:5
string:123456, length:6
```

程序解释：

（1）第 16～26 行定义了两个构造函数 String()、String(char ＊ p)。String()在建立空串时调用，String(char ＊ p)在建立字符串时使用已有的字符数组做初值时调用。

（2）由于建立字符串时，构造函数在堆里申请了空间，将字符串保存。因此，当字符串对象消失时，必须释放堆空间。所以，在析构函数中要加上释放堆空间的语句，以释放空间。程序的第 27～35 行为析构函数。

5.2.3　拷贝构造函数

拷贝构造函数是一种特殊的构造函数，C++提供的拷贝构造函数用于在建立新对象时将已存在对象的数据成员值复制给新对象，即用一个已存在的对象初始化一个新建立的对象。拷贝构造函数与类名相同，其形参是本类的对象的引用。

类的拷贝构造函数一般由用户定义，如果用户没有定义构造函数，系统就会自动生成一个默认函数来进行对象之间的位拷贝（bitwise copy），这个默认拷贝构造函数的功能是把初始值对象的每个数据成员的值依次复制到新建立的对象中。因此，也可以说是完成了同类对象的克隆（clone），这样得到的对象和原对象具有完全相同的数据成员，即完全相同的属性。事实上，拷贝构造函数是由普通构造函数和赋值操作符共同实现的。

用户也可以根据实际问题的需要定义特定的拷贝构造函数来改变默认拷贝构造函数的行为，以实现同类对象之间数据成员的传递。如果用户自定义了拷贝构造函数，则在用一个类的对象初始化该类的另外一个对象时将自动调用自定义的拷贝构造函数。

定义一个拷贝构造函数的一般形式如下：

```
类名(类名 & 对象名)
  {
    ...
  }
```

拷贝构造函数在用类的一个对象初始化该类的另一个对象时调用，以下 3 种情况相当于用一个已存在的对象初始化新建立的对象，此时调用拷贝构造函数：

（1）当用类的一个对象初始化该类的另一个对象时。

（2）如果函数的形参是类的对象，在调用函数将对象作为函数实参传递给函数的形参时。

（3）如果函数的返回值是类的对象，函数执行完成时将返回值返回。

【例 5-4】　带拷贝构造函数的时钟类。

```
1   /*********************************
2   *  程序名: p5_4.cpp              *
3   *  功  能: 构造拷贝构造函数       *
4   *********************************/
```

```
5     # include < iostream >
6     using namespace std;
7     class Clock {
8         private:
9             int H, M, S;
10        public:
11        Clock( int h = 0, int m = 0, int s = 0)
12        {
13                H = h, M = m, S = s;
14                cout <<"constructor:"<< H <<":"<< M <<":"<< S << endl;

15        }
16        ~Clock( )
17        {
18            cout <<"destructor:"<< H <<":"<< M <<":"<< S << endl;
19        }
20        Clock(Clock & p)
21        {
22        cout <<"copy constructor,before call:"<< H <<":"<< M <<":"<< S << endl;
23            H = p. H;
24            M = p. M;
25            S = p. S;
26        }
27        void ShowTime( )
28        {
29        cout << H <<":"<< M <<":"<< S << endl;
30        }
31    };
32    Clock fun(Clock C)
33    {
34        return C;
35    }
36    int main( )
37    {
38        Clock C1(8,0,0);
39        Clock C2(9,0,0);
40        Clock C3(C1);
41        fun(C2);
42        Clock C4;
43        C4 = C2;
44        return 0;
45    }
```

运行结果：

a	constructor:8:0:0
b	constructor:9:0:0
c	copy constructor, before call: − 858993460: − 858993460: − 858993460
d	copy constructor, before call: 1310592:4200534:1310568
e	copy constructor, before call: − 858993460: − 858993460: − 858993460

f	destructor:9:0:0
g	destructor:9:0:0
h	constructor:0:0:0
i	destructor:9:0:0
j	destructor:8:0:0
k	destructor:9:0:0
l	destructor:8:0:0

程序解释：

(1) 第 38、39 行定义了两个对象 C1、C2，调用构造函数 Clock(int,int,int)，产生运行结果的 a、b 两行。

(2) 第 40 行首先建立了一个新对象 C3，然后将已初始化的对象 C1 作为初值去初始化尚未初始化的对象 C3，因此调用拷贝构造函数。由于拷贝构造函数事实上由构造函数和赋值操作构成，因此在拷贝构造函数中首先显示 H、M、S 的值，然而由于对象 C3 在初建立时 H、M、S 没有初始化，因此其值是一个无意义的随机数。程序运行结果的第 c 行就是调用对象 C3 的拷贝构造函数所产生的结果。

(3) 第 41 行调用函数 fun(C2)时，在栈中为形参建立了一个临时形参对象，实参与形参结合的过程相当于用实参对象初始化新建立的该临时形参对象。临时形参对象的拷贝构造函数被调用，而且临时形参对象在初建立时 H、M、S 没有初始化，程序运行结果为函数 fun(C2)将对象作为函数实参传递给函数的形参时拷贝构造函数被调用的结果。

(4) 函数 fun(C2)的返回值是一个 Clock 类的对象，因此在返回前要建立一个临时的返回对象用来存储返回值，在执行 return C 时将对象 C 的值复制给临时返回对象，返回过程相当于用已存在的对象 C 初始化新建立的临时返回对象，临时返回对象的拷贝构造函数被调用。程序运行结果的第 e 行为临时返回对象的拷贝构造函数被调用的结果。

(5) 函数 fun(C2)调用结束时，临时形参对象消失，析构函数被调用，产生结果第 f 行；临时返回对象消失，析构函数被调用，产生结果第 g 行。

(6) 第 42 行建立了一个新对象 C4，构造函数被调用，产生运行结果的第 h 行。

(7) 程序运行结果的第 i、j、k、l 行分别是对象 C4、C3、C2、C1 依次调用析构函数的结果。

(8) 第 43 行是 C2 对 C4 的赋值，对象的赋值是当两个对象都已存在，用一个对象的值去覆盖另一个对象的值，被覆盖对象在内存中的原有内容将消失，拷贝构造函数不被调用。

如果将 41 行改为：

```
fun(Clock(9,0,0));
```

函数调用时，用一个 Clock 常量(9,0,0)初始化实参，而不是用一个已存在的对象初始化实参。此时调用构造函数，建立一个值为(9,0,0)的实参对象。结果的第 d 行为：

```
constructor:9:0:0
```

同样，如果将第 34 行"return C;"改为：

```
return Clock(7,7,7);
```

此时同样调用构造函数产生一个临时返回对象，以常量(7,7,7)为初值，而不是调用拷贝构造函数将一个已存在的对象初始化返回对象。

在学习拷贝构造函数时，用户要注意拷贝构造函数和对象赋值的区别：拷贝构造函数是用一个存在的对象去构造另一个不存在的对象；对象赋值是两个对象都已存在，用一个对象的值去覆盖另一个对象的值。

☆注意：

（1）拷贝构造函数只是在用一个已存在的对象去初始化新建立的对象时调用，在已存在对象间赋值时，拷贝构造函数将不被调用。

（2）用一个常量初始化新建立的对象时，调用构造函数，不调用拷贝构造函数。

（3）建立对象时，构造函数与拷贝构造函数有且只有一个被调用。

（4）当对象作为函数的返回值时需要调用拷贝构造函数，此时 C++ 将从堆中动态建立一个临时对象，将函数返回的对象复制给该临时对象，并把该临时对象的地址存储到寄存器里，从而由该临时对象完成函数返回值的传递。

5.2.4 浅拷贝与深拷贝

在默认的拷贝构造函数中，复制的策略是直接将原对象的数据成员值依次复制给新对象中对应的数据成员，如前面示例 p5_4.cpp 中定义的拷贝函数，那么我们为何不直接使用系统默认的拷贝构造函数，而自己定义一个拷贝构造函数呢？这是因为，有些情况下使用默认的拷贝构造函数会出现意想不到的问题。

例如，使用程序 p5_3.cpp 中定义的 String 类执行下列程序系统会出错：

```
int main()
{
    String s1("123456");
    String s2 = s1;
    return 0;
}
```

为什么会出错呢？程序中首先创建对象 s1，为对象 s1 分配相应的内存资源，调用构造函数初始化该对象，然后调用系统默认的拷贝构造函数将对象 s1 复制给对象 s2，这一切看来似乎很正常，但程序的运行却出现了异常！原因在于默认的拷贝构造函数实现的只能是浅拷贝，即直接将原对象的数据成员值依次复制给新对象中对应的数据成员，并没有为新对象另外分配内存资源。这样，如果对象的数据成员是指针，两个指针对象实际上指向的是同一块内存空间。

当执行 String s2＝s1 时，默认的浅拷贝构造函数进行的是下列操作：

```
s2.len = s1.len;
s2.Str = s1.Str;
```

实际上是将 s1.Str 的地址赋给了 s2.Str，并没有为 s2.Str 分配内存，执行"String s2＝s1;"后，对象 s2 析构，释放内存，然后对象 s1 析构，由于 s1.Str 和 s2.Str 所占用的是同一块内存，而同一块内存不可能释放两次，所以当对象 s1 析构时，程序出现异常，无法正常执行和结束。由此可知，在某些情况下，浅拷贝会带来数据安全方面的隐患。

当类的数据成员中有指针类型时，我们必须定义一个特定的拷贝构造函数，该拷贝构造函数不仅可以实现原对象和新对象之间数据成员的复制，而且可以为新的对象分配单独的内存资源，这就是**深拷贝构造函数**。

【例 5-5】 带深拷贝构造函数的字符串类。

在程序 p5_3 的 String 类中加入下列拷贝构造函数,构成带深拷贝函数的字符串类。

```
String(String & r)
{
    len = r.len;
    if(len!= 0)
    {
        Str = new char[len + 1];
        strcpy(Str,r.Str);
    }
}
```

下列程序能正常运行(见图 5-1)。

```
int main( ){
    String s1("123456");
    String s2 = s1;
    s1.ShowStr();
    s2.ShowStr();
    return 0;
}
```

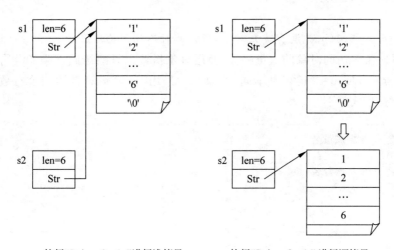

执行"String s2=s1;"进行浅拷贝　　　　执行"String s2=s1;"进行深拷贝

图 5-1　浅拷贝与深拷贝示意图

运行结果:

```
string:123456,length:6
string:123456,length:6
```

☆**注意:**

(1) 在重新定义拷贝构造函数后,默认拷贝构造函数与默认构造函数就不存在了,如果在此时调用默认构造函数就会出错。

(2) 在重新定义构造函数后,默认构造函数就不存在了,但默认拷贝构造函数还存在。

(3) 在对象进行赋值时,拷贝构造函数不被调用,此时进行的是结构式的拷贝。

5.3 对象的使用

5.3.1 对象指针

对象如同一般变量，占用一块连续的内存区域，因此可以使用一个指向对象的指针来访问对象，即**对象指针**，它指向存放该对象的地址。

用类创建（定义）对象就像使用一般数据类型来定义变量。同样，可以用类来定义对象指针变量，通过对象指针来访问对象的成员。对象指针遵循一般变量指针的各种规则，其定义形式如下：

```
类名    * 对象指针名;
```

例如：

```
Clock * Cp;
```

建立了一个指向 Clock 对象的指针。

☆**注意**：

建立了一个对象指针，并没有建立对象，所以此时不调用构造函数。

如同通过对象名访问对象的成员一样，使用对象指针也只能访问该类的公有数据成员和函数成员，但与前者使用"."运算符不同，对象指针采用"->"运算符访问公有数据成员和成员函数。其语法形式如下：

```
对象指针名 ->数据成员名
或
对象指针名 ->成员函数名(参数表)
```

例如：

```
Clock C1(8,0,0);
Clock * Cp;
Cp = &C1;
Cp -> ShowTime();
```

在 C++中，对象指针可以作为成员函数的形参，一般而言，使用对象指针作为函数的参数要比使用对象作为函数的参数更普遍一些，因为使用对象指针作为函数的参数有以下两点好处。

（1）实现地址传递：通过在调用函数时将实参对象的地址传递给形参指针对象，使形参指针对象和实参对象指向同一内存地址，这样对象指针所指向对象的改变也将同样影响实参对象，从而实现信息的双向传递。

（2）使用对象指针效率高：使用对象指针传递的仅仅是对应实参对象的地址，并不需要实现对象之间的副本复制，这样就会减小时空开销，提高运行效率。

【例 5-6】 时间加法。

时间加法有两种,一种是时钟加秒数,另一种是时钟加时、分、秒,采用重载函数实现这两种加法。

```
1    /*****************************
2    *  程序名:p5_6.cpp             *
3    *  功  能:带时间加法的时钟类    *
4    *****************************/
5    #include <iostream>
6    using namespace std;
7    class Clock {
8        private:
9            int H,M,S;
10       public:
11           void SetTime(int h, int m, int s)
12           {
13               H = h, M = m, S = s;
14           }
15           void ShowTime()
16           {
17               cout << H <<":"<< M <<":"<< S << endl;
18           }
19           Clock(int h = 0, int m = 0, int s = 0)
20           {
21               H = h, M = m, S = s;
22           }
23           Clock(Clock & p)
24           {
25               H = p.H, M = p.M, S = p.S;
26           }
27           void TimeAdd(Clock  * Cp);
28           void TimeAdd(int h, int m, int s);
29           void TimeAdd(int s);
30   };
31   void Clock::TimeAdd(Clock  * Cp)
32   {
33       H = (Cp->H + H + (Cp->M + M + (Cp->S + S)/60)/60) % 24;
34       M = (Cp->M + M + (Cp->S + S)/60) % 60;
35       S = (Cp->S + S) % 60;
36   }
37   void Clock::TimeAdd(int h, int m, int s)
38   {
39       H = (h + H + (m + M + (s + S)/60)/60) % 24;
40       M = (m + M + (s + S)/60) % 60;
41       S = (s + S) % 60;
42   }
43   void Clock::TimeAdd(int s)
44   {
45       H = (H + (M + (S + s)/60)/60) % 24;
46       M = (M + (S + s)/60) % 60;
47       S = (S + s) % 60;
```

```
48   }
49   int main()
50   {
51       Clock C1;
52       Clock C2(8,20,20);
53       C1.TimeAdd(4000);
54       C1.ShowTime();
55       C2.TimeAdd(&C1);
56       C2.ShowTime();
57       return 0;
58   }
```

运行结果：

```
1:6:40
9:27:0
```

5.3.2 对象引用

对象引用就是对某类对象定义一个引用，其实质是通过将被引用对象的地址赋给引用对象，使二者指向同一个内存空间，这样引用对象就成为了被引用对象的"别名"。

对象引用的定义方法与基本数据类型变量引用的定义是一样的。定义一个对象引用，并同时指向一个对象的格式如下：

```
类名  &  对象引用名 = 被引用对象；
```

☆**注意：**

（1）对象引用与被引用对象必须是同类型的。

（2）除非是作为函数参数与函数返回值，对象引用在定义时必须要初始化。

（3）定义一个对象引用并没有定义一个对象，所以不分配任何内存空间，不调用构造函数。

对象引用的使用格式如下：

```
对象引用名.数据成员名
或
对象引用名.成员函数名(参数表)
```

例如：

```
Clock C1(8,20,20);
Clock& Cr = C1;                      //定义了 C1 的对象引用 Cr
Cr.ShowTime();                       //通过对象引用使用对象的成员
```

运行结果为：

```
8:20:20
```

对象引用通常用作函数的参数,它不仅具有对象指针的优点,而且比对象指针更简洁、更方便、更直观。在 p5_6.cpp 中添加以下函数:

```
void Clock∷TimeAdd(Clock & Cr)
{
    H = (Cr.H + H + (Cr.M + M + (Cr.S + S)/60)/60) % 24;
    M = (Cr.M + M + (Cr.S + S)/60) % 60;
    S = (Cr.S + S) % 60;
}
```

将"C2.TimeAdd(&C1);"替换为"C2.TimeAdd(C1);",运行结果与 p5_6.cpp 一样。

5.3.3 对象数组

对象数组是以对象为元素的数组。对象数组的定义、赋值、引用与普通数组一样,只是数组元素与普通数组的数组元素不同。对象数组的定义格式如下:

> 类名　对象数组名[常量表达式 n], …, [常量表达式 2][常量表达式 1];

其中,类名指出该数组元素所属的类,常量表达式给出某一维元素的个数。

与结构数组不同,对象数组的初始化需要使用构造函数完成,以一个大小为 n 的一维数组为例,对象数组的初始化格式如下:

> 数组名[n] = {类名(数据成员 1 初值,数据成员 2 初值, …),
> 　　　　　类名(数据成员 1 初值,数据成员 2 初值, …),
> 　　　　　…
> 　　　　　类名(数据成员 1 初值,数据成员 2 初值, …)};　　} n

不带初始化表的对象数组,其初始化靠调用不带参数的构造函数完成。

以一个 m 维数组为例,对象数组元素的存取格式如下:

> 对象数组名[下标表达式 1][下标表达式 2] … [下标表达式 m].数据成员名
> 或
> 对象数组名[下标表达式 1][下标表达式 2] … [下标表达式 m].成员函数名(参数表)

【例 5-7】　计算一个班学生某门功课的总评成绩。

分析:首先设计一个类 Score,这个类的数据成员为一个学生的学号、姓名、平时成绩、期末考试成绩,成员函数有求总评成绩、显示成绩,然后定义一个对象数组存储一个班学生的成绩,最后通过逐一调用数组元素的成员函数求每个学生的总评成绩。

```
1    /**********************************************
2    *  程序名: p5_7.cpp                            *
3    *  功　能:求一个班学生某门功课的总评成绩        *
4    **********************************************/
5    #include< iostream >
6    using namespace std;
7    const int MaxN = 100;
```

```
8     const double Rate = 0.6;                                      //平时成绩比例
9     class Score {
10        private:
11            long No;                                              //学号
12            char * Name;                                          //姓名
13            int Usual;                                            //平时成绩
14            int Final;                                            //期末考试成绩
15            int Total;                                            //总评成绩
16        public:
17            Score(long = 0, char *  = NULL, int = 0, int = 0, int = 0);    //构造函数
18            void Count();                                         //计算总评成绩
19            void ShowScore();                                     //显示成绩
20    };
21    Score::Score(long no, char * name, int usual, int final, int total)
22        {                                                         //构造函数
23            No = no;
24            Name = name;
25            Usual = usual;
26            Final = final;
27            Total = total;
28        }
29    void Score::Count()
30    {
31            Total = Usual * Rate + Final * (1 - Rate) + 0.5;
32    }
33    void Score::ShowScore()
34    {
35        cout << No <<"\t"<< Name <<"\t"<< Usual <<"\t"<< Final <<"\t"<< Total << endl;
36    }

37    int main()
38    {
39        Score ClassScore1[3];
40        Score ClassScore2[3] = { Score(202007001,"Ye Xiaolu",88,79),
41                         Score(202007002,"Luo Zhangxing",90,85),
42                         Score(202007003,"Wu Weixue",70,55)};
43        for(int i = 0; i < 3; i++)
44            ClassScore2[i].Count();
45        for(i = 0; i < 3; i++)
46            ClassScore2[i].ShowScore();
47        return 0;
48    }
```

运行结果：

202007001	Xe Xiaolu	88	79	84
202007002	Luo Zhangxing	90	85	88
202007003	Wu Wenxue	70	55	64

程序解释：

（1）程序第 17 行定义了带默认形参值的构造函数。

（2）程序第 39 行建立了 3 个元素的对象数组，相当于建立了 3 个对象，即 ClassScore1[0]、ClassScore1[1]、ClassScore1[2]，建立每个对象时调用一次不带参数的构造函数，从构造函数的默认形参值中获得数据成员的初值。

（3）第 40 行建立了 3 个元素的对象数组，在初值表中给出了构造函数的调用形式，每个数组元素（对象）通过调用构造函数从构造函数的实参中获得数据成员的初值。因此，定义一个对象数组，相当于定义了若干个对象。每个数组元素都是一个对象。数组元素的个数为 n，定义数组时调用构造函数的次数为 n。

5.3.4 动态对象

函数体内的局部对象在调用函数时建立，在函数调用完后消失；全局对象则在程序执行时建立，要执行完成后消失；这些对象在何时建立，何时消失是 C++ 规定好的，不是编程者能控制的。**动态对象**是指编程者随时动态建立并可随时消失的对象。

建立动态对象采用动态申请内存的语句 new，删除动态对象使用 delete 语句。建立一个动态对象的格式如下：

```
对象指针 = new 类名(初值表);
```

其中：

- 对象指针的类型应该与类名一致。
- 动态对象存储在 new 语句从堆中申请的空间中。
- 建立动态对象时要调用构造函数，当初值表省略时调用默认的构造函数。

例如：

```
Clock  * Cp;                    //建立对象指针
Cp = new Clock;                 //建立动态对象,调用默认构造函数 Clock()
Cp -> ShowTime();              //结果为 0:0:0
Cp = new Clock(8,0,0);         //建立动态对象,调用构造函数 Clock(int,int,int)
Cp -> ShowTime();              //结果为 8:0:0
```

在堆中建立的动态对象不能自动消失，需要使用 delete 语句删除对象，格式如下：

```
delete 对象指针;
```

在删除动态对象时，释放堆中的内存空间，在对象消失时，调用析构函数。例如：

```
delete Cp;                      //删除 Cp 指向的动态对象
```

动态对象的一个重要的使用方面是用动态对象组成动态对象数组。建立一个一维动态对象数组的格式如下：

```
对象指针 = new 类名[数组大小];
```

删除一个动态对象数组的格式如下：

```
delete[]  对象指针;
```

在建立动态对象数组时，要调用构造函数，调用的次数与数组的大小相同；在删除对象数组时，要调用析构函数，调用次数与数组的大小相同。

将 p5_7.cpp 改为用动态对象数组实现，代码如下：

```
Score::SetScore(long no,char * name,int usual,int final,int total)
    {
        No = no;
        Name = name;
        Usual = usual;
        Final = final;
        Total = total;
    }
```

SetScore()函数为动态数组设置初值。

```
int main()
{
    Score * ClassScore;
    ClassScore = new Score [3];
    ClassScore[0].SetScore(202007001,"Ye Xiaulu",80,79),
    ClassScore[1].SetScore(202007002,"Luo Zhangxiang",90,85),
    ClassScore[2].SetScore(202007003,"Wu Weixue",70,55);
    for(int i = 0;i < 3;i++)
        ClassScore[i].Count();
    for(i = 0;i < 3;i++)
        ClassScore[i].ShowScore();
    delete [] ClassScore;
    return 0;
}
```

5.3.5　this 指针

在一个类的成员函数中，有时希望引用调用它的对象，对此，C++采用隐含的 this 指针来实现。**this** 指针是一个系统预定义的特殊指针，指向当前对象，表示当前对象的地址。例如：

```
void Clock::SetTime( int h, int m, int s)
{
    H = h, M = m, S = s;
    this -> H = h, this -> M = m, this -> S = s;           此 3 句是等效的
    ( * this).H = h, ( * this).M = m, ( * this).S = s;
}
```

起初，为了与类的数据成员 H、M、S 相区别，将 SetTime 的形参名设为 h、m、s。如果使用 this 指针，就可以凭 this 指针区分本对象的数据成员与其他变量。使用 this 指针重新设计的 SetTime()成员函数如下：

```
void Clock::SetTime (int H, int M, int S)
{
    this -> H = H, this -> M = M, this -> S = S;
}
```

　　系统利用 this 指针明确指出成员函数当前操作的数据成员所属的对象。实际上，当一个对象调用其成员函数时，编译器先将该对象的地址赋给 this 指针，然后调用成员函数，这样成员函数对对象的数据成员进行操作时就隐含使用了 this 指针。

　　一般而言，通常不直接使用 this 指针来引用对象成员，但在某些少数情况下，可以使用 this 指针，例如重载某些运算符以实现对象的连续赋值等。

☆**注意**：

（1）this 指针不是调用对象的名称，而是指向调用对象的指针的名称。

（2）this 的值不能改变，它总是指向当前调用对象。

5.3.6　组合对象

　　在现实生活中有很多"组合"的例子，例如，如果你想根据自己工作或学习的需要配置一台合适的计算机，首先要根据自己的资金预算设计符合自己需要的个性化装机方案，然后从市场上选购 CPU、主板、内存、硬盘、显示器、光驱、机箱、键盘、鼠标等硬件和软件，最后将这些硬件和软件按规范的方式"组合"。这样，你就能得到一台为自己"量身定制"的计算机，这就是组合的概念。

　　组合概念体现的是一种包含与被包含的关系，在语义上表现为"is a part of"的关系，即在逻辑上 A 是 B 的一部分，例如眼（eye）、鼻（nose）、口（mouth）、耳（ear）是头（head）的一部分，如果将 head、eye、nose、mouth、ear 定义成类，类 head 应该由类 eye、nose、mouth、ear 组合而成。同样，CPU、主板、内存等都是计算机的一个组成部分，相对于计算机这个复杂类而言，它们是成员类，所以我们把这种组合关系称为"is part of"。

　　在 C++ 程序设计中，类的组合用来描述一类复杂的对象，在类的定义中，它的某些属性往往是另一个类的对象，而不是像整型、浮点型之类的简单数据类型，也就是"一个类内嵌其他类的对象作为成员"，对于将对象嵌入到类中的这样一种描述复杂类的方法，我们称之为"类的组合"，一个含有其他类对象的类称为**组合类**，组合类的对象称为**组合对象**。

1. 组合类的定义

　　组合类定义的步骤为先定义成员类，再定义组合类。

【例 5-8】 计算某次火车的旅途时间。

　　分析：某次火车有车次、起点站、终点站、出发时间、到达时间。前面定义的 Clock 类具有时间特性，因此可以利用 Clock 对象组合成一个火车旅途类 TrainTrip。假定火车均在 24 小时内到达，旅途时间为到达时间减去出发时间。

　　若用空方框表示类，用灰框表示对象，组合类可以表示为空框包含灰框。设计 TrainTrip 类的示意图与成员构成图如图 5-2 所示。

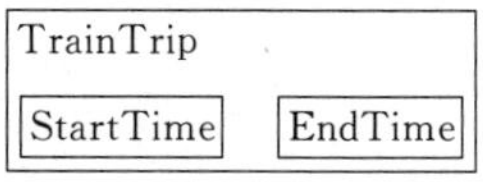

类名	成员名	
TrainTrip	Clock StartTime	H、M、S
		SetTime()、ShowTime()
	Clock EndTime	H、M、S
		SetTime()、ShowTime()
	char * TrainNO	
	Clock TripTime()	

图 5-2　类 TrainTrip 的构成与成员

```
1    / *******************************************
2    *    程序名: p5_8.cpp                          *
3    *    功    能: 计算火车旅途时间的组合类          *
4    ******************************************* /
5    # include < iostream >

6    using namespace std;
7    class Clock {
8        private:
9            int H, M, S;
10       public:
11           void ShowTime()
12           {
13               cout << H <<":"<< M <<":"<< S << endl;
14           }
15           void SetTime(int H = 0, int M = 0, int S = 0)
16           {
17               this -> H = H, this -> M = M, this -> S = S;
18           }
19           Clock(int H = 0, int M = 0, int S = 0)
20           {
21               this -> H = H, this -> M = M, this -> S = S;
22           }
23           int GetH()
24           {
25               return H;
26           }
27           int GetM()
28           {
29               return M;
30           }
31           int GetS()
32           {
33               return S;
34           }
35       };
36   class TrainTrip {
37       private:
38
39           char * TrainNo;                         //车次
40           Clock StartTime;                        //出发时间
41           Clock EndTime;                          //到达时间
42       public:
43           TrainTrip(char * TrainNo, Clock S, Clock E)
44           {
45               this -> TrainNo = TrainNo;
46               StartTime = S;
47               EndTime = E;
48           }
```

```
49          Clock TripTime()

50          {
51              int tH,tM,tS;                        //临时存储小时、分、秒数
52              int carry = 0;                        //借位
53              Clock tTime;                          //临时存储时间
54              (tS = EndTime.GetS() - StartTime.GetS())> 0?carry = 0:tS += 60, carry = 1;
55          (tM = EndTime.GetM() - StartTime.GetM() - carry)> 0?carry = 0:tM += 60, carry = 1;
56              (tH = EndTime.GetH() - StartTime.GetH() - carry)> 0?carry = 0: tH += 24;
57          tTime.SetTime(tH,tM,tS);
58          return tTime;
59          }
60      };
61      int main()
62      {
63          Clock C1(8,10,10), C2(6,1,2);            //定义 Clock 类的对象
64          Clock C3;                                //定义 Clock 类对象,存储结果
65          TrainTrip T1("K16",C1,C2);               //定义 TrainTrip 对象
66          C3 = T1.TripTime();
67          C3.ShowTime();
68          return 0;
69      }
```

运行结果：

```
21:50:52
```

程序解释：

（1）时、分、秒值 H、M、S 是 Clock 类的私有成员,在 Clock 类外无法存取;而在 TrainTrip 类中需要 H、M、S 值,因此在 Clock 类中提供了公有的存取 H、M、S 值的接口函数 GetH()、GetM()、GetS()供 TrainTrip 类读取 H、M、S。程序第 23～34 行 GetH()、GetM()、GetS()为读取 H、M、S 值的函数。

（2）旅途时间的结果是一个时间值,因此将函数 TripTime()返回值的类型设置成 Clock 类型。

（3）TrainTrip 是组合类,为了给各个成员提供初值,建立了两个 Clock 对象 C1、C2,并设计了一个构造函数 TrainTrip,将 C1、C2 的值赋给组合类的成员对象。程序第 65 行在建立对象 T1 时利用构造函数将初值赋给 T1。

2. 组合对象的初始化

在程序 p5_8.cpp 中,为了初始化成员对象,建立了两个对象 C1、C2,这两个对象除了用于初始化外,没有其他用处,而且在程序运行期间一直占据内存,造成额外的内存开销。

C++为组合对象提供了初始化机制:在定义组合类的构造函数时可以携带初始化表。其格式如下:

组合类名(形参表)：成员对象 1(子形参表 1),成员对象 2(子形参表 2),…

成员对象初始化表

其中：

- "成员对象1(子形参表1)，成员对象2(子形参表2)，…"称为**初始化列表**，该表放在构造函数的头部，各参数之间用逗号隔开。成员对象可以是类的普通数据成员。
- 形参表中的形参为该类的所有数据成员提供初值，子形参表中的形参为形参表中形参的一部分，子形参表n为成员对象n提供初值。

在为组合类定义了带初始化表的构造函数后，在建立组合对象时为对象提供初值的格式如下：

```
类名 对象名(实参表);
```

在建立对象时，调用组合类的构造函数；在调用组合类的构造函数时，先调用各个成员对象的构造函数，成员对象的初值从初始化列表中取得。这样，实际上是通过成员类的构造函数对成员对象进行初始化，初始化值在初始化表中提供。

使用初始化列表，将 p5_8.cpp 修改成 p5_8a.cpp，将其中的构造函数修改如下：

```
TrainTrip(char * TrainNo, int SH, int SM, int SS, int EH, int EM, int ES):
            EndTime(EH,EM,ES), StartTime(SH,SM,SS)
    {
        this->TrainNo = TrainNo;
    }
```

将定义组合对象的程序修改如下：

```
int main()
{
    Clock C3;                              //定义 Clock 类对象,存储结果
    TrainTrip T1("K16",8,10,10,6,1,2);    //定义 TrainTrip 对象
    C3 = T1.TripTime();
    C3.ShowTime();
    return 0;
}
```

程序运行结果与 p5_8.cpp 完全相同。

在建立对象 T1 时调用构造函数 TrainTrip()，由于建立对象 T1 要先建立 StartTime、EndTime 两个成员对象，因此分别通过 StartTime、EndTime 调用构造函数 Clock()，构造函数的参数从初始化列表中取得。在 StartTime、EndTime 构造完毕后，再执行 TrainTrip()余下的部分。在构造 StartTime、EndTime 时如果没有初始化列表，则分别调用默认形式的构造函数 Clock()。

☆**注意**：

初始化列表既不能决定是否调用成员对象的构造函数，也不能决定调用构造函数的顺序，成员对象的调用顺序由成员对象定义的顺序决定，初始化列表只是提供调用成员对象构造函数的参数。

对于 C++语言而言，类中的成员以其在类中声明的先后顺序依次构造，而不是根据构造函数初始化列表中成员对象构造函数声明的先后顺序来决定。如果构造函数中指定了一个特殊的构造顺序，那么析构函数将不得不去查询构造函数的定义，以获得如何对成员进行析构的顺序。由于构造函数和析构函数可以在不同的文件中定义，这就给编译器的实现者造成一个难

题,而且由于构造函数可以重载,因此一个类可以有两个或者更多的构造函数。对于这些构造函数的定义,程序设计者并不能保证它们中的所有成员对象声明的先后顺序都是一致的,所以C++语言只能依据类中成员对象的声明顺序决定成员对象的构造和析构顺序。

在上述初始化列表中,初始化 StartTime 与 EndTime 采用的是用 H、M、S 分别初始化成员对象的方法,也可以采用 Clock 对象整体初始化成员对象。将 p5_8a.cpp 修改成 p5_8b.cpp,对其中的构造函数修改如下:

```
TrainTrip(char * TrainNo, Clock S, Clock E): StartTime(S),EndTime(E)
        {
                this-> TrainNo = TrainNo;
        }
```

可采用与 p5_8.cpp 完全相同的方式定义组合对象,也可以将定义方式修改如下:

```
int main()
{
    Clock C3;                                        //定义 Clock 类对象,存储结果
    TrainTrip T1("K16",Clock(8,10,10),Clock(6,1,2)); //定义 TrainTrip 对象
    C3 = T1.TripTime();
    C3.ShowTime();
    return 0;
}
```

与 p5_8.cpp 相比,发现分别使用常量 Clock(8,10,10)、Clock(6,1,2)取代了 C1、C2 作为成员对象的初值。

3. 组合对象的构造函数

在定义一个组合类的对象时,不仅它自身的构造函数将被调用,还将调用其成员对象的构造函数,调用的先后顺序如下:

(1) 成员对象按照在其组合类的声明中出现的次序依次调用各自的构造函数,而不是按初始化列表中的顺序。如果建立组合类的成员对象时没有指定对象的初始值,则自动调用默认的构造函数。

(2) 组合类对象调用组合类构造函数。

(3) 调用析构函数,析构函数的调用顺序与构造函数正好相反。

p5_8a.cpp 的构造函数的调用顺序如下:

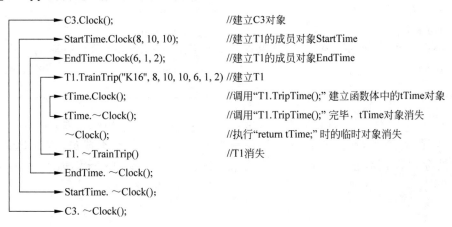

用对象初始化成员对象，在实参对象与形参结合时，函数返回对象时还会调用拷贝构造函数。程序 p5_8.cpp、p5_8a.cpp 和 p5_8b.cpp 的构造函数、拷贝构造函数、析构函数的详细调用过程留给读者作为练习。

4. 组合类成员对象的访问权限

组合类成员对象的成员有存取控制权限，成员对象作为组合类的成员后，又有存取控制权限。成员对象中的成员在组合类中的存取权限经过了两次限制，其最终权限见表 5-2。

表 5-2 各种成员对象在组合类中的访问控制属性

组 合 类	成 员 对 象		
	public	**protected**	**private**
public	public	不可访问	不可访问
protected	protected	不可访问	不可访问
private	private	不可访问	不可访问

例如：

```
1    class Clock {                           class Clock {
2        protected:                              public:
3            int H, M, S;                            int H, M, S;
4
5    };                                      };
6    class TrainTrip {                       class TrainTrip {
7        public:                                 public:
8            Clock StartTime;                        Clock StartTime;
9            Clock EndTime;                          Clock EndTime;
10           void ShowEndTime()                      void ShowEndTime()
11           {                                       {
12               cout << EndTime.H;  //错误             cout << EndTime.H;
13           }                                       }
14   };                                      };
15   int main()                             int main()
16   {                                      {
17     TrainTrip T;                           TrainTrip T;
18     cout << T.StartTime.H << endl;  //错误   cout << T.StartTime.H << endl;
19     return 0;                              return 0;
20   }                                      }
```

（1）程序第 12 行，在类外存取成员对象 EndTime 的 protected 成员，因此出错。

（2）程序第 18 行，在类外存取访问控制为 protected 的非本类成员，因此出错。将类 Clock 中的存取控制权限由 protected 改为 public，第 12 行、第 18 行均能通过编译，正确运行。

5.4 静 态 成 员

在一所大学中,每个学生都有自己独立拥有的私人生活空间,但在校园中,总有许多活动空间和场所,它们不属于某个学生所独享,而为所有学生所共享,例如大学生活动中心、操场、体育馆等公共设施。在 C++ 类的定义中,如何描述不为某个对象独享,而是为类的所有对象共享的数据?

一个类对象的 public 成员可被本类的其他对象存取,即可供所有对象使用,但是此类的每个对象各自拥有一份,不存在真正意义上的共享成员。所以,C++ 提供了静态成员,用于解决同一个类的不同对象之间数据成员和函数的共享问题。

静态成员的特点是不管这个类创建了多少个对象,其静态成员在内存中只保留一个副本,这个副本为该类的所有对象所共享。

类的静态成员有两种,即静态数据成员和静态函数成员,下面分别对它们进行讨论。

5.4.1 静态数据成员

在 C++ 程序中,类与对象的关系如同模具与铸件之间的关系,每个对象都称为类的实例,实例又意味着每个对象需要自己的存储空间,以保存它们自己的属性值,我们说同类的对象具有相同的属性和行为,是指各个对象属性的名称、个数、数据类型相同,而不是指每个对象的属性值都相同。这种属性在面向对象方法中称为**实例属性**(instance attribute)。

在面向对象方法中还有**类属性**(class attribute)的概念,类属性是描述类的所有对象的共同特征的一个数据项,对于任何对象实例,它的属性值是相同的,C++ 通过静态数据成员来实现类属性。

类的普通数据成员在类的每一个对象中都拥有一个副本,也就是说每个对象的同名数据成员可以分别存储不同的数值,这也是保证对象拥有自身区别于其他对象的特征的需要,属于实例属性。**静态数据成员**是类的数据成员的一种特例,采用 static 关键字来定义,属于类属性,每个类只有一个副本,由该类的所有对象共同维护和使用,从而实现了同类的不同对象之间的数据共享。

静态数据成员的定义分为两个必不可少的部分,即类内声明、类外初始化。

在类内,声明静态数据成员的格式如下:

```
static  数据类型  静态数据成员名;
```

在类外初始化的形式如下:

```
数据类型  类名::静态数据成员名 = 初始值;
```

在定义与使用静态数据成员时应注意以下几点:

(1) 静态数据成员的访问属性和普通数据成员一样,可以为 public、private 和 protected。

(2) 静态数据成员脱离具体对象而独立存在,其存储空间是独立分配的,不是任何对象存储空间的一部分,但逻辑上所有的对象都共享这一存储单元,所以对静态数据成员的任何操作都将影响共享这一存储单元的所有对象。

（3）静态数据成员是一种特殊的数据成员，它表示类属性，而不是某个对象单独的属性，它在程序开始时产生，在程序结束时消失。静态数据成员具有静态生存期。

（4）由于在类的定义中仅仅是对静态数据成员进行了引用性声明，因此必须在文件作用域的某个地方对静态数据成员进行定义并初始化，即应该在类体外对静态数据成员进行初始化（静态数据成员的初始化与它的访问控制权限无关）。

（5）在对静态数据成员初始化时前面不加 static 关键字，以免与一般静态变量或对象混淆。

（6）由于静态数据成员是类的成员，因此在初始化时必须使用类作用域运算符∷限定它所属的类。

例如，我们对某学校不同学生的特性进行抽象，找出共性设计一个学生类 Student。如果需要统计学生的总人数，可以在类外定义一个全局变量，但是类外的全局变量不受类存取控制的保护。因此可以将学生人数定义为静态成员，即学生类的类属性。设计的 Student 类如下：

```
class Student {
    private:
        char * Name;
        int No;
        static int countS;
    };
```

在类外对静态成员初始化如下：

```
int Student∷countS = 0;
```

除了在初始化时可以在类外通过类对静态成员赋初值外，在其他情况下对静态成员的存取规则与一般成员相同，即在类内可以任意存取，在类外通过类名与对象只能访问存取属性为 public 的成员。例如：

```
Student S1;
S1.countS++;                          //错误,countS 存取属性为 private
Student∷countS++;                     //错误
```

对静态数据成员的访问还可以通过类的成员函数进行。

5.4.2　静态成员函数

静态数据成员为类属性，在定义类后、建立对象前就存在。因此，在建立对象前不能通过成员函数存取静态数据成员。C++提供了静态成员函数，用来存取类的静态成员。**静态成员函数**是用关键字 static 声明的成员函数，它属于整个类而不属于类中的某个对象，是该类的所有对象共享的成员函数。

静态成员函数可以在类体内定义，也可以在类内声明为 static，在类外定义。当在类外定义时，不能再使用 static 关键字作为前缀。

静态函数成员的调用形式有以下两种。

1. 通过类名调用静态成员函数

静态成员函数为类的全体对象而不是部分对象服务，与类相联系而不与类的对象联系，因此访问静态成员函数时可以直接使用类名。其格式如下：

> 类名::静态成员函数;

通过类名访问静态成员函数同样受静态成员函数访问权限的控制。

2. 通过对象调用静态成员函数

其格式如下:

> 对象.静态成员函数;

在通过对象调用静态成员函数时应注意下面几点:

(1) 通过对象访问静态成员函数的前提条件为对象已经建立。

(2) 静态成员函数的访问权限和普通成员函数一样。

(3) 静态成员函数也可以省略参数、使用默认形参值以及进行重载。

静态成员函数和普通成员函数在使用上还有以下区别:

(1) 由于静态成员函数在类中只有一个拷贝(副本),因此它访问对象的成员时要受到一些限制,即静态成员函数可以直接访问类中说明的静态成员,但不能直接访问类中的非静态成员。若要访问非静态成员,必须通过参数传递的方式得到相应的对象,再通过对象访问。

(2) 由于静态成员是独立于类对象存在的,因此静态成员没有 this 指针。

【例 5-9】 使用静态成员维护内存中 Student 类对象的个数(对象计数器)。

分析:为了维护内存中 Student 类对象的个数,除了定义一个静态数据成员存储类对象个数外,还要在所有可能建立对象、删除对象的场合记载对对象个数的修改。

不管是以什么方式建立对象,都要调用构造函数或拷贝构造函数,因此在构造函数和拷贝构造函数中将对象计数器加1。对象消失、删除对象时要调用析构函数,在析构函数中将对象计数器减1。

```
1   /*******************************************
2    *   程序名: p5_9.cpp                         *
3    *   功   能: 含有对象计数器的学生类            *
4    ******************************************* /
5   # include < iostream >
6   using namespace std;
7   class Student {
8       private:
9           char * Name;
10          int No;
11          static int countS;
12      public:
13          static int GetCount()
14      {
15          return countS;
16      }
17      Student(char *  = "", int = 0);
18      Student(Student &);
19      ~Student();
20   };
```

```
21    Student::Student(char * Name, int No)
22    {
23        this -> Name = new char [strlen(Name) + 1];
24        strcpy(this -> Name, Name);
25        this -> No = No;
26        ++countS;
27        cout <<"constructing:"<< Name << endl;
28    }
29    Student::Student(Student & r)
30    {
31        Name = new char [strlen(r.Name) + 1];
32        strcpy(Name, r.Name);
33        No = r.No;
34        ++countS;
35        cout <<"copy constructing:"<< r.Name << endl;
36    }
37    Student::~Student()
38    {
39        cout <<"destructing:"<< Name << endl;
40        delete [] Name;
41        -- countS;
42    }
43    int Student::countS = 0;
44    int main()
45    {
46        cout << Student::GetCount()<< endl;        //使用类调用静态成员函数
47        Student s1("Antony");                      //建立一个新对象
48        cout << s1.GetCount()<< endl;              //通过对象调用静态成员函数
49        Student s2(s1);                            //利用已有对象建立一个新对象
50        cout << s1.GetCount()<< endl;
51        Student S3[2];                             //建立一个对象数组
52        cout << Student::GetCount()<< endl;
53        Student * s4 = new Student[3];             //建立一个动态对象数组
54        cout << Student::GetCount()<< endl;
55        delete [] s4;                              //删除动态对象数组
56        cout << Student::GetCount()<< endl;
57        return 0;
58    }
```

运行结果：

```
0
constructing:Antony
1
copy constructing:Antony
2
constructing:
constructing:
4
constructing:
constructing:
constructing:
```

```
7
destructing:
destructing:
destructing:
4
destructing:
destructing:
destructing:Antony
destructing:Antony
```

程序解释：

（1）第 46 行，此时还没有任何对象建立，因此只能通过类调用静态成员函数返回对象数目。

（2）第 49 行，用已存在的对象初始化新建立的对象，此时调用拷贝构造函数。

（3）第 51 行，建立对象数组，元素个数为 2，调用两次构造函数，对象计数器值加 2。

（4）第 53 行，建立动态对象数组，元素个数为 3，调用 3 次构造函数，对象计数器值加 3。

（5）第 55 行，释放动态对象数组，调用 3 次析构函数，对象计数器值减 3。

5.5 友 元

类具有封装性和隐蔽性，只有类的函数成员才能访问类的私有成员，程序中的其他函数是无法访问类的私有成员的，对象的这种数据封装和数据隐藏使得类的对象和外界像被一堵不透明的墙隔开，有些时候，类的这种特性给程序设计增加了负担，它要求程序设计者必须确保每个类都能够提供足够的成员函数对所有可能遇到的访问请求进行处理。而且，某些成员函数频繁调用时，由于函数参数的传递、C++ 严格的类型检查和安全性检查将带来时间上的开销，从而影响程序的运行效率。

但是，将类的成员访问控制属性设计为 public 类型，这样类的非成员函数就可以访问类的成员，如此一来，就破坏了类封装性和隐蔽性，失去了 C++ 最基本的优点。

由此可见，数据隐藏给不同类和对象的成员函数之间、类的成员函数和类外的一般函数之间进行属性共享带来障碍，必须寻求一种方法使得类外的对象能够访问类中的私有成员，提高程序的效率。为了解决这个问题，C++ 提出了使用友元作为实现这一要求的辅助手段，C++ 中的友元为类的封装、隐藏这堵不透明的墙开了一个小小的孔，外界可以通过这个小孔窥视类内部的一些属性，只要将外界的某个对象说明为某一个类的友元，那么这个外界对象就可以访问这个类对象中的私有成员。

友元不是类的成员，但它可以访问类的任何成员。声明为友元的外界对象既可以是另一个类的成员函数，也可以是不属于任何类的一般函数，称为**友元函数**。友元也可以是整个的一个类，称为友元类。

5.5.1 友元函数

友元函数是在类定义中由关键字 friend 修饰的非成员函数。其格式如下：

```
friend 返回类型 函数名(形参表)
{
…    //函数体
}
```

从定义语法上看，友元函数的定义与成员函数一样，只是在类中用关键字 friend 予以说明。但友元函数是一个普通的函数，它不是本类的成员函数，因此在调用时不能通过对象调用。

友元函数也可以在类内声明，在类外定义，但在类外定义时不得指出函数所属的类。

友元函数对类成员的存取和成员函数一样，可以直接存取类的任何存取控制属性的成员；可通过对象存取形参、函数体中该类类型对象的所有成员。

private、protected、public 访问权限与友员函数的声明无关，因此原则上友元函数声明可以放在类体中的任意部分，但为了使程序清晰，一般放在类体的后面。

下面举例说明友元函数的应用。

【例 5-10】 使用友元函数计算某次火车的旅途时间。

分析：为了简化问题，分别用两个 Clock 类对象表示某次火车的出发时间、到达时间。假定火车均在 24 小时内到达，旅途时间为到达时间减去出发时间。

```
1    /******************************************
2    *   程序名: p5_10.cpp                        *
3    *   功  能:计算火车旅途时间的友元函数          *
4    ****************************************** /
5    # include < iostream >
6    using namespace std;
7    class Clock {
8        private:
9            int H, M, S;
10       public:
11           void ShowTime()
12           {
13               cout << H <<":"<< M <<":"<< S << endl;
14           }
15           void SetTime(int H = 0, int M = 0, int S = 0)
16           {
17               this - > H = H, this - > M = M, this - > S = S;
18           }
19           Clock(int H = 0, int M = 0, int S = 0)
20           {
21               this - > H = H, this - > M = M, this - > S = S;
22           }
23           friend Clock TripTime(Clock & StartTime, Clock & EndTime);
24   };
25   Clock TripTime(Clock & StartTime, Clock & EndTime)
26   {
27       int tH, tM, tS;                          //临时存储小时、分、秒数
28       int carry = 0;                           //借位
29       Clock tTime;                             //临时存储时间
```

```
30        (tS = EndTime.S - StartTime.S)> 0?carry = 0:tS += 60, carry = 1;
31        (tM = EndTime.M - StartTime.M - carry)> 0?carry = 0:tM += 60, carry = 1;
32        (tH = EndTime.H - StartTime.H - carry)> 0?carry = 0:tH += 24;
33        tTime.SetTime(tH, tM, tS);
34        return tTime;
35    }
36    int main()
37    {
38        Clock C1(8,10,10), C2(6,1,2);            //定义 Clock 类的对象
39        Clock C3;                                //定义 Clock 类对象,存储结果
40        C3 = TripTime(C1, C2);
41        C3.ShowTime();
42        return 0;
43    }
```

运行结果:

```
21:50:52
```

程序解释:

(1) 第 25 行,定义友元函数,如果前面加上 Clock::是错误的。

(2) 第 40 行,调用友元函数,如果通过对象调用 C1.TripTime()是错误的。

在本例中,在 Clock 类体中设计了一个友元函数 TripTime(),它不是类的成员函数。但是,我们可以看到友元函数中通过对象名 StartTime 和 EndTime 直接访问了它们的私有数据成员 StartTime.H、StartTime.M、StartTime.S,这就是友元的关键所在。

使用友元成员的好处是两个类可以以某种方式相互合作、协同工作,共同完成某一个任务。

5.5.2 友元类

友元除了可以是函数外,还可以是类,如果一个类声明为另一个类的友元,则该类称为另一个类的**友元类**。若 A 类为 B 类的友元类,则 A 类的所有成员函数都是 B 类的友元函数,都可以访问 B 类的任何数据成员。

友元类的声明是在类名之前加上关键字 friend 实现的。声明 A 类为 B 类的友元类的格式如下:

```
class B {
...
friend class A;
};
```

这里要注意一个问题,在声明 A 类为 B 类的友元类时,A 类必须已经存在,但是如果 A 类又将 B 类声明为自己的友元类,又会出现 B 类不存在的错误。

显然,当遇到两个类相互引用的情况时,必然有一个类在定义之前就被引用,那么怎么办呢?对此,C++专门规定了**前向引用声明**,用于解决这类问题。前向引用声明是在引用未定义的类之前对该类进行声明,它只是为程序引入一个代表该类的标识符,类的具体定义可以在程

序的其他地方进行。

例如下面的情况，类 A 的成员函数 funA() 的形式参数是类 B 的对象，同时类 B 的成员函数 funB() 以类 A 的对象为形参，这时就必须使用前向引用声明：

```
class  B;                                    //前向引用声明
class  A  {                                  //A 类的定义
    public:                                  //外部接口
      void funA(B  b);                       //以 B 类对象 b 为形参的成员函数
};
class  B  {                                  //B 类的定义
    public:                                  //外部接口
      void funB(A  a);                       //以 A 类对象 a 为形参的成员函数
};
```

【例 5-11】 使用友元类计算某次火车的旅途时间。

分析：在 p5_8.cpp 中，定义了一个组合类 TrainTrip，组合了 Clock 类对象表示某次火车的出发时间、到达时间。但是，TrainTrip 中的成员函数无法直接存取出发时间、到达时间中的访问控制为 private 的 H、M、S。如果将 TrainTrip 定义为 Clock 的友元类，则 TrainTrip 中的成员函数可以直接存取出发时间、到达时间中的数据成员。

```
1   /*************************************************
2    *   程序名: p5_11.cpp                          *
3    *   功  能: 计算火车旅途时间的友元类           *
4    *************************************************/
5   # include < iostream >
6   using namespace std;
7   class TrainTrip;                              //前向引用声明
8   class Clock {
9       private:
10          int H, M, S;
11      public:
12          void ShowTime()
13          {
14            cout << H <<":"<< M <<":"<< S << endl;
15          }
16          void SetTime(int H = 0, int M = 0, int S = 0)
17          {
18              this -> H = H, this -> M = M, this -> S = S;
19          }

20          Clock(int H = 0, int M = 0, int S = 0)
21          {
22              this -> H = H, this -> M = M, this -> S = S;
23          }
24          friend class TrainTrip;
25      };
26  class TrainTrip {
27      private:
28          char * TrainNo;                       //车次
29          Clock StartTime;                      //出发时间
30          Clock EndTime;                        //到达时间
31      public:
```

```
32          TrainTrip(char * TrainNo, Clock S, Clock E)
33          {
34              this -> TrainNo = TrainNo;
35              StartTime = S;
36              EndTime = E;
37          }
38      Clock TripTime()
39          {
40              int tH, tM, tS;                              //临时存储小时、分、秒数
41              int carry = 0;                               //借位
42              Clock tTime;                                 //临时存储时间
43              (tS = EndTime.S - StartTime.S) > 0?carry = 0:tS += 60, carry = 1;
44              (tM = EndTime.M - StartTime.M - carry) > 0?carry = 0:tM += 60, carry = 1;
45              (tH = EndTime.H - StartTime.H - carry) > 0?carry = 0:tH += 24;
46              tTime.SetTime(tH, tM, tS);
47              return tTime;
48          }
49  };
50  int main()
51  {
52      Clock C1(8, 10, 10), C2(6, 1, 2);                   //定义 Clock 类的对象
53      Clock C3;                                           //定义 Clock 类对象,存储结果
54      TrainTrip T1("K16", C1, C2);                        //定义 TrainTrip 对象
55      C3 = T1.TripTime();
56      C3.ShowTime();
57      return 0;
58  }
```

运行结果：

```
21:50:52
```

友元关系具有以下性质：

（1）友元关系是不能传递的，B 类是 A 类的友元，C 类是 B 类的友元，在 C 类和 A 类之间，如果没有声明，就没有任何友元关系，就不能进行数据共享。

（2）友元关系是单向的，如果声明 B 类是 A 类的友元，B 类的成员函数就可以访问 A 类的私有和保护数据，但 A 类的成员函数不能访问 B 类的私有和保护数据。

友元概念的引入提高了数据的共享性，加强了函数与函数之间、类与类之间的相互联系，大大提高了程序的效率，这是友元的优点，但友元也破坏了数据隐蔽和数据封装，导致程序的可维护性变差，给程序的重用和扩充埋下了深深的隐患，这是友元的缺点。

因此，在使用友元时必须慎重，要具体问题具体分析，要在提高效率和增加共享之间把握好一个"度"，要在共享和封装之间进行恰当的平衡。

5.6　常成员与常对象

由于常量是不可改变的，因此我们将"常"广泛用在 C++ 中表示不可改变的量，例如前面讲的常变量。不仅变量可以定义为常变量，函数的形参、类的成员、对象也可以使用 const 定义为"常"，以便对实参、类成员、类进行保护。

5.6.1 函数实参的保护

函数的形参如果用 const 修饰，在函数体中该形参为只读变量，在函数体中不能对该形参变量进行修改。

如果形参变量是一个基本类型的变量，实参采用传值方式进行参数传递，无论在函数体中是否对形参变量进行了修改，都不会影响到实参。此时，const 修饰形参的意义仅仅表明该形参是一个读入值，在函数体内没有对其进行修改。

但是，如果形参变量是指针型或引用型，参数传递是传地址与"传名"方式，函数体对实参的修改会影响到实参，为了对实参进行保护，需要用 const 对实参进行修饰。C++中大量系统函数的形参均用 const 进行修饰。例如

```
int atoi( const char * str );                 //将数字串转换成整数
char * strcpy( char * to, const char * from );
                                              //将源字符串 from 复制到目标串 to 中,保护源串 from
string& insert( size_type index, const string& str );
                                              //在当前串的 index 位置插入串 str, 保护串 str
```

在自己设计的程序中，要养成将只读形参用 const 修饰的习惯。一方面保护实参，避免错误，使程序健壮；另一方面，增强程序的可读性。

5.6.2 常对象

在程序中，我们有时候不允许修改某些特定的对象。如果某个对象不允许被修改，则称该对象为**常对象**。在 C++中用关键字 const 来定义常对象。

C++编译器对常对象（const 对象）的使用是极为苛刻的，它不允许常对象调用任何类的成员函数，而且常对象一经定义，在其生存期内不允许改变，否则将导致编译错误。

常对象的定义格式如下：

```
    类型   const   对象名;
或
    const  类型   对象名;
```

例如：

```
Clock const C1(9,9,9);
```

这里，我们就建立类 Clock 的一个 const 对象，并初始化该对象，该对象在程序运行过程中不能被修改。

既然 const 对象不能被任何对象修改，那么它又能否被其他对象访问呢？

C++规定只有类的常成员函数（const 成员函数）才能访问该类的常对象，当然，const 成员函数依然不允许修改常对象。

下列程序段演示了常对象的使用。

```
int main()
{
    const  Clock   C1(9,9,9);                  //定义常对象 C1
    Clock  const   C2(10,10,10);               //定义常对象 C2
```

```
        Clock   C3(11,11,11);
    //C1 = C3;                                //错误!C1 为常对象,不能被赋值
    //C1.ShowTime();                          //错误!C1 为常对象,不能访问非常成员函数
        C3. ShowTime();
    //C1.SetTime(0,0,0);                       //错误!C1 为常对象,不能被更新
        return 0;
}
```

程序运行说明:

(1) const 对象不能被赋值,所以必须在定义时由构造函数初始化;

(2) const 对象不能访问非常成员函数,只能访问常成员函数。

若将成员函数改为常成员函数,如下所示:

```
void ShowTime() const
{   cout << H <<":"<< M <<":"<< S << endl;}
```

则 const 对象 C1 能访问常成员函数 ShowTime()。

5.6.3　常数据成员

const 也可以用来限定类的数据成员和成员函数,分别称为类的**常数据成员**和**常成员函数**。在 C++中,常对象、常数据成员、常成员函数的访问和调用各有特别之处。

使用 const 说明的数据成员称为常数据成员。常数据成员的定义与一般常变量的定义方式相同,只是它的定义必须出现在类体中。

常数据成员同样必须进行初始化,并且不能被更新,但常数据成员的初始化只能通过构造函数的初始化列表进行。

常数据成员定义的格式如下:

> 数据类型　const　数据成员名;
>
> 或
>
> const 数据类型　数据成员名;

【例 5-12】　演示常数据成员的使用。

```
1    /******************************************
2     *    程序名:p5_12.cpp                      *
3     *    功  能:演示常数据成员的使用             *
4     ****************************************** /
5    # include < iostream >
6    using namespace std;
7    class A {
8    private:
9        const int& r;                   //常引用数据成员
10       const int a;                    //常数据成员
11       static const int b;             //静态常数据成员
12   public:
13       A(int i):a(i),r(a)              //常数据成员只能通过初始化列表获得初值
14       {
15           cout <<"constructor!"<< endl;
```

```
16          }
17          void display()
18          {
19              cout << a <<","<< b <<","<< r << endl;
20          }
21      };
22      const int A::b = 3;                            //静态常数据成员在类外说明和初始化
23      int main()
24      {   A a1(1);
25          a1.display();
26          A a2(2);
27          a2.display();
28          return 0;
29      }
```

运行结果：

```
constructor!
1,3,1
constructor!
2,3,2
```

程序分析：

程序中定义了 3 个常数据成员，分别为常数据成员 a、静态常数据成员 b 以及常引用数据成员 r，对于静态常数据成员 b 在类外初始化其值为 3，对于常数据成员 a 和常引用数据成员 r 则通过构造函数采用初始化列表予以初始化其值。

5.6.4 常成员函数

在定义时使用 const 关键字修饰的用于访问类的常对象的函数称为**常成员函数**。常成员函数的说明格式如下：

> 返回类型 成员函数名 (参数表) const;

在定义和使用常成员函数时要注意下面几点：

（1）const 是函数类型的一个组成部分，因此在函数实现部分也要带有 const 关键字。

（2）常成员函数不能更新对象的数据成员，也不能调用该类中没有用 const 修饰的成员函数。

（3）常对象只能调用它的常成员函数，不能调用其他成员函数，这是 C++ 从语法机制上对常对象的保护，也是常对象唯一的对外接口方式。

成员函数与对象之间的操作关系如表 5-3 所示。

表 5-3 成员函数与对象之间的操作关系

函数＼对象	常 对 象	一 般 对 象
常成员函数	√	√
一般成员函数	×	√

（4）const 关键字可以用于参与重载函数的区分。例如：

```
void Print();
void Print() const;
```

这两个函数可以用于重载。重载的原则是，常对象调用常成员函数，一般对象调用一般成员函数。

例如：我们可以定义一个日期类 Date，通过常成员函数读出年、月、日。

```
class Date
{
    private:
        int   Y, M, D;
    public:
        int year() const;
        int month() const;
        int day() const     {return D;     };
        int day(){return D++;}
        int AddYear(int i)  {return Y + i;   };
};
```

有下列容易出现的错误：

```
① int Date::month()                    //错误：常成员函数的实现不能缺少 const
   {
        return M;
   }

② int Date::year()const
   {
        //return Y++;                   //错误：常成员函数不能更新类的数据成员
        return Y;
   }

③ Date const d1;
   //int j = d1.AddYear(10);           //错误：常对象不能调用非常成员函数
   int j = d1. year();                 //正确

④ Date d2;
   int i = d2.year();                  //正确,非常对象可以调用常成员函数
   d2.day();                           //正确,非常对象可以调用非常成员函数
```

常对象和常成员概念的建立明确规定了程序中各种对象的变与不变的界线，从而进一步增强了 C++程序的安全性和可控性。

5.7　对象的内存分布

类只是一个型，除了静态数据成员外，在没有实例化成对象前不占任何内存。类的静态数据成员与全局对象（变量）一样，在数据段中分配内存。

5.7.1　对象的内存空间的分配

当类被实例化成对象后，不同类别的对象占据不同类型的内存，其规律与普通变量相同：

（1）建立的全局对象占有数据段的内存。

（2）建立的局部对象内存分配在栈中。

（3）函数调用时为实参建立的临时对象内存分配在栈中。

（4）使用动态内存分配语句 new 建立的动态对象内存在堆中分配。

虽然我们说类（对象）是由数据成员和成员函数组成的，但是程序运行时，系统只为各对象的数据成员分配单独的内存空间，该类的所有对象共享类的成员函数定义以及为成员函数分配的空间。对象的内存空间分配有下列规则：

（1）对象的数据成员与成员函数占据不同的内存空间，数据成员的内存空间与对象的存储类别相关，成员函数的内存空间在代码段中。

（2）一个类所有对象的数据成员拥有各自的内存空间。

（3）一个类所有对象的成员函数为该类的所有对象共享，在内存中只有一个副本。

5.7.2 对象的内存空间的释放

随着对象的生命周期的结束，对象所占的空间会释放，各类对象内存空间释放的时间和方法如下：

（1）全局对象数据成员占有的内存空间在程序结束时释放。

（2）局部对象与实参对象数据成员的内存空间在函数调用结束时释放。

（3）动态对象数据成员的内存空间要使用 delete 语句释放。

（4）对象的成员函数的内存空间在该类的所有对象生命周期结束时自动释放。

本 章 小 结

（1）在面向对象的程序设计中，程序模块是由类构成的。类是对逻辑上相关的函数与数据的封装，它是对问题的抽象描述。

（2）类中有数据成员与成员函数，成员的访问控制属性有 private、protected、public。在类内可以访问所有控制属性的成员，在类外通过对象只能访问控制属性为 public 的成员。

（3）类是"型"，是"虚"的，不占内存，在使用类建立对象后，对象是"实"的，占有内存空间。

（4）在建立对象时调用构造函数初始化对象的数据成员，一个类提供默认的构造函数与默认的拷贝构造函数。默认的构造函数是空的，默认的拷贝构造函数的内容为浅拷贝语句。在对象消失时会调用析构函数。构造函数与析构函数都可以重新定义。

（5）在默认的拷贝构造函数中，拷贝的策略是直接将原对象的数据成员值依次拷贝给新对象中对应的数据成员，这种方式为浅拷贝。深拷贝能将原对象指针指向的内容拷贝给新对象中。

（6）建立对象指针、对象引用均没有建立对象，所以此时不调用构造函数。通过对象指针使用对象的成员要用操作符->，通过对象引用使用对象的成员要用操作符。

（7）对象数组是以对象为元素的数组，对象数组的定义、赋值、引用与普通数组一样，建立一个对象数组相当于建立了多个对象，因此多次调用构造函数。对象数组的初始化需要使用构造函数完成。

（8）建立动态对象使用语句 new，动态对象一定要用语句 delete 删除。建立动态对象数组使用语句 new[]，删除动态对象数组使用语句 delete[]。

(9) this 指针是一个系统预定义的指向当前对象的指针,通过 this 指针可以访问对象的成员。

(10) 组合类是含有类对象的类,组合类对象称为组合对象。在定义组合对象时调用构造函数的顺序为类中成员对象定义的顺序,子对象在构造时初始值通过组合类构造函数的成员对象初始化表提供。

(11) 静态数据成员是类的数据成员,独立于类存在,在类内定义,在类外初始化。静态成员函数属于整个类,是该类的所有对象共享的成员函数,可通过类名、对象调用静态成员函数访问静态函数成员。

(12) 友元函数不是类的成员,但它可以访问类的任何成员。一个类的友元类可以访问该类的任何成员。

(13) 使用关键字 const 定义的对象称为常对象,常对象的成员不允许被修改。使用 const 定义的数据成员称为常数据成员,常数据成员不能被更新。在定义时使用 const 关键字修饰的成员函数称为常成员函数,用于访问类的常对象。

(14) 各类对象在内存中的分布以及生命周期与普通变量一样,一个类的所有对象共有该类的成员函数,独享各自的数据成员。

习 题 5

1. 填空题

(1) 类的_____只能被该类的成员函数或友元函数访问。

(2) 类的数据成员不能在定义的时候初始化,而应该通过_____初始化。

(3) 类成员默认的访问方式是_____。

(4) 类的_____是该类给外界提供的接口。

(5) 类的_____可以被类作用域内的任何对象访问。

(6) 为了能够访问某个类的私有成员,必须在该类中声明该类的_____。

(7) _____为该类的所有对象共享。

(8) 每个对象都有一个指向自身的指针,称为_____指针,通过使用它来确定其自身的地址。

(9) 运算符_____自动建立一个大小合适的对象并返回一个具有正确类型的指针。

(10) C++禁止_____访问 const 对象。

(11) 在定义类的动态对象数组时,系统自动调用该类的_____函数对其进行初始化。

(12) C++中语句"_____ p＝"hello";"所定义的指针 p 和它所指的内容都不能被改变。

(13) 假定 AB 为一个类,则语句"_____"为该类拷贝构造函数的原型说明。

(14) 在 C++中,访问一个对象的成员所用的运算符是_____,访问一个指针所指向对象的成员所用的运算符是_____。

(15) 析构函数在对象的_____时被自动调用,全局对象和静态对象的析构函数在_____调用。

(16) 设 p 是指向一个类动态对象的指针变量,则执行"delete p;"语句时将自动调用该类的_____。

2. 选择题

(1) 数据封装就是将一组数据和与这组数据有关的操作组装在一起，形成一个实体，这个实体也就是(   )。

  A. 类   B. 对象   C. 函数体   D. 数据块

(2) 类的实例化是指(   )。

  A. 定义类   B. 创建类的对象 C. 指明具体类 D. 调用类的成员

(3) 已知 p 是一个指向类 Sample 数据成员 m 的指针，s 是类 Sample 中的一个对象。如果要给 m 赋值为 5，正确的是(   )。

  A. s. p＝5;   B. s－＞p＝5; C. s. * p＝5; D. * s. p＝5;

(4) 关于类和对象的说法不正确的是(   )。

  A. 对象是类的一个实例

  B. 一个类只能有一个对象

  C. 一个对象只能属于一个具体的类

  D. 类与对象的关系和数据类型与变量的关系是相似的

(5) 下列说法错误的是(   )。

  A. 封装是将一组数据和这组数据有关的操作组装在一起

  B. 封装使对象之间不需要确定的接口

  C. 封装要求对象具有明确的功能

  D. 封装使得一个对象可以像一个部件一样用在各种程序中

(6) 下面说法正确的是(   )。

  A. 内联函数在运行时是将该函数的目标代码插入每个调用该函数的地方

  B. 内联函数在编译时是将该函数的目标代码插入每个调用该函数的地方

  C. 类的内联函数只能在类体内定义

  D. 类的内联函数只能在类体外通过加关键字 inline 定义

(7) 下列说法正确的是(   )。

  A. 类定义中只能说明函数成员的函数头，不能定义函数体

  B. 类中的函数成员可以在类体中定义，也可以在类体之外定义

  C. 类中的函数成员在类体之外定义时必须要与类声明在同一个文件中

  D. 在类体之外定义的函数成员不能操作该类的私有数据成员

(8) 下面关于对象概念的描述错误的是(   )。

  A. 对象就是 C 语言中的结构体变量

  B. 对象代表着正在创建的系统中的一个实体

  C. 对象是一个状态和操作(或方法)的封装体

  D. 对象之间的信息传递是通过消息进行的

(9) 在建立类的对象时(   )。

  A. 为每个对象分配用于保存数据成员的内存

  B. 为每个对象分配用于保存函数成员的内存

  C. 为所有对象的数据成员和函数成员分配一个共享的内存

  D. 为每个对象的数据成员和函数成员同时分配不同内存

（10）有以下类定义：

```
class SAMPLE
{
    int n;
  public:
    SAMPLE( int i = 0 ):n(i){}
    void setValue( int n0 );
};
```

下列关于 setValue 成员函数的实现正确的是（　　）。

    A. SAMPLE∷setValue(int n0){n＝n0;}

    B. void SAMPLE∷setValue(int n0){n＝n0;}

    C. void setValue(int n0){n＝n0;}

    D. setValue(int n0){n＝n0;}

（11）在下面的类定义中，错误的语句是（　　）。

```
class sample
{
  public:
    sample(int val);        //①
    ～sample();             //②
  private:
    int a = 2.5;            //③
    sample();               //④
}
```

    A. ①②③④　　　　B. ②　　　　　　C. ③④　　　　　D. ①②③

（12）对于任意一个类，析构函数的个数最多为（　　）。

    A. 0　　　　　　　B. 1　　　　　　　C. 2　　　　　　　D. 3

（13）类的构造函数被自动调用执行的情况是在定义该类的（　　）时。

    A. 成员函数　　　B. 数据成员　　　C. 对象　　　　　D. 友元函数

（14）有关构造函数的说法不正确的是（　　）。

    A. 构造函数的名字和类的名字一样

    B. 构造函数在声明类变量时自动执行

    C. 构造函数无任何函数类型

    D. 构造函数有且只有一个

（15）（　　）是析构函数的特征。

    A. 一个类中只能定义一个析构函数

    B. 析构函数名与类名没任何关系

    C. 析构函数的定义只能在类体内

    D. 析构函数可以有一个或多个参数

（16）下列（　　）不是构造函数的特征。

    A. 构造函数的函数名和类名相同

    B. 构造函数可以重载

    C. 构造函数可以设置默认参数

D. 构造函数必须指定类型说明

(17) 在下列函数原型中，可以作为类 AA 构造函数的是(　　)。

    A. void AA(int);　　B. int AA();　　　C. AA(int)const;　　D. AA(int);

(18) 下列关于成员函数特征的描述，(　　)是错误的。

    A. 成员函数一定是内联函数

    B. 成员函数可以重载

    C. 成员函数可以设置参数的默认值

    D. 成员函数可以是静态的

(19) 不属于成员函数的是(　　)。

    A. 静态成员函数　　B. 友元函数　　　C. 构造函数　　　D. 析构函数

(20) 已知类 A 是类 B 的友元，类 B 是类 C 的友元，则(　　)。

    A. 类 A 一定是类 C 的友元

    B. 类 C 一定是类 A 的友元

    C. 类 C 的成员函数可以访问类 B 的对象的任何成员

    D. 类 A 的成员函数可以访问类 B 的对象的任何成员

(21) 关于动态存储分配，下列说法正确的是(　　)。

    A. new 和 delete 是 C++ 中用于动态内存分配和释放的函数

    B. 动态分配的内存空间也可以被初始化

    C. 当系统内存不够时，会自动回收不再使用的内存单元，因此程序中不必用 delete 释放内存空间

    D. 当动态分配内存失败时，系统会立刻崩溃，因此一定用慎用 new

(22) 静态成员函数没有(　　)。

    A. 返回值　　　　B. this 指针　　　C. 指针参数　　　D. 返回类型

(23) 有以下类定义：

```
class Foo { int bar; };
```

则 Foo 类的成员 bar 是(　　)。

    A. 公有数据成员　　B. 公有成员函数　　C. 私有数据成员　　D. 私有成员函数

(24) 下列关于 this 指针的叙述正确的是(　　)。

    A. 任何与类相关的函数都有 this 指针

    B. 类的成员函数都有 this 指针

    C. 类的友元函数都有 this 指针

    D. 类的非静态成员函数才有 this 指针

(25) 下列程序的执行结果是(　　)。

```
# include < iostream >
using namespace std;
class Test {
public:
    Test()    { n += 2; }
    ~Test()   { n -= 3; }
    static int getNum() { return n; }
private:
```

```
        static int n;
};
int Test::n = 1;
int main()
{
    Test * p = new Test;
    delete p;
    cout << "n = " << Test::getNum() << endl;
 return 0;
}
```

  A. $n=0$ B. $n=1$ C. $n=2$ D. $n=3$

（26）下列程序执行后的输出结果是（　　）。

```
# include < iostream >
using namespace std;
class AA{
    int n;
public:
    AA(int k):n(k){}
    int get(){ return n;}
    int get()const{ return n + 1;}
};
int main()
{
    AA a(5);
    const AA b(6);
    cout << a.get()<< b.get();
    return 0;
}
```

  A. 55   B. 57   C. 75   D. 77

（27）由于常对象不能被更新，因此（　　）。

  A. 通过常对象只能调用它的常成员函数

  B. 通过常对象只能调用静态成员函数

  C. 常对象的成员都是常成员

  D. 通过常对象可以调用任何不改变对象值的成员函数

（28）有以下类定义：

```
class AA
{
    int a;
public:
    int getRef()const{return &a;}               //①
    int getValue()const{return a;}              //②
    void set(int n)const{a = n;}                //③
    friend void show(AA aa)const{cout << a;}    //④
};
```

其中的 4 个函数定义中正确的是（　　）。

  A. ①   B. ②   C. ③   D. ④

（29）有以下类定义：

```
class Point
    {
    int x_,y_;
public:
    Point():x_(0),y_(0){}
    Point(int x,int y = 0):x_(x),y_(y){}
};
```

若执行语句：

```
Point a(2),b[3], * c[4];
```

则 Point 类的构造函数被调用的次数是（   ）。

     A. 2 次   B. 3 次   C. 4 次   D. 5 次

（30）有以下类定义：

```
class Test
{
  public:
      Test(){a = 0;c = 0;}                 //①
      int f(int a)const{ this - > a = a;}  //②
      static int g(){ return a;}           //③
      void h(int b){Test::b = b;};         //④
  private:
          int a;
          static int b;
          const int c;
};
int Test::b = 0;
```

在标注号码的行中，能被正确编译的是（   ）。

     A. ①   B. ②   C. ③   D. ④

（31）若有以下类声明：

```
class MyClass
{
 public:
    MyClass(){  cout << 1;     }
};
```

执行下列语句：

```
MyClass a,b[2], * P[2];
```

程序的输出结果是（   ）。

     A. 11   B. 111   C. 1111   D. 11111

（32）有以下程序：

```
# include < iostream >
using namespace std;
class A
{
```

```
public:
    static int a;
    void init(){a = 1;}
    A(int a = 2)
    {
        init();
        a++;
    }
};
int A::a = 0;
A obj;
int main()
{
    cout << obj.a;
    return 0;
}
```

运行时输出的结果是(　　)。

    A. 0 　　　　　　B. 1 　　　　　　C. 2 　　　　　　D. 3

(33) 有以下程序：

```
#include < iostream >
using namespace std;
class MyClass
{
  public:
    MyClass(){cout <<"A";}
    MyClass(char c)
    { cout << c; }
~MyClass(){cout <<"B";}
};
int main()
{
    MyClass p1, * p2;
    p2 = new MyClass('X');
    delete p2;
    return 0;
}
```

执行这个程序，计算机屏幕上将显示输出(　　)。

    A. ABX 　　　　　B. ABXB 　　　　C. AXB 　　　　　D. AXBB

3. 简答题

(1) C++中的空类默认产生哪些类成员函数？

(2) 类和数据类型有何关联？

(3) 类和对象的内存分配关系如何？

(4) 什么是浅拷贝？什么是深拷贝？二者有何异同？

(5) 什么是 this 指针？它的作用是什么？

(6) C++中的静态成员有何作用？它有何特点？

(7) 友元关系有何性质？

(8) 在 C++程序设计中,友元关系有什么优点和缺点?

(9) 如何实现不同对象的内存空间的分配和释放?

4. 程序填空题

(1) 在下面横线处填上适当字句,完成类中成员函数的定义。

```
class A{
    int * a;
    public:
    A(int aa = 0) {
        a = ___①___ ;              //用 aa 初始化 a 指向的动态对象
    }
    ~A(){ ___②___ ;};             //释放动态存储空间
```

(2)

```
class A{
    ___①___
    int n;
  public:
    A(int nn = 0):n(nn){
        if(n == 0)a = 0;
        else a = new int[n];
    }
    ___②___                       //定义析构函数,释放动态数组空间
};
```

(3)

```
class Location {
    private:
        int X,Y;
        public:
        void init(int initX,int initY) {
            X = initX,Y = initY;
        }
    int  GetX() {
        reutrn X;
    }
    int  GetY(){
     reutrn Y;
    }
};
int main()
{
    Location A1; A1.init(20,90);
    ___①___                       //定义一个指向 A1 的引用 rA1
    ___②___                       //用 rA1 在屏幕上输出对象 A1 的数据成员 X 和 Y 的值
        return 0;
}
```

5. 程序分析题(写出运行结果)

(1)

```cpp
# include < iostream >
using namespace std;
class MyClass {
    public:
            int number;
        void set( int i);
    };
    int number = 3;
    void MyClass∷set (int i)
    {
        number = i;
    }
    int main()
    {
        MyClass my1;
        int number = 10;
        my1.set(5);
        cout << my1.number << endl;
        my1.set(number);
        cout << my1.number << endl;
        my1.set(∷number);
        cout << my1.number;
    }
```

(2)

```cpp
# include < iostream >
using namespace std;
class Location{
      public:
            int X,Y;
    void init (int initX, int initY)
     {
      X = initX, Y = initY;
     }
    int GetX()
     {
       return X;
     }
    int GetY()
     {
       return Y;
     }
};
void display(Location& rL)
{
    cout << rL. GetX()<<"   "<< rL.GetY()<<"\n";
}
int main()
{
```

```
    Location A[5] = {{0,0},{1,1},{2,2},{3,3},{4,4}};
    Location * rA = A;
    A[3].init(5,3);
    rA -> init(7,8);
    for (int i = 0; i < 5; i++)
        display( * (rA++));
    return 0;
}
```

（3）

```
# include < iostream >
using namespace std;
 class Test{
    private:
        static int val;
        int a;
    public:
        static int func();
        void sfunc(Test &r);
};
int Test::val = 200;
int Test::func()
{
    return val++;
}
void Test::sfunc(Test &r)
{
    r.a = 125;
    cout <<"          Result3 = "<< r.a;
}
int main()
{
    cout <<"Result1 = "<< Test::func()<< endl;
    Test a;
    cout <<"Result2 = "<< a.func();
    a.sfunc(a);
    return 0;
}
```

（4）

```
# include < iostream >
using namespace std;
class Con
{
    char ID;
public:
    char getID()const{return ID;}
    Con():ID('A') {cout << 1;}
    Con(char ID):ID(ID){cout << 2;}
    Con(Con& c):ID(c.getID()) {cout << 3;}
```

```
};
void show(Con c)
{cout << c.getID();}
int main()
{
    Con c1;
    show(c1);
    Con c2('B');
    show(c2);
    return 0;
}
```

6. 改错题

（1）下面的程序段有多处错误，说明错误原因并改正错误。

```
Class A {
    int a(0),b(0);
public:
    A(int aa,int bb) {a = aa;b = bb;}
}
A    x(2,3), y(4);
```

（2）下面的程序有一处错误，请用下横线标出错误所在行并改正错误。

```
class Test{
    public;
        static int x;
};
int x = 20;                          //对类成员初始化
int main()
{
    cout << Test::x;
    return 0;
}
```

（3）用下横线标出下面程序 main()函数中的错误行，并说明错误原因。

```
# include < iostream >
using namespace std;
class Location{
    private:
        int X,Y;
    public:
        void init(int initX,int initY) {
            X = initX;
            Y = initY;
            }
        int sumXY() {
            return X + Y;
            }
};
int main()
{
        Location A1;
```

```
        int x, y;
        A1.init(5,3);
        x = A1.X; y = A1.Y;
        cout << x + y <<"    "<< A1.sumXY()<< endl;
        return 0;
}
```

（4）指出下面程序中的错误，并说明出错原因。

```
# include < iostream >
using namespace std;
class ConstFun{
        public:
                void ConstFun(){}
                const int f5()const{return 5;}
                int Obj() {return 45;}
                int val;
                int f8();
        };
        int ConstFun::f8(){return val;}
        int main()
        {
                const ConstFun s;
                int i = s.f5();
                cout <<"Value = "<< endl;
                return 0;
        }
```

7. 编程题

（1）定义一个三角形类 Ctriangle，求三角形的面积和周长。

（2）定义一个点类 Point，并定义成员函数 double Distance(const& Point) 求两点的距离。

（3）定义一个日期类 Data，它能表示年、月、日。设计一个 NewDay() 成员函数，增加一天日期。

（4）定义一个时钟类 Clock，设计成员函数 SetAlarm (int hour, int minute, int second) 设置响铃时间；用 run() 成员函数模拟时钟运行，当运行到响铃时间时提示响铃。

（5）设计一个学生类，包含学生学号、姓名、课程、成绩等基本信息，计算学生的平均成绩。

（6）有一个信息管理系统，要求检查每一个登录系统的用户（User）的用户名和口令，系统检查合格以后方可登录系统，用 C++ 程序予以描述。

（7）定义一个字符串类 String，增加下列成员函数。

• bool IsSubstring(const char ∗ str)：判断 str 是否为当前串的子串；

• bool IsSubstring(const String & Str)：判断 str 是否为当前串的子串；

• int str2num()：把数字串转换成数；

• void toUppercase()：把字符串转换成大写字母。

（8）定义一个元素类型为 int、元素个数不受限制的集合类 Set。除了定义一些必要的函数外，还定义具有下列功能的成员函数。

• bool IsEmpt()：判断集合是否为空；

• int size()：返回元素个数；

- bool IsElement(int e) const：判断 e 是否属于集合；
- bool IsSubset(const Set& s) const：判断 s 是否包含于集合；
- bool IsEqual(const Set& s) const：判断集合是否相等；
- Set& insert(int e)：将 e 加入到集合中；
- Set union(const Set& s) const：求集合的并；
- Set intersection(const Set& s) const：求集合的交；
- Set difference(const Set& s) const：求集合的差。

第6章

继承与派生

◇ **引言**

　　类是程序员对需要解决的现实问题进行抽象、分析和归纳的结果。现实世界中不同的事物之间有着复杂的联系,一种事物拥有另一种事物的特性;同时,事物又是发展变化的,变化了的事物继承了原事物的特性。那么,如何让已有的类和对象适应可能不断变化的问题域,尽可能地重复利用已有的类和对象,改造并扩充它们,提高程序设计的效率?

　　C++中提供了类的**继承**(inheritance)机制,通过继承,一个新类将在原有的、已定义类的基础上派生出来,它继承原有类的属性和行为,并且可以扩充新的属性和行为,或者对原有类中的成员进行更新。由于新类是在原有类的基础上产生的,这样就不需要重新为新类写代码,从而降低了软件开发成本,实现了软件重用(reuse)。

　　本章重点介绍继承的实现机制。

◇ **学习目标**

　　(1) 掌握派生与继承的概念与使用方法;

　　(2) 会运用继承机制对现有的类进行重用;

　　(3) 掌握继承中的构造函数与析构函数的调用顺序;

　　(4) 会为派生类设计合适的构造函数初始化派生类;

　　(5) 会处理多继承时的二义性问题;

　　(6) 掌握虚基类的概念与使用方法。

6.1　继承与派生的概念

6.1.1　继承的概念

　　在 C++中,用户可以利用已有的类定义新类,新类将拥有原有类的全部特性,原有类被称为**基类**(base class)或父类(super class),新产生的类被称为**派生类**(derived class)或子类(subclass)。派生类拥有基类的特性称为**继承**,由基类产生派生类的过程称为**派生**。

　　一个基类也可以有多个派生类。例如,我们可以把人定义为一个类,这个类中包含人所共有的属性,比如姓名、年龄、身份证号码等,教师也好,学生也好,都是人,也就是说,他们是人的一种,是人类的子类。教师类又可以有子类,例如教授、讲师、助教。学生类也可以有子类,例如研究生、本科生、大专生。这样,父类和子类之间就构成了层次关系,称为**类层次**(hierarchy)。如果画成一个图,实际上它就是一棵倒立的树,称为**继承树**。

　　在这棵树中,每一个派生类都有且只有一个基类,派生类可以看作是基类的特例,它增加了某些基类没有的性质,这种继承方式称为**单继承**或单向继承。

在现实生活中,子女的外貌、血型往往不是仅仅继承自父亲或母亲,而是将父母亲的特点都继承下来。与之相类似,如果一个派生类有两个或两个以上的基类,则称为**多继承**或多重继承。例如,有位研究生,他为某教授担任助手,承担了一些诸如实验辅导、实验教学、作业批阅等教学任务,我们称之为"研究生助教",那么该研究生就有两个父类,即研究生类和助教类,说明他既具有学生身份又具有教师资格。多继承关系画成一个图,是一棵正立的树。

派生类又作为基类,继续派生新的类,这样的派生方式称为**多层派生**,从继承的角度看称为**多层继承**。

采用面向对象方法中的符号:用方框表示类,用向上空心箭头表示继承关系,箭头指向的一头为基类。将上述单继承与多继承画成类层次图如图 6-1 所示。

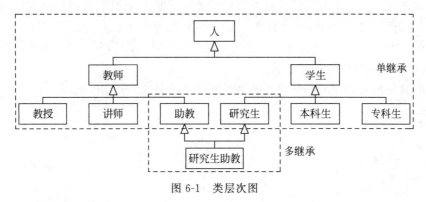

图 6-1 类层次图

继承有什么好处? 它的实质是什么?

继承机制清晰地体现了现实世界中各种对象的结构关系,表达了类与类之间所具有的共同性和差异性,简化了人们对事物的认识和描述。比如,我们认识了轮船的特征之后,在考虑客轮时,只要我们知道客轮也是一种轮船,那就认为它理所当然的具有轮船的全部一般特征。因此,继承意味着派生类可以"自动地拥有"基类的属性和方法,就像子女自动拥有父母的遗传基因一样。在基类中定义的那些属性和行为,在派生类中不需要再说明,它自然就有了。也就是说,派生类自动地、隐含地拥有基类的数据成员与函数成员。

在 C++ 中,程序代码主要由系统所涉及的各种类的描述组成,如果程序中所有的类都已经设计完成,那么这个程序的最主要工作也就基本完成,而继承使得派生类自动拥有基类的所有数据成员和函数成员,它所需要添加的只是派生类与基类的差异(或特殊)之处,不必重新定义,因而节省了大量的代码,所以,C++ 继承机制所体现的实际是代码重用或软件重用的思想。

6.1.2 派生类的实现

1. 派生类的定义

在 C++ 中,派生类定义的语法如下:

```
class 派生类名:继承方式 1 基类名 1, 继承方式 2 基类名 2,…
{
  private:
           派生类的私有数据和函数
  public:
```

```
                派生类的公有数据和函数
     protected:
                派生类的保护数据和函数
};
```

其中：

- "继承方式 1 基类名 1，继承方式 2 基类名 2，…"为基类名表，表示当前定义的派生类的各个基类。
- 如果基类名表中只有一个基类，表示定义的是单继承；如果基类名表中有多个基类，表示定义的是多继承。
- 继承方式指定了派生类成员以及类外对象对于从基类继承来的成员的访问权限。继承方式有 3 种，即 public(公有继承)、private(私有继承)、protected(保护继承)。
- 在派生类的定义中，每一种继承方式只限定紧跟其后的那个基类。如果不显式给出继承方式，系统默认为私有继承。

例如，在普通的时钟类 Clock 的基础上派生出闹钟类 AlarmClock：

```
class Clock
{
     private:
       int H, M, S;
     public:
       void SetTime(int H = 0, int M = 0, int S = 0);
       void ShowTime();
       Clock(int H = 0, int M = 0, int S = 0);
       ~Clock();
};
class AlarmClock: public Clock
{
     private:
       int AH, AM;                        //响铃的时间
       bool OpenAlarm;                    //是否关闭闹钟
     public:
       SetAlarm(int AH, int AM);          //设置响铃时间
       SwitchAlarm(bool OpenAlarm = true);//打开/关闭闹铃
       ShowTime();                        //显示当前时间与闹铃时间
     };
```

派生类 AlarmClock 的成员构成图(表)如图 6-2 所示。

类名	成员名	
AlarmClock::	Clock::	H、M、S
		SetTime()
		ShowTime()
	AH、AM、OpenAlarm	
	SetAlarm()	
	SwitchAlarm()	
	ShowTime()	
	AlarmClock()	

图 6-2 派生类 AlarmClock 的成员构成图

2. 派生类的实现方式

派生类的实现主要通过以下 3 种方式：

1）吸收基类成员

基类的全部成员被派生类继承，作为派生类成员的一部分。例如，Clock 类中的数据成员 H、M、S 和成员函数 SetTime()、ShowTime() 经过派生，成为派生类 AlarmClock 的成员。

2）改造基类成员

派生类根据实际情况对继承自基类的某些成员进行限制和改造。对基类成员的访问限制主要通过继承方式来实现；对基类成员的改造主要通过同名覆盖来实现，即在派生类中定义一个与基类成员同名的新成员（如果是成员函数，则函数参数表也必须相同，否则 C++会认为是函数重载）。当通过派生类对象调用该成员时，C++将自动调用派生类中重新定义的同名成员，而不会调用从基类中继承来的同名成员，这样派生类中的新成员就"覆盖"了基类的同名成员。由此可见，派生类中的成员函数具有比基类中同名成员函数更小的作用域。例如，AlarmClock 类中的成员函数 ShowTime() 覆盖了基类 Clock 中的同名成员函数 ShowTime()。

3）添加新成员

派生类在继承基类成员的基础之上根据派生类的实际需要增加一些新的数据成员和函数成员，以描述某些新的属性和行为。例如，AlarmClock 添加了数据成员 AH、AM、OpenAlarm 和成员函数 SetAlarm()、SwitchAlarm()。

面向对象的继承和派生机制，其最主要的目的是实现现代码的重用和扩充。吸收基类成员实际上是对基类代码的重用，而对基类成员进行限制、改造以及添加新成员是原有代码的扩充过程，二者是相辅相成的。

3. 继承的性质

1）继承关系是可以传递的

在派生过程中，一个基类可以同时派生出多个派生类，派生出来的新类同样可以作为基类再继续派生新的派生类。这样，就形成了一个相互关联的类的家族，有时也称为**类族**。在类族中，直接派生出某类的基类称为**直接基类**，基类的基类甚至更高层的基类称为**间接基类**。比如类 A 派生出类 B，类 B 又派生出类 C，则类 B 是类 C 的直接基类，类 A 是类 B 的直接基类，而类 A 称为类 C 的间接基类。

2）继承关系不允许循环

在派生过程中，A 派生出类 B，类 B 又派生出类 C，不允许类 C 又派生出类 A。

☆注意：

在 C++中，来自 class 的继承默认按照 private 继承处理，来自 struct 的继承默认按照 public 继承处理。

6.1.3　继承与组合

在 C++中，类的继承与类的组合很相似，但继承不同于组合，主要表现在描述的关系不同。

继承描述的是一般类与特殊类的关系，类与类之间体现的是"is a kind of"，即如果在逻辑上 A 是 B 的一种（is a kind of），则允许 A 继承 B 的功能和属性。例如汽车（automobile）是交通工具（vehicle）的一种，小汽车（car）是汽车的一种，那么类 automobile 可以从类 vehicle 派生，类 car 可以从类 automobile 派生。

组合描述的是整体与部分的关系，类与类之间体现的是"is a part of"，即如果在逻辑上 A

是 B 的一部分（is a part of），则允许 A 和其他数据成员组合为 B。例如，发动机、车轮、车座、车门、方向盘、底盘都是小汽车的一部分，它们组合成汽车，而不能说发动机是汽车的一种。

继承和组合既有区别，又有联系，某些比较复杂的类既需要使用继承，也需要使用组合，二者一起使用。

在某些情况下，继承与组合的实现还可以互换。在多继承时，一个派生类有多个直接基类，派生类实际上是所有基类的属性和行为的组合。派生类是对基类的扩充，派生类成员一部分是从基类而来，因此派生类组合了基类。既然这样，派生类也可以通过组合类实现。例如，AlarmClock 类可以通过组合 Clock 类实现，从功能上讲，基本的时钟功能是闹钟功能的一部分。

什么时候使用继承，什么时候使用组合，要根据问题类与类之间的具体关系，顺其自然，权衡考虑。

6.2　继承的方式

6.2.1　公有继承

公有继承具有以下特点：

（1）基类的公有成员在派生类中仍然为公有成员，可以由派生类对象和派生类成员函数直接访问。

（2）基类的私有成员在派生类中无论是派生类的成员还是派生类的对象都无法直接访问。

（3）保护成员在派生类中仍然是保护成员，可以通过派生类的成员函数访问，但不能由派生类的对象直接访问。

☆注意：

对基类成员的访问，一定要分清是通过派生类对象访问还是通过派生类成员函数访问。

【例 6-1】　公有继承及其访问。

在直观上，我们可以将点理解为半径长度为 0 的圆，所以在本例中我们从 Point（点）类公有派生出新的 Circle（圆）类。圆类具备 Point 类的全部特征，同时自身也有自己的特点，即圆有半径，因此，圆在继承 Point 类的同时添加新的成员半径。Point 类的定义如下：

```
1   /**********************************************
2   *    程序名: Point.h                          *
3   *    功　能: 定义点(Point)类                    *
4   **********************************************/
5   # include < iostream >
6   using namespace std;
7   class Point
8   {
9     private:
10        int X, Y;
11    public:
12      Point( int X = 0, int Y = 0 )
```

```
13        {
14            this -> X = X, this -> Y = Y;
15        }
16        void move(int OffX, int OffY)
17        {
18            X += OffX, Y += OffY;
19        }
20        void ShowXY()
21        {
22            cout <<"("<< X <<", "<< Y <<")"<< endl;
23        }
24    };
```

基类 Point 的成员包括私有数据成员 X 和 Y,公有成员函数 Point()为用户自定义构造函数,move()实现点的移动,ShowXY()显示点对象的基本信息。

Circle 类的定义如下:

```
1     /*********************************************
2      *  程序名: Circle.h                          *
3      *  功　能: 从 Point 类派生出圆类(Circle)      *
4      *********************************************/
5     # include"point.h"
6     const double PI = 3.14159;
7     class Circle : public Point
8     {
9     private:
10        double radius;                              //半径
11    public:
12        Circle(double R, int X, int Y):Point(X, Y)
13        {
14            radius = R;
15        }
16        double area()                               //求面积
17        {
18            return PI * radius * radius;
19        }
20        void ShowCircle()
21        {
22            cout <<"Centre of circle:";
23            ShowXY();
24            cout <<"radius:"<< radius << endl;
25        }
26    };
```

类 Circle 的成员构成图及访问权限如图 6-3 所示。

类名	成员名			访问权限
Circle	Point ::	X、Y	private	不可访问
		move()	public	public
		ShowXY()	public	public
	Radius		private	
	area()			public
	ShowCircle()			public

图 6-3　类 Circle 的成员构成图

使用 Circle 类的程序如下：

```
1    /********************************
2     *  程序名: p6_1.cpp              *
3     *  功  能: Circle 类的使用        *
4     ********************************/
5    # include "Circle.h"
6    using namespace std;
7    int main()
8    {
9        Circle Cir1(10,100,200);
10       Cir1.ShowCircle();
11       cout <<"area is:"<< Cir1.area()<< endl;
12       Cir1.move(10,20);
13       Cir1.ShowXY();
14       return 0;
15   }
```

运行结果：

```
Centre of circle:(100,200)
radius:10
area is:314.159
(110,220)
```

程序解释：

（1）程序 Circle.h 的第 7 行，定义派生类 Circle 继承了 Point 类的除构造函数外的全部成员，因此在派生类中实际拥有的成员就是从基类继承过来的成员与派生类新添加的成员的总和。

（2）派生类 Circle 的继承方式为公有继承，这时，基类 Point 中的公有成员在派生类中的访问属性保持原样，派生类的成员函数及对象可以访问基类派生的公有成员。例如，派生类成员函数 showCircle() 中直接调用基类派生的成员函数 ShowXY()，但是无法访问基类派生的私有数据成员 X、Y。

（3）基类 Point 原有的外部接口（公有成员函数），如 ShowXY() 和 move() 变成了派生类外部接口的一部分。当然，派生类 Circle 自己新增的成员之间是可以互相访问的。程序 p6_1.cpp 的第 12、13 行通过派生类对象调用了从基类继承的成员函数。

（4）程序 Circle.h 中的第 12 行，在类 Circle 的构造函数中，为了给从基类继承来的数据成员赋初值，使用了初始化列表，其格式与组合类相同。

派生类 Circle 继承了基类 Point 的成员,也就实现了对基类 Point 代码的重用,同时,通过新增成员加入了自身的独有特征,实现了程序的扩充。

6.2.2　私有继承

私有继承的特点如下:

(1) 基类的公有成员和保护成员被继承后作为派生类的私有成员,即基类的公有成员和保护成员被派生类吸收后,派生类的其他成员函数可以直接访问它们,但是在类外不能通过派生类的对象访问它们。

(2) 基类的私有成员在派生类中不能被直接访问。无论是派生类的成员还是通过派生类的对象,都无法访问从基类继承来的私有成员。

(3) 经过私有继承之后,所有基类的成员都成为派生类的私有成员或不可访问的成员,如果进一步派生,基类的全部成员将无法在新的派生类中被访问。因此,私有继承之后,基类的成员再也无法在以后的派生类中发挥作用,实际上相当于中止了基类的继续派生,出于这种原因,一般情况下私有继承的使用比较少。

下面的例子中基类 Point 的定义与例 6-1 相同,但派生类采用私有继承方式,因此,基类的成员在派生类中的访问控制属性变化不同。派生类的实现如下:

```
/*******************************************
 * 程序名:Circle2.h                        *
 * 说　明:派生类采用私有继承方式            *
 ******************************************* /
# include"point.h"
const double PI = 3.14159;
class Circle: private Point
{
private:
        double radius;                      //半径
public:
        Circle(double R, int X, int Y);
        double area();                      //求面积
        void ShowCircle();
        void move(int OffX,int OffY)
        {
            point::move(OffX,OffY);
        }
};
```

类 Circle 的成员构成图及访问权限如图 6-4 所示。

类名	成员名		访问权限
Circle	Point::	X、Y	private	不可访问
		move()	public	private
		ShowXY()	public	private
	Radius		private
	area()		public
	ShowCircle()		public
	move()		public

图 6-4　类 Circle 的成员构成图

与前例相同，派生类 Circle 继承了 Point 类的除构造函数外的全部成员，但由于继承方式为私有继承，基类中的公有和保护成员在派生类中都变成私有成员。派生类的成员函数及对象依然无法访问从基类继承来的私有数据，例如 X、Y。

派生类的成员函数可以访问到从基类继承过来的公有成员，例如 ShowXY()，但是在类外部通过派生类的对象根本无法访问到基类的任何成员，因为私有继承之后，基类中原有的公有成员函数（外部接口）的访问控制属性发生变化，成为派生类的私有成员函数，这样基类原有的外部接口（如 move、ShowXY()）就被派生类封装和隐蔽起来。当然，派生类新增的成员之间仍然可以自由地互相访问。

在私有继承情况下，为了保证基类的一部分外部接口特征能够在派生类中仍然存在，可以在派生类中重新定义同名的成员函数，利用派生类成员函数对基类成员函数的可见性将基类的原有成员函数封装在派生类的同名成员函数中。根据同名覆盖的原则，当基类对象调用同名成员函数时，C++将自动抛弃基类的同名函数而选择使用派生类重新定义的同名函数。

在本例中，我们通过基类名在派生类中重新定义了 move() 函数，将基类的 move() 函数封装在派生类的同名成员函数中。

运行下列程序段，得到的结果与例 6-1 相同。

```
# include "Circle2.h"
using namespace std;
int main()
{
    Circle Cir1(10,100,200);
    Cir1.ShowCircle();
    cout <<"area is:"<< Cir1.area()<< endl;
    Cir1.move(10,20);                        //同名覆盖
    //Cir1.ShowXY();                         //错误,ShowXY()继承为私有成员函数
    return 0;
}
```

对比两个示例程序，我们可以看出：由于是私有继承，基类中的所有成员在派生类中都成为私有成员，因此派生类对象不能直接访问任何一个基类的成员。类 Circle 的对象 Cir1 调用的都是派生类自身的公有成员。

本例仅仅对派生类的实现做了适当的修改，基类和主程序部分没有做任何改动，程序运行的结果同前例。由此可见面向对象程序设计封装性的优越性，这正是面向对象程序设计可重用与可扩充性的一个实际体现。

值得说明的是，一般而言，利用同名覆盖我们可以实现对基类成员函数的限制、改造或扩充，使之具有完全不同的内容，以适合派生类的新需要，而不一定是本例中对基类同名成员函数的调用。这种改造被封装在派生类的新成员函数中，这样，对于外界来说，依然可以通过熟悉的外部接口（公有成员函数）来访问对象成员，实现了信息的隐藏和接口的一致性，这是面向对象的程序设计中经常使用的方法。

6.2.3　保护继承

基类的公有成员和保护成员被继承后作为派生类的保护成员。基类的私有成员在派生类中不能被直接访问，即派生类的其他成员函数可以直接访问基类的公有成员和保护成员，但是在类外部通过派生类的对象无法访问它们。同样，无论是派生类的成员还是通过派生类的对

象,都无法访问从基类继承的私有成员。

修改 Circle2.h,将派生类的继承方式改为保护继承,其他部分不变:

```
/**********************************
 * 程序名:Circle3.h               *
 * 说  明:派生类采用保护继承方式    *
 **********************************/
# include "piont.h"
class Circle: protected point
{
     //类成员定义
}
```

类 Circle 的成员构成图及访问权限如图 6-5 所示。

类名	成员名		访问权限
Circle	Point::	X、Y	private	不可访问
		move()	public	protected
		ShowXY()	public	protected
	radius		private
	area()		public
	ShowCircle()		public
	move()		public

图 6-5 类 Circle 的成员构成图

执行下列程序,运行结果与例 6-1 完全相同。

```
# include "Circle3.h"
using namespace std;
int main()
{
     Circle Cir1(10,100,200);
     Cir1.ShowCircle();
     cout <<"area is:"<< Cir1.area()<< endl;
     Cir1.move(10,20);                    //同名覆盖
     //Cir1.ShowXY();                     //错误,ShowXY()继承为保护成员函数
     return 0;
}
```

再修改 Point.h,将 Point 类的私有数据成员 X、Y 的访问控制属性由 private 变为 protected,类 Circle 的继承方式仍然为保护继承。

执行程序,运行结果仍然与例 6-1 相同。

在 private、protected 两种继承方式下,基类的所有成员在派生类中的访问属性都是完全相同的。即在派生类中可以访问基类的公有、保护成员,不可以访问基类的私有成员。但是,如果将派生类作为新的基类继续派生,二者的区别就出现了。

假设类 B 以私有方式继承自类 A,则无论类 B 以什么方式派生出类 C,类 C 的成员和对象都不能访问间接从 A 类中继承来的成员。但如果类 B 是以保护方式继承自类 A,那么类 A 中的公有和保护成员在类 B 中都是保护成员。

类 B 再派生出类 C 后,如果是公有派生或保护派生,则类 A 中的公有和保护成员被类 C

间接继承后,类 C 的成员函数可以访问间接从类 A 中继承来的成员,即类 A 的成员可以沿继承树继续向下传播。

从保护继承的访问规则我们可以看到类中保护成员的特征。如果某类 A 中含有保护成员,对于类 A 对象而言,保护成员和该类的私有成员一样是不可访问的。如果类 A 派生出子类,则对于该子类来讲,保护成员与公有成员具有相同的访问特性。换句话说,就是类 A 中的保护成员有可能被它的派生类访问,但是绝不可能被其他外部使用者(如程序中的普通函数、与类 A 水平访问的其他类等)访问。这样,如果合理地利用保护成员,就可以在类的复杂层次关系中为共享访问与成员隐蔽之间找到一个平衡点,既能实现成员隐蔽,又能方便继承,实现代码的高效重用和扩充。

【例 6-2】 保护继承与保护成员的访问。

为了进一步说明保护继承和保护成员的访问特性,修改例 6-1,除将基类 Point 的数据成员 X 和 Y 的访问属性改为 protected 外,又增加了一个派生类——Cylinder(圆柱体)类。Cylinder 类保护继承自类 Circle。程序实现如下:

```
1   /***********************************************
2    * 程序名: point2.h                            *
3    * 说   明: 基类成员属性改为 protected           *
4    *********************************************** /
5   # include < iostream >
6   using namespace std;
7   class Point
8   {
9     protected:
10      int X, Y;
11    public:
12      Point(int X = 0, int Y = 0)
13      {
14        this -> X = X, this -> Y = Y;
15      }
16      void move(int OffX, int OffY)
17      {
18        X += OffX,  Y += OffY;
19      }
20      void ShowXY( )
21      {
22        cout <<"("<< X <<","<< Y <<")"<< endl;
23      }
24   };
```

Cylinder 类的定义如下:

```
1   /***************************************************
2    * 程序名: p6_2.cpp                                 *
3    * 功   能: 从 Circle 类派生出圆柱类(Cylinder)      *
4    *************************************************** /
5   # include"point2.h"
6   const double PI = 3.14159;
7   class Circle :protected Point
```

```
8   {
9   protected:
10      double radius;                                      //半径
11  public:
12      Circle(double R, int X, int Y):Point(X,Y)
13      {
14          radius = R;
15      }
16      double area()                                       //求面积
17      {
18          return PI * radius * radius;
19      }
20      void ShowCircle()
21      {
22        cout <<"Centre of circle:";
23        ShowXY();
24        cout <<"radius:"<< radius << endl;
25      }
26  };
27  class Cylinder: protected Circle
28  {
29  private:
30      double height;
31  public:
32      Cylinder(int X, int Y, double R, double H):Circle(R,X,Y)
33      {
34          height = H;
35      }
36      double area()
37      {
38          return 2 * Circle::area() + 2 * PI * radius * height;
39      }
40      double volume()
41      {
42          return Circle::area() * height;
43      }
44      void ShowCylinder()
45      {
46          ShowCircle();
47          cout <<"height of cylinder:"<< height << endl;
48      }
49  };
50  int main()
51  {
52      Cylinder CY(100,200,10,50);
53      CY.ShowCylinder();
54      cout <<"total area:"<< CY.area()<< endl;
55      cout <<"volume:"<< CY.volume();
56      return 0;
57  }
```

运行结果：

```
Centre of circle:(100,200)
radius:10
height of cylinder:50
total area:3769.11
volume: 15707.9
```

程序解释：

（1）程序第 7 行，Circle 保护继承自类 Point，因此类 Circle 为子类、类 Point 为父类，对于该子类来讲，保护成员和公有成员具有相同的访问特性。所以，派生类的成员函数 ShowCircle()可以访问从基类继承来的保护成员，当然它也可以调用从基类继承来的公有成员函数 ShowXY()。

（2）程序第 27 行，类 Circle 沿类的继承树继续派生出类 Cylinder，继承方式依然为保护继承，因此在类 Cylinder 中，它间接从类 Point 中继承了 4 个保护成员，即数据成员 X、Y，以及成员函数 move()、ShowXY()；同时它也直接从其父类 Circle 中继承了 3 个类成员，即数据成员 radius，成员函数 ShowCircle()、area()，它们都以保护成员的身份出现在类 Cylinder 中。因此，在类 Cylinder 的成员函数 ShowCylinder()中，不仅可以访问从父类 Circle 中直接继承来的成员函数 ShowCircle()，而且可以访问沿继承树从基类 Point 中间接继承来的数据成员 X 和 Y。

（3）在 main()中，当通过类 Cylinder 的对象 CY 调用成员函数 area()时，由于对象 CY 拥有两个同名成员函数 area()，一个是从其父类 Circle 继承来的，一个是类 Cylinder 自己新增的，二者的函数体的实现完全不同。类 Circle 的成员函数 area()和派生类 Cylinder 新增的成员函数 area()都具有类作用域，二者的作用范围不同，是相互包含的两个层，派生类在内层。由于派生类 Cylinder 声明了一个和其父类 Circle 成员同名的新成员 area()，派生的新成员函数就覆盖了外层父类的同名成员函数，直接使用成员名只能访问派生类自己新增的同名成员函数。C++利用同名覆盖原则自动选择调用类 Cylinder 新增的成员函数 area()，输出圆柱体的总的表面积，这再一次体现了继承机制所产生的程序重用性和可扩充性。

在 3 种继承方式下，基类成员在派生类中的访问控制属性见图 6-6。

继承方式	基类属性		
	public	**protected**	**private**
public	public	protected	不可访问
protected	protected	protected	不可访问
private	private	private	不可访问

图 6-6　各种继承方式下的访问控制属性

6.3　派生类的构造与析构

当使用派生类建立一个派生类对象时，将首先产生一个基类对象，依附于派生类对象中。如果派生类新增成员中还包括有内嵌的其他类对象，派生类的数据成员中实际上还间接包括了这些对象的数据成员，因此，在构造派生类的对象时就要对基类数据成员、新增数据成员和成员对象的数据成员进行初始化。那么,怎样完成这些初始化工作呢?

6.3.1 派生类构造函数的定义

在派生类对象的成员中,从基类继承来的成员被封装为基类子对象,它们的初始化由派生类构造函数隐含调用基类构造函数进行初始化;内嵌成员对象则隐含调用成员类的构造函数予以初始化;派生类新增的数据成员由派生类在自己定义的构造函数中进行初始化。派生类构造函数定义的一般格式如下:

```
派生类名(参数总表): 基类名 1(参数表 1),…,基类名 m (参数表 m),
        成员对象名 1(成员对象参数表 1),…,成员对象名 n(成员对象参数表 n)
    {
        派生类新增成员的初始化;
    }
```

其中:

- "基类名 1(参数表 1),…,基类名 m(参数表 m)"称为基类成员的初始化表。
- "成员对象名 1(成员对象参数表 1),…,成员对象名 n(成员对象参数表 n)"为成员对象的初始化表。
- 基类成员的初始化表与成员对象的初始化表构成派生类构造函数的初始化表。
- 在派生类构造函数的参数总表中,需要给出基类数据成员的初值、成员对象数据成员的初值、新增一般数据成员的初值。
- 在参数总表之后,列出需要使用参数进行初始化的基类名、成员对象名及各自的参数表,各项之间使用逗号分隔。
- 基类名、对象名之间的次序无关紧要,它们出现的顺序可以是任意的。在生成派生类对象时,程序首先会使用这里列出的参数调用基类和成员对象的构造函数。

那么,什么时候需要定义派生类的构造函数呢? 如果基类定义了带有形参表的构造函数,派生类就应当定义构造函数,提供一个将参数传递给基类构造函数的途径,保证在基类进行初始化时能够获得必要的数据。当然,如果基类没有定义构造函数,派生类也可以不定义构造函数,全部采用默认的构造函数,这时新增成员的初始化工作可以用其他公有成员函数完成。

派生类的析构函数是在该类对象消亡之前进行一些必要的清除工作。

派生类的析构函数只负责把派生类新增的非对象成员的清理工作做好就可以了,系统会自己调用基类及成员对象的析构函数对基类子对象及对象成员进行清理。

6.3.2 单继承的构造与析构

单继承是指在类的层次结构中,除最顶层的基类外,其他派生类有且只有一个父类,形成一棵倒挂的继承树。

单继承时,派生类构造函数调用的一般顺序如下:

(1) 调用基类构造函数;

(2) 调用内嵌成员对象的构造函数,调用顺序按照它们在类中定义的顺序;

(3) 派生类自己的构造函数。

其中,如果派生类的新增成员中有内嵌的对象,第二步的调用才会执行;否则,直接跳转到第（3）步，执行派生类构造函数体。如果继承层次结构为多层，派生类构造函数调用将沿继承树一直上溯到最顶层的基类，然后从顶层基类开始向下依次调用各派生类的构造函数。

当派生类对象析构时，各析构函数的调用顺序正好相反。首先调用派生类析构函数（清理派生类新增成员），然后调用派生类成员对象析构函数（清理派生类新增的成员对象），最后调用基类析构函数（清理从基类继承来的基类子对象）。

【例 6-3】 单继承的构造与析构。

为了说明单继承的构造，由 Point 类派生出 Circle 类，再由两个同心 Circle 类对象和高度 height 构成空管 Tube 类。构成空管的两个同心圆的外圆从 Circle 类继承，内圆组合 Circle 类对象 InCircle。Tube 类的层次结构见图 6-7。

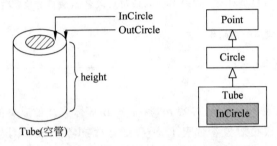

图 6-7　Tube 类的层次结构图

在程序中，为了简明起见，省略了其他函数，仅写出构造函数与析构函数。Cylinder 类的定义如下：

```
1  /*************************************************
2   * 程序名: p6_3.cpp                              *
3   * 功  能: 单继承的构造函数与析构函数            *
4   *************************************************/
5  # include< iostream >
6  using namespace std;
7  class Point
8  {
9  private:
10     int X, Y;
11 public:
12     Point( int X = 0, int Y = 0)
13     {
14       this -> X = X, this -> Y = Y;
15       cout <<"point("<< X <<","<< Y <<") constructing..."<< endl;
16     }
17     ~Point()
18     {
19       cout <<"point("<< X <<","<< Y <<") destructing..."<< endl;
20     }
21 };
22 class Circle : protected Point
23 {
24 protected:
25     double radius;                              //半径
```

```
26    public:
27        Circle(double R = 0, int X = 0, int Y = 0):Point(X,Y)
28        {
29            radius = R;
30            cout <<"circle constructing, radius:"<< R << endl;
31        }
32        ~Circle()
33        {
34            cout <<"circle destructing, radius:"<< radius << endl;
35        }
36    };
37    class tube: protected Circle
38    {
39    private:
40        double height;
41        Circle InCircle;
42    public:
43        tube(double H,double R1, double R2 = 0, int X = 0, int Y = 0 ):
44        InCircle(R2,X,Y),Circle(R1,X,Y)
45        {
46            height = H;
47            cout <<"tube constructing, height:"<< H << endl;
48        }
49        ~tube()
50        {
51            cout <<"tube destructing, height:"<< height << endl;
52        }
53    };
54    int main()
55    {
56        tube TU(100,20,5);
57        return 0;
58    }
```

运行结果:

```
point(0,0) constructing...
circle constructing, radius:20
point(0,0) constructing...
circle constructing, radius:5
tube constructing, height:100
tube destructing, height:100
circle destructing, radius:5
point(0,0) destructing...
circle destructing, radius:20
point(0,0) destructing...
```

程序解释:

在本例中定义了一个派生类 Tube 的对象 TU,首先试图调用类 Tube 的构造函数;类 Tube 是派生类,由基类 Circle 派生,于是试图调用 Circle 类的构造函数;类 Circle 的基类是

Point，沿继承树上溯至顶层基类 Point，调用 Point 类的构造函数。然后调用类 Circle 的构造函数。Tube 同时又是一个组合类，由对象 InCircle 组合而成，于是再从顶层基类 Point 开始依次调用 Point 类的构造函数、Circle 的构造函数。最后调用 Tube 的构造函数，完成派生类 Tube 对象 TU 的初始化。

在退出主函数之前，程序沿继承树自底向上依次调用各类的析构函数，其顺序与构造函数顺序正好相反。

6.4　类　型　兼　容

类型兼容是指在公有派生的情况下，一个派生类对象可以作为基类的对象使用的情况。类型兼容又称为类型赋值兼容或类型适应。

在公有派生时，尽管派生类与基类是两个不同的类型，但由于派生类得到了基类的所有成员，除 private 访问控制属性的成员外，其他成员的访问控制属性也和基类完全相同，基类成员成为派生类中的一个子类型。

由于公有派生类实际上拥有了基类的所有成员，所以可以把派生类对象作为基类对象来处理。但是反过来，如果试图通过基类指针引用那些只有在派生类中才有的成员，则会出错，因为派生类中新增或改造后的成员是基类没有的。

在 C++中，类型兼容主要指以下 3 种情况：

（1）派生类对象可以赋值给基类对象。

（2）派生类对象可以初始化基类的引用。

（3）派生类对象的地址可以赋给指向基类的指针。

【例 6-4】　演示类的兼容性。

前面我们定义了类 Point，它公有派生出类 Circle，后者进一步公有派生出类 Cylinder。我们可以通过这个单继承的例子来验证类型兼容规则。

```
1    /******************************************************************
2     * 程序名：p6_4.cpp                                               *
3     * 功　能：(1) 从 Circle 类公有派生出圆柱类 Cylinder              *
4     *         (2) 演示类的兼容性                                      *
5     ******************************************************************/
6    #include"Circle.h"
7    class Cylinder: public Circle
8    {
9    private:
10       double height;
11   public:
12       Cylinder(int X, int Y, double R, double H):Circle(X,Y,R)
13       {
14          height = H;
15       }
16       void ShowCylinder()
17       {
18          ShowCircle();
19          cout <<"height of cylinder:"<< height << endl;
```

```
20       }
21   };
22   int main()
23   {
24       Point P(1,1);                        //Point 类对象
25       Circle Cir(20,20,15.5);              //Circle 类对象
26       Cylinder CY(300,300,15.5,50);        //Cylinder 类对象
27       Point  * Pp;                         //Point 类指针
28       Pp = &P;                             //将基类对象地址赋给指向基类的指针
29       Pp - > ShowXY();
30       Pp = &Cir;                           //将派生类对象地址赋给指向基类的指针
31       Pp - > ShowXY();
32       Pp = &CY;                            //将派生类对象地址赋给指向基类的指针
33       Pp - > ShowXY();
34       Circle & RC = CY;                    //Circle 类引用了派生类 Cylinder 对象
35       RC.ShowXY();
36       P = Cir;                             //Circle 类对象赋值给基类 Point 类对象
37       P.ShowXY();
38       return 0;
39   }
```

运行结果：

```
(1,1)
(20,20)
(300,300)
(300,300)
(20,20)
```

程序解释：

（1）程序第 27 行定义了 Point 类型的指针 Pp，第 28、30、32 行分别指向了 Point、Circle、Cylinder 类对象，第 29、31、33 行通过 Pp 调用 Point 类的成员函数 ShowXY()，分别显示了 Point、Circle、Cylinder 类对象的中心坐标值。

（2）第 34 行 Circle 类引用了派生类 Cylinder 类对象。

（3）第 36 行 Circle 类对象赋值给基类 Point 类对象。

C++类型兼容规则的引入，可以很方便地实现基类和派生类之间的类型转换，大大减轻了编写程序代码的负担，提高了程序设计的效率。如果函数的参数是某类的对象，则传给该参数的不仅可以是该类的对象，而且可以是该类的任何派生类对象，而不必去重载这个函数。

例如将上述程序改为：

```
void display(Point p)
{
    p.ShowXY();
}
int main()
{
  Point P(1,1);                        //Point 类对象
  Circle Cir(20,20,15.5);              //Circle 类对象
```

```
Cylinder CY(300,300,15.5,50);           //Cylinder 类对象
display(P);                              //显示对象 P 的中心坐标
display(Cir);                            //显示对象 Cir 的中心坐标
display(CY);                             //显示对象 CY 的中心坐标
return 0;
}
```

还可以将 display( )的参数改为引用形式：

```
void display(Point &p)
{
    p. ShowXY();
}
```

根据 C++类型兼容规则，可以将任何 Point 的公有派生类对象的地址赋给基类指针 *p*。可以将 display( )形参由基类对象的引用改为基类指针：

```
void display(Point * p)
{
    p - > ShowXY();
}
```

这样，可以分别把基类对象 p、派生类 Circle 的对象 Cir 和派生类 Cylinder 的对象 CY 的地址作为实参传给基类类型指针，由 C++编译器实现隐式的类型转换。

虽然我们使用基类类型的指针访问不同的派生类对象，但实际上只访问从派生类中继承的基类子对象，那么对于派生类新增的成员（如 ShowCylinder( )）能不能通过基类指针来访问呢？这涉及 C++的另外一个重要特性——多态性，详见第 7 章。

6.5 多 继 承

多继承（multiple inheritance, MI）是指派生类具有两个或两个以上的直接基类（direct class）。

多继承派生类是一种比较复杂的类构造形式，能够很好地描述现实世界中具有多种特征的对象，例如两栖动物既有水生动物的某些特征，又有陆生动物的某些特征；一个研究生助教既有研究生的特征，又有教师的特征；一个销售经理既是管理人员，又是销售人员等。由于多继承能够方便地描述事物所具有的多种特征，因此能很好地支持软件的重用，但多继承有时也会出现比较严重的语义歧义问题（比如典型的钻石形结构），因此，也是一种存在争议和不同观点的面向对象程序设计技术。

6.5.1 多继承的构造与析构

在派生类对象的构造和析构问题上，多继承可以看成是单继承的扩展，派生类的构造规则与单继承基本相似，只是多继承派生类的基类数目多一些，构造函数的调用顺序复杂一些。

多继承时派生类构造函数执行的一般顺序如下：

（1）调用各基类构造函数，各基类构造函数的调用顺序按照基类被继承时声明的顺序从左向右依次进行。

（2）调用内嵌成员对象的构造函数，成员对象的构造函数的调用顺序按照它们在类中定

义的顺序依次进行。

（3）调用派生类的构造函数。

由于析构函数没有函数参数，所以要略微简单一些。派生类析构函数执行的顺序与其构造函数调用的顺序正好相反，首先对派生类新增的普通成员进行清理，然后对派生类新增的对象成员进行清理，最后对所有从基类继承来的成员进行清理。这些清理工作分别调用派生类析构函数、派生类对象成员所属类的析构函数和基类析构函数执行。

☆注意：

（1）在继承层次图中，处于同一层次的各基类构造函数的调用顺序取决于定义该派生类时所指定的各基类的先后顺序，与派生类构造函数定义时初始化表中所列的各基类构造函数的先后顺序无关。

（2）对于同一个基类，不允许直接继承两次。

6.5.2 二义性问题

一般来说，在派生类中对于基类成员的访问应该是唯一的，但是，由于多继承中派生类拥有多个基类，如果多个基类中拥有同名的成员，那么，派生类在继承各个基类的成员之后，当我们调用该派生类成员时，由于该成员标识符不唯一，出现**二义性**，编译器无法确定到底应该选择派生类中的哪一个成员，这种由于多继承而引起的对类的某个成员访问出现不唯一的情况称为二义性问题。

【例 6-5】 多继承的二义性。

例如，我们可以定义一个小客车类 Car 和一个小货车类 Wagon，它们共同派生出一个客货两用车类 StationWagon。StationWagon 继承了小客车的特征，有座位 seat，可以载客；又继承了小货车的特征，有装载车厢 load，可以载货。程序实现如下：

```
1    /*********************************
2     * 程序名：p6_5.cpp              *
3     * 功  能：多继承的二义性         *
4     *********************************/
5    #include<iostream>
6    using    namespace std;
7    class Car                        //小客车类
8    {
9    private:
10       int power;                    //马力
11       int seat;                     //座位
12   public:
13       Car(int power,int seat)
14       {
15           this->power=power,this->seat=seat;
16       }
17       void show()
18       {
19           cout<<"car power:"<<power<<"   seat:"<<seat<<endl;
20       }
21   };
22   class Wagon                       //小货车类
```

```
23  {
24  private:
25      int power;                              //马力
26      int load;                              //装载量
27  public:
28      Wagon(int power,int load)
29      {
30          this -> power = power,this -> load = load;
31      }
32      void show()
33      {
34          cout <<"wagon power:"<< power <<"   load:"<< load << endl;
35      }
36  };
37  class StationWagon :public Car, public Wagon   //客货两用车类
38  {
39  public:
40      StationWagon(int power, int seat, int load):Wagon(power,load),
41      Car(power,seat)
42      {
43      }
44
45      void ShowSW()
46      {
47          cout <<"StationWagon:"<< endl;
48          Car::show();
49          Wagon::show();
50      }
51  };
52  int main()
53  {
54      StationWagon SW(105,3,8);
55      //SW.show();                            //错误,出现二义性
56      SW.ShowSW();
57      return 0;
58  }
```

运行结果：

```
StationWagon:
car power:105 seat:3
wagon power:105 load:8
```

程序解释：

小客车类 Car 和小货车类 Wagon 共同派生出客货两用车类 StationWagon，后者继承了前者的属性 power 和行为 show()，当通过 StationWagon 类的对象 SW 访问 show() 时，程序出现编译错误。这是因为基类 Car 和 Wagon 各有一个成员函数 show()，在其共同的派生类 StationWagon 中就有两个相同的成员函数，而程序在调用时无法决定到底应该选择哪一个成员函数，出现调用时的歧义，这就是由于多继承所产生的二义性。

那么,如何解决二义性呢? 通常用两种方法解决。

(1) 成员名限定:通过类的作用域分辨符明确限定出现歧义的成员继承自哪一个基类。

例如,程序第 47、48 行使用了 Car∷show( ) 与 Wagon∷show( ) 来表明调用哪个类的 show( )。

(2) 成员重定义:在派生类中新增一个与基类中成员相同的成员,由于同名覆盖,程序将自动选择派生类新增的成员。

可以将派生类 StationWagon 的 ShowSW( ) 改名为 show( ),这样,类 StationWagon 中的 show( ) 覆盖了基类中的两个同名的 show( ),使用"SW. show( );"时不会出现二义性问题。

6.6　虚　基　类

在多继承中,当派生类的部分或全部直接基类又是从另一个共同基类派生而来时,这些直接基类中从上一级共同基类继承来的成员就拥有相同的名称。在派生类的对象中,同名数据成员在内存中同时拥有多个副本,同一个成员函数会有多个映射,出现二义性,这种二义性称为**间接二义性**。

【例 6-6】 多重继承的间接二义性。

假定类 Car、Wagon 从共同的基类 Automobile(汽车)派生出来,程序如下:

```
1   /*******************************
2   * 程序名:p6_6.cpp              *
3   * 功  能:多重继承的二义性       *
4   ******************************* /
5   # include < iostream >
6   using   namespace std;
7   class Automobile                        //汽车类
8   {
9   private:
10      int power;                          //马力
11  public:
12     Automobile(int power)
13     {
14         this - > power = power;
15     }
16     void show()
17     {
18         cout <<"  power:"<< power;
19     }
20  };
21  class Car: public Automobile            //小客车类
22  {
23  private:
24      int seat;                           //座位
25  public:
26     Car(int power,int seat):Automobile(power)
27     {
28         this - > seat = seat;
```

```
29      }
30      void show()
31      {
32          cout <<"car:";
33          Automobile::show();
34          cout <<"   seat:"<< seat << endl;
35      }
36  };
37  class Wagon: public Automobile              //小货车类
38  {
39  private:
40      int load;                               //装载量
41  public:
42      Wagon(int power,int load):Automobile(power)
43      {
44          this -> load = load;
45      }
46      void show()
47      {
48          cout <<"wagon:";
49          Automobile::show();
50          cout <<"   load:"<< load << endl;
51      }
52  };
53  class StationWagon :public Car, public Wagon  //客货两用车类
54  {
55  public:
56      StationWagon(int CPower, int WPower,int seat,int load)
57          :Wagon(WPower,load), Car(CPower,seat)
58      {
59      }
60      void show()
61      {
62          cout <<"StationWagon:"<< endl;
63          Car::show();
64          Wagon::show();
65      }
66  };
67  int main()
68  {
69      StationWagon SW(105,108,3,8);
70      SW.show();
71      return 0;
72  }
```

运行结果：

```
StationWagon:
car power:105 seat:3
wagon power:108 load:8
```

程序的继承层次图与类成员图见图 6-8。

虽然使用作用域分辨符与同名覆盖的方法消除了二义性，但是从成员结构图看到，一个 StationWagon 类对象中具有多个从不同途径继承来的同名的数据成员 power，一方面占据了内存空间，另一方面由于在内存中有不同的副本而可能造成数据不一致。程序 69 行将 car::power 设成 105，将 Wagon::power 设成 108，那么 StationWagon 的 power 值究竟应为多少？

为了解决从不同途径继承来的同名数据成员在内存中有不同的副本造成的数据不一致问题，将共同基类设置为**虚基类**。这时从不同路径继承来的同名数据成员在内存中就只有一个副本，同一个函数名也只有一个映射。这样不仅解决了二义性问题，也节省了内存，避免了数据不一致的问题。

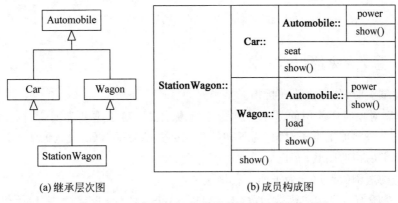

(a) 继承层次图　　　　(b) 成员构成图

图 6-8　StationWagon 类的层次结构与成员构成图

6.6.1　虚基类的定义

虚基类的定义是融合在派生类的定义过程中的，其定义格式如下：

```
class 派生类名：virtual 继承方式　基类名
```

其中：
- virtual 是关键字，声明该基类为派生类的虚基类。
- 在多继承情况下，虚基类关键字的作用范围和继承方式关键字相同，只对紧跟其后的基类起作用。
- 声明了虚基类之后，虚基类在进一步派生过程中始终和派生类一起维护同一个基类子对象的副本。

使用虚基类，将程序 p6_6.cpp 修改如下：

```
class Car: virtual public Automobile        //小客车类
class Wagon: virtual public Automobile      //小货车类
```

使用虚基类后的继承层次图与类成员图如图 6-9 所示。

这时，从 Automobile 中不同途径继承来的 power、show() 在 StationWagon 中只有一个副本。

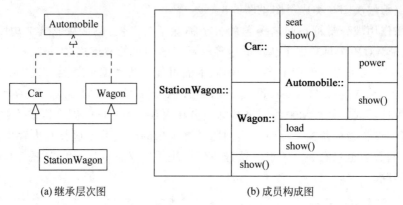

(a) 继承层次图   (b) 成员构成图

图 6-9　带虚基类的 StationWagon 类的层次结构与成员构成图

6.6.2　虚基类的构造与析构

在使用虚基类时，如何构造和析构派生类对象？

C++将建立对象时所使用的派生类称为**最远派生类**。对于虚基类而言，由于最远派生类对象中只有一个公共虚基类子对象，为了初始化该公共基类子对象，最远派生类的构造函数要调用该公共基类的构造函数，而且只能被调用一次。

虚基类的构造函数调用分为下面 3 种情况：

（1）虚基类没有定义构造函数，程序自动调用系统默认的构造函数来初始化派生类对象中的虚基类子对象。

（2）虚基类定义了默认构造函数，程序自动调用自定义的默认构造函数。

（3）虚基类定义了带参数的构造函数，在这种情况下，虚基类的构造函数调用相对比较复杂。因为虚基类定义了带参数的构造函数，所以在整个继承结构中直接或间接继承虚基类的所有派生类都必须在构造函数的初始化表中列出对虚基类的初始化。但是，只有用于建立派生类对象的那个**最远派生类**的构造函数才调用虚基类的构造函数，而派生类的其他非虚基类中所列出的对这个虚基类的构造函数的调用将被忽略，从而保证对公共虚基类子对象只初始化一次。

C++同时规定，在初始化列表中同时出现对虚基类和非虚基类构造函数的调用，虚基类的构造函数先于非虚基类的构造函数执行。

虚基类的析构顺序与构造顺序完全相反，最开始析构的是最远派生类自身，最后析构的是虚基类。尽管从程序上看，虚基类被析构多次，实际上只有在最后一次被执行，中间的全部被忽略。

将程序 p6_6.cpp 修改后，在编译下列语句时将显示编译错误：

```
StationWagon(int CPower, int WPower, int seat, int load)
        :Wagon(WPower, load), Car(CPower, seat)
```

系统在调用 StationWagon 的构造函数时首先调用虚基类的构造函数，以便初始化虚基类中的数据成员。因为在 StationWagon 的构造函数中没有列出基类构造函数的调用形式，系统调用虚基类的默认构造函数 Automobile()。但在类 Automobile 中，默认构造函数被 Automobile(int)取代，没有 Automobile()可调用，故出错。一个避免出错的方法是将虚基类的构造函数 Automobile(int)更改成带默认形参值的形式,即 Automobile (int＝0),但此时虚基类中的数据成员无法初始化。

为了初始化虚基类中的数据成员,需要在最远派生类的构造函数中定义对虚基类构造函数调用的初始化列表。

将程序 p6_6.cpp 修改如下。

【例 6-7】　虚基类的构造函数。

假定类 Car、Wagon 从共同的基类 Automobile(汽车)派生出来,程序如下:

```
1    /*********************************
2    * 程序名: p6_7.cpp              *
3    * 功  能: 虚基类的构造函数      *
4    *********************************/
5    # include < iostream >
6    using   namespace std;
7    class Automobile                          //汽车类
8    {
9    private:
10       int power;                            //马力
11   public:
12       Automobile(int power)
13       {
14           this - > power = power;
15           cout <<"Automobile constructing..."<< endl;
16       }
17       void show()
18       {
19           cout <<"   power:"<< power;
20       }
21   };
22       class Car: virtual public Automobile          //小客车类
23   {
24   private:
25       int seat;                            //座位
26   public:
27       Car(int power, int seat):Automobile(power)
28       {
29           this - > seat = seat;
30           cout <<"Car constructing..."<< endl;
31       }
32       void show()
33       {
34           cout <<"car:";
35           Automobile::show();
36           cout <<"   seat:"<< seat << endl;
37       }
38   };
39   class Wagon: virtual public Automobile          //小货车类
40   {
41   private:
```

```cpp
42          int load;                              //装载量
43      public:
44          Wagon(int power,int load):Automobile(power)
45          {
46              this - > load = load;
47              cout <<"Wagon constructing..."<< endl;
48          }
49          void show()
50          {
51              cout <<"wagon:";
52              Automobile::show();
53              cout <<"   load:"<< load << endl;
54          }
55      };
56      class StationWagon :public Car, public Wagon      //客货两用车类
57      {
58      public:
59          StationWagon(int CPower,int WPower, int seat,int load)
60              :Automobile(CPower),Wagon(WPower,load), Car(CPower,seat)
61          {
62              cout <<"StationWagon constructing..."<< endl;
63          }
64          void show()
65          {
66              cout <<"StationWagon:"<< endl;
67              Car::show();
68              Wagon::show();
69          }
70      };
71      int main()
72      {
73          StationWagon SW(105,108,3,8);
74          SW.show();
75          return 0;
76      }
```

运行结果：

```
Automobile constructing...
Car constructing...
Wagon constructing...
StationWagon constructing...
StationWagon:
car power:105 seat:3
wagon power:105 load:8
```

结果分析：

在本例中，虚基类 Automobile 定义了一个带参数的构造函数，所以其派生类 StationWagon、Car 和 Wagon 都必须各自定义带参数的构造函数，当建立最远派生类 StationWagon 的对象 SW 时，通过类 StationWagon 的构造函数初始化列表，似乎虚基类构造

函数 Automobile()、直接基类 Car 和 Wagon 的构造函数 Car() 和 Wagon() 都被调用,而后者又分别嵌套调用了虚基类的构造函数 Automobile(),这样,C++编译器岂不是会将从虚基类继承来的数据成员 power 连续初始化 3 次? 但实际上,只有虚基类的构造函数 Automobile() 被执行,最远派生类 StationWagon 的直接基类 Car 和 Wagon 的构造函数对虚基类构造函数的嵌套调用将自动被忽略,这样,power 只会被初始化一次。

本 章 小 结

(1) 通过继承,派生类在原有类的基础上派生出来,它继承原有类的属性和行为,并且可以扩充新的属性和行为,或者对原有类中的成员进行更新,从而实现了软件重用。

(2) 继承方式有 public、protected、private,在各种继承方式下,基类的私有成员在派生类中不可存取。public 继承方式下基类成员的访问控制属性在派生类中不变,protected 继承方式下基类成员的访问控制属性在派生类中为 protected,private 继承方式下基类成员的访问控制属性在派生类中为 private。

(3) 在派生类建立对象时会调用派生类的构造函数,在调用派生类的构造函数前先调用基类的构造函数。派生类对象消失时,先调用派生类的析构函数,然后调用基类的析构函数。

(4) 类型兼容是指在公有派生的情况下,一个派生类对象可以作为基类的对象来使用。派生类对象可以赋值给基类对象,派生类对象可以初始化基类的引用,派生类对象的地址可以赋给指向基类的指针。

(5) 在多继承时,多个基类中的同名成员在派生类中由于标识符不唯一而出现二义性。在派生类中通过采用成员名限定或重定义具有二义性的成员来消除二义性。

(6) 在多继承中,当派生类的部分或全部直接基类又是从另一个共同基类派生而来时,可能会出现间接二义性。消除间接二义性除了可以采用消除二义性的两种方法外,还可以采用虚基类的方法。

习 题 6

1. 填空题

(1) C++程序设计的关键之一是利用_____实现软件重用,有效地缩短程序的开发时间。

(2) 派生类的对象可以作为基类的对象使用,这称为_____。

(3) 在 C++中,3 种派生方式的说明符为_____、_____、_____,如果不加说明,则默认派生方式为_____。

(4) 当私有派生时,基类的公有成员成为派生类的_____;保护成员成为派生类的_____;私有成员成为派生类的_____。

(5) 相互关联的各个类之间的关系主要分为_____关系和_____关系。

(6) 在派生类中不能直接访问基类的_____,否则破坏了基类的封装性。

(7) 保护成员具有双重角色,对派生类的成员函数而言,它是_____,但对所在类之外定义的其他函数而言则是_____。

(8) 在多继承时,多个基类中的同名成员在派生类中由于标识符不唯一而出现_____。

在派生类中通过采用_____或_____来消除该问题。

（9）C++提供的_____机制允许一个派生类继承多个基类。

2. 选择题

（1）下面对派生类的描述错误的是（　　　）。

    A. 一个派生类可以作为另外一个派生类的基类

    B. 派生类至少有一个基类

    C. 派生类的成员除了它自己的成员外，还包含了它的基类的成员

    D. 派生类中继承的基类成员的访问权限在派生类中保持不变

（2）在多重继承中，公有派生和私有派生对于基类成员在派生类中的可访问性与单继承的规则是（　　　）。

    A. 完全相同　　　　　　　　　　B. 完全不同

    C. 部分相同，部分不同　　　　　D. 以上都不对

（3）下面对友元关系的叙述正确的是（　　　）。

    A. 不能继承

    B. 是类与类的关系

    C. 是一个类的成员函数与另一个类的关系

    D. 提高程序的运行效率

（4）下面叙述不正确的是（　　　）。

    A. 为了充分利用现有类，派生类一般使用公有派生

    B. 对基类成员的访问必须是无二义性的

    C. 赋值兼容规则也适用于多重继承的场合

    D. 基类的公有成员在派生类中仍然是公有的

（5）下面叙述不正确的是（　　　）。

    A. 基类的保护成员在派生类中仍然是保护的

    B. 基类的保护成员在公有派生类中仍然是保护的

    C. 基类的保护成员在私有派生中仍然是私有的

    D. 对基类成员的访问必须是无二义性的

（6）在公有派生的情况下，派生类中定义的成员函数只能访问原基类的（　　　）。

    A. 公有成员和私有成员

    B. 私有成员和保护成员

    C. 公有成员和保护成员

    D. 私有成员、保护成员和公有成员

（7）一个类可以同时继承多个类，称为多继承，下面关于多个继承和虚基类的表述错误的是（　　　）。

    A. 每个派生类的构造函数都要为虚基类构造函数提供实参

    B. 多继承时有可能出现对基类成员访问的二义性问题

    C. 使用虚基数类可以解决二义性问题并实现运行时的多态性

    D. 建立派生类对象时，虚基数的构造函数会首先被调用

（8）在一个派生类对象结束其生命周期时（　　　）。

    A. 先调用派生类的析构函数，后调用基类的析构函数

B. 先调用基类的析构函数,后调用派生类的析构函数

C. 如果基数没有定义析构函数,则只调用派生类的析构函数

D. 如果派生类没有定义析构函数,则只调用基类的析构函数

(9) 当保护继承时,基类的( )在派生类中成为保护成员,不能通过派生类的对象直接访问。

    A. 任何成员   B. 公有成员和保护成员

    C. 公有成员和私有成员   D. 私有成员

(10) 若派生类的成员函数不能直接访问基类中继承来的某个成员,则该成员一定是基类中的( )。

    A. 私有成员   B. 公有成员

    C. 保护成员   D. 保护成员或私有成员

(11) 设置虚基类的目的是( )。

    A. 简化程序   B. 消除二义性   C. 提高运行效率   D. 减少目标代码

(12) 继承具有( ),即当基类本身也是某一个类的派生类时,底层的派生类会自动继承间接基类的成员。

    A. 规律性   B. 传递性   C. 重复性   D. 多样性

(13) 在派生类构造函数的初始化列表中不能包含( )。

    A. 基类的构造函数   B. 基类对象成员的初始化

    C. 派生类对象成员的初始化   D. 派生类中新增数据成员的初始化

(14) 在公有派生情况下,下面有关派生类对象和基类对象的关系不正确的是( )。

    A. 派生类的对象可以赋给基类的对象

    B. 派生类的对象可以初始化基类的引用

    C. 派生类的对象可以直接访问基类中的成员

    D. 派生类的对象的地址可以赋给指向基类的指针

(15) 有以下类定义:

```
class MyBASE{
        int k;
public:
    void set(int n){ k = n;}
    int get()const{ return k; }
};
class MyDERIVED: protected MyBASE{
protected:
    int j;
public:
    void set(int m, int n){ MyBASE::set(m); j = n;}
    int get()const{ return MyBASE::get() + j; }
};
```

则类 MyDERIVED 中 protected 访问权限的数据成员和成员函数的个数是( )。

    A. 4   B. 3   C. 2   D. 1

(16) 有以下程序:

```
# include < iostream >
```

```
using namespace std;
class A {
public:
    A() { cout << "A"; }
};
class B { public: B() { cout << "B"; } };
class C : public A {
    B b;
public:
    C() { cout << "C"; }
};
int main() {  C obj;    return 0; }
```

执行后的输出结果是(   )。

    A. CBA   B. BAC   C. ACB   D. ABC

(17) 有以下类定义：

```
class XA
{
    int x;
  public:
  XA(int n){ x = n;}
};
class XB: public XA
{
    int y;
public:
    XB(int a, int b);
};
```

在构造函数 XB 的下列定义中,正确的是(   )。

    A. XB∷XB(int a,int b)：x(a)，y(b){ }

    B. XB∷XB(int a,int b)：XA(a)，y(b){ }

    C. XB∷XB(int a,int b)：x(a)，XB(b){ }

    D. XB∷XB(int a,int b)：XA(a)，XB(b){ }

(18) 有以下程序：

```
# include < iostream >
using namespace std;
class BASE{
    public:
        ~BASE(){ cout <<"BASE";}
    };
class DERIVED: public BASE {
    public:
    ~DERIVED(){ cout <<"DERIVED";}
    };
int main(){DERIVED x; return 0 ;}
```

执行后的输出结果是(   )。

    A. BASE   B. DERIVED

C. BASEDERIVED   D. DERIVEDBASE

(19) 有以下程序：

```
# include < iostream >
using namespace std;
class Base {
public:
    void fun(){cout <<"Base::fun"<< endl;}
};
class Derived:public Base {
public:
  void fun() {
  _____
  cout <<"Derived::fun"<< endl;
  }
};
int main()  {
    Derived d;
    d.fun();
    return 0;
}
```

已知其执行后的输出结果为：

```
Base::fun
Derived::fun
```

则在程序中下画线处应填入的语句是（   ）。

     A. Base.fun()；   B. Base::fun()；   C. Base—>fun()；   D. fun()；

(20) 有以下程序：

```
# include < iostream >
using namespace std;
class A{
public:
    A(){cout <<"A";}
    ~A(){cout <<" - A";}
};
class B:public A{
    A * p;
public:
    B(){cout <<"B"; p = new A();}
    ~B(){cout <<" - B";  delete  p;}
};
int main()
{
    B obj;
    return 0;
}
```

执行这个程序的输出结果是（   ）。

     A. BAA-A-B-A   B. ABA-B-A-A   C. BAA-B-A-A   D. ABA-A-B-A

（21）有以下程序：

```cpp
#include <iostream>
using namespace std;
class Base
{
private:
    void fun1()const{ cout <<"fun1";}
protected:
    void fun2()const{ cout <<"fun2";}
public:
    void fun3()const{ cout <<"fun3";}
};
class Derived : protected Base
{
public:
    void fun4()const{ cout <<"fun4";}
};
int main()
{
    Derived obj;
    obj.fun1();         //①
    obj.fun2();         //②
    obj.fun3();         //③
    obj.fun4();         //④
    return 0;
}
```

其中有语法错误的语句是（   ）。

    A. ①②③④   B. ①②③   C. ②③④   D. ①④

（22）有以下类定义：

```cpp
class MyBase
{
private:
    int k;
public:
    MyBase(int n = 0):k(n){}
    int value()const{ return k; }
};

class MyDerived:MyBase{int j;
public:
    MyDerived(int i):j(i){}
    int getK()const{ return k;}
    int getj()const{return j;}
};
```

编译时发现有一处语法错误，对这个错误最准确的描述是（   ）。

    A. 函数 getK 试图访问基类的私有成员变量 K

    B. 在类 MyDerived 的定义中，基类名 MyBase 前缺少关键字 public、protected 或 private

C. 类 MyDerived 缺少一个无参的构造函数

D. 类 MyDerived 构造的数没有对基数数据成员 K 进行初始化

（23）有以下程序：

```cpp
#include<iostream>
using namespace std;
class Base{
protected:
    Base(){cout <<'A';}
    Base(char c){cout << c;}
};

class Derived:public Base{
public:
    Derived(char c){cout << c;}
};
int main()
{
Derived d1('B');
return 0;
}
```

执行这个程序屏幕上将显示(   )。

    A. B   B. BA   C. AB   D. BB

3. 简答题

（1）派生类如何实现对基类私有成员的访问？

（2）什么是赋值兼容？它会带来什么问题？

（3）多重继承时，构造函数和析构函数的执行是如何实现的？

（4）继承与组合之间有什么区别和联系？

（5）什么是虚基类？它有什么作用？

4. 程序分析题（写出运行结果）

（1）

```cpp
#include<iostream>
using namespace std;
class B1{
public:
    B1(int i)
    {   cout <<"constructing B1   "<< i << endl;   }
    ~B1()
    {   cout <<"destructing B1   "<< endl;    }
};
class B2 {
public:
    B2(int i)
    {   cout <<"constructing B2   "<< i << endl;   }
    ~B2()
    {   cout <<"destructing B2   "<< endl;     }
};
```

```cpp
class B3 {public:
    B3()
    {    cout <<"constructing B3    * "<< endl;    }
    ~B3()
    {    cout <<"destructing B3"<< endl;    }
};
class C:public B2,public B1,public B3 {
public:
    C(int a,int b,int c,int d):B1(a),memberB2(d),memberB1(c),B2(b){}
  private:
    B1 memberB1;
    B2 memberB2;
    B3 memberB3;
};
int main()
{
    C obj(1,2,3,4);
    return 0;
}
```

（2）

```cpp
#include< iostream >
using namespace std;
class A{
    public: A(){a = 0;}
            A(int i){a = i;}
            void Print(){cout << a <<",";}
            int Geta(){return a;}
    private:int a;
};
class B:public A{
    public:B(){b = 0;}
        B(int i,int j,int k);
        void Print();
    private:int b;
        A aa;
};
B::B(int i,int j,int k):A(i),aa(j){b = k;}
void B::Print(){
    A::Print();
    cout << b <<","<< aa.Geta()<< endl;
}
int main(){
    B bb[2];
    bb[0] = B(1,2,5);
    bb[1] = B(3,4,7);
    for(int i = 0;i < 2;i++)
    bb[i].Print();
    return 0;
}
```

5. 程序填空题

在下面横线处填上合适的内容,完成类 B 的定义。

```cpp
#include<iostream>
using namespace std;
class A{
    public:A(){a=0;}
        A(int i){a=i;}
        void print(){cout<<a<<",";}
    private:int a;
};
class B:public A{
    public:B(){b1=b2=0}
        B(  ①  ){b1=i;b2=0;}
        B(int i,int j,int k):  ②  {b1=j;b2=k;}   //使 a 的值为 i
        void print(){A::print();cout<<b1<<","<<b2<<endl;}
        private:int b1,b2;
}
```

6. 改错题

(1) 下面程序中有一处错误,请用下横线标出错误所在行并说明错误原因,使程序的输出结果为:

```
m=0
m=10
```

```cpp
#include<iostream>
using namespace std;
class c0 {
  int m;
public:
    void print(){ cout<<"m = "<<m<<endl; }
};
class c1:public c0 {
public:
    c1(int t)
    {   m=t;   }
};
int main() {
  c1 obj1(0);
  obj1.print();
  c1 obj2(10);
  obj2.print();
  return 0;
}
```

(2) 指出下面程序段中的错误,并说明出错原因。

```cpp
class one{
  private:
    int a;
  public:
    void func(two&);
```

```
};
class two{
  private:
    int b;
    friend void one::func(two&);
};
void one::func(two& r)
{
    a = r.b;
  }
```

（3）指出下面程序段中的错误，并说明出错原因。

```
class A{
    public:    void fun(){cout <<"a. fun"<< endl;}
};
class B{
    public:    void fun(){cout <<"b. fun"<< endl;}
              void gun(){cout <<"b. gun"<< endl;}
};
class C:public A, public B{
    private:int b;
    public:void gun(){cout <<"c. gun"<< endl;}
        void hun(){fun();}
};
```

（4）下面程序中有一处错误，请用下横线标出错误所在行并说明错误原因。

```
# include < iostream >
using namespace std;
class A{
    public:A(const char * nm){strcpy(name, nm);}
    private:char name[80];
};
class B:public A{
    public:B(const char * nm):A(nm){ }
          void PrintName()const;
};
void B::PrintName()const{
    cout <<"name:"<< name << endl;
}
int main(){
    B b1("wang li");
    b1.PrintName();
    return 0;
}
```

7. 编程题

（1）定义一个 Point 类，派生出 Rectangle 类和 Circle 类，计算各派生类对象的面积 Area()。

（2）设计一个建筑物类 Building，由它派生出教学楼 TeachBuilding 和宿舍楼类 DormBuilding，前者包括教学楼编号、层数、教室数、总面积等基本信息，后者包括宿舍楼编号、层数、宿舍数、总面积和容纳学生总人数等基本信息。

（3）定义并描述一个 Table 类和一个 Circle 类，由它们共同派生出 RoundTable 类。

（4）定义并描述一个人员类 Person，它派生出学生类 Student 和教师类 Teacher，学生类和教师类又共同派生出在职读书的教师类 Stu_Teech 等。人员类有姓名、性别、身份证号、出生年月等信息；学生类有学号、成绩等信息；教师类有职称等信息。

（5）利用 Clock 类定义一个带"AM""PM"的新时钟类 NewClock。

（6）利用 Clock 类和 Date 类定义一个带日期的时钟类 ClockWithDate，且对该类对象能进行增加秒数的操作。

（7）扩充 String 类，增加对字符串编辑的函数，例如替换某个字符、替换某个字串、删除某个字符、删除某个字串等。

（8）编写一个程序实现小型公司的工资管理。该公司主要有 4 类人员，即经理（manager）、技术人员（technician）、销售员（salesman）、销售经理（salesmanager）。这些人员都是职员（employee），有编号、姓名、月工资信息。月工资的计算方法是经理固定月薪 8000 元，技术人员每小时 100 元，销售员按当月销售额的 4% 提成，销售经理既拿固定月工资 5000 元又拿销售提成，销售提成为所管辖部门当月销售额的 5‰。要求编程计算职员的月工资并显示全部信息。

## 第 7 章

多态性

◇ **引言**

在现实世界里会因信息的内容不同而有不同的动作,例如同样是"穿",穿衣服、穿裤子、穿鞋子等,因信息处理的内容不同,穿的动作就不同。同样的信息,也会因接收的个体不同而有不同的动作,例如同样是"叫",猫叫、狗叫、鸟叫等,因为叫的动物不同,发出的声音就不一样。对应到面向对象的概念里,就是信息会因为信息的内容或信息的接受者不同而有不同的处理过程。落实到程序中,则变成了函数会因传递的参数或拥有函数的对象不同而有不同的处理。本章介绍这种处理机制。

◇ **学习目标**

(1) 掌握多态性的概念;

(2) 掌握运算符的重载规则,会重载常用的运算符;

(3) 掌握用虚函数实现动态联编;

(4) 理解静态多态性与动态多态性的区别与实现机制;

(5) 掌握抽象类的概念与设计方法。

7.1 多态性概述

多态性(polymorphism)是面向对象程序设计的重要特性之一。**多态**是指同样的消息被不同类型的对象接收时导致完全不同的行为。所谓**消息**是指对类的成员函数的调用,不同的行为指不同的实现,也就是调用了不同的函数(即虽然调用的函数名相同,但对应的函数体不同)。

运算符的使用就是多态的一种体现。例如"+"运算,两个整数相加、两个浮点数相加……同样的运算符被不同的运算对象接收,导致完全不同的运算规则和不同的运算结果。函数的重载、函数模板都是 C++多态性的体现。

从实现的角度来看,多态可以划分为两类,即编译时的多态和运行时的多态。前者是在编译的过程中确定了同名操作的具体操作对象,而后者则是在程序运行过程中才动态地确定操作所针对的具体对象。这种确定操作的具体对象的过程就是**联编**(binding),也称为绑定。

联编可以在编译和连接时进行,称为**静态联编**。在编译、连接过程中,系统可以根据类型匹配等特征确定程序中操作调用与执行该操作的代码的关系,即确定了某一个同名标识到底要调用哪一段程序代码,函数的重载、函数模板的实例化均属于静态联编。

联编也可以在运行时进行,称为**动态联编**。在编译、连接过程中无法解决的联编问题要等到程序开始运行之后再确定。

静态联编的主要优点是程序执行效率高,因为在编译、连接阶段有关函数调用和具体的执行代码的关系已经确定,所以执行速度快。

动态联编的主要优点是灵活,但程序运行速度要慢一些。因为动态联编需要在程序运行过程中搜索以确定函数调用(消息)和程序代码(方法)之间的匹配关系。

7.2　运算符重载

C++中预定义的运算符的操作对象只能是基本数据类型。但实际上,对于许多用户自定义类型(例如类)也需要类似的运算。这时就必须在 C++中重新定义这些运算符,赋予已有运算符新的功能,使它能够用于特定类型执行特定的操作。使同一个运算符作用于不同类型的数据时导致不同的行为的这种机制称为**运算符重载**。C++通过重载运算符使之用于自定义的类型,扩展了运算符的功能,这也是 C++最具吸引力的优点之一。

一般情况下,在完成同样的操作时,使用运算符重载能够比一般的函数调用更简洁、更直观,增加了程序可读性,但对于每个需要重载的运算符,必须充分考虑其在现实世界中的含义和实际使用的环境,而不要过多使用或不合理地使用运算符重载。

有人曾说:C++程序员常常先学会重载运算符,然后再学会不重载运算符。为什么? 因为作为一名好的程序员,常常是先学会如何重载运算符,然后再学会何时重载运算符以及如何适当地重载运算符。

7.2.1　运算符重载机制

C++语言本身具有简单的运算符重载功能,例如＋、－、＊、/等运算符的操作对象既可以是整数,也可以是浮点数、双精度浮点。运算符重载是通过重载一种特殊函数——运算符函数来实现的。

C++编译器在对运算符进行编译处理时,将一个运算符编译成以下形式:

一元运算符:	@obj	──编译成──▶	operator @ (obj)
二元运算符:	obj1@obj2	──编译成──▶	operator @ (obj1,obj2)

其中,关键字 operator 加上运算符名的函数称为**运算符函数**。

由于 C++中有前置＋＋、－－,后置＋＋、－－,为了区分它们,C++将后置＋＋、－－编译成:

后置++:	obj++	──编译成──▶	operator++(obj,0)
后置--:	obj--	──编译成──▶	operator -- (obj,0)

前置＋＋、－－与其他一元运算符相同。

依照此规则,8＋9、10.5＋3.5 分别编译成运算符函数调用形式为:

```
operator + (8,9);            (1)
operator + (10.5,3.5);       (2)
```

C++为＋运算提供了多种运算符函数，其原型如下：

```
int operator +(int, int);
double operator +(double, double);
```

根据函数重载规则，(1)式调用 int operator ＋ (int，int)，(2)式调用 float operator ＋ (double，double)。这样，以函数重载机制实现了运算符重载。**运算符重载实际上是函数重载**。

在运算符重载的实现过程中，首先需要把指定的运算表达式转换为对运算符函数的调用，将运算对象转换为运算符函数的实参，然后编译器根据实参的类型确定需要调用的函数，这个联编过程是在编译过程中完成的，所以运算符重载属于静态联编。

7.2.2　运算符重载规则

1. 可重载的运算符

C++中的运算符除以下 5 个运算符之外，其余全部可以被重载。

- . ：成员选择运算符；
- . ＊：成员指针运算符；
- ∷：作用域分辨符；
- ?：三目选择运算符；
- sizeof：计算数据大小运算符。

C++之所以不允许对这 5 个运算符进行重载，原因是为了防止破坏 C++程序的安全机制。前面的两个运算符提供了 C++中引用成员这个最基本的含义，如果被重载，将不能用普通的方法访问成员；三目选择运算符?：实际上是对某些 if 语句的替换；作用域分辨符和 sizeof 运算符的操作对象是类型，而不是普通的表达式，不具有重载的特征。

2. 运算符的重载规则

运算符的重载规则如下：

(1) 重载后运算符的优先级与结合性不会改变。

(2) 不能改变原运算符操作数的个数。

(3) 不能重载 C++中没有的运算符。

(4) 不能改变运算符的原有语义。

运算符重载是针对程序中用户自定义的新类型数据的实际需要对 C++中原有运算符进行适当的改造，不臆造新的运算符。

运算符重载是针对新类型数据的实际需要对原有运算符进行的适当改造，重载的功能应当与原有功能相类似，不能改变该运算符用于基本数据类型的含义。例如，＋通常用于将数据相加，在重载时应沿用加的含义，不能重载让其进行减运算。

运算符函数重载一般有两种形式，即重载为类的成员函数和重载为类的非成员函数。非成员函数通常是友元，也可以把一个运算符作为一个非成员、非友元函数重载。但是，这样的运算符函数访问类的私有和保护成员时必须使用类的公有接口中提供的设置数据和读取数据的函数，调用这些函数时会降低性能。

7.2.3　重载为类的友元函数

运算符之所以要重载为类的友元函数，是因为这样可以自由地访问该类的任何数据成员。

将运算符重载为类的友元函数要在类中使用 friend 关键字声明该运算符函数为友元函数。在类中定义友元函数的格式如下：

```
friend  函数类型  operator  运算符(形参表)
{
        函数体;
}
```

用户也可以在类中声明友元函数,在类外定义。由于友元函数不是类的成员函数,在类外定义时不需要加类名标识。

当运算符重载为类的友元函数时,函数参数个数与运算符的原操作数个数相同。当重载为友元函数时,友元函数对某个对象的数据进行操作,必须通过该对象的名称进行,函数中用到的数据(包括对象)均通过参数表传递。

对于双目运算符,如果它的一个操作数为类 A 的对象,就可以将其重载为类 A 的友元函数,该函数有两个形参,其中一个形参的类型是类 A。

例如复数表达式 C1＋C2,经过重载之后,就相当于函数调用 operator ＋（C1,C2）。其中,C1、C2 均为复数类对象。

【例 7-1】　重载运算符为类的友元函数进行复数类数据运算。

分析：C++的算术运算符没有提供复数运算的功能,使用(a,b)表示一个复数 a＋bi,其中 a 为实部,b 为虚部。为简便起见,复数的运算规则定义如下：

加、减法运算规则为：

(a,b) + (c,d) = (a + c, b + d);
(a,b) - (c,d) = (a - c, b - d);

取负运算规则定义为：

- (a,b) = (- a, - b);

＋＋运算规则定义为：

(a,b)++ = (a + 1,b);

```
1   /***************************************************
2    *   程序名: p7_1.cpp                              *
3    *   功  能: 重载 + 、- 、++ 为类的友元函数,进行复数运算  *
4    ***************************************************/
5   # include < iostream >
6   //using namespace std;
7   using std::cout;
8   using std::endl;
9   class Complex                              //复数类的定义
10  {
11  private:
12      double real;                           //复数实部
13      double image;                          //复数虚部
14  public:
15      Complex(double real = 0.0,double image = 0.0)   //构造函数
```

```
16    {
17        this -> real = real, this -> image = image;
18    }
19      void display()
20      {
21          cout <<"("<< real <<","<< image <<")"<< endl;
22      }
23      friend Complex operator + (Complex A, Complex B)      //重载 + 为友元函数
24      {                                                    //重载运算符 + 的函数实现
25        return Complex(A.real + B.real, A.image + B.image);
26      }
27      friend Complex operator - (Complex A, Complex B);    //重载 - 为友元函数
28        friend Complex operator - (Complex A);             //重载 - (取负)为友元函数
29        friend Complex operator ++(Complex& A);            //重载前置++为友元函数
30      friend Complex operator ++(Complex& A, int);         //重载后置++为友元函数
31    };
32    Complex operator - (Complex A, Complex B)              //重载运算符 - 的函数实现
33    {
34      return Complex(A.real - B.real, A.image - B.image);
35    }
36    Complex operator - (Complex A)                         //重载运算符 - (取负)的函数实现
37    {
38      return Complex( - A.real, - A.image);
39    }
40    Complex operator ++(Complex& A)                        //重载运算符前置++的函数实现
41    {
42      return Complex(++A.real, A.image);
43    }
44    Complex operator ++(Complex& A, int)                   //重载运算符后置++的函数实现
45    {
46      return Complex(A.real++, A.image);
47    }
48    int main()
49    {
50      Complex A(100.0, 200.0), B( - 10.0, 20.0), C;
51      cout <<"A = ",          A.display();
52      cout <<"B = ",          B.display();
53      C = A + B;                                           //使用重载运算符完成复数加法
54      cout <<"C = A + B = ",    C.display();
55      C = A - B;                                           //使用重载运算符完成复数减法
56      cout <<"C = A - B = ",    C.display();
57      C = - A + B;
58      cout <<"C = - A + B = ",   C.display();
59      C = A++;
60      cout <<"C = A++, C = ", C.display();
61      C = ++A;
62      cout <<"C = ++A, C = ", C.display();
63      C = A + 5;
64      C.display();
65      return 0;
66    }
```

运行结果：

```
A = (100,200)
B = ( - 10,20)
C = A + B = (90,220)
C = A - B = (110,180)
C = - A + B = ( - 110, - 180)
C = A++, C = (100,200)
C = ++A, C = (102,200)
(107,200)
```

程序解释：

（1）对于运算符重载为类的友元函数，Visual C++ 2010 不允许在声明重载运算符之前使用 using namespace std，所以分别列出对 cout 和 endl 的使用：

```
using std∷cout;
using std∷endl;
```

如果仍然使用 using namespace std，需下载安装 Microsoft Visual Studio 6.0 Service Pack 5。

（2）编译时，运算式中的运算符加操作数形式编译成运算符函数形式，操作数成了运算符函数的实参。对整型数、浮点数等基本类型数据的运算，调用系统提供的运算符函数执行原有的功能；对于复数类数据，调用新增的运算符函数执行新的功能。

（3）程序在运行 C＝A＋＋时，由于 A＋＋被编译成运算符函数调用形式，即"operator ＋＋(A，0);"A 作为实参以传值的方式传进 operator ＋＋(Complex，0)中，函数体内对 A 的改变不会影响到实参 A，所以执行 A＋＋后，A 的值仍然为(100,200)。

7.2.4　重载为类的成员函数

将运算符函数重载为类的成员函数，这样运算函数可以自由地访问本类的数据成员。

重载运算符函数为类的成员函数语法形式如下：

```
返回类型　类名∷operator　运算符(形参表)
{
    函数体;
}
```

其中：

- 类名是要重载该运算符的类，如果在类中定义运算符函数，类名与作用域分辨符可以省略。
- operator 与运算符构成运算符函数名。
- 当运算符重载为类的成员函数时，函数的参数个数将比原来的操作数个数少一个，原因是通过对象调用该运算符函数时，对象本身充当了运算符函数最左边的操作数，少的操作数就是该对象本身。

如果重载运算符是双目运算符，那么运算符的一个操作数是对象本身，由 this 指针指出，另一个操作数则需要通过运算符重载函数的参数表给出。由此可得出以下结论：

（1）双目运算符重载为类的成员函数时，函数只显式说明一个参数，该形参是运算符的右操作数。

（2）前置单目运算符重载为类的成员函数时，不需要显式说明参数，即函数没有形参。

（3）后置单目运算符重载为类的成员函数时，为了与前置单目运算符相区别，函数要带有一个整型形参。

【例 7-2】 重载运算符进行复数类数据运算。

```
1    /**************************************************************
2     *  程序名: p7_2.cpp                                        *
3     *  功　能: 重载 + 、- 、++为类的成员函数,进行复数运算       *
4     **************************************************************/
5    # include < iostream >
6    using namespace std;
7    class Complex                                    //复数类的定义
8    {
9    private:
10       double real;                                 //复数实部
11       double image;                                //复数虚部
12
13   public:
14       Complex(double real = 0.0, double image = 0.0)  //构造函数
15       {
16       this -> real = real, this -> image = image;
17       }
18       void display()
19       {
20           cout <<"("<< real <<","<< image <<")"<< endl;
21       }
22       Complex operator + (Complex B);              //运算符 + 重载成员函数
23       Complex operator - (Complex B);              //运算符 - 重载成员函数
24       Complex operator - ();                       //运算符 -(取负)重载成员函数
25       Complex operator ++();                       //前置++重载成员函数
26       Complex operator ++(int);                    //后置++重载成员函数
27   };
28
29   Complex Complex::operator + (Complex B)          //重载运算符 + 的函数实现
30   {
31       return Complex(real + B.real, image + B.image);  //创建一个临时对象作为返回值
32   }
33   Complex Complex::operator - (Complex B)          //重载运算符 - 的函数实现
34   {
35       return Complex(real - B.real, image - B.image);
36   }
37   Complex Complex::operator - ()                   //重载运算符 -(取负)的函数实现
38   {
39       return Complex( - real, - image);
40    }
41    Complex Complex::operator ++()                  //重载运算符前置++的函数实现
42    {
43        return Complex(++real, image);
```

```
44          }
45      Complex Complex::operator ++(int)                    //重载运算符后置++的函数实现
46      {
47              return Complex(real++, image);
48      }
49      int main()
50      {
51              Complex A(100.0,200.0),B( - 10.0,20.0),C;
52              cout <<"A = ",          A.display();
53              cout <<"B = ",          B.display();
54              C = A + B;                                    //使用重载运算符完成复数加法
55              cout <<"C = A + B = ",    C.display();
56              C = A - B;                                    //使用重载运算符完成复数减法
57              cout <<"C = A - B = ",    C.display();
58              C =- A + B;
59              cout <<"C =- A + B = ",    C.display();
60              C = A++;
61              cout <<"C = A++, C = ", C.display();
62              C = ++A;
63              cout <<"C = ++A, C = ", C.display();
64              C = A + 5;
65              C.display();
66              return 0;
67      }
```

运行结果：

```
A = (100,200)
B = ( - 10,20)
C = A + B = (90,220)
C = A - B = (110,180)
C =- A + B = ( - 110, - 180)
C = A++, C = (100,200)
C = ++A, C = (102,200)
(107,200)
```

程序解释：

（1）程序中，除了在运算符函数定义及实现时使用了关键字 operator 与运算符外，运算符成员函数与类的普通成员函数没有什么区别。

（2）本例中重载的＋、－函数中，在返回复数对象时，均创建了一个临时对象作为返回值：

```
return Complex(real + B. real, image + B. image);
```

也可以按以下形式返回函数值：

```
Complex complex :: operator + (Complex B)                    //重载运算符重载函数的实现
{
    Complex C(real + B. real, imag + B. image);
    return C;
}
```

这两种方法的执行效率是完全不同的。后者的执行过程是这样的：创建一个局部对象C（这时会调用构造函数），执行 return 语句时会调用拷贝构造函数，将C的值复制到主调函数的一个无名临时对象中。当函数 operator ＋（）调用结束时，会调用析构函数析构对象C。相比而言，前一种方法的效率就高得多了，直接将一个无名临时对象创建到主调函数中。

（3）执行程序第64行C＝A＋5时，C＝A＋5编译成调用形式C＝A.operator ＋（5），将5当成复数（5,0）与复数对象A相加。

思考：

对于以上程序，稍做修改，使用引用作为返回值，这样执行效率更高。

在多数情况下，既可以将运算符重载为类的成员函数，也可以重载为类的友元函数。但成员函数运算符与友元函数运算符具有各自的一些特点：

（1）一般情况下，单目运算符最好重载为类的成员函数，双目运算符则最好重载为类的友元函数。

（2）一些双目运算符不能重载为类的友元函数，例如＝、（）、[]、—>。

（3）类型转换函数只能定义为一个类的成员函数，不能定义为类的友元函数。

（4）若一个运算符的操作需要修改对象的状态，选择重载为成员函数较好。

（5）若运算符所需的操作数（尤其是第一个操作数）希望有隐式类型转换，则只能选用友元函数。

（6）当运算符函数是一个成员函数时，最左边的操作数（或者只有最左边的操作数）必须是运算符类的一个类对象（或者是对该类对象的引用）。如果左边的操作数必须是一个不同类的对象，或者是一个基本数据类型的对象，该运算符函数必须作为一个友元函数来实现。

（7）当需要重载运算符的运算具有可交换性时，选择重载为友元函数。

7.2.5　典型运算符重载

在 C++中，除了前面介绍的＋、—、＋＋运算符之外，还有一些运算符，例如＝、＋＝、—>和[]等运算符，它们在进行重载时有一些与众不同的情况。

1. 重载复数赋值＝运算

【例 7-3】　重载运算符＝为类的成员函数进行复数类数据赋值。

分析：＝是一个二元运算符，A＝B被编译成 operator ＝（A，B），其中 A 应是一个左值。

```
1    /***************************************************
2     * 程序名：p7_3.cpp                                 *
3     * 功　能：重载＝为类的成员函数,进行复数赋值          *
4     ***************************************************/
5    # include < iostream >
6    using namespace std;
7    class Complex                              //复数类的定义
8    {
9    private:
10       double real;                           //复数实部
11       double image;                          //复数虚部
12
13   public:
14       Complex(double real = 0.0,double image = 0.0)   //构造函数
```

```
15          {
16              this -> real = real, this -> image = image;
17          }
18          void display()
19          {
20              cout <<"("<< real <<","<< image <<")"<< endl;
21          }
22          Complex operator + (Complex B);           //运算符+重载成员函数
23          Complex operator = (Complex B);           //运算符=重载成员函数
24      };
25
26  Complex Complex∷operator + (Complex B)            //重载运算符+的函数实现
27  {
28      return Complex(real + B.real, image + B.image);   //创建一个临时对象作为返回值
29  }
30  Complex Complex∷operator = (Complex B)            //重载运算符+的函数实现
31  {
32      real = B.real, image = B.image;
33      cout <<"operator = calling..."<< endl;
34      return * this;                                //return Complex(real,image);
35  }
36  int main()
37  {
38      Complex A(100.0,200.0),B( - 10.0,20.0),C;
39      cout <<"A = ",          A.display();
40      cout <<"B = ",          B.display();
41      C = A + B;                                     //使用重载运算符完成复数加法
42      cout <<"C = A + B = ",    C.display();
43      C = A;
44      cout <<"C = A = ",        C.display();
45      return 0;
46  }
```

运行结果：

```
A = (100,200)
B = ( - 10,20)
operator = calling...
C = A + B = (90,220)
operator = calling...
C = A = (100,200)
```

程序解释：

（1）从程序可以看出，重载＝与重载＋运算符的方法相同。

（2）程序第 34 行，使用了 this 指针返回对象，使用 return Complex(real,image)返回对象时需调用构造函数建立临时对象。使用 this 指针返回对象则不需要调用构造函数，但会调用拷贝构造函数。

（3）在程序 p7_1.cpp 和程序 p7_2.cpp 中，均使用了 C＝A＋B，虽然没有重载＝运算符但也能正常进行复数对象的赋值，这是因为使用＝进行对象的浅拷贝。因此，重载＝运算符常常

用于深拷贝。

思考：

对于以上程序，稍做修改，即可实现复数的＋＝运算，请读者练习。

2. 重载成员指针运算符->

重载成员指针运算符能确保指向类对象的指针总是指向某个有意义的对象（有效内存地址），即创建一个指向对象的"智能指针"（smart pointer），否则返回错误信息，这样避免了对空指针或垃圾指针（garbage pointer）内容的存取。

【例 7-4】 重载成员指针运算符->为类的成员函数。

分析： 成员指针运算符->的操作对象有两个，左边是一个对象指针，右边是对象的成员。由于右边的对象成员的类型不确定，因此->只能作为一元运算符重载。

```
1    /*************************************************
2     *    程序名：p7_4.cpp                          *
3     *    功  能：重载 ->为类的成员函数             *
4     *************************************************/
5    #include<iostream>
6    using namespace std;
7    class Complex                                    //复数类的定义
8    {
9    private:
10       double real;                                 //复数实部
11       double image;                                //复数虚部
12
13   public:
14       Complex(double real = 0.0,double image = 0.0)  //构造函数
15       {
16           this->real = real,this->image = image;
17       }
18       void display()
19       {
20           cout<<"("<<real<<","<<image<<")"<<endl;
21       }
22   };
23   class PComplex                                   //复数指针类的定义
24   {
25   private:
26       Complex * PC;
27   public:
28       PComplex(Complex * PC = NULL)
29       {
30           this->PC = PC;
31   }
32       Complex * operator->()
33       {
34           static Complex NullComplex(0,0);         //避免指针为空
35           if(PC == NULL)
36           {
37           return &NullComplex;
```

```
38        }
39        return PC;
40      }
41 };
42 int main()
43 {
44    PComplex P1;                              //指针未初始化
45    P1 -> display();                          //显示预先定义的(0,0)
46    Complex C1(100,200);
47    P1 = &C1;                                 //指针未初始化
48    P1 -> display();                          //显示有效数据
49    return 0;
50 }
```

运行结果：

```
(0,0)
(100,200)
```

程序解释：

程序第 44 行建立一个复数指针类 PComplex 对象 P1,但指针的值为空。如果没有重载
->,第 45 句执行 P1-> display()就会出错,因为 P1 为空,哪里有 display()可供调用? 重载
->后,发现使用它的 P1 是一个空指针,于是建立一个临时的对象 NullComplex 供指针 P1 调
用成员函数,存取数据。

3. 重载下标运算符[]

【例 7-5】 重载下标运算符[]为类的成员函数。

分析：下标运算符[]的操作对象有两个,左边是一个对象指针,[]中间是一个作为下标的
整型数,因此[]作为二元运算符重载。下面重载下标运算符,使之能够按下标访问字符串中指
定位置的字符。

```
1  /*********************************************************
2  * 程序名：p7_5.cpp                                        *
3  * 功　能：重载下标运算符[]为类的成员函数的字符串类          *
4  *********************************************************/
5  # include < iostream >
6  using namespace std;
7  class String
8  {
9  private:
10     char * Str;
11     int len;
12 public:
13     void ShowStr()
14     {
15        cout <<"string:"<< Str <<",length:"<< len << endl;
16     }
17     String(const char * p = NULL)
```

```
18      {
19          if (p)
20          {
21              len = strlen(p);
22              Str = new char[len + 1];
23              strcpy(Str,p);
24          } else
25          {
26              len = 0;
27              Str = NULL;
28          }
29      }
30      ~String()
31      {
32          if (Str!= NULL)
33              delete [] Str;
34      }
35      char &operator[](int n)                    //重载运算符[]，处理 String 对象
36      {
37          return * (Str + n);
38      }
39      const char &operator[](int n)const         //重载运算符[]，处理 const String 对象
40      {
41          return * (Str + n);
42      }
43  };
44  int main()
45  {
46      String S1("0123456789abcdef");
47      S1.ShowStr();
48      S1[10] = 'A';
49      cout <<"S1[10] = A"<< endl;
50      S1.ShowStr();
51      const String S2("ABCDEFGHIJKLMN");
52      cout <<"S2[10] = "<< S2[10]<< endl;
53      return 0;
54  }
```

运行结果：

```
string: 0123456789abcdef,length: 16
S1[10] = A
string: 0123456789Abcdef,length: 16
S2[10] = K
```

程序解释：

（1）程序首先定义了一个 String 对象 S1 并初始化，然后第 48 行用第一个重载下标运算符[]来替换对象 S1 中的单个字符值，因为[]运算符函数返回非 const 的字符型引用，所以程序可以在赋值符左边使用下标表达式。

（2）由于第一次重载的下标运算符［］不能处理 const String 对象，为了支持 const 对象，在类中又一次重载了下标运算符［］，运算符函数本身被声明为 const 类型，用于从 const String 对象中访问字符。该运算符函数返回 const 的字符型引用，所以 const String 类对象的下标表达式不能在赋值符左边使用。

7.3 虚 函 数

7.3.1 静态联编与动态联编

在调用重载函数时，编译器根据调用时参数的类型与个数在编译时实现静态联编，将调用体与函数绑定。静态联编支持的多态性也称为编译时的多态性，或静态多态性。

【例 7-6】 演示静态多态性。

```
1    /*************************************************
2     *  程序名：p7_6.cpp                              *
3     *  功  能：演示静态多态性                          *
4     *************************************************/
5    #include<iostream>
6    using namespace std;
7    class Point
8    {
9    private:
10       int X,Y;
11   public:
12       Point(int X = 0,int Y = 0)
13       {
14         this->X = X,this->Y = Y;
15       }
16       double area()                              //求面积
17       {
18         return 0.0;
19       }
20   };
21   const double PI = 3.14159;
22   class Circle :public Point
23   {
24   private:
25       double radius;                             //半径
26   public:
27       Circle(int X, int Y, double R):Point(X,Y)
28       {
29       radius = R;
30       }
31       double area()                              //求面积
32       {
33       return PI * radius * radius;
34       }
35   };
```

```
36  int main()
37  {
38      Point P1(10,10);
39      cout <<"P1.area() = "<< P1.area()<< endl;
40      Circle C1(10,10,20);
41      cout <<"C1.area() = "<< C1.area()<< endl;
42      Point * Pp;
43      Pp = &C1;
44      cout <<"Pp-> area() = "<< Pp-> area()<< endl;
45      Point& Rp = C1;
46      cout <<"Rp.area() = "<< Rp.area()<< endl;
47      return 0;
48  }
```

运行结果：

```
P1.area() = 0
C1.area() = 1256.64
Pp-> area() = 0
Rp.area() = 0
```

程序解释：

（1）程序第39行调用 P1.area()显示了 Point 类对象 P1 的面积；程序第41行通过调用 C1.area()显示了 Circle 类对象 C1 的面积，由于在类 Circle 中重新定义了 area()，它覆盖了基类的 area()，故通过 C1.area()调用的是类 Circle 中的 area()，返回了正确结果。

（2）依照类的兼容性，程序第43行用一个 Point 型的指针指向了 Circle 类的对象 C1，第44行通过 Pp—> area()调用 area()，那么究竟调用的是哪个 area()，C++此时实行静态联编，根据 Pp 的类型为 Point 型，将从 Point 类中继承来的 area()绑定给 Pp，因此，此时调用的是 Point 派生的 area()，显示的结果为 0。

（3）同样，在第46行由引用 Rp 调用 area()时也进行静态联编，调用的是 Point 派生的 area()，显示的结果为 0。

显然，静态联编盲目根据指针和引用的类型而不是根据实际指向的目标确定调用的函数，导致了错误。

动态联编则在程序运行的过程中，根据指针与引用实际指向的目标调用对应的函数，也就是在程序运行时才决定如何动作。**虚函数**（virtual function）允许函数调用与函数体之间的联系在运行时才建立，是实现动态联编的基础。虚函数经过派生之后，可以在类族中实现运行时的多态，充分体现了面向对象程序设计的动态多态性。

7.3.2 虚函数的定义与使用

虚函数定义的一般语法形式如下：

```
virtual  函数类型  函数(形参表)
{
      函数体;
}
```

其中,virtual 关键字说明该成员函数为虚函数。虚函数的定义与类的一般成员函数的定义的区别仅在于其定义格式前多了一个 virtual 关键字以限定该成员函数。

☆注意：

（1）虚函数不能是静态成员函数,也不能是友元函数,因为静态成员函数和友元函数不属于某个对象。

（2）内联函数是不能在运行中动态确定位置的,即使虚函数在类的内部定义,在编译时仍将其看作非内联的。

（3）只有类的成员函数才能说明为虚函数,虚函数的声明只能出现在类的定义中,因为虚函数仅适用于有继承关系的类对象,普通函数不能说明为虚函数。

（4）构造函数不能是虚函数,析构函数可以是虚函数,而且通常声明为虚函数。

如果基类的某个成员函数被说明为虚函数,它无论被公有继承多少次,仍然保持其虚函数的特性。一般而言,虚函数是在基类中定义的,在派生类中它将被重新定义,用于指明派生类中该函数的实际操作。从这个意义上来讲,基类中定义的虚函数为整个类族提供了一个通用的框架,说明了一般类应该具有的行为。

在正常情况下,对虚函数的访问和其他成员函数完全一样。只有通过指向基类的指针或引用调用虚函数时才体现虚函数与一般函数的不同。

使用虚函数是实现动态联编的基础。要实现动态联编,概括起来需要满足下面 3 个条件：

（1）应满足类型兼容规则。

（2）在基类中定义虚函数,并且在派生类中要重新定义虚函数。

（3）要由成员函数或者通过指针、引用访问虚函数。

在基类中尽可能地将成员函数设置为虚函数是有益的,它除了会增加一些资源开销,没有其他坏处。

【例 7-7】　演示动态多态性。

```
1   /************************************************
2   *   程序名：p7_7.cpp                            *
3   *   功　能：演示动态多态性                       *
4   ************************************************/
5   #include <iostream>
6   using namespace std;
7   class Point
8   {
9   private:
10      int X, Y;
11  public:
12      Point(int X = 0, int Y = 0)
13      {
14        this->X = X, this->Y = Y;
15      }
16      virtual double area()                        //求面积
17      {
18        return 0.0;
19      }
20  };
```

```
21   const double PI = 3.14159;
22   class Circle :public Point
23   {
24   private:
25       double radius;                              //半径
26   public:
27       Circle(int X, int Y, double R):Point(X,Y)
28       {
29         radius = R;
30       }
31       double area()                               //求面积
32       {
33         return PI * radius * radius;
34       }
35   };
36   int main()
37   {
38     Point P1(10,10);
39     cout <<"P1.area() = "<< P1.area()<< endl;
40     Circle C1(10,10,20);
41     cout <<"C1.area() = "<< C1.area()<< endl;
42     Point * Pp;
43     Pp = &C1;
44     cout <<"Pp - > area() = "<< Pp - > area()<< endl;
45     Point & Rp = C1;
46     cout <<"Rp.area() = "<< Rp.area()<< endl;
47      return 0;
48   }
```

运行结果：

```
P1.area() = 0
C1.area() = 1256.64
Pp - > area() = 1256.64
Rp.area() = 1256.64
```

程序解释：

（1）程序第 16 行在基类 Point 中将 area()声明为虚函数。

（2）第 39 行通过 Point 类对象 P1 调用虚函数 area()。

（3）第 41 行通过 Circle 类对象 C1 调用 area()，实现静态联编，调用的是 Circle 类 area()。

（4）第 44、46 行分别通过 Point 类型指针与引用调用 area()，由于 area()为虚函数，此时进行动态联编，调用的是实际指向对象的 area()。

因此，虚函数名为"虚"其实不虚：

（1）虚函数有函数体；

（2）虚函数在静态联编时当成一般成员函数使用；

（3）虚函数可以派生，如果在派生类中没有重新定义虚函数，虚函数就充当了派生类的虚函数。

☆**注意：**

（1）当在派生类中定义了虚函数的重载函数，但并没有重新定义虚函数时，与虚函数同名的重载函数覆盖了派生类中的虚函数。此时试图通过派生类对象、指针、引用调用派生类的虚函数就会产生错误。

（2）当在派生类中未重新定义虚函数，虽然虚函数被派生类继承，但通过基类、派生类类型指针、引用调用虚函数时，不实现动态联编，调用的是基类的虚函数。

例①：

将 p7_7.cpp 中 Circle 类的 double area()改为：

```
double area(int i)
 {
    return PI * radius * radius;
 }
```

在 Circle 中，virtual double area()被 double area(int i)覆盖，下面调用形式是错误的：

```
Circle C1;
cout <<"C1. area() = "<< C1. area()<< endl;
Circle * Pp1 = &C1;
cout <<"Pp1 - > area() = "<< Pp1 - > area()<< endl;
```

例②：

在 p7_7.cpp 的 Circle 类中加入：

```
double area(int i)
{
    return PI * radius * radius;
}
```

程序运行结果和 p7_7.cpp 结果相同。

例③：

在 p7_7.cpp 的 Circle 类中去掉函数 double area()，程序运行结果如下：

```
P1.area() = 0
C1.area() = 0                    //调用了基类派生的 virtual double area()
Pp - > area() = 0                //调用了基类的 virtual double area()
Rp.area() = 0                    //调用了基类的 virtual double area()
```

7.3.3 虚析构函数

在 C++中不能定义虚构造函数，因为当开始调用构造函数时对象还未完成实例化，只有在构造完成后对象才能成为一个类的名副其实的对象；但析构函数可以是虚函数，而且通常声明为虚函数，即虚析构函数。

虚析构函数的定义形式如下：

```
virtual ～ 类名();
```

当基类的析构函数被声明为虚函数，则派生类的析构函数，无论是否使用 virtual 关键字进行声明都自动成为虚函数。

　　析构函数声明为虚函数后，程序运行时采用动态联编，因此可以确保使用基类类型的指针就能够自动调用适当的析构函数对不同对象进行清理工作。

　　当使用 delete 运算符删除一个对象时，隐含着对析构函数的一次调用，如果析构函数为虚函数，则这个调用采用动态联编，以保证析构函数被正确执行。

　　简而言之，如果使用基类指针指向由 new 运算建立的对象，而 delete 又作用于指向派生类对象的基类指针，就要将基类的析构函数声明为虚析构函数，让所有派生类的对象自动成为虚析构函数。

　　【例 7-8】 用虚析构函数删除派生类动态对象。

```
1   /**************************************************
2    *   程序名：p7_8.cpp                              *
3    *   功  能：删除动态对象虚析构函数的调用          *
4    **************************************************/
5   # include < iostream >
6   using namespace std;
7   class A
8   {
9   public:
10      virtual ~A()                                //虚析构函数
11      {
12          cout <<"A∷~A() is called."<< endl;
13      }
14      A()
15      {
16        cout <<"A∷A() is called."<< endl;
17      }
18  };
19  class B: public A                               //派生类
20  {
21  private:
22      int   * ip;
23  public:
24      B( int size = 0)
25      {
26        ip = new int[size];
27        cout <<"B∷B() is called."<< endl;
28      }
29      ~B()
30      {
31      cout <<"B∷~B() is called."<< endl;
32      delete [ ]  ip;
33      }
34  };
35  int main()
36  {
37      A * b = new B(10);                          //类型兼容
```

```
38      delete b;
39      return 0;
40  }
```

运行结果：

```
A::A() is called.
B::B() is called.
B::~B() is called.
A::~A() is called.
```

程序解释：

由于定义基类的析构函数是虚析构函数，所以当程序运行结束通过基类指针删除派生类对象时，先调用派生类析构函数，然后调用基类的析构函数。

如果基类的析构函数不是虚析构函数，则程序运行结果如下：

```
A::A() is called.
B::B() is called.
A::~A() is called.
```

显然，只有基类析构函数被调用，而派生类析构函数没有被调用。这会造成什么后果？派生类对象中动态分配的内存空间没有被释放！这样将造成内存泄露。即派生类对象中动态分配的内存空间在派生类对象生命周期结束之后，既不能被本程序使用，也没有被释放。

7.4 抽象类

对于我们人类，可以分出中国人、美国人、德国人、埃及人等，中国人还可以分出汉族和其他各种少数民族。一个人，他(她)必定属于世界上的某个国家和某个民族，脱离国家和民族的纯粹"抽象"意义上的人是没有的。人类只是我们创造的一个高度抽象的概念，不存在人类本身的实例，但是由人类这个"抽象类"不断派生，我们可以得到各种各样的、特征不断具体化的"人"，最终得到一个具体的人。

抽象类是一种特殊的类，是为了抽象的目的而建立的，建立抽象类，就是为了通过它多态地使用其中的成员函数，为一个类族提供统一的操作界面。抽象类处于类层次的上层，一个抽象类自身无法实例化，也就是说我们无法声明一个抽象类的对象，而只能通过继承机制生成抽象类的非抽象派生类，然后再实例化。

由此可见，抽象类描述的是所有派生类的高度抽象的共性，这些高度抽象、无法具体化的共性由**纯虚函数**来描述。带有纯虚函数的类被称为**抽象类**，一个抽象类至少具有一个纯虚函数。

7.4.1 纯虚函数

纯虚函数(pure virtual function)是一个在基类中说明的虚函数，它在该基类中没有定义具体实现，要求各派生类根据实际需要定义函数实现。纯虚函数的作用是为派生类提供一个一致的接口。

纯虚函数的定义形式如下：

```
virtual 函数类型  函数名(参数表) = 0;
```

实际上，它和一般虚函数成员的原型在书写格式上的不同就在于后面加了＝0。

在 C++中，有一种函数体为空的**空虚函数**，它与纯虚函数的区别如下：

（1）纯虚函数根本就没有函数体，而空虚函数的函数体为空。

（2）纯虚函数所在的类是抽象类，不能直接进行实例化，空虚函数所在的类是可以实例化的。

（3）它们共同的特点是都可以派生出新的类，然后在新类中给出新的虚函数的实现，而且这种新的实现可以具有多态特征。

7.4.2　抽象类与具体类

抽象类具有下列特点：

（1）抽象类只能作为其他类的基类使用，抽象类不能定义对象，纯虚函数的实现由派生类给出。

（2）派生类仍可不给出所有基类中纯虚函数的定义，继续作为抽象类；如果派生类给出所有纯虚函数的实现，派生类就不再是抽象类而是一个具体类，就可以定义对象。

（3）抽象类不能用作参数类型、函数返回值或强制类型转换。

（4）可以定义一个抽象类的指针和引用，通过抽象类的指针和引用可以指向并访问各派生类成员，这种访问是具有多态特征的。

【例 7-9】　抽象类的使用。

前面在学习多重继承时，我们定义了点（Point）、圆（Circle）、圆柱体（Cylinder）三者的关系，点派生出圆，圆派生出圆柱体，但无论是点、圆，还是圆柱体，它们都具有一定的外形，属于一种形状（Shape）。因此，我们可以对前面的示例加以丰富和修改，定义一个抽象类 Shape，由抽象类 Shape 派生出类 Point，由类 Point 派生出类 Circle，由类 Circle 进一步派生出类 Cylinder 等，最终形成一个类族。

```
1   /********************************
2    *  程序名: p7_9.cpp              *
3    *  功  能: 抽象类的使用           *
4    ********************************/
5   # include < iostream >
6   using namespace std;
7   class Shape                        //抽象类
8   {
9   public:
10      virtual double area()const = 0;
11      virtual void    show() = 0;
12  };
13  class Point:public Shape
14  {
```

```
15   protected:
16       int X, Y;
17   public:
18       Point(int X = 0, int Y = 0)
19       {
20         this -> X = X, this -> Y = Y;
21       }
22       void show()
23       {
24         cout <<"("<< X <<","<< Y <<")"<< endl;
25       }
26       double area() const                    //求面积
27       {
28         return 0.0;
29       }
30   };
31   const double PI = 3.14159;
32   class Circle:public Point
33   {
34   protected:
35       double radius;                         //半径
36   public:
37       Circle( int X, int Y, double R):Point(X,Y)
38       {
39           radius = R;
40       }
41       double area() const                    //求面积
42       {
43           return PI * radius * radius;
44       }
45       void show()
46       {
47           cout <<"Centre:"<<"("<< X <<","<< Y <<")"<< endl;
48           cout <<"radius:"<< radius << endl;
49       }
50   };
51   class Cylinder:public Circle
52   {
53   private:
54       double height;
55   public:
56       Cylinder(int X, int Y, double R, double H):Circle(X,Y,R)
57       {
58           height = H;
59       }
60       double area() const
61       {
62               return 2 * Circle::area() + 2 * PI * radius * height;
63       }
64       void show()
65       {
66               Circle::show();
```

```
67              cout <<"height of cylinder:"<< height << endl;
68      }
69 };
70 int main()
71 {
72      Cylinder CY(100,200,10,50);
73      Shape * P;
74      P = &CY;
75      P -> show();
76      cout <<"total area:"<< P -> area()<< endl;
77      Circle Cir(5,10,100);
78      Shape &R = Cir;
79      R.show();
80      return 0;
81 }
```

运行结果：

```
Centre(100,200)
radius:10
height of cylinder:50
total area:3769.91
Centre(5,10)
radius:100
```

程序解释：

（1）程序中将 Point、Circle、Cylinder 的共同成员函数 area()、show()作为 Shape 中的纯虚函数，形成抽象类 Shape。

（2）第73行定义了 Shape 类型的指针，第74行指向 Cylinder 类对象，第75行通过 Shape 类型的指针调用了所指向对象中的成员函数。

（3）第78行定义了 Shape 类型的引用并指向 Circle 类对象，第79行通过 Shape 类型的引用调用了所指向对象中的成员函数。

7.4.3 对象指针数组

对象指针数组是一个指针数组，这些指针指向对象。类的兼容性使基类指针可以指向其各类派生类对象，这意味着一个基类类型的指针数组的各个元素可以指向不同的派生类对象，这就是异类（Heterogeneous）对象存储机制。对象指针数组指向异类对象将大大增加数组的灵活性。

【例 7-10】 对象指针数组的使用。

本例中设计一个 Person 类，派生出 Teacher 类和 Student 类，用一个 Person 类型的指针数组指向 Teacher 和 Student 对象。

```
1 /**********************************
2 *  程序名：p7_10.cpp                *
3 *  功  能：抽象类与对象指针数组        *
4 **********************************/
```

```
5   # include < iostream >
6   # include < cstring >
7   using namespace std;
8   class Person                                    //抽象类
9   {
10  protected:
11      char name[20];
12  public:
13      Person(char * iname){strcpy(name,iname);}
14      virtual void who_am_I() = 0;
15      virtual ~Person(){cout <<"~Person() called."<< endl;}
16  };
17  class Student : public Person
18  {
19  private:
20      char major[20];                             //所修科目
21  public:
22      Student(char * iname, char * imajor):Person(iname){
23          strcpy(major,imajor);
24      }
25      void who_am_I(){
26          cout <<"My name is "<< name <<", I major in "<< major << endl;
27      }
28      ~Student(){cout <<"~Student() called!"<< endl;}
29  };
30  class Teacher : public Person
31  {
32  private:
33      char teach[20];                             //所教科目
34  public:
35      Teacher(char * iname, char * iteach):Person(iname){
36          strcpy(teach,iteach);
37      }
38      void who_am_I(){
39          cout <<"My name is "<< name <<", I teach "<< teach << endl;
40      }
41      ~Teacher(){cout <<"~Teacher() called!"<< endl;}
42  };
43  int main()
44  {
45      Person * PersonArr[5];                      //基类对象指针数组
46      PersonArr[0] = new Student("Joe","computer");
47      PersonArr[1] = new Teacher("Mary","mathmatics");
48      PersonArr[2] = new Student("Jasmine","physics");
49      PersonArr[3] = new Teacher("Antony","chemical");
50      PersonArr[4] = new Student("Jayden","biology");
51      for(int i = 0;i < 5;i++){
52          PersonArr[i] -> who_am_I();
53          delete PersonArr[i];
54      }
55  }
```

运行结果：

```
My name is Joe, I major in computer
～Student() called!
～Person() called.
My name is Mary, I teach mathmatics
～Teacher() called!
～Person() called.
My name is Jasmine, I major in physics
～Student() called!
～Person() called.
My name is Antony, I teach chemical
～Teacher() called!
～Person() called.
My name is Jayden, I major in biology
～Student() called!
～Person() called.
```

程序解释：

（1）现实世界的人有多种，这些不同姓名、性别、职业的人组成一个社会。所有人除了共同拥有的属性（如姓名、性别等）外，不同类别的人具有不同的属性，如教师有所教科目，学生有所修科目等。在程序中用 Person∷name 描述人 Person 的共同属性，用 Student∷major、Teacher∷teach 分别描述学生与教师的属性。

（2）在程序中建立一个存储 Person 的对象指针数组时，就像建立了一个人的社会，这个数组里可以存储派生于 Person 的各类对象，而不需要为每一类人建立一个数组。而且，当扩充一个派生类时，不需要另外建立数组。

（3）当需要询问人的数据时，通过动态链接的方式找到他们，在程序中通过 who_am_I()这一纯虚函数取得 Student∷major、Teacher∷teach 属性。对象指针数组的概念使程序设计更贴近现实世界，实现了面向对象的概念。

本 章 小 结

（1）多态性是面向对象程序设计的重要特性之一，多态是指同样的消息被不同类型的对象接收时会导致完全不同的行为。

（2）联编可以在编译和连接时进行，称为静态联编；联编也可以在运行时进行，称为动态联编。

（3）运算符重载是通过重载运算符函数实现的，其实质是函数重载。

（4）运算符可以作为普通函数、类的友元函数、类的成员函数重载。作为成员函数重载时，第一个参数为调用对象自身，因此可以在函数定义时省略第一个参数。

（5）虚函数是在基类中定义的以 virtual 关键字开头的成员函数，需要在派生类中重新定义。通过指向基类的指针或引用来调用虚函数实现动态联编，虚函数是实现动态联编的基础。

（6）动态联编体现了 C++的动态多态性。

（7）纯虚函数是一个在基类中声明的没有定义具体实现的虚函数，带有纯虚函数的类称为抽象类。

（8）抽象类是为了抽象的目的而建立的,通过抽象类多态地使用其中的成员函数,为一个类族提供统一的操作界面。抽象类处于类层次的上层,自身无法实例化,只能通过继承机制生成抽象类的具体派生类,然后再实例化。通过抽象类的指针和引用可以指向并访问各派生类成员,实现动态多态性。

（9）抽象类的指针数组可以存储其各派生类的对象,通过动态链接机制提供对数组成员操作的统一界面。

习　题　7

1. 填空题

（1）将一个函数调用链接上相应函数体的代码,这一过程被称为_____。

（2）C++支持两种多态性,即_____和_____。

（3）在编译时就确定函数调用称为_____,它通过使用_____实现。

（4）在运行时才确定函数调用称为_____,它通过_____实现。

（5）虚函数的声明方法是在函数原型前加上关键字_____。

（6）C++的静态多态性是通过_____实现的。

（7）C++的动态多态性是通过_____实现的。

（8）当通过_____使用虚函数时,C++会在与对象关联的派生类中正确地选择重定义的函数。

（9）如果一个类包含一个或多个纯虚函数,则该类为_____。

（10）若以非成员函数形式为类 Bounce 重载!运算符,其操作结果为 bool 型数据,则该运算符重载函数的原型是_____。

2. 选择题

（1）下列运算符中,（　　）运算符在 C++中不能重载。

　　A. && 　　　　　　　B. [] 　　　　　　　C. :: 　　　　　　　D. new

（2）下列关于运算符重载的描述中,（　　）是正确的。

　　A. 运算符重载可以改变运算数的个数

　　B. 运算符重载可以改变优先级

　　C. 运算符重载可以改变结合性

　　D. 运算符重载不能改变语法结构

（3）如果表达式++i＊k 中的"++"和"＊"都是重载的友元运算符,则采用运算符函数调用格式,该表达式还可表示为（　　）。

　　A. operator＊(i. operator++(),k) 　　　　B. operator＊(operator++(i),k)

　　C. i. operator++(). operator＊(k) 　　　　D. k. operator＊(operator++(i))

（4）在下列成对的表达式中,运算符"＋"的意义不相同的一对是（　　）。

　　A. 5.0＋2.0 和 5.0＋2 　　　　　　　　B. 5.0＋2.0 和 5＋2.0

　　C. 5.0＋2.0 和 5＋2 　　　　　　　　　D. 5＋2.0 和 5.0＋2

（5）下列关于运算符重载的叙述中,正确的是（　　）。

　　A. 通过运算符重载可以定义新的运算符

B. 有的运算符只能作为成员函数重载

C. 若重载运算符＋,则相应的运算符函数名是＋

D. 重载一个二元运算符时必须声明两个形参

（6）已知在一个类体中包含函数原型"VOLUME operator － (VOLUME)const；",下列关于这个函数的叙述错误的是（　　）。

A. 这是运算符－的重载运算符函数

B. 这个函数所重载的运算符是一个一元运算符

C. 这是一个成员函数

D. 这个函数不改变类的任何数据成员的值

（7）在表达式 x＋y＊z 中,＋是作为成员函数重载的运算符,＊是作为非成员函数重载的运算符。下列叙述中正确的是（　　）。

A. operator＋有两个参数,operator＊有两个参数

B. operator＋有两个参数,operator＊有一个参数

C. operator＋有一个参数,operator＊有两个参数

D. operator＋有一个参数,operator＊有一个参数

（8）在 C++程序中,对象之间的相互通信通过（　　）。

A. 继承实现　　　　　　　　　　B. 调用成员函数实现

C. 封装实现　　　　　　　　　　D. 函数重载实现

（9）下面是重载为非成员函数的运算符函数原型,其中错误的是（　　）。

A. Franction operator ＋ (Franction ,Franction)；

B. Franction operator － (Franction)；

C. Franction &operator ＝ (Franction &,Franction)；

D. Franction &operator ＋＝ (Franction&, Franction)；

（10）当一个类的某个函数被说明为 virtual 时,该函数在该类的所有派生类中（　　）。

A. 都是虚函数

B. 只有被重新说明时才是虚函数

C. 只有被重新说明为 virtual 时才是虚函数

D. 都不是虚函数

（11）（　　）是一个在基类中说明的虚函数,它在该基类中没有定义,但要求任何派生类都必须定义自己的版本。

A. 虚析构函数　　　B. 虚构造函数　　　C. 纯虚函数　　　D. 静态成员函数

（12）以下基类中的成员函数,表示纯虚函数的是（　　）。

A. virtual void vf(int)；　　　　　　B. void vf(int)＝0；

C. virtual void vf()＝0；　　　　　D. virtual void yf(int){}

（13）如果一个类至少有一个纯虚函数,那么就称该类为（　　）。

A. 抽象类　　　　B. 虚基类　　　　C. 派生类　　　　D. 以上都不对

（14）下列关于纯虚函数和抽象类的描述,（　　）是错误的。

A. 纯虚函数是一种特殊的虚函数,它没有具体的定义

B. 抽象类是指具有纯虚函数的类

C. 若一个基类中说明有纯虚函数,该基类的派生类一定不再是抽象类

　　D. 抽象类只能作为基类使用,其纯虚函数的定义由派生类给出

(15) 在下列描述中,(　　)是抽象类的特性。

　　　A. 可以说明虚函数　　　　　　　　　B. 可以进行构造函数重载

　　　C. 可以定义友元函数　　　　　　　　D. 不能定义其对象

(16) 抽象类应含有(　　)。

　　　A. 至多一个虚函数　　　　　　　　　B. 至少一个虚函数

　　　C. 至多一个纯虚函数　　　　　　　　D. 至少一个纯虚函数

(17) 类 B 是类 A 的公有派生类,类 A 和类 B 中都定义了虚函数 func(),p 是一个指向类 A 对象的指针,则 p—> A∷func()将(　　)。

　　　A. 调用类 A 中的函数 func()

　　　B. 调用类 B 中的函数 func()

　　　C. 根据 p 所指的对象类型确定调用类 A 中或类 B 中的函数 func()

　　　D. 既调用类 A 中的函数,也调用类 B 中的函数

(18) 在 C++ 中,用于实现运行时多态性的是(　　)。

　　　A. 内联函数　　　　B. 重载函数　　　　C. 模板函数　　　　D. 虚函数

(19) 对于类定义:

```
class A{
    public:
    virtual void func1(){}
    void func2(){}
};
class B:public A{
    public:
    void func1(){cout <<"class B func1"<< endl;}
    virtual void func2(){cout <<"class B func2"<< endl;}
};
```

下面叙述正确的是(　　)。

　　　A. A∷func2()和 B∷func1()都是虚函数

　　　B. A∷func2()和 B∷func1()都不是虚函数

　　　C. B∷func1()是虚函数,而 A∷func2()不是虚函数

　　　D. B∷func1()不是虚函数,而 A∷func2()是虚函数

(20) 下列关于虚函数的说明中,正确的是(　　)。

　　　A. 从虚基类继承的函数都是虚函数

　　　B. 虚函数不得是静态成员函数,但可以是友元函数

　　　C. 只能通过指针或引用调用虚函数

　　　D. 抽象类中的成员函数不一定都是虚函数

(21) 下列有关继承和派生的叙述中,正确的是(　　)。

　　　A. 如果一个派生类私有继承其基类,则该派生类对象不能访问基类的保护成员

　　　B. 派生类的成员函数可以访问基类的所有成员

　　　C. 基类对象可以赋值给派生类对象

　　　D. 如果派生类没有实现基类的一个纯虚函数,则该派生类是一个抽象类

（22）有以下程序：

```cpp
#include<iostream>
using namespace std;
class Base
{
public:
    void fun1(){cout<<"Base\n";}
    virtual void fun2(){cout<<"Base\n";}
};
class Derived:public Base
{
public:
    void fun1(){cout<<"Derived\n";}
    void fun2(){cout<<"Derived\n";}
};
void f(Base& b){b.fun1();b.fun2();}
int main()
{
    Derived obj;
    f(obj);
    return 0;
}
```

执行这个程序,输出结果是(   )。

A. Base	B. Base	C. Derived	D. Derived
Base	Derived	Derived	Base

（23）有以下程序：

```cpp
#include<iostream>
using namespace std;
class A
{
  public:
    virtual void func1(){cout<<"A1";}
    void func2(){cout<<"A2";}
};
class B:public A
{
  public:
    void func1(){ cout<<"B1"; }
    void func2(){ cout<<"B2"; }
};
int main()
{
    A *p=new B;
    p->func1();
    p->func2();
    return 0;
}
```

运行程序,屏幕上将显示输出(   )。

A. B1B2   B. A1A2   C. B1A2   D. A1B2

(24) 如果不使用多态机制,那么通过基类的指针虽然可以指向派生类对象,但是只能访问从基类继承的成员,如有以下程序,没有使用多态机制。

```cpp
#include<iostream>
using namespace std;
class Base
{
    int a,b;
public:
    Base(int x,int y) { a=x; b=y;}
    void show(){ cout<<a<<','<<b<<endl;}
};
class Derived:public Base
{
    int c,d;
public:
    Derived(int x,int y,int z,int m):Base(x,y)
    {
        c=z;
        d=m;
    }
    void show(){ cout<<c<<','<<endl;   }
};
int main()
{
    Base B1(50,50), *pb;
    Derived D1(10,20,30,40);
    pb=&D1;
    pb->show();
    return 0;
}
```

运行时输出的结果是(　　)。

A. 10,20   B. 30,40   C. 20,30   D. 50,50

3. 简答题

(1) 在 C++中能否声明虚构造函数? 为什么? 能否声明虚析构函数? 为什么?

(2) 什么是抽象类? 抽象类有何作用? 可以声明抽象类的对象吗? 为什么?

(3) 什么是虚函数? 空虚函数有何作用? 定义虚函数有何限制?

(4) 多态性和虚函数有何作用?

(5) 什么是纯虚函数? 它有何作用?

4. 程序填空题

(1) 下面是类 fraction(分数)的定义,其中重载的运算符<<以分数形式输出结果,例如将三分之二输出为 2/3。在横线处填上适当的内容。

```cpp
class fraction {
    int den;                        //分子
    int num;                        //分母
    friend iostream& operator <<(iostream&,fraction);
```

```
    ...
};
iostream& operator <<(iostream& os,fraction fr){
    __①__ ;
    return __②__ ;
}
```

（2）在下面程序的横线处填上适当的内容，使其输出结果为"0,56,56"。

```
# include < iostream >
using namespace std;
class base{
    public:
        __①__ func(){return 0;}
};
class derived:public base{
    public:
        int a,b,c;
        __②__ setValue(int x,int y,int z){a = x;b = y;c = z;}
        int func(){return(a + b) * c;}
};
int main()
{
    base b;
    derived d;
    cout << b.func()<<",";
    d.setValue(3,5,7);
    cout << d.func()<<",";
    base& pb = d;
    cout << pb.func()<< endl;
    return 0;
}
```

（3）在下面程序的横线处填上适当的内容，使该程序输出结果为：

```
Creating B
end of B
end of A
```

```
# include < iostream >
using namespace std;
 class A
 {
    public:
        A(){}
        __①__ {cout <<"end of A"<< endl;}
};
 class B:public A
 {
    public:
        B(){ __②__ }
        ~B(){cout <<"end of B"<< endl;}
};
```

```
int main()
{
    A * pa = new B;
    delete pa;
    return 0;
}
```

（4）下列程序的输出结果为 2,请将程序补充完整。

```
# include < iostream >
using namespace std;
class Base
{
public:
        _____ void fun(){ cout << 1; }
};
class Derived:public Base
{
public:
    void fun() { cout << 2; }
};
int main()
{
    Base * p = new Derived;
    p -> fun();
    delete p;
    return 0;
}
```

（5）在下面程序中的横线处填上适当内容,使程序完整。

```
# include < iostream >
 using namespace std;
class vehicle
{
    protected:
        int size;
        int speed;
    public;
        void setSpeed( int s){speed = s;}
         ①   getSpeedLevel(){return speed/10;}
};
class car:public vehicle
{
    public:
        int getSpeedLevel(){return speed/5;}
};
class truck:public vehicle
{
    public:
        int getspeedLevel(){return speed/15;}
};
int maxSpeedLevel(vehicle    ②   ,vehicle    ③   )
```

```cpp
{
    if(v1.getSpeedLevel()> v2.getSpeedLevel())
        return 1;
    else
        return 2;
}
int main()
{
    turck t;
    car c;
    t.setSpeed(130);
    c.setSpeed(60);
    cout << maxSpeedLevel(t,c)<< endl;        //此结果输出为 2
    return 0;
}
```

5. 程序分析题（写出运行结果）

（1）

```cpp
#include <iostream>
using namespace std;
class A {
    public:
        virtual void func(){cout <<"func in class A"<< endl;}
};
class B {
    public:
        virtual void func(){cout <<"func in class B"<< endl;}
};
class C:public A, public B {
    public:
    void func(){cout <<"func in class C"<< endl;}
};
int main(){
    C c;
    A& pa = c;
    B& pb = c;
    C& pc = c;
    pa.func();
    pb.func();
    pc.func();
    return 0;
}
```

（2）

```cpp
#include <iostream>
using namespace std;
class A{
public:
    virtual ~A(){
        cout <<"A::~A() called "<< endl;    }
};
```

```
class B:public A{
    char * buf;
public:
    B(int i){   buf = new char[i];  }
    virtual ~B(){
        delete []buf;
        cout <<"B::~B()  called"<< endl;
    }
};
void fun(A   * a) {
    delete a;
}
int main()
{   A   * a = new B(10);
    fun(a);
    return 0;
}
```

（3）

```
#include < iostream >
using namespace std;
class ONE{
    public:
        virtual void f(){cout <<"1";}
};
class TWO:public ONE{
    public:
        TWO(){cout <<"2";}
};
class THREE:public TWO{
    public:
        virtual void f() {TWO::f();cout <<"3";}
};
int main()
{
        ONE aa, * p;
        TWO bb;
        THREE cc;
        p = &cc;
        p -> f();
        return 0;
}
```

（4）

```
#include < iostream >
using namespace std;
class counter{
    private:
        unsigned value;
    public:
        counter(){value = 0;};
```

```
        counter(unsigned int a){value = a;};
        counter&operator++();
        void display();
};
counter&counter::operator++()
{
    value++;
    return    * this;
}
void counter::display(){
    cout <<"Total is"<< value << endl;
}
int main()
{
    counter i(0),n(10);
    i = ++n;
    i.display();
    n.display();
    return 0;
}
```

6. 编程题

（1）重载运算符<<，使之能够使用 cout 将 Date 类对象的值以日期格式输出。

（2）定义一个 Location 类，重载运算符＋和－，实现平面位置的移动。

（3）重载操作符，实现集合类 Set 的操作，即包含于<=、并|、交 &、差-、增加元素 ＋=、删除元素-=。

（4）定义一个长数据类 LongNum，能实现 LongNum 型数之间、LongNum 型数与 int 型数的加法和减法运算。重载运算符<<实现 LongNum 型数的输出。

（5）有一个交通工具类 vehicle，将它作为基类派生小车类 car、卡车类 truck 和轮船类 boat，定义这些类并定义一个虚函数用来显示各类信息。

（6）定义一个 shape 抽象类，派生出 Rectangle 类和 Circle 类，计算各派生类对象的面积 Area()。

（7）定义猫科动物类 Felid，由其派生出猫类（Cat）和豹类（Leopard），二者都包含虚函数 sound()，要求根据派生类对象的不同调用各自重载后的成员函数。

## 第 8 章

模板

◇ 引言

模板是面向对象技术提高软件开发效率的重要手段,是 C++ 语言的重要特征。函数模板可根据函数实参的类型实例化成相应的具体函数,以处理不同类型的数据。类是数据与处理的封装,那么是否可以将一个类设计成一个模板,根据要处理的不同数据类型实例化成具体的类,以处理不同类型的数据? 类模板将解决这一问题。

◇ 学习目标

(1) 理解函数模板与类模板的概念;

(2) 掌握类模板的定义、实例化过程,会运用类模板;

(3) 掌握栈类模板、链表类模板的使用。

8.1 模 板 简 介

在现代制造业中,人们广泛使用各种模具批量生产各种外形相同的零部件和产品,这些模具可以看作各种零件和产品的模板(template)。

C++ 程序主要由类和类的成员函数组成,编程工作主要设计各种类和它们各自的成员函数,然后按一定的程序结构组织起来。由于问题域中的事物存在一定的相似性,与之相对应,设计的类和类的成员函数也将表现出相似性,通过抽象,将这些相似的类和函数的共同特性提取出来,用一种统一的方式予以描述,形成类模板和函数模板,这就是 C++ 的模板编程(template programming)。

模板是 C++ 语言的重要特征。1991 年,C++ 语言引入模板技术,它使用参数化的类型创建相应的函数和类,分别称之为函数模板和类模板。C++ 中的模板并不是一个实实在在的函数或类,它们仅仅是逻辑功能相同而类型不同的函数和类的一种抽象,是参数化的函数和类。

模板的引入,进一步强化了 C++ 语言的代码共享机制,显著提高了编程效率。利用 C++ 的函数模板和类模板,能够快速建立具有类型安全的类库集合和函数集合,进行大规模软件开发,并提高软件的通用性和灵活性。

8.2 函 数 模 板

在很多情况下,人们设计的算法可以处理很多种数据类型,但是用函数实现算法时,即使设计为重载函数,也只是使用相同的函数名,函数体仍然要分别定义。

程序 p2_18 中定义的众多 add() 函数只是参数类型不同,功能完全一样。类似这种情况,如果能将逻辑功能相同而函数参数和函数值类型不同的多个重载函数用一个函数来描述，将会使代码的可重用性大大提高，从而提高软件的开发效率。C++ 提供的函数模板就是为了这个目的，完全替换了以前使用的"带参数的宏定义"。

函数模板可以用来创建一个通用功能的函数，以支持多种不同形参，进一步简化重载函数的函数体设计。

函数模板的定义形式如下：

```
template < class 类型名 1, class 类型名 2, …>

                        模板参数表

返回类型 函数名 (形参表)
{
        函数体;
}
```

其中：

- template 关键字表示声明的是模板。
- <>中是模板的参数表，可以有一项或多项，其中的类型名称为参数化类型，是一种抽象类型或可变类型。
- class 是类型关键字，也可以用 typename 作为关键字。
- 函数返回值类型可以是普通类型，也可以是模板参数表中指定的类型。
- 模板参数表中的参数类型可以是基本数据类型。

例如，下面将 add 函数定义成了一个函数模板：

```
template < class T >
T add(T x, T y)
{
    return x + y;
}
```

下面的一个函数模板的参数表中带有基本数据类型的形式参数：

```
template < class T, int size >
T sum() { … }
```

函数模板定义后，就可以用它生成各种具体的函数（称为模板函数）。在函数调用时，用函数模板生成模板函数实际上就是将模板参数表中的参数化类型根据实参实例化（具体化）成具体类型，这个过程称为模板的实例化。函数模板实例化分为显式实例化和隐式实例化。

显式实例化的格式如下：

```
函数名<具体类型名 1, 具体类型名 2, …, 常量表达式> (实参表)
```

根据<>中给出的具体类型，用类似于函数调用实参与形参结合的方式，将模板参数表中的参数化类型一一实例化成具体的类型，将函数中的参数化类型也一一实例化。

如果模板参数表中有形式参数,还需要用常量表达式初始化。

例如,使用 add < double > (8,9)将 T add(T x, T y)实例化成 double add(double, double);使用 sum < int,100 > 将 T sum()实例化成 int sum(),size 获得初值 100。

隐式实例化的格式为函数调用式,实例化过程是在实参与形参结合时用实参的类型实例化形参对应的参数化类型。

例如,使用 add('A','B')将 T add(T x,T y)实例化成:

```
char add(char, char)
```

☆**注意**:

使用隐式实例化无法初始化模板参数表中的普通类型的形参,如果模板参数表中使用普通类型参数,必须使用显式初始化。

函数模板实例化后,函数调用执行的实际上是由函数模板生成的模板函数。

【**例 8-1**】 函数模板的定义及使用举例。

将例 2-18 中的重载函数改成函数模板。

```
1   /********************************
2    *   程序名: p8_1.cpp              *
3    *   功  能: 函数模板               *
4    ******************************** /
5   # include < iostream >
6   using namespace std;
7   template < class T1,class T2 >
8   T1 add(T1 x, T2 y)
9   {
10      cout <<"("<< sizeof(T1)<<","<< sizeof(T2)<<")\t";
11      return x + y;
12  }
13  int main()
14  {
15      cout << add(9,8)<< endl;
16      cout << add(9.0,8.0)<< endl;
17      cout << add(9,8.0)<< endl;
18      cout << add(9.0,8)<< endl;
19      cout << add('A','A' - '0')<< endl;
20      cout << add(long(8),9)<< endl;
21      return 0;
22  }
```

运行结果:

```
(4, 4)   17
(8, 8)   17
(4, 8)   17
(8, 4)   17
(1, 4)   R
(8, 4)   17
```

程序解释：

（1）第 15～20 行将函数模板分别隐式实例化成：

```
int add(int,int);
double add(double,double);
int add(int,double);
double add(double,int);
char add(char,int);
long double add(long, int);
```

（2）6 个函数都拥有同一个函数名，都是二元加法的函数，拥有相同的函数名和函数体，却因为参数类型和返回值类型不一样是 6 个完全不同的函数。如果不使用函数模板，程序员将不得不通过函数重载编写函数体完全相同的 6 个函数，这将导致编程效率低下。如果对这些函数进行抽象，从中提炼出一个通用函数，而它又适用于多种不同类型的数据，这样就会大大提高编程效率。

（3）当既存在重载函数，又有函数模板时，C++如何处理？

例如，在程序 p8_1.cpp 中加入：

```
int add(int x, int y)
{
    cout <<"(int, int)\t";
    return x + y;
}
```

由于函数重载不允许函数名和形参表都相同，仅返回类型不同，所以，C++对重载函数绑定的优先次序是精确匹配→对实参的类型向高类型转换后的匹配→实参类型向低类型及相容类型转换后的匹配。

当同时存在函数重载和函数模板时，先进行函数重载的精确匹配，若不能精确匹配重载函数，则再实例化函数模板。

因此，在本例程序中，若同时存在函数重载和函数模板，则使用 add(8，9)时优先绑定重载函数，只有在不能精确匹配重载函数时才实例化类模板。

8.3　类　模　板

和函数模板一样，用户也可以抽象出类的若干共同特性定义为类模板。

类模板就是带有类型参数的类，是能根据不同参数建立不同类型成员的具体类，称之为类的实例化。类模板中的数据成员、成员函数的参数、成员函数的返回值都可以取不同类型，在实例化成具体对象时根据传入的实际参数类型实例化成具体类型的对象。

8.3.1　类模板的定义

类模板定义的语法如下：

```
template <模板参数表>
class 类名
{
    成员名;
};
```

其中：

- template 为模板关键字。
- 模板参数表中的类型为参数化(parameterized)类型，也称可变类型，类型名为 class(或 typename)；模板参数表中的类型也可包含普通类型，普通类型的参数用来为类的成员提供初值。
- 类模板中的成员函数可以是函数模板，也可以是普通函数。

例如下面定义了一个模板类 Student，为了增强类的适用性，将学号设计成参数化类型，它可以实例化成字符串、整型等；将成绩设计成参数化类型，它可以实例化成整型、浮点型、字符型(用来表示等级分)等。

```
template < class TNO, class TScore, int num >
class Student
{
  private:
      int n;                          //实际学生人数
      TNO StudentID[ num ];
      TScore score[ num ];
  public:
      void append(TNO   ID, TScore s);
      void Delete(TNO   ID);
      int   search(TNO   ID);
      void sort();
      void DispAll();
      Student();
};
```

模板类的成员函数还可以在类外定义，其语法如下：

```
template <模板参数表>
类型   类名   <模板参数名表>::函数名(参数表)
{
      函数体;
}
```

其中：

- 模板参数表与类模板的模板参数表相同；
- 模板参数名表列出的是模板参数表中的参数名，顺序与模板参数表中的顺序一致。

例如，模板类 Student 的部分成员函数在类外实现如下：

```
template < class TNO, class TScore, int num >
void Student < TNO, TScore, num >::append(TNO ID, TScore s)
{
  if(n < num) {
    StudentID[n] = ID;
    score[n] = s;
    n++;
  }
}
template < class TNO, class TScore, int num >
```

```
void Student < TNO, TScore, num >::Delete(TNO ID)
{
    for(int i = 0; i < n; i++)
        if(StudentID[ i] == ID)
        {
            for( int j = i;j < n;j++)
            {
                StudentID[ j] = StudentID[ j + 1];
                score[ j] = score[ j + 1];
            }
            n-- ;
        }
}
template < class TNO, class TScore, int num >
int Student < TNO, TScore, num >::search(TNO no)
{
for(int i = 0;i < n;i++)
    if(StudentID[ i] == no)
        return i + 1;
return 0;
}
template < class TNO, class TScore, int num >
void Student < TNO, TScore, num >::sort()
{
    for (int i = 0;i < n - 1;i++)                    //按成绩降序排列
     for (int j = i + 1;j < n;j++)
        if (score[ i]< score[ j])
        {
            TScore ts;
            TNO tn;
            ts = score[ i],      tn = StudentID[ i];   //交换数组元素
            score[ i] = score[ j], StudentID[ i] = StudentID[ j];
            score[ j] = ts,       StudentID[ j] = tn;
        }
}
template < class TNO, class TScore, int num >
void Student < TNO, TScore, num >::DispAll()
{
for(int i = 0;i < n;i++)
    cout << StudentID[ i]<<"\t"<< score[ i]<< endl;
}
```

8.3.2 类模板的实例化

一个类模板是具体类的抽象,在使用类模板建立对象时才根据给定的模板参数值实例化
(专门化)成具体的类,然后由类建立对象。与函数模板不同,类模板实例化只能采用显式
方式。

类模板实例化、建立对象的语法如下:

类模板名 <模板参数值表> 对象 1, 对象 2, …, 对象 n;

其中：

- 模板参数值表的值为类型名，类型名可以是基本数据类型名，也可以是构造数据类型名，还可以是类类型名。
- 模板参数值表的值还可以是常数表达式，以初始化模板参数表中的普通参数。
- 模板参数值表的值按一一对应的顺序实例化类模板的模板参数表。

例如，下面对模板类 Student 实例化：

```
class String {
 public:
     char Str[20];
     String();
};
int main()
{
   Student < String, float ,100 > group1;
   group1. sort();
   Student < long, int, 50 > group2;
   group2. append("201209126",85);
   return 0;
}
```

其中，编译"Student < String, float ,100 > S1;"时：

$$String \xrightarrow{\text{取代}} TNO$$
$$float \xrightarrow{\text{取代}} TScore$$
$$100 \xrightarrow{\text{取代}} num$$

将类 Student 实例化成：

```
class Student
{
 private:
     String StudentID[100];
     float score[100];
 public:
     void append(String ID, float s);
     void Delete(String ID);
     int search(String);
     void sort();
     void DispAll();
     Student();
};
```

8.3.3　默认模板参数

类模板的实例化过程与函数调用的实参与形参结合的过程相似，函数的形参可以采用默认值，类模板的类型参数也可以采用默认值，这样避免了每次实例化时都显式给出实参。

例如：

```
template < class TNO, class TScore = int, int num = 10 >
```

```
class Student
{
 private:
     int n;
     TNO StudentID[num];
     TScore score[num];
 public:
     void append(TNO   ID, TScore s);
     void Delete(TNO   ID);
     int   search(TNO   ID);
     void sort();
     void DispAll();
     Student();

};
```

其中的 TScore、num 分别给出默认值 int、10。

用以下方式实例化：

Student < char * > S1;

实例化后的类为：

```
class Student
{
 private:
     int n;
     char * StudentID[10];
     int score[10];
 public:
     void append(char * ID, int s);
     void Delete(char * ID);
     int   search(char * ID);
     void sort();
     void DispAll();
     Student();

};
```

（说明：模板类 Student 的完整源程序见本章习题解答。）

带默认模板参数值的类模板的默认参数值的给出顺序为从右向左，实参值的结合顺序为从左向右。其结合机制与带默认形参值函数相似。

8.4 模 板 编 程

8.4.1 栈类模板

栈是一种先进后出（First In Last Out，FILO）的结构，在程序设计中被广泛使用。栈的基本操作有压栈（push）、出栈（pop），其他操作有判空、判满、读栈顶元素等。

图 8-1 演示了栈的操作。

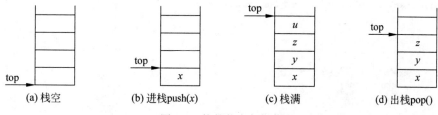

图 8-1　栈的状态与操作

【例 8-2】　将栈设计成一个类模板,在栈中存放任意类型的数据。

分析:栈空间可以使用静态数组,本例中使用动态分配数组,使用指针 top 指向栈顶元素,使用成员函数 push()、pop()、IsEmpty()、IsFull()分别进行压栈、出栈、判空、判满。

```cpp
 1    /*****************************************
 2     *   程序名: p8_2.cpp                      *
 3     *   功  能: 栈类模板                       *
 4     ***************************************** /
 5    # include < iostream >
 6    using namespace std;
 7    template < class T >
 8    class Stack
 9    {
10      private:
11          int size;
12          int top;
13          T * space;
14      public:
15          Stack( int = 10);
16          ~Stack( )
17          {
18              delete [ ] space;
19          }
20          bool push(const T &);
21          T   pop( );
22          bool IsEmpty( ) const
23          {
24              return top == size;
25          }
26          bool IsFull( ) const
27          {
28              return top == 0;
29          }
30    };
31    template < class T >
32    Stack < T >::Stack( int size)
33    {
34      this -> size = size;
35      space = new T[ size];
36      top = size;
37    }
38    template < class T >
```

```
39    bool Stack < T >::push(const T & element)
40    {
41        if(!IsFull())
42        {
43            space[ -- top] = element;
44            return true;
45        }
46        return false;
47    }
48    template < class T >
49    T   Stack < T >::pop()
50    {
51            return space[top++];
52    }
53    int main()
54    {
55        Stack < char > S1(4);
56        S1.push('x');
57        S1.push('y');
58        S1.push('z');
59        S1.push('u');
60        S1.push('v');
61        while(!S1.IsEmpty())
62            cout << S1.pop()<< endl;
63        return 0;
64    }
```

运行结果：

```
u
z
y
x
```

8.4.2　链表类模板

【例 8-3】　链表类模板。

分析：为了节省内存空间，将头指针和当前结点指针设计成 static，为同类型链表所共有；为了便于操作，同样将链表的第一个结点当成头结点，不存储数据。链表的构成如图 8-2 所示。

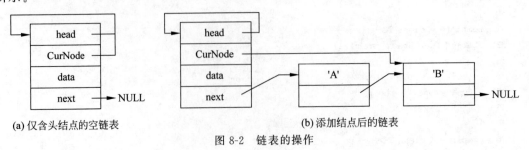

(a) 仅含头结点的空链表　　　　　　　　(b) 添加结点后的链表

图 8-2　链表的操作

```
1    / * * * * * * * * * * * * * * * * * * * * * * * * * * * * * * * *
2    *    程序名: p8_3.cpp                              *
3    *    功  能: 单向链表的类模板                       *
4    * * * * * * * * * * * * * * * * * * * * * * * * * * * * * * * * /
5    # include < iostream >
6    using namespace std;
7    template < class TYPE >
8    class ListNode
9    {
10     private:
11       TYPE data;
12       ListNode * next;
13       static ListNode * CurNode;
14       static ListNode * head;
15     public:
16       ListNode()
17       {
18           next = NULL;
19           head = CurNode = this;
20       }
21       ListNode(TYPE NewData)
22       {
23           data = NewData;
24           next = NULL;
25       }
26       void AppendNode(TYPE NewNode);
27       void DispList();
28       void DelList();
29   };
30   template < class TYPE >
31   ListNode < TYPE > * ListNode < TYPE >::CurNode;
32   template < class TYPE >
33   ListNode < TYPE > * ListNode < TYPE >::head;
34   template < class TYPE >
35   void ListNode < TYPE >::AppendNode(TYPE NewData)
36   {
37       CurNode -> next = new ListNode(NewData);
38       CurNode = CurNode -> next;
39   }
40   template < class TYPE >
41   void ListNode < TYPE >::DispList()
42   {
43       CurNode = head -> next;
44       while(CurNode!= NULL)
45       {
46           cout << CurNode -> data << endl;
47           CurNode = CurNode -> next;
48       }
49   }
50   template < class TYPE >
51   void ListNode < TYPE >::DelList()
```

```
52  {
53      ListNode * q;
54      CurNode = head->next;
55      while(CurNode!= NULL)
56      {
57              q = CurNode->next;
58              delete CurNode;
59              CurNode = q;
60      }
61      head->next = NULL;
62  }
63  int main()
64  {
65      ListNode<char> CList;
66      CList.AppendNode('A');
67      CList.AppendNode('B');
68      CList.AppendNode('C');
69      CList.DispList();
70      CList.DelList();
71      CList.DispList();
72      return 0;
73  }
```

运行结果：

```
A
B
C
```

程序解释：

（1）第 16 行为不带参数的构造函数，用于建立头结点。第 65 行建立对象时调用了不带参数的构造函数，建立了一个仅含头结点的链表。

（2）第 21 行为带数据域参数的构造函数，供函数 AppendNode()动态建立结点对象时调用。

（3）由于链表的非头结点为动态对象，因此要使用 delete 删除结点，以释放内存。

从上述程序例子可知，类模板是一种安全的、高效的重用代码的方式，并可以结合类继承性和函数重载实现更大范围类的代码重用。因此，类模板的应用在 C++ 中占有重要的地位。

本 章 小 结

（1）将相似的类和函数的共性提取出来，用一种统一的方式予以描述，形成类模板和函数模板，这就是 C++ 的模板编程。

（2）C++ 中的模板是逻辑功能相同而类型不同的函数和类的一种抽象，是参数化的函数和类。

（3）模板的引入进一步强化了 C++ 语言的代码共享机制，显著提高了编程效率。

（4）类模板是能根据不同参数建立不同类型对象的类，类模板中的数据成员、成员函数的参数、成员函数的返回值可以取参数化类型。

(5) 类模板实例化是在建立对象时根据传入的参数类型将类模板实例化成具体类,然后再建立对象。

(6) 栈是一种先进后出(First In Last Out,FILO)的结构,在程序设计中广泛使用栈,将栈设计成一个类模板,就可以在栈中存放任意类型的数据。

(7) 动态链表的插入与删除结点的性能优于静态数组,在程序设计中广泛使用链表,将链表设计成一个类模板,就可以在链表结点中存放任意类型的数据。

习 题 8

1. 填空题

(1) 将相似的类和函数的_____提取出来,用一种统一的方式予以描述,形成类模板和函数模板,这就是 C++的_____。

(2) _____是能根据不同参数建立不同类型成员的类。

(3) C++中的模板是_____相同而_____不同的函数和类的一种抽象,是参数化的函数和类。

(4) _____可以用来创建一个通用功能的函数。

(5) 函数模板定义后,就可以用它生成各种具体的_____。

(6) 类模板就是带有类型参数的类,是能根据不同参数建立不同类型成员的具体类,这称为_____。

(7) 在使用类模板建立对象时才根据给定的模板参数值_____成具体的类。

(8) 当既存在重载函数,又有函数模板时,函数调用优先绑定_____,只有_____时才实例化类模板。

2. 选择题

(1) 类模板的使用实际上是将类模板实例化成一个( )。

    A. 函数　　　　　　B. 对象　　　　　　C. 类　　　　　　D. 抽象类

(2) 类模板的模板参数( )。

    A. 只能作为数据成员的类型　　　　B. 只可作为成员函数的返回类型

    C. 只可作为成员函数的参数类型　　D. 以上 3 种均可

(3) 类模板的实例化( )。

    A. 在编译时进行　　B. 属于动态联编　　C. 在运行时进行　　D. 在连接时进行

(4) 类模板的参数( )。

    A. 可以有多个　　　　　　　　　　B. 不能有基本数据类型

    C. 可以是 0 个　　　　　　　　　　D. 参数不能给初值

(5) 类模板实例化时的实参值( )。

    A. 一定要和类模板的参数个数相同　　B. 不能是 0 个

    C. 可以是 0 个　　　　　　　　　　D. 可以多于类模板的参数个数

(6) 以下类模板的定义正确的是( )。

    A. template < class T , int i=0 >　　B. template < class T , class int i >

    C. template < class T , typename T >　D. template < class T1 , T2 >

（7）以下类模板：

```
template < class T1,  class T2 = int,  int num = 10 >
class Tclass {...};
```

正确的实例化方式为（　　）。

　　A. Tclass < char &, char > C1;　　　　B. Tclass < char *, char > C1;

　　C. Tclass < > C1;　　　　　　　　　　D. Tclass < char , 100, int >

（8）以下类模板，正确的实例化方式为（　　）。

```
class TAdd
{
   T x,y;
public:
   TAdd(T a, T b):x(a),y(b) { }
   int add() { return x + y; }
};
```

　　A. TAdd < char > K;

　　B. TAdd < double,double > K(3.4, 4.8);

　　C. TAdd < char * > K('3', '4');

　　D. TAdd < float > K('3', '4');

（9）采用以上类模板，下列程序运行的结果为（　　）。

```
int main()
{
  TAdd < double > A(3.8, 4.8);
  TAdd < char > B(3.8,4.8);
  cout << A.add()<<","<< B.add();
  return 0;
}
```

　　A. 8,8　　　　　　　　B. 7,7　　　　　　　　C. 7,8　　　　　　　　D. 8,7

（10）以下程序运行的结果为（　　）。

```
template < class T >
class Num
{
    T x;
    public:
        Num() {}
        Num(T x) {this -> x = x;}
        Num < T > & operator + (const Num < T > & x2) {
        static Num < T > temp;
        temp.x = x + x2.x;
    return temp;
  }
  void disp()
  {
    cout <<"x = "<< x;
  }
};
```

```
int main()
{
    Num < int > A(3.8),B(4.8);
    A = A + B;
    A.disp();
    return 0;
}
```

A. x＝7   B. x＝8   C. x＝3   D. x＝4

(11) 关于在调用模板函数时模板实参的使用,下列表述正确的是(　　)。

    A. 对于虚拟类型参数所对应的模板实参,如果能从模板函数的实参中获得相同的信息,则都可以省略

    B. 对于虚拟类型参数所对应的模板实参,如果它们是参数表中最后的若干个参数,则都可以省略

    C. 对于虚拟型参数所对应的模板实参,若能够省略则必须省略

    D. 对于常规参数所对应的模板实参,在任何情况下都不能省略

(12) 以下是函数模板定义的头部,正确的是(　　)。

    A. template < T >

    B. template < class T1，T2 >

    C. template < class t1，typename t2，int s＝0 >

    D. template < class T1；class T2 >

(13) 若同时定义了以下 A、B、C、D 函数,fun(8，3.1)调用的是函数(　　)。

    A. template < class T1，class T2 > fun (T1，T2)

    B. fun (double，int)

    C. fun (char，float)

    D. fun (double，double)

3. 程序填空题

下面函数模板求 x^n,其中 n 为整数。

```
#include < iostream >
using namespace std;
    ①
double power(T x, int n)
{
if(x == 0) return 0;
if(n == 0) return 1;
    ②
for( int i = 0;i < abs(n);i++)
        ③
if(n < 0)
    return 1.0/powerx;
else
        ④
}
```

4. 编程题

(1) 设计一个类模板,其中包括数据成员 T a[n]以及对其进行排序的成员函数 sort(),模

板参数 T 可实例化成字符串。

（2）设计一个类模板，其中包括数据成员 T a[n] 以及在其中查找数据元素的函数 int search(T)，模板参数 T 可实例化成字符串。

（3）完善本章的 Student 类模板，使之可以添加、删除、查询学生记录，对学生的成绩进行排序。

（4）设计一个单向链表类模板，结点数据域中的数据从小到大排列，并设计插入、删除结点的成员函数。

（5）利用 Stack 类模板计算不含括号的四则运算式的值。

（6）设计并测试一个描述队列（Queue）的类模板，该类模板模仿一个普通的等待队列：插入在线性结构的末尾进行，删除在该线性结构的另外一端进行。

第 9 章

STL 编程

◇ **引言**

在 C++ 中,面向对象的概念在改变程序设计思维方式以及在程序代码重用上作出巨大贡献,而泛型化程序设计(Generic Programming)的引入则进一步深化了代码重用,提高了 C++ 的编程效率。

STL(Standard Template Library,标准模板库)是泛型程序设计思想在 C++ 中的具体应用。STL 包含了许多在计算机领域中常用的基本数据结构和基本算法,为 C++ 程序设计提供了一个可扩展的应用框架,高度体现了代码的可重用性,极大地提高了 C++ 程序设计的效率。本章将主要介绍 STL 的基本知识及编程应用。

◇ **学习目标**

(1) 理解 STL 编程思想;

(2) 理解容器的概念;

(3) 理解迭代器的概念和使用;

(4) 掌握各种顺序容器的使用;

(5) 掌握各种关联容器的使用;

(6) 理解算法和泛型程序设计的思想;

(7) 理解函数对象的概念。

9.1　STL 编程思想

在 C++ 中,STL 是一个泛型化的数据结构和算法库。在计算机科学中,泛型(generic,类属)是一种允许一个值取不同数据类型(所谓多态性)的技术,使用这种技术的编程方法被称为泛型程序设计。STL 实质上是一个高效的、可重用的 C++ 程序库,提供了大量可扩展的类模板,包含了许多在计算机科学领域里所常用的基本数据结构和基本算法,属于 C++ 标准程序库(C++ Standard Library) 的一部分,类似于 Microsoft Visual C++ 中的 MFC(Microsoft Foundation Class Library)或者是 Borland C++Builder 中的 VCL(Visual Component Library)。

从逻辑层次来看,STL 是泛型化程序设计思想在 C++ 中的具体应用。泛型化程序设计提倡使用现有的模板程序代码开发应用程序,而且将算法与数据结构完全分离,其中大部分算法是泛型的,不与任何特定数据结构或对象类型系在一起,独立于与之对应的数据结构,因此程序员可以通过反复调用这些 C++ 标准程序库中定义好的通用的数据结构以及在这些数据结构之上的已经实现了的各种操作和算法进行编程,其功效与程序员自己编程实现这些数据结构和算法是一样的,而且通过 STL 调用的这些程序代码更安全,效率更高,从而进一步提高了 C++ 中代码重用(reusability)的效率。

从实现层次看，STL 是一种**类型参数化**（type parameterized）的程序设计方法，是一个基于模板的标准类库，称为容器类。每种容器都是一种已经建立完成的标准数据结构。在容器中，放入任何类型的数据，就很容易建立一个存储该数据类型（或类）的数据结构。

从逻辑结构和存储结构来看，计算机领域中基本数据结构的数量是有限的。在程序设计过程中，程序员可能需要反复地定义一些类似的数据结构，这些不同的数据结构及其操作是类似的，只是构成数据结构的数据成员和函数成员中的数据类型有所不同，如果能够将这些经典的数据结构采用类型参数的形式，设计为通用的类模板和函数模板，允许程序员重复利用 C++ 标准程序库中已定义好的通用数据结构来构造符合自己实际需要的特定数据结构，这无疑将简化程序开发，提高软件的开发效率，这就是 STL 编程的主要目的。

STL 主要由 5 个部分组成，分别是容器（container）、迭代器（iterator）、适配器（adaptor）、算法（algorithm）和函数对象（function object）。

9.2　STL 容器

在 STL 程序设计中，**容器**（container）就是通用的数据结构。容器用来承载不同类型的数据对象，如同现实生活中人们使容器用来装载各种物品一样。但 C++ 中的容器还存在一定的"数据加工能力"，它如同一个对数据对象进行加工的模具，可以把不同类型的数据放到这个模具中进行加工处理，形成具有一定共同特性的数据结构。例如将 int 型、char 型或者 float 型放到队列容器中，就分别生成 int 队列、char 型队列或者 float 型队列，它们都是队列，具有队列的基本特性，但是具体的数据类型是不一样的。

容器是装有其他对象的对象。容器里面的对象必须是同一类型，该类型必须是可拷贝构造和可赋值的，包括内置的基本数据类型和带有公用拷贝构造函数和赋值操作符的类。在标准 C++ 中，容器一般用模板类来表示。不过 STL 不是面向对象的技术，不强调类的层次结构，而是以效率和实用作为追求的目标，所以在 STL 并没有一个通用的容器类，各种具体的容器也没有统一的基类。

STL 容器对最常用的数据结构提供了支持，主要包括向量（vector）、列表（list）、队列（deque）、集合（set/ multiset）和映射（map/multimap）等。STL 用模板实现了这些最常用的数据结构，并以算法的形式实现了对这些容器类的基本操作。

STL 中的所有容器都是类模板，是一个已经建立完成的抽象的数据结构，因此可以使用这些容器来存储任何类型的数据，甚至是自己定义的类，而无须自己再定义数据结构，例如利用 deque 容器很容易建立一个队列。

需要注意的是，C++ 的 STL 中的容器是同构的，每个容器只允许存储相同类型的数据，也就是说，不能在同一个队列中同时存储 int 和 double 类型的数据元素。不过，可以分别创建两个单独的队列，一个用来存储 int，另一个用来存储 double。

STL 提供了大多数标准数据结构的实现，前面曾经提到的向量、列表、队列、集合等都是容器，用户在进行 STL 编程时，不必再编写诸如链表或队列之类的数据结构。不同的容器有不同的插入、删除和存取行为及性能特征，用户需要分析数据之间的逻辑关系为给定的任务选择最合适的容器。

在 STL 中，容器大致可以分为两类，即顺序容器和关联容器。

9.2.1 顺序容器

顺序容器(sequence container)以逻辑线性排列方式存储一个元素序列,这些容器类型中的对象在逻辑上被认为是在连续的存储空间中存储的。在顺序容器中的对象有相对于容器的逻辑位置,例如在容器的起始、末尾等。顺序容器可以用于存储线性表类型的数据结构。

在 STL 中,顺序容器一共有 3 种,其特性如表 9-1 所示。

表 9-1 顺序容器

容器类名	特 性	何时使用	头文件
vector (向量)	在内存中占有一块连续的空间,存储一个元素序列,可以看作一个可动态扩充的数组,而且提供越界检查,可用[ ]运算符直接存取数据	需要快速查找,不在意插入/删除速度的快慢,能使用数组的地方都能使用向量	< vector >
list (列表)	双向链接列表,每个结点包含一个元素。列表中的每个元素均有指针指向前一个元素和下一个元素	需要快速插入/删除,不在意查找的速度慢,可以使用列表	< list >
deque (双端队列)	在内存中不占有一块连续的空间,介于向量和列表之间,更接近向量,适用于从两端存取数据,可用[ ]运算符直接存取数据	可以提供快速的元素存取。在序列中插入/删除的速度较慢。一般不需要使用双端队列,可以转而使用 vector 或 list	< deque >

在 C++中,vector 是动态数组的同义词:随着所存储的元素个数的变化,向量会动态地扩展和收缩。C++中的 vector 不是指数学意义上的向量概念。C++将数学意义上的向量建模为 valarray 容器。

vector 容器中数据元素的存储采用连续存储空间,当需要增加数据元素时,直接从 vector 容器尾端插入,如果 vector 容器发现存储空间不足,整个容器中的数据元素将会被搬到一个新的、更大的内存空间中,并将所有数据元素复制到新的内存空间中。因此,如果需要快速地存取元素,但不打算经常增加或删除元素,应当在程序中使用 vector 容器。例如,计算机系统监控软件可能会将它所监控的计算机目录保存到一个 vector 中,很少向这个目录中增加新的计算机,也很少从这个目录中删除被监控的计算机。不过,用户可能经常查阅有关计算机的运行状态等信息,因此要求查找时间较快。

list 容器的性能特征与向量恰好相反。list 容器是一个标准双向链表,每个元素都知道其前一个和下一个数据元素,其查找速度较慢,只能根据链表指针的指示逐一查找,但一旦找到相关位置,完成元素的插入和删除很快(常量时间)。

如果需要从元素序列的两端插入和删除,但仍需要快速地存取所有元素,应当使用双端队列而不是向量。deque 容器的特性基本上与 vector 容器类似,只是 deque 容器可以从前端以 push_front()添加元素,且存储时不需要一块连续的内存空间。在增加数据元素时,如果 deque 容器内原先定义的内存空间不足,deque 容器会将新增加的数据元素存储到另外一块内存中。

【例 9-1】 将学生成绩转换为标准分。

分析:学生的成绩一般是原始成绩,要将学生的成绩转换为标准分,必须首先比较所有学生的成绩,取得最高分,将学生的原始成绩除以最高分,然后乘上 100。

由于程序没有给出学生人数，所以采用向量作为数据存储结构，因为向量的元素个数可以自动地动态增长。

```cpp
1   /****************************************
2    * 程序名: p9_1.cpp                        *
3    * 功    能: 向量容器示例                    *
4    **************************************** /
5   #include < iostream >
6   #include < vector >
7   using namespace std;
8   int main(){
9     vector < double >  scorevector;    //创建向量
10      double max,temp;
11      cout <<"Input  - 1 to stop:"<< endl;
12      cout <<"Enter the original score 1: ";
13      cin >> max;
14      scorevector.push_back(max);
15      for(int i = 1;true;i++) {
16          cout <<"Enter the original score "<< i + 1 <<": ";
17          cin >> temp;
18      if(temp == - 1){
19      break;
20      }
21        scorevector.push_back(temp);
22        if(temp > max)
23            max = temp;
24      }
25      max/ = 100;
26      cout <<"Output the standard scores: "<< endl;
27      for(i = 0;i < scorevector.size();i++) {
28        scorevector[i]/ = max;
29        cout << scorevector[i]<<" ";
30      }
31      cout << endl;
32      return 0;
33  }
```

运行结果：

```
Input - 1 to stop:
Enter the original score 1: 76
Enter the original score 2: 92
Enter the original score 3: 84
Enter the original score 4: - 1
Output the standard scores:
82.6087 100 91.3043
```

程序解释：

（1）本程序首先使用默认构造函数创建一个包含 0 个元素的 scorevector，在输入每个学生成绩时,调用 vector 容器的 push_back()成员函数添加到 scorevector 中,push_back()会为这个新元素分配空间。

（2）程序第 27 行,通过调用 vector 容器的 size()函数来确定容器中元素的个数(见表 9-2)。

表 9-2　vector 容器中较为重要的成员函数

函 数 名	功 能 说 明
push_back	在容器后端增加元素
pop_back	在容器后端删除元素
insert	在容器中间插入元素
erase	删除容器中间的元素
clear	清除容器内的元素
front	返回容器前端元素的引用
back	返回容器末端元素的引用
begin	返回容器前端的迭代器
end	返回容器末端的迭代器
rbegin	返回容器前端的倒转迭代器
rend	返回容器末端的倒转迭代器
max_size	返回容器可存储元素的最大个数
Size	返回当前容器中的元素个数
empty	若容器为空(无元素),返回 true,否则返回 false
capacity	返回当前容器可以存储的最大元素个数
at(n)	返回第 n 个元素的引用
swap(x)	与容器 x(vector 容器)互换元素
operator[]	利用[]运算符取出容器中的元素

迭代器(iterator)是 STL 的一个重要概念,被认为是一种广义的指针,用于指向容器中某个位置的数据元素,也有人据此将其译为"泛型指针""指位器""游标"。实际上,迭代器是通过重载一元的"＊"和"—>"从容器中间接地返回一个值。

在 C++中,迭代器可以指向容器中的任意元素,还能遍历整个容器,参见图 9-1。

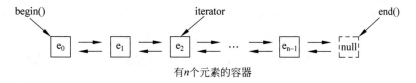

图 9-1　迭代器是一种广义的指针

迭代器是连接容器和算法的纽带,为数据提供了抽象,使写算法的人不必关心各种数据结构的细节。迭代器提供了数据访问的标准模型——对象序列,使对容器更广泛的访问操作成为可能。泛型编程的关键所在就是找到一种通用的方法访问具有不同结构的各种容器中的每个元素,这正是迭代器的功能。

迭代器虽然是广义的指针,但是迭代器并不是通用的指针。不同的容器可能需要不同的迭代器,实际上,在 STL 中为每种容器都定义了它们自己的迭代器,名为 iterator。例如,vector＜T＞的迭代器类型为＜vector＜T＞＞∷iterator(是一种随机访问迭代器)、list＜T＞的迭代器类型为 list＜T＞∷iterator(是一种双向迭代器)。

迭代器具有解除、赋值、比较、遍历等特征和读、写、访问、迭代、比较等操作。

1. 迭代器的基本特征

- 解除：支持解除引用（dereference）操作，以便可以访问它引用的值。即如果 p 是一个迭代器，则应该对 *p 和 p－>进行定义（似指针）。
- 赋值：可将一个迭代器赋给另一个迭代器。即如果 p 和 q 都是迭代器，则应该对表达式 p=q 进行定义。
- 比较：可将一个迭代器与另一个迭代器进行比较。即如果 p 和 q 都是迭代器，则应该对表达式 p==q 和 p!=q 进行定义。
- 遍历：可以使用迭代器遍历容器中的元素，这可以通过为迭代器 p 定义＋＋p 和 p＋＋操作来实现。

2. 迭代器的操作

- 读：通过解除引用 * 间接引用容器中的元素值，例如"x ＝ * p;"。
- 写：通过解除引用 * 给容器中的元素赋值，例如" * p ＝ x;"。
- 访问：通过下标指向引用容器中的元素及其成员，例如 p[2]和 p－> m。
- 迭代：利用增量和减量运算（＋＋和－－、＋和－、＋＝和－＝）在容器中遍历、漫游和跳跃，例如 p＋＋、－－p,p＋5,p－＝8。
- 比较：利用比较运算符（＝＝、! ＝、<,>,<= ,>=）比较两个迭代器是否相等或谁大谁小，例如"if(p < q)…;""while(p ! = c. end())…;"。

不同的容器，STL 提供的迭代器功能不同。对于 vector 容器，可以使用"＋＝""－－""＋＋""－＝"中的任何一个操作符和"<""<="">"">=""==""! ="等比较运算符。list 容器是一个标准双向链表，其迭代器也是双向的，但不能进行加、减运算，不像 vector 迭代器那样能够随机访问容器中的数据元素。deque 容器的迭代器与 vector 容器类似，但应用相对较少。

除了标准的迭代器外，STL 中还有 3 种迭代器。

（1）reverse_iterator：如果想用向后的方向而不是向前的方向的迭代器来遍历除 vector 之外的容器中的元素，可以使用 reverse_iterator 反转遍历的方向，也可以用 rbegin()代替 begin()，用 rend()代替 end()，而此时的"＋＋"操作符会朝向后的方向遍历。

（2）const_iterator：向前方向的迭代器，它返回一个常数值，可以使用这种类型的游标指向一个只读的值。

（3）const_reverse_iterator：朝反方向遍历的迭代器，它返回一个常数值。

在示例程序 p9-1 中，从第 27 行开始的 for 循环可以通过迭代器实现：

```
//采用迭代器实现
for(vector < double >::iterator it = scorevector. begin(); it!= scorevector. end(); ++it)
{
    * it/ = max;
    cout << * it <<" ";
}
```

在上面的程序中，vector < double >::iterator it 定义了迭代器 it,begin()返回指示容器中第 1 个元素的该类迭代器。

在循环体中：

it!= scorevector.end();

该语句检查迭代器是否已经访问了向量 scorevector 中的全部数据元素,如果完成遍历,则循环终止,否则迭代器自增,使之指向 scorevector 中的下一个数据元素。

语句"＋＋it;"返回所指向对象的引用,语句"＊it/＝max;"利用迭代器访问当前数据元素并修改所指向的数据元素。

【例 9-2】 双端队列容器示例。

分析：双端队列是既可以在队头插入和删除,也可以在队尾插入和删除的一种特殊队列。因此,在实际应用中,双端队列比普通队列的应用范围更加广泛。

```cpp
1   /*****************************************
2    *  程序名: p9_2.cpp                      *
3    *  功  能: 双端队列容器示例               *
4    *****************************************/
5   # include < iostream >
6   # include < deque >
7   using namespace std;
8
9   template < class T >
10  void print(T &deq, char * str)              //显示输出双端队列中的所有元素
11  {
12      typename T::iterator it;
13      cout <<"The elements of "<< str <<": ";
14      for(it = deq.begin();it!= deq.end();it++)
15      { cout << * it <<" "; }
16      cout << endl;
17  }
18
19  int main() {
20      deque < char > deque_A;                  //创建双端队列
21      deque_A.push_back('c');                  //从队尾进队列
22      deque_A.push_back('d');
23
24      deque_A.push_front('b');                 //从队头进队列
25      deque_A.push_front('a');
26      print(deque_A,"deque_A");
27      //显示队头元素
28      cout <<"The first element of deque_A is "<< deque_A.front()
29        << endl;
30      //显示队尾元素
31      cout <<"The last element of deque_A is "<< deque_A.back()
32        << endl;
33      deque_A.insert(deque_A.begin(),'x');     //在队头插入元素
34      deque_A.insert(deque_A.end(),'z');       //在队尾插入元素
35      print(deque_A,"deque_A");
36      deque_A.pop_front();                     //从队头出队列(删除元素)
37      print(deque_A,"deque_A");
38      deque_A.pop_back();                      //从队尾出队列(删除元素)
```

```
39        print(deque_A,"deque_A");
40        return 0;
41  }
```

运行结果：

```
The elements of deque_A: a b c d
The first element of deque_A is a
The last element of deque_A is d
The elements of deque_A: x a b c d z
The elements of deque_A: a b c d z
The elements of deque_A: a b c d
```

为了帮助读者进一步了解 STL 容器的功能，表 9-3 列出了 deque 容器的一些较为重要的成员函数。对比表 9-2 和表 9-3，可见 vector 容器和 deque 容器的大部分成员函数是相似的。对于顺序容器 list、关联容器以及后面要介绍的容器适配器，它们都有自己的成员函数，有兴趣的读者可参阅相关的 STL 程序设计资料。

表 9-3　deque 容器中较为重要的成员函数

函　数　名	功　能　说　明
push_front	在容器前端增加元素
pop_front	在容器前端删除元素
push_back	在容器后端增加元素
pop_back	在容器后端删除元素
insert	在容器中间插入元素
erase	删除容器中间的元素
clear	清除容器内的元素
front	返回容器前端元素的引用
back	返回容器末端元素的引用
begin	返回容器前端的迭代器
end	返回容器末端的迭代器
rbegin	返回容器前端的倒转迭代器
rend	返回容器末端的倒转迭代器
max_size	返回容器可存储元素的最大个数
size	返回当前容器中的元素个数
empty	若容器为空（无元素），返回 true，否则返回 false
capacity	返回当前容器可以存储的最大元素个数
at(n)	返回第 n 个元素的引用
swap(x)	与容器 x（deque 容器）互换元素
operator[]	利用[]运算符取出容器中的元素

为了更好地使用 3 种标准顺序容器，STL 还设计了 3 种容器适配器（container adapter），即队列（queue）、优先队列（priority queue）和栈（stack），如表 9-4 所示。容器适配器可以将顺序容器转换为另一种容器，也就是以顺序容器为基础将其转换为新的容器，转换后的新容器具有新的特殊操作要求。

例如在数据结构中,队列具有先进先出的特性,栈则具有先进后出的特性。因此,可以利用 queue 将顺序容器 list 实现为具有先进先出操作要求的新容器,也可以利用 stack 将顺序容器 vector 转换为能够先进后出的新容器。需要说明的是,由于容器适配器并不是真正的容器,因此无法使用迭代器。

表 9-4 容器适配器

容器类名	特 性	何 时 使 用	头文件
queue（队列）	在一端插入元素,在另一端取出元素,具有先进先出(First In,First Out,FIFO)的特性,插入和删除都较快	需要一个 FIFO 结构时使用队列	< queue >
priority queue（优先队列）	每个元素都有一个优先级,元素按优先级的顺序从队列中删除,如果优先级相同,则仍然遵循先进先出规则。其插入和删除都比一般的简单队列慢,因为必须对元素重新调整顺序,以支持按优先级排序	需要一个带优先级的 FIFO 结构时使用优先队列	< queue >
stack（栈）	在一端插入元素,在同一端删除元素,具有先进后出(First In last Out,FILO)的特性	需要一个 FILO 结构时使用栈	< stack >

【例 9-3】 队列容器示例程序。

```
1  /***********************************
2  * 程序名: p9_3.cpp                  *
3  * 功  能: 队列容器示例程序           *
4  *********************************** /
5  # include < iostream >
6  # include < queue >
7  using namespace std;
8
9  template < class T >
10 void print(queue < T > & q)
11 {
12   if(q.empty())                      //判断队列是否为空
13     cout <<"Queue is empty!"<< endl;
14   else  {
15     int j = q.size();
16     for(int i = 0; i < j; i++) {
17       cout << q.front()<<" ";
18       q.pop();                       //出队列
19     }
20     cout << endl;
21   }
22 }
23
24 int main()
25 {
26   queue < int >  q;                   //创建队列
27   q.push(1);                          //进队列
28   q.push(2);
```

```
29    q.push(3);
30    q.push(4);
31    //取队头元素
32    cout <<"The first element is : "<< q.front()<< endl;
33    //取队尾元素
34    cout <<"The last element is : "<< q.back()<< endl;
35    cout <<"The queue is : "<< endl;
36    print(q);
37       return 0;
38 }
```

运行结果：

```
The first element is : 1
The last element is : 4
The queue is :
1 2 3 4
```

程序解释：

在程序的第 15 行中，由于容器适配器并不是真正的容器，因此无法使用迭代器，但可通过 queue 的成员函数 size() 获取容器中元素的个数，再通过循环实现对容器中元素的访问。

容器适配器也是带有类型参数的 STL 类模板。从技术上看，容器适配器就是将某个底层顺序容器转换为另一种容器。即以顺序容器作为数据存储结构，将其转换为一种某种特定操作特性的新容器，例如 queue、priority queue 和 stack，从而进一步扩展容器的应用。

容器适配器对顺序容器的转换形式如下：

```
container adapter < typename T, container < typename T > > 变量名;
```

第 1 个模板参数 T 指定要在容器中存储的类型。第 2 个模板参数规定适配的底层容器，变量名是利用容器适配器建立的新容器名。具体细节读者可参考专门讲述 STL 编程的专业书籍。

对于前面示例中的容器适配器 queue（队列）而言，由于 queue 中的数据元素要求遵循 FIFO 的原则，因此要转换为 queue 的顺序容器必须支持 push_back（在容器后端添加元素），并支持 pop_front（在容器前端删除元素），因此只有两个内置的顺序容器可以选择，即 deque 和 list。priority queue 的转换与 queue 类似。

【例 9-4】 容器适配器 queue 示例。

```
1 /*****************************************
2  *   程序名: p9_4.cpp                    *
3  *   功  能: 容器适配器 queue 示例        *
4  *****************************************/
5 # include < iostream >
6 # include < queue >
7 # include < list >
8 using namespace std;
```

```
9
10   template < class T >
11   void print(T &q)
12   {
13       while(!q.empty()) {
14         cout << q.front()<<" ";
15         q.pop();                              //出队列
16   }
17     cout << endl;
18   }
19
20   int main() {
21     queue < int, list < int > > list_q;           //容器适配器转换顺序容器
22     for(int i = 1; i <= 4; i++)
23        list_q.push(i);
24
25   cout <<"The first element is : "<< list_q.front()<< endl;
26     cout <<"The last element is : "<< list_q.back()<< endl;
27     cout <<"The queue is : "<< endl;
28     print(list_q);
29     return 0;
30   }
```

运行结果：

```
The first element is : 1
The last element is : 4
The queue is :
1 2 3 4
```

程序解释：

（1）程序第 13 行，只要队列不空，将循环输出队列中的所有数据元素。

（2）程序第 21 行中，"list < int >"与右边的">"之间要留一个空格，否则编译器将两个">"理解为"<<"，会出现编译错误。

stack（栈）是一种经典数据结构，它要求数据元素具有 FILO 的特性，因此要转换为 stack 的顺序容器必须支持 push_back（在容器后端添加元素），并支持 pop_back（在容器后端删除元素），而顺序容器中的 vector、deque 和 list 都符合这个条件，因此，它们都可以通过容器适配器转换为 stack。

【例 9-5】　容器适配器 stack 的示例程序。

```
1   /************************************
2    *   程序名：p9_5.cpp                 *
3    *   功　能：容器适配器 stack 示例    *
4    ************************************/
5   # include < iostream >
6   # include < vector >
7   # include < stack >
```

```
8   using namespace std;
9
10  template < class T >
11  void output(T &stackdata)
12  {
13    while(!stackdata.empty()) {
14      cout << stackdata.top()<<" ";          //取栈顶元素
15      stackdata.pop();                       //出栈
16  }
17    cout << endl;
18  }
19
20  int main(){
21    stack < int >   int_s;                    //创建栈
22    stack < int, vector < int > > vec_stack;
23    for( int i = 0; i < 4; i++)
24    {
25      int_s.push (i);                         //进栈
26      vec_stack.push(i);
27    }
28    cout <<"Pop from int stack:"<< endl;
29    output(int_s);
30    cout <<"Pop from vec_stack:"<< endl;
31    output(vec_stack);
32    return 0;
33  }
```

运行结果：

```
Pop from int stack:
3 2 1 0
Pop from vec_stack:
3 2 1 0
```

程序解释：

（1）程序第 21 行，容器适配器利用基本数据类型 int 构造栈。

（2）程序第 22 行，容器适配器利用向量容器构造栈。

容器适配器 priority_queue 和 queue 差不多，也是一个队列，其中每个数据元素被给定了一个优先级，数据元素按优先级顺序排列。

例如，计算机系统中的一个严重故障通常会导致不同的组件生成多个错误。好的错误处理系统会使用错误关联（error correlation）来避免处理重复的错误，而且可以保证优先处理最重要的错误，此时，就可以利用 priority_queue 来编写一个错误关联处理程序，根据事件的优先级对事件进行排序，并优先处理最高优先级的错误。

9.2.2 关联容器

与顺序容器中的对象不同，**关联容器**（associate container）中的数据元素不存储在顺序的线性数据结构中，相反，它们提供了一个关键字（key）到值的关联映射。当插入数据元素到关联容器中时,各数据元素之间并不以插入的先后或位置作为顺序,而是依据数据元素的关键字按照某一顺序进行排列。如果是数字,则依照数字大小进行排列;如果是字符串,则按英文字母的顺序排列。

STL 提供了 4 个关联容器,即 set、multiset、map 和 multimap,这些容器都将数据元素存储在一个有序的、类似于树的数据结构中。数据元素的存储和检索基于关键字和该数据元素与其他数据元素之间的关系,其特性如表 9-5 所示。

表 9-5　关联容器

容器类名	特　　性	何 时 使 用	头文件
set（集合）/ multiset（多集）	set 是一个元素集合,集合中的元素按有序的方式存储。set 中没有重复的元素,但 multiset 中允许有重复的元素	需要使用元素集合,而且对元素的查找、插入和删除操作都较为频繁时就可以使用 set/multiset	＜set＞
map（映射）/ multimap（多映射）	map 是{键(key),值}对组成的集合,集合中的元素按键排列。multimap 是允许键/值对有重复的集合。map 和 multimap 的关系如同 set 和 multiset 之间的关系	如果希望将键与值相关联就可以使用 map/muitimap	＜map＞

STL 中的集合(set)就是一个元素集合(collection)。尽管集合的数学定义指出它是无序的,但 STL 中的集合会按有序的方式存储元素,因而能够提供相当快的查找、插入和删除。事实上,集合的插入、删除和查找等操作的时间复杂度都是 O(log(N)),其底层实现往往是一个平衡二叉树。

【例 9-6】　关联容器 set 示例程序。

```
1   /**************************************
2    *  程序名: p9_6.cpp                    *
3    *  功  能: 关联容器 set 示例            *
4    **************************************/
5   # include < iostream >
6   # include < string >
7   # include < set >
8   using namespace std;
9
10  template < class T >
11  void print(set < T > &set_con)              //输出 set 中的所有元素
12  {
13     if(set_con.empty())
14        cout <<"Container is empty!"<< endl;
15     else {
16        set < T >::iterator it;                //定义迭代器
17        for(it = set_con.begin(); it!= set_con.end();it++)
18        {
19           cout << * it <<" ";
20        }
21        cout << endl;
22     }
```

```
23  }
24
25  int main()
26  {
27      string   stu_name[ ] = {"ChenHailing","LiuNa","CuiPeng"};
28      set < string > str_set(stu_name,stu_name + 3);
29
30      cout <<"All student:"<< endl;
31      print(str_set);
32      cout <<"After insert:"<< endl;
33      str_set.insert("DingLong");                 //插入数据元素
34      print(str_set);
35      cout <<"After erase:"<< endl;
36      str_set.erase("ChenHailing");               //删除数据元素
37      print(str_set);
38
39      string search;
40      set < string >::iterator it;
41      cout <<"Please input the student name for searching:"<< endl;
42      cin >> search;
43      it = str_set.find(search);                  //查找数据元素
44      if(it == str_set.end())
45          cout <<"The "<< search <<" did not find!"<< endl;
46      else
47          cout <<"The "<< search <<" find!"<< endl;
48      return 0;
49  }
```

运行结果：

```
All students:
ChenHailing CuiPeng LiuNa
After insert:
ChenHailing CuiPeng DingLong LiuNa
After erase:
CuiPeng DingLong LiuNa
Please input the student name for searching:
DingLong
The DingLong find!
```

程序解释：

（1）第 16 行,在有的编译器中会产生"error：need 'typename' before 'std::< T >:: iterator' because 'std::< T >' is a dependent scope"的信息,这时需要按照提示将 16 行改成 "typename std::set < T >::iterator it;"。

（2）程序第 28 行首先定义一个集合（set）容器变量,然后用字符串数组设定容器内的元素。

（3）程序第 43 行,利用 find 成员函数查找集合容器中的数据元素。

在 set 容器中,数据元素不存在键/值对,因为数据元素的值是唯一的,所以数据元素的值就是键(key)。集合中的数据元素按一定的顺序排列,并被作为集合中的实例。如果需要一个键/值对(pair)来存储数据,map 是一个更好的选择。map 中的数据元素由关键字和数据两部分组成。例如在银行管理系统中,每个用户都有一个对应的账号。

multimap 和 map 基本相同,但允许键/值对有重复的集合。例如,大多数在线聊天程序中允许用户有一个"好友列表"。聊天程序会对"好友列表"中列出的用户授予一些特权,如允许他们向用户发送主动信息。程序实现可以采用 multimap 容器来实现,一个 multimap 可以存储所有用户的"好友列表",每个数据元素表示一个用户,键(key)是用户名,值是好友名。multimap 允许同一个键有多个值,因此,一个用户就可以有多个好友。

9.3 STL 算法

算法(algorithm)就是一些常用的数据处理方法,如向容器中插入、删除容器中的元素,查找容器中的元素,对容器中的元素排序,复制容器中的元素等,这些数据处理方法是以函数模板的形式实现的。算法之美就在于它们不仅独立于底层元素的类型,而且独立于所操作的容器,利用这些已经定义的算法和迭代器,程序设计人员可以方便、灵活地存取容器中存储的各种数据元素。

在 STL 中,算法的"神奇之处"在于:算法并非容器的一部分,而是工作在迭代器基础之上,通过迭代器这个"中间人"存取容器中的元素,算法并没有和特定的容器进行绑定。

在传统的软件开发方法中,算法与数据类型、数据结构紧密耦合,缺乏通用性。而 STL 倡导泛型编程风格,即以通用的方式编写程序。泛型编程的通用化算法是建立在各种抽象化基础之上的:利用参数化模板来达到数据类型的抽象化,利用容器和迭代器来达到数据结构的抽象化,利用分配器和适配器来达到存储分配和转换接口的抽象化。

STL 采用 C++模板机制实现了算法与数据类型的无关性。实际上,为了支持通用程序设计,STL 实现了算法与容器(数据结构)的分离。这样,同一算法适用于不同的容器和数据类型,成为通用性算法,可以最大限度地节省源代码。因此,STL 比传统的函数库或类库具有更好的代码重用性。

【例 9-7】 算法示例程序。

```
1  /***************************************
2   *   程序名: p9_7.cpp                   *
3   *   功  能: 算法(algorithm)示例        *
4   ***************************************/
5  # include < iostream >
6  # include < algorithm >
7  # include < vector >
8  using namespace std;
9
10 template < class T >
11 void print(T &con)                      //输出容器中的所有元素
12 {
13   if(con.empty())
14     cout <<"Container is empty!"<< endl;
15   else
16   {
```

```
17        T::iterator it;                              //设置迭代器
18
19        for(it = con.begin(); it!= con.end();it++)
20        {
21          cout << * it <<" ";
22        }
23        cout << endl;
24    }
25 }
26 int main()
27 {
28    int num;
29    vector < char > vec_A(8);                      //定义容器 vec_A
30
31    cout <<"Fill vec_A with 'A':"<< endl;
32    fill(vec_A.begin(),vec_A.end(),'A');           //填充数据元素
33    print(vec_A);
34
35    cout <<"Copy element of vector to vec_A:"<< endl;
36    char array_B[] = {'B','B','B','B',};
37    vector < char > vec_B(array_B,array_B+4);      //定义容器 vec_B 并初始化
38    copy(vec_B.begin(),vec_B.end(),vec_A.begin()+2);    //复制数据元素
39    print(vec_A);
40
41    cout <<"Remove 'A' from vec_A:"<< endl;
42    vector < char >::iterator it;
43    it = remove(vec_A.begin(),vec_A.end(),'A');    //移除数据元素
44    vec_A.erase(it,vec_A.end());                   //删除数据元素
45    print(vec_A);
46
47    cout <<"Repalce 'B' with 'C':"<< endl;
48    replace(vec_A.begin(),vec_A.begin()+2,'B','C');     //替换数据元素
49    replace(vec_B.begin(),vec_B.end(),'B','X');
50    print(vec_A);
51
52    cout <<"Inserting:"<< endl;
53    vec_A.insert(vec_A.begin(),'D');               //插入数据元素
54    vec_A.insert(vec_A.end(),'A');
55    print(vec_A);
56    cout <<"Sorting:"<< endl;
57    sort(vec_A.begin(),vec_A.end());               //排序
58    print(vec_A);
59
60    vector < char > vec_C(vec_A.size() + vec_B.size());
61    cout <<"Merge vec_A and vec_B:"<< endl;
62    merge(vec_A.begin(),vec_A.end(),vec_B.begin(),vec_B.end(),
63        vec_C.begin());                            //合并
64    print(vec_C);
65    num = count(vec_C.begin(),vec_C.end(),'B');    //统计数据元素
66    cout <<"Counting the number of 'B' in vec_C:"<< endl;
67    cout << num << endl;
68    return 0;
69 }
```

运行结果：

```
Fill vec_A with 'A':
A A A A A A A
Copy element of vector to vec_A:
A A B B B B A A
Remove 'A' from vec_A:
B B B B
Repalce 'B' with 'C':
C C B B
Inserting:
D C C B B A
Sorting:
A B B C C D
Merge vec_A and vec_B:
A B B C C D X X X X
Counting the number of 'B' in vec_C:
2
```

程序解释：

（1）第 17 行，在有的编译器中会产生"error：need 'typename' before 'T∶∶iterator' because 'T' is a dependent scope"的信息，这时需要按照提示将 17 行改成"typename T∶∶iterator it；"。

（2）程序第 38 行，利用算法 copy()将向量容器 vec_B 中的所有元素复制到向量容器 vec_A 中第 2 个元素之后的位置，向量容器 vec_A 中相应位置上的数据元素被覆盖。

（3）程序第 43 行，利用算法 remove()移除向量容器 vec_A 中所有值为'A'的数据元素。remove()移除容器中的某种元素，并不是将该元素从容器中删除，而是将该元素用后面的元素覆盖，因此，执行 remove()后容器长度并没有缩短，而没有被移除的元素将往前复制，此时，remove()会返回容器末端的迭代器。

（4）程序第 44 行，利用算法 erase()将向量容器 vec_A 中新尾端至原尾端的所有值为'A'的数据元素删除。

（5）程序第 48 行，算法 replace()将向量容器 vec_A 中的前两个数据元素（从 vec_A.begin()开始到 vec_A.begin()+2 之间）中的字符'B'用字符'C'替换。

（6）程序第 49 行，算法 replace()将向量容器 vec_B 中的所有数据元素替换为字符'X'。

（7）程序第 63 行，算法 merge()将向量容器 vec_A 和向量容器 vec_B 中的所有元素依次合并，并逐一复制到向量容器 vec_C 中。

```
//remove(起始迭代器,终止迭代器,预移除的元素)
it = remove(vec_A.begin(),vec_A.end(),'A');        //移除数据元素
vec_A.erase(it,vec_A.end());                        //删除数据元素
上述程序片段的执行过程如下：
vec_A 中的字符串      A A B B B B A A
执行 remove()后       B B B B B B A A
执行 erase()后        B B B B
```

提问：

如果将程序中的第49行删除，程序的运行结果将有何不同？请读者修改程序，理解迭代器的实际功能，并注意迭代器在程序运行过程中的位置变化。

C++中的 STL 算法（generic algorithm）放在 C++的标准库中定义在< algorithm >头文件内。在标准 C++中一共定义了 66 种泛型算法，它们都是以模板函数的形式给出的。这些函数都是用来处理容器内容的非成员函数，它们都使用模板来提供通用类型，使用迭代器来提供对容器中数据的通用访问（用迭代器来标识要处理的数据范围和结果存放的位置），有些函数还接受函数对象参数，并用其来处理数据。

9.4 STL 函数对象

在 C++中，把函数名后的括号()称为**函数调用运算符**。函数调用运算符也可以像其他运算符一样进行重载。如果某个类重载了函数调用运算符，则该类的实例就是一个**函数对象**（function object）。

例如：

```
class Add
{
    double operator () (double x, double y)
    {    return  x+ y;    }
};
```

类 Add 的实例就是函数对象。下面是创建并使用该类函数对象的代码：

```
Add plus;
cout << plus (12. 6, 2. 4) ;
cout << Add () (13. 9, 26. 8) ;
```

当编译器处理表达式 plus (12. 6，2. 4)时，将它解释为 plus. operator () (12. 6，2. 4)。表达式 Add ()将创建一个临时对象，然后按和对象一样的方法使用它。由此可以看出，如果一个类重载了函数调用运算符，则创建一个该类的实例，并以函数的调用形式引用该实例，其实就是在调用 operator ()这个成员函数。

函数对象（function object）提供了一种机制，使用户可以通过定制标准算法的行为（即算法）提供对用户数据进行操作所需的关键信息。所以，用户应该了解如何定义和使用函数对象。

一个函数对象通常是完成特定的简单操作的很小的类对象。函数对象本身并不是很有用，但它们使得算法操作的参数化策略成为可能，使通用性算法变得更加通用。函数对象在 STL 中被广泛使用，如同算法的得力助手，大大增强了算法和其他组件的功能，使 STL 成为一个具有强大威力的泛型库。

在 STL 中，函数对象是由模板类产生的对象，产生函数对象的模板类只有一个用于重载的 operator()函数，所以在使用 STL 中的函数对象时必须传入数据类型。例如：

```
vector < double > vec_total;
sort(vec_total.begin(),vec_total.end(),greater < double >());
                                        //对 scorevector 内的数据元素进行排序
```

由于 vec_total 是一个容纳 double 类型数据的 vector 容器,因此使用函数对象 greater 时,所传入的数据类型也必须是 double 类型。算法 sort()的第 3 个模板参数 greater < double > 表示函数对象 greater 的模板类使用了 double 数据类型。

STL 中包含许多预定义的函数对象,大致分为 3 类。

(1)算术操作:plus、minus、multiplies、divides、modulus 和 negate。

(2)比较操作:equal_to、not_equal_to、greater、less、greater_equal 和 less_equal。

(3)逻辑操作:logical_and、logical_or 和 logical_not。

在 STL 编程中,直接使用函数对象的方式并无多大意义,但如果把函数对象作为参数传递给其他函数,则其他函数就具有了通用性。

【例 9-8】 利用函数对象计算学生总成绩并排序后输出。

分析:学生的成绩包括考试成绩、实验成绩和总评成绩,学生总评成绩由考试成绩(占 60%)、实验成绩(占 40%)两部分组成。

```cpp
1   /***********************************************
2   *   程序名:p9_8.cpp                              *
3   *   功   能:函数对象(function objector)示例程序    *
4   *********************************************** /
5   # include < iostream >
6   # include < functional >
7   # include < vector >
8   # include < algorithm >
9   using namespace std;
10
11  void print(double i)
12  {   cout << i <<" ";   }
13
14  int main() {
15      double test_score[ ] = {76,92,84,65,96};
16      double exp_score[ ] = {88,96,90,72,98};
17      vector < double >   vec_test(test_score,test_score + 5);
18      vector < double >   vec_exp(exp_score,exp_score + 5);
19      vector < double >   vec_total(vec_test.size());
20
21      cout <<"Test score: ";
22      for_each(vec_test.begin(),vec_test.end(),print);
23      cout << endl;
24      cout <<"Experiment score: ";
25      for_each(vec_exp.begin(),vec_exp.end(),print);
26      cout << endl;
27
28      for(double i = 0;i <= 4;i++) {
29       vec_test[i] = vec_test[i] * 0.6;          //考试成绩占 60 %
30       vec_exp[i] = vec_exp[i] * 0.4;            //实验成绩占 40 %
31      }
32
33      cout <<"Total score: ";
34      transform(vec_test.begin(),vec_test.end(),vec_exp.begin(),
35              vec_total.begin(),plus < double >());
```

```
36        for_each(vec_total.begin(),vec_total.end(),print);
37        cout << endl;
38
39        cout <<"After sorting: ";
40        sort(vec_total.begin(),vec_total.end(),greater<double>());
41        for_each(vec_total.begin(),vec_total.end(),print);
42        cout << endl;
43        return 0;
44 }
```

运行结果：

```
Test score: 76 92 84 65 96
Experiment score: 88 96 90 72 98
Total score: 80.8 93.6 86.4 67.8 96.8
After sorting: 96.8 93.6 86.4 80.8 67.8
```

程序解释：

（1）程序第 22 行中，利用算法 for_each 将函数 print()作用在向量容器 vec_test 中从 vec_test.begin()开始到 vec_test.end()结束的每个数据元素上，但不更改容器内数据元素的值。

（2）程序第 34 行中，函数对象使用的数据类型必须与向量 vec_total 容器所容纳的数据类型相同。

（3）程序第 34 行中，算法 transform 利用函数对象 plus()将向量 vec_test 和 vec_exp 中的每个数据元素相加，其代数和存放在向量 vec_total 的对应数据元素中。

（4）程序第 41 行中，算法 for_each 利用函数对象 greater<double>将向量 vec_total 的所有数据元素进行降序排列。

本 章 小 结

（1）STL 是 C++提供的标准模板库，它可以实现高效的泛型程序设计。

（2）STL 容器包括顺序容器和关联容器，利用容器适配器可以将顺序容器转换为新的容器。

（3）从功能上看，迭代器是一种广义的指针，用来存取容器内存储的数据。

（4）在 STL 中，算法独立于所操作的容器，利用已经定义的算法和迭代器，用户可以方便、灵活地存取容器中存储的各种数据元素。

（5）在 STL 中，函数对象是由模板类产生的对象，函数对象在 STL 中被广泛用作算法中子操作的参数，使算法变得更加通用。

习　题　9

1. 填空题

（1）STL 中体现了泛型化程序设计的思想，它提倡使用现有的模板程序代码开发应用程序，是一种＿＿＿＿技术。

（2）_____是 C++提供的标准模板库，它可以实现高效的泛型程序设计。

（3）STL 容器包括_____，利用容器适配器可以将顺序容器转换为新的容器。

（4）_____以逻辑线性排列方式存储一个元素序列，容器类型中的对象在逻辑上被认为是在连续的存储空间中存储的。

（5）_____中的数据元素不存储在顺序的线性数据结构中，它们提供了一个关键字（key）到值的关联映射。

（6）_____就是将某个底层顺序容器转换为另一种容器，即以顺序容器作为数据存储结构，将其转换为一种某种特定操作特性的新容器。

（7）在 STL 中，_____如同一个特殊的指针，用于指向容器中某个位置的数据元素。

（8）在 STL 中，_____被广泛用作算法中子操作的参数，使算法变得更加通用。

2．简答题

（1）面向对象程序设计与泛型程序设计有什么异同？

（2）STL 编程是如何体现泛型程序设计思想的？

（3）什么是迭代器？其作用是什么？

3．编程题

（1）利用向量容器装入整数 1～10，使用迭代器 iterator 和 accumulate 算法统计出这 10 个元素的和。

（2）利用 STL 算法和迭代器编程实现堆排序。

（3）利用 STL 标准库函数实现有序值集合的包含、差、交、并等操作。

（4）利用向量容器和迭代器设计并实现一个图书评级类对若干图书进行评级，对评级后的图书可以进行删除、插入等操作。

（5）利用容器适配器建立容器对象分别为 vector 和 deque 的优先队列（priority_queue），用于描述某公司员工的所有员工信息，并输出该公司中工资最高的员工的信息。

（6）用关联容器 multimap 设计并实现一个在线聊天程序中所有用户的"好友列表"类。每个用户可以有多个好友，其中键（key）是用户，值（value）是好友。容器中的每一项存储对应一个用户的好友，所有用户构成该容器的数据元素。

## 第 10 章

输入／输出流与文件系统

◇ 引言

在第 1 章中初步介绍了如何利用 cin、cout 对象进行流式的输入/输出。事实上，C++ 提供了专门用于输入/输出的 I/O 流类库，提供了数百种与 I/O 相关的功能，以实现各种格式的输入/输出。C++ 的 I/O 流类库还提供了文件操作功能，用于从文件中读取数据以及将数据保存到文件中。

◇ 学习目标

(1) 理解 C++ 的输入/输出流的概念；

(2) 熟悉 I/O 流的工作过程；

(3) 熟悉各种格式标志与各种格式控制方法；

(4) 分清文本文件与二进制文件的区别；

(5) 掌握文本文件的输入/输出的步骤与操作；

(6) 掌握二进制文件的输入/输出的步骤与操作；

(7) 会运用文件指针以及各种标志。

10.1　输入/输出流的概念

C++ 通过流(stream)提供了灵活且易于使用的输入/输出机制。输入/输出是数据传送的过程，数据如流水一样从一个位置处流向另一个位置。C++ 将此过程称为"流"。

流是一种灵活的面向对象的输入/输出方法。C++ 中的 I/O 流实际上是一个处于传输状态的字节序列，这些字节序列按顺序从一个对象传送到另一个对象，在对象之间"流动"。"流"形象地表示了信息从源到目的端的传送过程。

在 C++ 程序中，流的操作包括数据的输入与输出。数据可以是 ASCII 字符、内部二进制格式的数据、图像、图形、声音等各种形式。输入操作是字节序列从外部设备(包括键盘、磁盘、网络连接)输入到内存，是字节从设备到内存的流动。输出操作是从内存输出到外部设备(如显示器、打印机、磁盘、网络连接)，是字节从内存到外部设备的流动。从流中获取数据称为提取操作，向流中添加数据称为插入操作。数据的输入/输出是通过 I/O 流来实现的。

在 C++ 中，数据的输入/输出是通过 I/O 流类库实现的。C++ 的 I/O 流类库采用功能强大的类层次结构实现，它能够提供数百种与数据输入/输出相关的功能，I/O 流类库中各个类模板之间的层次关系如图 10-1 所示。

I/O 流类模板是流类库的基础，这些类模板以"basic_"为前缀，均从 ios_base 类派生，类模板可以实例化成面向窄字符 char 与面向**宽字符** wchar_t 的两组实例。在头文件 iosfwd 中，使用 typedef 对类模板进行了定义，iosfwd 不需要直接包含，一般在其他头文件中已经包含。类

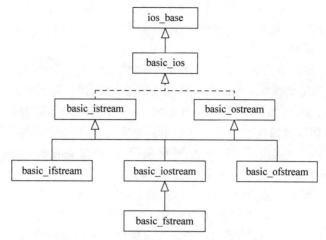

图 10-1　主要的 I/O 流类模板层次结构

模板定义成对窄字符处理的类名为将模板名前的"basic_"去掉,这些对窄字符处理的类描述如下:

（1）ios 类是类模板 basic_ios 的窄字符的实例,是所有 I/O 流类的基础类,描述了流的基本性质。

（2）派生类 istream 和 ostream 从公共基类继承了一些成员,在这些继承来的数据成员中大部分用于描述流的属性或特征,例如流的格式与状态。

（3）除了继承来的成员外,istream 和 ostream 各自添加了合适的本地成员,并重载了适当的运算符。例如 istream 增加了在流中读取数据和移动数据的方法,对提取运算符<<进行了重载。

（4）iostream 对 istream 和 ostream 进行了多重派生,因此它既继承了读取流操作,又继承了写入流操作。但 iostream 没有增加额外的数据成员,而且除了构造函数和析构函数外没有新增其他成员函数。

（5）ifstream 和 ofstream 分别用于文件的输入与输出,派生于 iostream 的 fstream 用于控制文件流的输入/输出。

与类对应的头文件有 3 个:

（1）iostream 头文件中定义了格式化或未格式化 I/O 流的相关类,例如 ios、istream、ostream、iostream 类以及 cin、cout 等对象。因此,只要需要输入/输出数据就必须包含它。

（2）fstream 头文件定义数据输出到文件与从文件中输入数据的相关类,例如 ifstream、ofstream、fstream。

（3）iomanip 头文件中定义了带参数的流操纵算子(manipulator)的有关信息,使用格式化输入/输出时应该包含此头文件。

在 iostream 头文件中预定义了 4 个标准流对象,即 cin、cout、cerr、clog。

（1）cin 是 istream 流类的对象,它从标准输入设备(键盘)获取数据,处理标准输入。

（2）cout 是 ostream 流类的对象,它向标准输出设备(显示器)输出数据,处理标准输出。

（3）cerr 是 ostream 流类的对象,它对应于标准错误输出设备(显示器),处理标准出错消息。到对象 cerr 的输出是非缓冲输出,也就是说,插入到 cerr 中的输出会被立即显示出来,非缓冲输出可以迅速地把出错信息告诉用户。

（4）clog 是 ostream 流类的对象，它对应于标准错误输出设备，处理标准出错消息。对象 clog 的输出是缓冲输出，也就是说，每次插入到 clog 中的输出可能会使其输出保持在缓冲区，要等缓冲区刷新时才输出。

在 C++ 中，输入/输出分为无格式输入/输出和格式化输入/输出两类。

无格式输入/输出是指按系统预定义的格式进行输入/输出。按系统默认约定，每个 C++ 程序都能使用标准 I/O 流，例如标准输入、标准输出。cin 用来处理标准输入，即键盘输入；cout 用来处理标准输出，即屏幕输出。前面各章中用到的输入/输出都是无格式输入/输出。

对于格式化输出，C++ 提供了两种方式，一种是用 ios 类对象的成员函数进行格式化输入/输出，另一种是用流格式控制符进行格式化输入/输出。

要从 I/O 流中获取数据或向流中添加数据，必须使用流插入运算符"<<"或流提取运算符"<<"。"<<"和"<<"本来在 C++ 中被定义为左移位运算符和右移位运算符，但为了 I/O 的需要，C++ 又将它们进行了重载，以便能用它们输入或输出各种类型的数据。

10.2　输　出　流

输出流就是流向输出设备的数据信息。输出流对象是数据信息流向的目标。在 C++ 中，最重要的 3 个输出流是 ostream、fostream 和 ostrstream。ostream 类可以提供无格式化输出和格式化输出。例如，用插入运算符<<输出标准类型数据；用 put 成员函数输出字符；用 write 成员函数实现无格式输出。

最常用的输出方法是在 cout 上用插入运算符<<，插入运算符可以接受任何标准类型的实参，包括 const char * 、标准库 string、complex 等类型。实参可以是任何表达式，包括函数调用，只要其结果是被插入运算符接受的数据类型即可。

【例 10-1】　演示<<的功能。

```
1   /*********************************************************
2    * 程序名:p10_1.cpp                                       *
3    * 功  能:演示<<的功能                                     *
4    *********************************************************/
5   # include < iostream >
6   # include < complex >
7   # include < string >
8   using namespace std;
9   int main() {
10      char * s1 = "a c string";
11      string s2("a c++string");
12      complex < double > c (3.14159, - 1.234);
13      int i(10);
14      int * pi = &i;
15      cout << s1 << endl
16          << s2 << endl;
17      cout << c << endl;
18      cout << i++ << '\t'
19          << i++ << '\t'
20          << i++ << endl;
21      cout << "&i:" << &i << '\t'
22          << "pi:" << pi << endl;
```

```
23        cout <<"&s1:"<< &s1 <<'\t'
24          <<"s1:"<< const_cast < void *>(s1)<< endl;
25        cout <<"s1:"<<(void * )s1 << endl;
26     return 0;
27  }
```

运行结果:

```
a c string
a c++string
(3.14159, - 1.234)
12        11        10
&i:0012FF4C    pi:0012FF4C
&s1:0012FF70    s1:00473040
s1:00473040
```

程序解释:

(1) 在 C++中,"<<"和"<<"被重载为标准的输入和输出运算符,所以程序语句"cout <<"C
++"; "实际上相当于"cout. operator <<(" C++"); "。

(2) cout 是 iostream 类的对象,它在内存中开辟了一个缓冲区,用来存放流中的数据。当
向流中插入 endl 时,不论缓冲区是否已满,都立即向屏幕输出流中的所有数据,并插入一个换
行符,刷新流(清空缓冲区)。如果插入一个换行符'\n'(例如 cout << c <<'\n';),则只输出和换
行,不清空缓冲区。

(3) 程序的第 15 行、16 行分别显示 C 语言风格和 C++风格的字符串,第 17 行显示一个复数。

(4) 第 18 行到第 20 行显示表达式的值,其结果是 12,11,10 而不是 10,11,12。因为程序
第 18 行到第 20 行的 3 个插入运算符"<<"可以看作 3 个运算符函数(假设对应 3 个运算符函
数 f1、f2、f3,对应的 i++表达式分别为 exp1、exp2、exp3),按照运算符重载的含义,可以改写
上面的表达方式为:

```
f3( f2( f1( cout, i++), i++), i++);
                  exp1    exp2    exp3
```

首先调用运算符函数 f3,根据函数参数压栈的顺序,C++采用 stdcall,是从右往左,所以首
先将 exp3 计算并压栈,然后再调用运算符函数 f2,f2 又要将 exp2 计算并压栈,然后再计算
f1,又要将 exp1 计算并压栈,函数 f1 执行完后,屏幕输出 12 并返回送到输出流对象 cout,f2
函数执行,屏幕输出 11(栈里的值)并返回输出流对象 cout,最后 f3 函数执行,屏幕输出 10(第
1 次压栈的值)并返回输出流对象 cout,整个过程完成。

(5) 第 21 行输出变量 i 的地址,第 22 行输出指针变量 pi 的内容,因为 pi 存储的是 i 的地
址,故结果与第 21 行相同。

(6) 第 23 行输出指针变量 s1 的地址,那么如何输出指针变量 s1 的内容(地址值)呢? 因
为 s1 是一个 C 风格的字符串,类型 char * 没有被插入操作解释成地址,而是解释成了字符串,
故使用 s1 输出了 s1 指向的字符串而不是 s1 中存储的地址值。要输出 s1 的值,必须把 s1 强
制转换成 void * 类型,这样 s1 就不会解释成字符串了。C++中用 const_cast < void *>(s1)将
s1 强制转换成 void * 类型,也可采用 C 中的(void *)s1 方法,见第 25 行。

☆**注意：**

插入运算符是在 cout 上应用的左移运算符（<<），其优先级与移位运算相同。

【例 10-2】 演示<<的优先级。

```
1   /*******************************************************
2    *   程序名：p10_2.cpp                                   *
3    *   功  能：演示<<的优先级                             *
4    ****************************************************** /
5   # include < iostream >
6   using namespace std;
7   int main() {
8       int val1(10), val2(20);
9       cout <<"the larger of "<< val1 <<', '<< val2 <<" is:";
10      cout <<(val1 > val2) ? val1 : val2;
11      //cout << val1 > 10 << endl;
12      return 0;
13      }
```

运行结果：

```
the larger of 10, 20 is 0
```

程序解释：

（1）结果出乎意料，这是因为<<的优先级比？高，第 10 行被计算成：

```
(cout <<(val1 > val2))? val1 : val2;
```

val1 < val2，故 val1 > val2 的值为 0，第 10 行首先将 val1 > val2 的结果 0 输出。
要输出正确的结果，第 11 行可改为：

```
cout <<((val1 > val2)? val1 : val2);
```

（2）第 11 行错误，是因为<<的优先级比>高，解释成：

```
(cout << val1)> 10 << endl;
```

它不是一个合法的表达式，而下列语句是一个合法的表达式：

```
cout << val1 + 10 << endl;
```

在 ostream 中，还有一些成员函数用于输出，见表 10-1。

表 10-1　输出流常用成员函数

函 数 原 型	说　　　明
ostream& put (char ch)	插入单个字符到输出流中，返回调用的 ostream 对象
ostream& write (const char * pch, int nCount)	从缓冲区 pch 中插入 nCount 个字节（包括空字符）到 ostream 中

例如：

"cout. put('A')；"与"cout. put(65)；"均会输出字符 A。

"cout. put('A'). put('\n')；"输出 A 与换行符。

write()常用于二进制流的输出。

10.3　流的格式控制

　　每一个输入/输出流对象都维护一个**格式状态字**,用它表示流对象当前的格式状态并控制流的格式,例如整型值的进制基数或浮点数的精度。

　　C++提供了多种格式控制的方法,例如使用流操纵符修改对象的格式状态字来控制流的格式、运用流对象的成员函数。

10.3.1　格式控制标志

　　格式控制标志是一组用于设置I/O流格式状态字的一个数,这些格式标志属于 ios 类,各种格式标志与功能如表 10-2 所示。

表 10-2　I/O 流格式标志功能表

分类	标志符	功　　能
进制	* ios::dec	指定整数以十进制显示
	ios::oct	指定整数以八进制显示
	ios::hex	指定整数以十六进制显示
对齐	ios::left	在域中左对齐,填充字符加到右边
	* ios::right	在域中右对齐,填充字符加到左边
	ios::internal	数字的符号在域中左对齐,数字在域中右对齐,填充字符加到中间
浮点数	* ios::fixed	以小数形式显示浮点数,默认小数部分为 6 位(包括小数点)
	ios::scientific	以科学记数法形式显示浮点数
空格	* ios::skipws	忽略输入流的空格
正号	ios::showpos	在正数前显示＋号
小数点	ios::showpoint	不管浮点数小数部分是否为 0,总是显示小数点
进制基数	ios::showbase	显示进制基数(前缀),八进制为 0,十六进制为 0x 或 0X
字母大写	ios::uppercase	十六进制数中的字母大写显示,科学记数法中的 e 显示成大写 E
布尔值	ios::boolalpha	分别以 true 和 false 字符串形式表示真与假
流刷新	ios::unitbuf	输出操作后刷新流
进制组合	ios::basefield	dec ｜ hex ｜ oct
对齐组合	ios::adjustfield	internal ｜ left ｜ right
浮点组合	ios::floatfield	fixed ｜ scientific

表中带 * 号的表示默认设置,｜为或运算。

　　格式标志的读取与设置通过表 10-3 中的成员函数来实现。

表 10-3　格式状态字设置函数

函　　数	功　　能
long flags() const	返回流的当前格式状态字
long flags(long IFlags)	设置流的格式为 IFlags,返回以前的格式
long setf(long IFlags)	设置流的格式为 IFlags,返回以前的格式
long setf(long IFlags, long IMask)	清除 IMask,设置 IFlags,返回以前的格式
long unsetf(long IFlags)	清除 IMask

表中，IFlags 和 IMask 可以是单个格式标志，也可以是与运算 & 和或运算 | 将格式标志连接的表达式，还可以是一个长整型数。

上述函数的功能概括为将 IMask 取反，与原格式状态字进行与运算，即将格式状态字中与 IMask 对应的且在 IMask 中为 1 的位清 0。将 IFlags 与格式状态字进行或运算。

【例 10-3】 显示各个格式标志的值。

```
1   / *****************************************************
2   *    程序名:p10_3.cpp                                    *
3   *    功能: 揭开格式标志的秘密                               *
4   ***************************************************** /
5   # include < iostream >
6   using namespace std;
7   struct fmtflags {
8           long flag;
9            char flagname[12];
10  } flags[18] = {{ios::hex,"hex"},
11              {ios::dec,"dec"},
12              {ios::oct,"oct"},
13              {ios::basefield,"basefield"},
14              {ios::internal,"internal"},
15              {ios::left,"left"},
16              {ios::right,"right"},
17              {ios::adjustfield,"adjustfield"},
18              {ios::fixed,"fixed"},
19              {ios::scientific,"scientific"},
20              {ios::basefield,"basefield"},
21              {ios::showbase,"showbase"},
22              {ios::showpoint,"showpoint"},
23              {ios::showpos,"showpos"},
24              {ios::skipws,"skipws"},
25              {ios::uppercase,"uppercase"},
26              {ios::boolalpha,"boolalpha"},
27              {ios::unitbuf,"unitbuf"}
28  };
29  int main()
30  {
31    long IFlags;
32    IFlags = cout.setf(0,cout.flags());
33    cout.setf(ios::hex,ios::basefield);
34    cout <<"Default flag is:"<< IFlags << endl;
35        for(int i = 0;i < 18;i++)
36    cout << flags[i].flag <<'\t'<< flags[i].flagname << endl;
37    return 0;
38  }
```

运行结果：

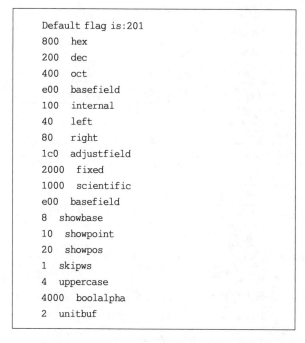

```
Default flag is:201
800    hex
200    dec
400    oct
e00    basefield
100    internal
40     left
80     right
1c0    adjustfield
2000   fixed
1000   scientific
e00    basefield
8      showbase
10     showpoint
20     showpos
1      skipws
4      uppercase
4000   boolalpha
2      unitbuf
```

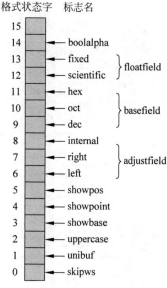

图 10-2　格式状态字

程序解释：

（1）程序第 32 行先用 cout. flags()返回原来的格式状态字，然后使用 cout. setf(0,cout. flags())将格式状态字清 0，再将格式状态字 0 与 0 进行或运算，返回原来的格式状态字。将格式状态字清 0 的方法还有：

```
cout.unsetf(0xffff);
cout.setf(0,0xffff);
```

（2）第 33 行使用 cout. setf(ios∷hex,ios∷basefield)先清除 basefield，再设置 ios∷hex，用来以十六进制的形式输出格式标志的值。这是一种常用的方法，在设置对齐标志与浮点显示标志时均要先使用组合标志清除此类标志。

（3）从程序运行的结果得出格式状态字各个位对应的格式标志如图 10-2 所示。

10.3.2　格式操纵符

C++还提供了许多流格式操纵符，用于执行格式化的输入/输出操作，如表 10-4 所示，这些操纵符可以直接用在流中。

表 10-4　格式操纵符

分类	操纵符	功　　能
进制	* dec	指定整数以十进制显示
	oct	指定整数以八进制显示
	hex	指定整数以十六进制显示
	setbase(n)	设定以 n 进制显示，n 为 8、10、16

续表

分类	操纵符	功　　能
对齐	left	在域中左对齐,填充字符加到右边
	* right	在域中右对齐,填充字符加到左边
	internal	数字的符号在域中左对齐,数字在域中右对齐,填充字符加到中间
浮点数显示	* fixed	以小数形式显示浮点数,默认小数部分为6位(包括小数点)
	scientific	以科学记数法形式显示浮点数
空格	* skipws	忽略输入流的空格
	noskipws	清除skipws,恢复输入流的空格
正号	showpos	在正数前显示＋号
	* noshowpos	清除showpos,在正数前不显示＋号
小数点	showpoint	显示小数点
	* noshowpoint	清除showpoint,不显示小数部分为0的数的小数点
进制基数	showbase	显示进制基数(前缀),八进制为0,十六进制为0x或0X
	* noshowbase	清除showbase,不显示进制基数
字母大写	uppercase	十六进制数中字母大写显示,科学记数法中e显示成大写E
	* nouppercase	清除uppercase,十六进制与科学记数法中字母小写显示
布尔值	boolalpha	分别以true和false字符串形式表示真与假
	* noboolalpha	清除boolalpha,恢复用数值表示bool型数
流刷新	unitbuf	输出操作后刷新流
	* nounitbuf	清除unibuf,输出操作后不刷新流
换行	endl	换行,并刷新输出流缓冲区
插空	ends	插入空字符,并刷新输出流缓冲区
过滤空	ws	过滤空字符
域宽	setw(n)	设置当前域宽
域填充	setfill(c)	设置域中空白的填充字符,c为字符,默认为空格
浮点数精度	setprecision(n)	设置浮点数小数部分包括小数点的位数,默认为6
设置格式	setiosflags(flag)	设置格式标志
重设格式	resetflags()	重新设置格式为默认格式

表中 * 表示默认值,如果使用函数形式的操纵符,程序必须包含iomanip头文件。

【例10-4】 显示各个格式标志的值。

```
1   /********************************************
2   *   程序名:p10_4.cpp                         *
3   *   功　能:格式操纵符举例                      *
4   ********************************************/
5   # include < iostream >
6   using namespace std;
7   int main() {
8       bool boolv(10);
9       int x(100);
10      long IFlags;
```

```
11    IFlags = cout.setf(0,cout.flags());
12    cout <<"Default flag is:"<< hex << IFlags << endl;
13    cout <<"After set Hex:"<< cout.flags()<< endl;
14    cout <<"boolvalue:"<< boolv <<" boolalpha:"<< boolalpha;
15    cout << boolv <<" x = "<< x << endl;
16    return 0;
17 }
```

运行结果：

```
Default flag is:201
After set Hex:800
boolvalue:1 boolalpha:true x = 64
```

程序解释：

（1）第 12 行以十六进制的方式显示当前格式状态字的值，格式操纵符"hex"直接用在流中，同时将输出流数的输出基数格式由默认设成了十六进制。

（2）第 13 行再次显示格式状态字的值，可见其值被"hex"操纵符改变了。

（3）第 15 行显示 bool 型变量 boolv 的值，由于没有设成"boolalpha"输出格式，故将一个值为非 0 的 bool 值输出成数值 1。之后，将 bool 输出格式设成"boolalpha"。

（4）由于第 15 行将 bool 型数据输出格式设成"boolalpha"，故变量 boolv 输出为"true"，而 x 是一个整型数，故输出其十六进制值。

由此可知，使用格式操纵符与设置格式标志一样，通过设置格式状态字来控制输出流的格式。一旦设置，可以一直作用于输出流。

10.3.3　格式控制成员函数

从表 10-5 成员函数表中可以看出，除了可以通过格式操纵符控制输出格式外，还可以用相应的流对象的成员函数控制输出格式。例如 width() 与 setw()、fill(c) 与 setfill(c)、precision(n) 与 setprecision(n)、flags(flag) 与 setiosflags(flag) 分别对应。

表 10-5　格式控制成员函数

分　类	函　数　原　型	功　　能
域宽	int width(int nw)	设置当前域宽
域填充	char fill(char c)	设置域中空白的填充字符，c 为字符，默认为空格
浮点数精度	int precision(int n)	设置浮点数小数部分包括小数点的位数，默认为 6
设置格式	long flags(long IFlags) …	设置格式标志见表 10-2

【例 10-5】 演示格式控制成员函数的使用方法。

```
1  /*************************************************
2  *   程序名:p10_5.cpp                              *
3  *   功　能: 格式操纵符与成员函数对比               *
4  ************************************************* /
5  # include < iostream >
```

```
6    # include < iomanip >
7    using namespace std;
8    int main()
9    {
10       double PI = 3.1415926535;
11       int precision;
12       cout << fixed;
13       cout << PI << endl;
14       cout.width(8);
15       cout.fill('0');
16       for(precision = 0;precision < = 9;precision++) {
17           cout.precision(precision);
18           cout << PI << endl;
19       }
20       cout << PI << endl;
21       cout << setw(8)<< setfill('0');
22       for(precision = 0;precision < = 9;precision++) {
23           cout << setprecision(precision);
24           cout << PI << endl;
25       }
26       cout << PI << endl;
27       return 0;
28}
```

运行结果：

```
3.141593
00000003
3.1
3.14
3.142
3.1416
3.14159
3.141593
3.1415927
3.14159265
3.141592654
3.141592654
00000003
3.1
3.14
3.142
3.1416
3.14159
3.141593
3.1415927
3.14159265
3.141592654
3.141592654
```

程序解释：

（1）从程序运行的结果来看，采用格式控制成员函数与采用相应的操纵符函数结果一致。

（2）运行结果的第 1 行输出的数的小数部分位数为 6，是系统设置的默认精度值。程序的第 14、15 行分别设置了输出的宽度与填充字符，所以结果的第 2 行数据输出的宽度为 8，空白的地方填充为"0"。但是 width(n)、fill(c) 仅对随后输出的一个对象有作用，所以，结果的第 3 行就没有宽度限制和填充字符了。

（3）precision(n) 函数是否也仅对随后输出的一个对象有作用？从结果的第 13 行看出，虽然 precision(9) 设置了结果的前一行（第 12 行）的小数点位数为 9，在没有重新设置小数点位数的情况下，后面输出的结果其小数点位数仍为 9。这说明 precision(n) 函数对随后输出的所有对象都起作用。

格式操纵符、成员函数都可以控制输出流的格式，它们之间在使用上有什么异同？

不同点：

① 使用方法不同，操纵符直接用在流中；成员函数通过对象调用。

② 使用函数形式的操纵符要包含 iomanip 头文件。

相同点：

① 格式操纵符与成员函数对格式的控制，均通过设置格式状态字实施。

② 二者功能相同、对等。

③ 二者在同一个程序中混合使用。

10.4　输　入　流

istream 类提供了格式化和非格式的输入功能。最常用的输入方法是在标准输入流对象 cin 上使用提取运算符 <<。格式如下：

```
cin >> obj1 >> obj2;
```

提取运算符从与键盘相连的标准输入流 cin 中提取数据复制给相应的对象。数据的提取与复制是从输入回车开始的，提取运算符忽略了流中的空白、制表符、回车、换行。当遇到流结束标志 EOF(−1)，或者提取了一个无效的值试图复制给对象时，提取运算符 << 返回 0(false) 给 cin。

每个输入流都含有一系列错误状态位，当提取了一个无效值给对象时，例如输入类型错时，除了返回出错信息 false 给 cin 外，还会设置流的 failbit 状态位，结束提取操作。

【**例 10-6**】　输入流对象 cin 的使用。

```
1  /***************************************************
2  *  程序名:p10_6.cpp                              *
3  *  功  能:标准输入演示                          *
4  ***************************************************/
5  # include < iostream >
6  # include < string >
7  using namespace std;
8  int main()
```

```
9 {
10    float f;
11    int i;
12    string s;
13    while(cin >> f >> i >> s)
14        cout << f <<'\t'<< i <<'\t'<< s << endl;
15    return 0;
16}
```

运行结果：

```
1    2    a↙
1        2        a
3.4  5.6  7.8↙
3.4  5        .6
9    a    b↙
     7.8  9        a
```

程序解释：

（1）输入第 1 行，<<运算符从 cin 中提取 1、2、a，分别复制给 f、i、s。

（2）输入第 2 行，将 3.4 复制给 f，而 5.6 是一个浮点数，故将整数部分 5 复制给 i，后面的 ".6"作为一个字符串复制给 s。

（3）输入第 3 行后，将第 2 行中剩下的 7.8 复制给 f，第 3 行的 9 复制给 i，a 复制给 s，当试图将 b 作为浮点数复制给 f 时，b 对于浮点对象 f 是一个无效值，cin 的值为 false，循环退出。

由于提取运算符<<忽略了流中的空格，当输入含有空格的字符串时，如下列程序段：

```
char ch;
while (cin >> ch) cout << ch;
cout << endl;
```

当我们输入：

a program↙

输出为：

aprogram

中间空格被忽略，如果在输入流中使用 noskipws 操纵符：

```
while (cin >> noskipws >> ch) cout << ch;
```

输出的结果为：

a program

☆**注意：**

noskipws 对输入字符串没有作用，如将上述程序段改为：

string s;

```
cin >> noskipws >> s;
cout << s << endl;
```

输入：

a program ↙↙

输出：

a

为了输入含空格的字符串，可使用 istream 的 get() 成员函数。在 istream 中有一些成员函数用于输入，如表 10-6 所示。

表 10-6　输入流常用成员函数

函 数 原 型	说　明
int get()	提取一个字符（包括空格），然后返回该字符的值；若没有读到字符，返回 EOF，并设置流对象的 failbit 标志
istream& get(char& ch)	提取一个字符（包括空格）给 ch，返回 istream 对象的引用；其余与 get() 相同
istream& get (char * pch, int nCount, char delim = '\n')	提取最多 nCount−1 个字符给 pch 数组，遇到第 nCount 个字符或遇分隔符 delim（默认为 '\n'）或到达文件结束，则停止提取。存入 pch 中的字符串以 null 结尾，分隔符不存入 pch
istream& getline (char * pch, int nCount, char delim = '\n')	提取最多 nCount−1 个字符给 pch 数组，遇到第 nCount 个字符或遇分隔符 delim（默认为 '\n'）或到达文件结束，则停止提取，存入 pch 中的字符串以 null 结尾，分隔符不存入 pch
istream& ignore(int nCount = 1, int delim = EOF)	忽略数据流中 delim 分隔符之前最多 nCount 个字符，默认情况下 ignore() 将从被调用的 istream 对象中读入一个字符 EOF，并丢弃
int gcount() const	返回前次运用 get()、getline() 提取的字符数
int peek()	返回输入流的下一个字符，如遇流结束或出错，返回 EOF
istream& putback(char ch)	将上一次从输入流中通过 get 获取的字符再放回该输入流中
istream& read (char * pch, int nCount)	从输入流中提取字节，放入 pch 开始的内存中，直到遇到第 nCount 个字节或到达文件结束，返回当前被调用的 istream 类对象

【例 10-7】　演示 get 函数的功能。

```
1  /*****************************************************
2  *   程序名:p10_7.cpp                                 *
3  *   功  能:输入函数 get 举例                          *
4  ***************************************************** /
5  # include < iostream >
6  using namespace std;
7  int main()
8  {
9     int count;
10    int max_char = 5;
11    char line[100];
12    while(cin.get(line,max_char))
```

```
13    {
14        count = cin.gcount();
15        cout << line <<'\t'<< count << endl;
16    //if (count < max_char - 1) cin.ignore();
17    }
18    return 0;
19}
```

运行结果：

```
1234567890↙
1234    4
5678    4
90      2
```

程序解释：

（1）当输入字符串并以回车结束后，输入流中有"1234567890"。

（2）get 函数每次提取 4 个字符，每次提取时返回所提取的对象。

（3）当第 3 次提取时，"90"被提取，中途遇到'\n'（值为 10），即终止符 delim，delim 留在 istream 中，作为下一个被提取的字符。

（4）第 4 次提取遇 delim，get 函数返回 null，循环结束。

（5）为了避免输入流中的终止字符 delim 处于 get 读入的中途不被 get 读入而留在流中，可用成员函数 ignore()去掉流中的终止字符。程序加上第 16 行后：

```
1234567890↙
1234    4
5678    4
90      2
```

不同的是输出上述结果后程序处于等待状态，输入回车后程序才退出。

这是因为"90"被提取，中途的 delim 留在流中，遇 ignore()去掉了 delim，这时输入流中没有终止符，程序等待输入。

（6）当输入回车时，回车作为终止符被 get 读取，返回 null，程序结束。

需要注意的是，get 函数在中途遇到 delim 才将 delim 留在流中。在开头与结尾时遇 delim 返回 null。

若将程序的第 11 行改为"while(cin.get(line, max_char,' '));"，空格作为终止符，程序运行时输入：

1234567890↙

输出同样的结果，但是因为没有遇到终止符空格，get 处于等待状态。

继续输入：

[SP]↙

[SP]为空格。

程序输出为：

```
90
    3
```

这是因为输入流中的"90"、10 被 get 提取，[sp]留在输入流中被下一个 get 提取。而 getline 则不同，每次 getline()丢弃 delim 不留在输入流中。

☆注意：

当屏幕上输出的内容太多希望暂停翻屏输出时，常使用 get()函数：

cin.get();

此时，暂停翻屏，等待输入。

【例 10-8】 输入函数 getline 举例。

```
1   /*********************************************
2   *    程序名：p10_8.cpp                          *
3   *    功  能：输入函数 getline 举例               *
4   *********************************************/
5   # include < iostream >
6   using namespace std;
7   int main() {
8       int max_char = 5, i = 0;
9       char line[100];
10      while(cin.getline(line, max_char)) {
11          cout << i <<':'<< line <<'\t'<< cin.gcount()<< endl;
12          i++;
13      }
14      cout << i <<':'<< line <<'\t'<< cin.gcount()<< endl;
15      return 0;
16  }
```

运行结果：

输入：

1234567890 ✓

或

12345 ✓

输出：

```
    0:1234 4
```

这是因为输入的长度超过了 max_char−1，getline()将"1234"放入 line[]中，返回 null。

当输入：

1234 ✓

输出：

```
0:1234 5
```

等待输入：

↙

等待输入：

↙

等待输入：

↙

输出：

```
0:    1
1:    1
2:    1
… …
```

直到输入长度超过了 max_char－1 循环才退出。

应当注意的是，当输入长度小于 max_char 时，gcount()返回的值是放入 line[]中字符的实际长度＋1。

C++标准库给出了非成员函数 getline()，其原型如下：

getline (istream &is, string str, char delimiter);

其功能为读入最多 str::max_size－1 个字符。如果输入序列超出这个限制，则操作失败，并且 istream 对象设置为错误状态；否则，当读到 delimiter（从 istream 中忽略）或遇到文件结束符时，输入结束。

10.5 数据流的错误侦测

对于编程者而言，用户的行为是无法预测的。如当程序期望用户输入整数，而用户有意或无意输入了字符串，或超过了整数表示范围的数，这都会使数据流产生错误。

在 ios 类中，除了提供控制数据流的格式标志、操纵符、成员函数外，还提供了流的错误侦测函数与错误状态位。这些流错误状态位（标志）属于 ios 类，各种标志及意义如表 10-7 所示。

表 10-7　流错误状态标志

错误标志	说　　明
ios∷goodbit	数据流没有发生错误，即数据流错误状态位没有设定
ios∷eofbit	数据流已到达尾端（遇到 end-of-file）
ios∷failbit	输入/输出时数据格式不符合或 eof 出现太早，属于可恢复的流错误，数据不会丢失
ios∷badbit	不可恢复的流错误，导致数据丢失

流的这些错误可以使用 ios 类提供的错误侦测函数来读取。流错误侦测函数如表 10-8 所示。

表 10-8 流错误侦测函数

函 数 原 型	说 明
int rdstate() const	返回数据流当前的状态位
void clear(int nState = 0)	设置流状态为指定值
int good() const	如果错误状态位为 0(ios∷goodbit 已设置),返回 true,否则返回 false
int eof() const	如果到达文件结束(ios∷eofbit 已设置),返回 true,否则返回 false
int fail() const	如果 ios∷failbit 或 ios∷badbit 已设置,返回 true,否则返回 false
int bad() const	如果侦测到严重的 I/O 错(ios∷badbit 已设置),返回 true,否则返回 false

对各种状态标志和侦测函数的说明如下:

(1) 遇到文件结束符,输入流的 eofbit 位被设置。程序可以调用 eof() 来测试是否到达文件结束符,以免继续读取。

如 cin.eof() 返回 true,则遇结束符。

(2) 流中发生格式错误时,设置 failbit。发生这种错误后,字符不会丢失,用成员函数 fail() 判断流操作是否失败。

(3) 发生导致数据丢失的严重错误时,设置 badbit,用成员函数 bad() 判断流操作是否失败。

(4) 如果 eofbit、failbit、badbit 都没有设置,则设置 goodbit。函数 bad()、fail()、eof() 全返回 false,good() 返回 true。在程序中进行 I/O 时应保障 good 标志为 true。

(5) clear() 函数常常用来将流的状态恢复成"good",从而可以对该流进行 I/O 操作,如下列语句:

```
cin.clear();
```

清除 cin,将其状态设置成"good"。

但是,clear() 函数并不局限于此,它还可以设置流的状态标志,例如:

```
cin.clear(ios∷failbit);
```

为流设置了 failbit。

(6) ios 重载了运算符!,并提供了 ios 到 void * 的类型转换,如果设置了 failbit 或 badbit,则 operator void * () 返回 false,否则返回 true。同样,重载的 ! 运算符在 failbit 或 badbit 标志设置后返回 true,否则返回 false。

这样通过流直接可以返回流的错误状态。下列代码:

```
if (cin) { ... }
```

如果标准输入流的 failbit 或 badbit 已设置,则 cin 转换为 false,这样可用来判断输入流是否正确(其状态是否为"good")。

【例 10-9】 数据流错误侦测函数调用示例。

```
1  /*********************************************************
2   *  程序名:p10_9.cpp                                    *
```

```
3    *    功   能: 数据流错误侦测                                    *
4    **********************************************************/
5    #include < iostream >
6    using namespace std;
7    int main()
8    {
9        int number;
10
11       cout <<"cin.rdstate() = "<< cin.rdstate()<< endl;
12
13       while(true){
14       cin >> number;
15       if(cin.rdstate() == ios::goodbit)
16       //if(cin.good())   //ok
17       {
18           cout <<"Input is correct!"<< endl;
19           break;
20       }
21       if(cin.rdstate() == ios_base::failbit)
22       //if(cin.fail())                                         //ok
23       {
24           cout <<"Input is error!"<< endl;
25           cin.clear(ios::goodbit);
26           cout <<"cin.rdstate() = "<< cin.rdstate()<< endl;
27       }
28       cin.get();
29       }
30   }
```

运行结果:

```
cin.rdstate() = 0
a ↙
Input is error!
cin.rdstate() = 0
8 ↙
Input is correct!
```

程序解释:

(1) 第 11 行显示输出数据流当前状态位。

(2) 第 13 行 while 循环用于判断程序中输入变量的类型是否正确,如果正确,显示相应信息,否则提示用户重新输入,直到输入类型正确为止。

(3) 第 15 行判断数据流状态位是否正确。

（4）如果将程序第 15 行改为第 16 行 if(cin. good())，同样可以判断数据流状态位是否正确。

（5）判断数据流状态位是否错误也可采用 cin. fail()。

（6）当发现输入有错又需要改正的时候，调用 clear()更改标记位正确后，再用 get()成员函数清除输入缓冲区，以达到重复输入的目的。

10.6　文件的输入/输出

到目前为止，程序执行所需的数据由键盘输入，执行的结果在显示器上显示或临时存于内存中，一旦程序执行完毕，数据将从内存中消失，下一次执行数据必须重新输入。将程序所需数据和产生的数据保存的方法是使用文件，文件是保存在辅存中（如磁盘、光盘、磁带）的数据集合。

C++语言把每个文件看成是一个有序的字节流。文件打开时，就创建一个对象，并将这个对象和某个流关联起来。包含< iostream >时，会自动生成 cin、cout、cerr 和 clog 这 4 个对象，与这些对象关联的流提供与文件通信的方法（文件操作）。如 cin 对象使程序从键盘或文件中输入数据，cout 对象使程序能向屏幕或文件输出数据，cerr 和 clog 使程序能向屏幕或其他设备输出错误信息。

10.6.1　文件的创建

C++负责文件输入/输出的类有 ifstream（文件输入）、ofstream（文件输出）以及 fstream（文件输入/输出），见图 10-1。所谓的文件输入/输出，是从程序或内存的角度而言的，**文件输入**是指从文件向内存读入数据；**文件输出**则指从内存向文件输出数据。类 ifstream、ofstream、fstream 分别在头文件 ifstream、ofstream、fstream 中定义，要使用它们，必须包含相应的头文件。

用户可以使用这些类建立文件流对象。例如下列语句：

```
fstream myfile;
```

建立了一个文件流对象 myfile，然后利用 fstream 提供的 open()成员函数打开文件与流连接。open()函数的原型如下：

```
void open(const char * szName, int nMode = ios::in, int nProt = filebuf::openprot)
```

（1）szName 为带路径的文件名，引用时要用双引号。需要注意的是，路径分隔符要用\\，而不是\。

（2）nMode 为打开模式，可以使用|将几种模式组合。

（3）如果要打开的文件已经与流连接，或 open()调用失败，ios::badbit 设置为 true。

（4）如果文件没找到，ios::failbit 设置为 true。

表 10-9 是 open()函数的模式参数表。

表 10-9　文件打开（操作）模式表

模 式 参 数	说　　明
ios::in	为输入打开文件，fstream、istream 的默认模式
ios::out	为输出打开文件，ostream 的默认模式
ios::ate	打开文件输出，文件指针处于文件尾，ate＝at end
ios::app	从文件尾添加数据
ios::trunc	如文件存在，清除文件内容（默认模式）
ios::nocreate	要打开的文件不存在则产生错误
ios::noreplace	如文件存在，且 ate 与 app 未被设定，则产生错误
ios::binary	以二进制方式打开文件（默认模式为文本模式）

例如：

```
myfile.open("d:\\myprog\\p1_1.cpp", ios::in|ios::out);
```

打开文本文件 p1_1.cpp 用于输入/输出。

当用 fstream、ofstream、ifstream 建立文件流对象时可以直接给出文件名、操作模式等参数，这样可以省略 open()函数的使用。

输出文件流的建立可以使用以下方法：

```
fstream ofile("c:\\myprog\\f1.cpp", ios::out);
ofstream ofile("c:\\myprog\\f1.cpp")
```

输入文件流的建立方法：

```
fstream ifile("c:\\myprog\\f1.dat", ios::in)
ifstream ifile("c:\\myprog\\dat.cpp")
```

从图 10-1 所示的 I/O 流类层次结构中可以看出，fstream 类继承于 iostream，而 iostream 又继承于 istream 和 ostream，因此，定义于 istream 和 ostream 处理数据流输入与输出的成员函数都可以用在文件的输入与输出上。

10.6.2　文本文件的输出

C++的文件 I/O 模式分为两种，即文本模式与二进制模式，默认的文件模式为文本模式。当使用文本模式时，输出到文件的内容为 ASCII 码字符（包括回车、换行）。也就是说，文本文件中只能存储 ASCII 码字符。如整数 123 和浮点数 234.5 在文本文件中分别存储为"123"与"234.5"。文本文件通常以.txt 为扩展名，C++的源程序文件也属于文本文件。文本文件在 Windows 的记事本和书写器中都能打开，在 Linux 系统下可以用 VI、EMACS 等文本编辑软件来编辑。

文本文件的输出可用插入运算符<<和成员函数 write()。

文件输出的一般步骤如下：

（1）建立输出文件流（对象），将建立的文件连接到文件流上。此步需要对文件是否建立成功进行判断，如果文件建立错误，则退出。

（2）向输出文件流输出内容。

（3）关闭文件（文件流对象消失时也会自动关闭文件）。

【例 10-10】 由键盘输入学生的姓名与成绩,将它们保存到文本文件中。

```
1   /*****************************************************
2    *   程序名:p10_10.cpp                                *
3    *   功  能:文本文件输出举例                          *
4    *****************************************************/
5   #include <fstream>
6   #include <iostream>
7   using namespace std;
8   int main()
9   {
10      char line[180];
11      fstream myfile;                                    //建立文件流
12      myfile.open("d:\\c++book\\record.txt", ios::out|ios::trunc);
13      if(!myfile) {
14          cerr <<"File open or create error!"<< endl;
15          exit(1);
16      }
17      while(cin >> line)
18          myfile << line;
19      myfile.close();
20      return 0;
21  }
```

运行结果:

```
输入: Zhao Lixian 92 ↙
      Liu QiuYang 90 ↙
      Wu Wei    60 ↙
      ^Z ↙                    //Ctrl + Z 键,表示结束输入
      ↙
```

文件 record.txt 中的内容为:

```
ZhaoLixian92LiuQiuYang90WuWei60
```

程序解释:

(1) 第 5 行,#include <fstream>用于文件流处理。

(2) 第 11 行建立文件流对象。

(3) 第 12 行打开文本文件输出,如该文件存在清除原文件的内容,如打开失败 myfile 返回 false。

(4) 第 13 行对文件没有成功打开进行处理。

(5) 第 14 行使用 cerr 对象进行错误信息输出,cerr 对象的用法和 cout 相同,不同的是使用 cerr 对象直接将错误信息输出。

(6) 第 18 行使用<<逐行输出字符串到文件。

(7) 第 19 行用成员函数 close()关闭文件,断开文件与缓冲对象的联系,使文件不被

破坏。

（8）输入的是一行行的成绩，而整个文件只有一个字符串，这是因为使用提取运算符进行输入时忽略了空格与换行。

将程序中的第 17 行改为：

```
while(cin.getline (line,180))
```

将程序中的第 18 行改为：

```
myfile << line << endl;
```

文件将是期望的一行一行的结果：

```
Antony 80.5
John 90
Tom 60
```

文本文件的输出也可用 write()函数实现（功能见表 10-1），但要保证输出的内容是字符串（包括回车、换行字符）。如果先将第 17 行改为：

```
while(cin.getline(line,180));
```

将程序中的第 18 行改为：

```
myfile.write(line,180);
```

同样输入 3 行字符串，文件结果显示为：

```
Antony   85.5烫烫烫烫烫烫烫烫烫烫烫烫烫烫烫烫烫烫烫烫烫烫烫…
```

用 debug 之类的工具查看其 ASCII 码值，即可知道在"antony 85.5"之后是一个字符串结尾字符 0，"烫"对应的十六进制值为 0xCC。这是因为 write 函数文件是将 line 中的 180 个字符都写入文件，而不管在写的过程中遇到什么。

如果再将程序中的第 17 行改为：

```
myfile.write(line,strlen(line));
```

文件中的结果为：

```
Antony    85.5john    90tom    60
```

文件长度为 24 个字节。

10.6.3 二进制文件的输出

文本文件中存储的是字符串，当要使用其中的数据就不方便了，例如求学生成绩文件中的学生成绩的平均分。

二进制文件是指含 ASCII 码字符以外的数据的文件，它不能由文本编辑软件打开。在实际应用中，大多数文件都是二进制文件，如图像文件（扩展名包括 .bmp、.jpg、.tif、.gif 等）、影像文件、声音文件、数据库文件。Microsoft Word 的 .doc 文件也是二进制文件,因为除了字符外,它还含有字体、字号、颜色等数据。输出二进制文件的方法是使用 write()成员函数。

【例 10-11】　将学生成绩以文本文件和二进制文件两种方式输出。

```
1   /****************************************************
2   *  程序名:p10_11.cpp                               *
3   *  功    能: 二进制文件与文本文件比较                *
4   ****************************************************/
5   # include < fstream >
6   # include < iostream >
7   using namespace std;
8   int main() {
9       char  * name[3] = {"Antony","John","Tom"};
10      float score[3] = {85.5, 90, 60};
11      fstream txtfile,binfile;                         //建立文件流对象
12      txtfile.open("d:\\c++book\\record.txt",ios::out|ios::trunc);
13      binfile.open("d:\\c++book\\record.dat",ios::binary|ios::out|ios::trunc);
14      if(!txtfile) {
15          cerr <<" record.txt open or create error!"<< endl;
16          exit(1);
17      }
18      if(!binfile) {
19          cerr <<" record.dat open or create error!"<< endl;
20          exit(1);
21      }
22      for( int i = 0;i < 3;i++) {
23          txtfile << name[i]<<'\t'<< score[i]<< endl;
24          binfile.write(name[i],8 * sizeof(char));
25          binfile.write((char * )&score[i],sizeof(float));
26      }
27      txtfile.close();
28      binfile.close();
29      return 0;
30  }
```

程序解释:

文件结果对照如表 10-10 所示。

表 10-10　文本文件与二进制文件对比

文本文件 record.txt(30 个字节)		二进制文件 record.txt(36 个字节)	
十六进制值	ASCII 码字符	十六进制值	ASCII 码字符
416E746F6E790938352E350D0A 4A6F686E0939300D0A 546F6D0936300D0A 09 为 '\t', 0D、0A 为回车、换行	Antony. 85. 5.. John. 90.. Tom. 60..	416E746F6E7900000000AB42 4A6F686E000000000000B442 546F6D004A6F686E00007042 8 个字节 name　4 个字节浮点数 无用数据	Antony.....B John.....B Tom.John..pB

从表中看出，数据 85.5 在文本文件中为字符串"85.5"，长度为 4 个字节。在二进制文件中为 0000AB42，占固定长度 4 个字节，即浮点数的长度。

☆注意：

（1）函数 write()原型要求实参是字符类型地址（const char ＊），如果不是字符类型地址，则需要进行转换，但并不是将其中的内容变成字符串。

```
binfile.write (name[i],8 * sizeof (char));        //name[i]是字符型地址,不需要转换
binfile.write ((char * )&score[i],sizeof (float));  //score[i]中存储的是浮点数,需要
                                                   //转换成字符型地址
```

还可采用 reinterpret_cast < const char ＊>的转换方法：

```
binfile.write (reinterpret_cast < const char *>(&score[i]),sizeof(float));
```

（2）可采用 write()函数进行 C++ 对象的输出，对象输出的内容为对象中的数据成员。

10.6.4 文本文件的输入

文件的输入是指从文件中读数据到内存中，文本文件输入常用提取运算符<<，在文件输入中要经常检查文件是否到达尾部，输入流的成员函数 eof()用来侦测是否到达文件结尾，若读取到文件结尾，返回 true。

文件输出一般要经过下列 3 个步骤：

（1）建立输入文件流（对象），将以输入方式打开的文件连接到文件流上。此步需要对文件是否打开成功进行判断，如果文件打开错误，则退出。

（2）从输入文件流中读内容。此步需要对读文件是否成功进行判断，如果读入不成功或到文件尾，则读入结束。

（3）关闭文件（文件流对象消失时也会自动关闭文件）。

【例 10-12】 从文本文件 record.txt 中读取姓名和成绩，并显示出来。

```
1  /********************************************************
2  *  程序名:p10_12.cpp                                    *
3  *  功  能:文本文件的输入                                 *
4  ******************************************************** /
5  # include < fstream >
6  # include < iostream >
7  using namespace std;
8  int main() {
9     char name[8],score[6];
10    ifstream txtfile;                                //建立输入文件流对象
11    txtfile.open("d:\\c++book\\record.txt");
12    if(!txtfile) {
13       cerr <<" record.txt open error!"<< endl;
14       exit(1);
15    }
16    while(!txtfile.eof()) {
17       txtfile >> name >> score;
18       cout << name <<'\t'<< score << endl;
```

```
19      }
20      txtfile.close();
21      return 0;
22}
```

程序解释：

（1）一旦建立了一个输入文件流对象，对输入流的操作就是对文件的操作，所有用于输入流的函数都可用于输入文件流。所以，可使用 get()、getline() 函数从输入文件流中读取字符串。

（2）提取运算符<<将空格作为分隔符，而 getline() 则可以一次读取一行文本。将上述程序的第 16 行、17 行、18 行改为：

```
while(txtfile.getline(line,100))
    cout << line << endl;
```

程序将输出同样的结果。

10.6.5 二进制文件的输入

输入二进制文件使用成员函数 read() 每次读取固定长度的数据，同样用 eof() 判断是否到达文件尾。

【例 10-13】 从二进制文件 record.dat 中读取姓名和成绩，并显示出来。

```
1   /*******************************************************
2    * 程序名:p10_13.cpp                                    *
3    * 功  能:二进制文件的输入                               *
4    ******************************************************/
5   # include < fstream >
6   # include < iostream >
7   using namespace std;
8   int main() {
9      char name[8];
10     float score;
11     ifstream binfile;                                    //建立输入文件流对象
12     binfile.open("d:\\c++book\\record.dat",ios::binary);
13     if(!binfile) {
14         cerr <<" record.dat open error!"<< endl;
15         exit(1);
16     }
17     while(!binfile.eof()) {
18         binfile.read(reinterpret_cast < char * >(name),8 * sizeof(char));
19         binfile.read(reinterpret_cast < char * >(&score),sizeof(float));
20         cout << name <<'\t'<< score << endl;
21     }
22     binfile.close();
23     return 0;
24}
```

运行结果：

```
Antony    80.5
John      90
Tom       60
Tom       60
```

程序解释：

（1）从结果来看，发现最后一个记录多显示了一次，这说明最后一个记录多读了一次。出现这种结果的原因是，当循环读了3次后，文件指针到了文件尾，虽然到了文件尾但由于此时没有读文件，所以 ios::eof 没有设置，binfile.eof() 为 false；再读一次，读取了文件尾，ios::eof 被设置；什么内容也没读出来，此时 name[8]、score 的内容没更新，第20行将它们再显示一次。

为了防止读到文件尾时最后读出的内容再显示一次，将程序第17~21行内容修改如下（reinterpret_cast 是 C++中的强制类型转换符）：

```
binfile.read(reinterpret_cast < char * >(name),8 * sizeof(char));
binfile.read(reinterpret_cast < char * >(&score),sizeof(float));            //读一次
while(!binfile.eof()) {
                cout << name <<'\t'<< score << endl;
                binfile.read(reinterpret_cast < char * >(name),8 * sizeof(char));
                binfile.read(reinterpret_cast < char * >(&score),sizeof(float));
        }
```

（2）二进制文件的读入不是以空格分开的段为单位，也不是以行为单位，而是按给定的长度进行读入，所以读取二进制文件时要清楚文件的结构。

（3）read() 函数的第1个参数要求是 char * 类型，如果实参类型不符，需要进行强制类型转换。

10.6.6　文件指针的使用

在文件中，特别是二进制文件中，每一笔数据（记录）都是一个接着一个连续排列的。文件中记录的排列与内存中的数组一样。前面例子对文件的读/写都是从头到尾，是否可以像读取数组那样随机读取文件中的某个记录？有了文件指针后，就可以直接跳到指针处读/写指针处的记录。

在 ios 类中定义了3个特定的文件指针。

- ios::beg：文件开头指针。
- ios::cur：当前指针位置。
- ios::end：文件尾指针。

在 istream 与 ostream 类中定义了一些用来移动指针的成员函数，称为指针成员函数，如表 10-11 所示。

（1）seekg、tellg 分别设定、返回 get 指针的位置，g 为 get 的头一个字母。

（2）seekp、tellp 分别设定、返回 put 指针的位置，p 为 put 的头一个字母（见图 10-3）。

表 10-11 指针成员函数表

函数原型	功　　能
istream 的成员函数	
istream& seekg(long off, ios∷seek_dir dir)	设定读取指针到距离文件某一特定位置 off 个字节的位置。特定位置由 dir 决定,dir 为 ios∷beg、ios∷cur、ios∷end 之一。当特定位置为 ios∷end 时,off 应为负数
long tellg()	返回读指针相对于文件头的位置
ostream 的成员函数	
ostream& seekp(long off, ios∷seek_dir dir)	设定写指针到距离文件某一特定位置 off 个字节的位置。特定位置由 dir 决定,dir 为 ios∷beg、ios∷cur、ios∷end 之一。当特定位置为 ios∷end 时,off 应为负数
long tellp()	返回写指针相对于文件头的位置

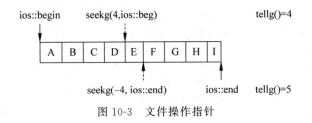

图 10-3　文件操作指针

例如:

seekg(- 7,ios∷end);

将读指针移到离文件尾 7 个字节处,移动方向为向文件头方向。

seekg(3,ios∷cur);

将读指针移到离当前位置 3 个字节处。

☆注意:

不管是使用文件头指针还是使用文件尾指针,在对文件进行读/写后,指针向后移。

【例 10-14】 将二进制文件中的学生成绩排列颠倒过来。

分析:采用从文件头和文件尾向中间读/写的方法,将第 1 条记录与倒数第 1 条记录交换,将第 2 条记录与倒数第 2 条记录交换,……,直到第 n/2 条记录。

```cpp
1  /***************************************************
2  *  程序名:p10_14.cpp                              *
3  *  功　能:文件指针使用实例                         *
4  ***************************************************/
5  # include < fstream >
6  # include < iostream >
7  using namespace std;
8  int main()
9  {
10    char name1[8],name2[8];
11    float score1,score2;
12    int rec_num,rec_size,i;
```

```
13    fstream binfile("d:\\c++book\\prog\\record.dat",ios::out|ios::in|ios::binary);
14    if(!binfile)
15    {
16        cerr <<" record.dat open error!"<< endl;
17        exit(1);
18    }
19    rec_size = sizeof(float) + 8 * sizeof(char);                    //计算记录大小
20    binfile.seekg(0,ios::end);
21    rec_num = binfile.tellg()/(rec_size);                          //计算记录数
22    for(i = 0;i < rec_num/2;i++)
23    {
24      binfile.seekg((long)i * rec_size,ios::beg);
25      binfile.read((char * )name1,8 * sizeof(char));       //从前面读记录
26      binfile.read((char * )&score1,sizeof(float));
27      binfile.seekg( - (long)(i + 1) * rec_size,ios::end);
28      binfile.read((char * )name2,8 * sizeof(char));       //从后面读记录
29      binfile.read((char * )&score2,sizeof(float));
30      binfile.seekp((long)i * rec_size,ios::beg);
31      binfile.write((char * )name2,8 * sizeof(char));      //将后面的记录写到前面
32      binfile.write((char * )&score2,sizeof(float));
33      binfile.seekp( - (long)(i + 1) * rec_size,ios::end);
34      binfile.write((char * )name1,8 * sizeof(char));      //将前面的记录写到后面
35      binfile.write((char * )&score1,sizeof(float));
36    }
37    binfile.seekg(0,ios::beg);
38    binfile.read((char * )name1,8 * sizeof(char));
39    binfile.read((char * )&score1,sizeof(float));
40    while(!binfile.eof())
41    {
42      cout << name1 <<'\t'<< score1 << endl;
43      binfile.read((char * )name1,8 * sizeof(char));
44      binfile.read((char * )&score1,sizeof(float));
45    }
46    binfile.close();
47    return 0;
48 }
```

运行结果：

程序运行前，文件 record.dat 中的成绩排列为：

Antony.85.5..
John.90..
Tom.60.

程序运行后，显示的排列为：

```
Tom      60
John     90
Antony 85.5
```

本 章 小 结

（1）流是一个处于传输状态的字节序列，是字节在对象之间的"流动"，流的操作包括输入与输出。cin 为标准输入流对象，与提取运算符<<连用，用于输入；cout 为标准输出流对象，与插入运算符<<连用，用于输出。

（2）使用标准输入流对象 cin 和提取运算符<<连用进行输入时，将空格与回车当作分隔符，使用 getline()成员函数进行输入时可以指定输入分隔符。

（3）每一个输入/输出流对象都维护一个格式状态字，用它表示流对象当前的格式状态并控制流的格式。C++提供了使用操纵符修改格式状态字来控制流的格式和运用成员函数来控制流的格式的方法。两者实际上都是使用格式状态字。

（4）格式控制的成员函数通过流对象调用；操纵符直接用在流中，但使用函数形式的操纵符要包含 iomanip 头文件。

（5）在 ios 类中，除了提供控制数据流的格式标志、操纵符、成员函数外，还提供了流的错误侦测函数和错误状态位，用于标识流的状态。

（6）文件输入是指从文件向内存读入数据，文件输出则指从内存向文件输出数据。文件的输入/输出首先要建立文件流对象，将流对象与打开的文件连接；然后进行文件读/写；读/写完后关闭文件。在打开文件、对文件读/写时要使用流的错误侦测函数或错误状态位保证文件操作的正确。

（7）文本文件是存储 ASCII 码字符的文件，文本文件的输入可用提取运算符<<从输入文件流中提取字符实现。文本文件的输出可用插入运算符<<将字符插入到输出文件流来实现。

（8）二进制文件是指含 ASCII 码字符外的数据的文件。二进制文件的输入、输出分别采用 read()、write()成员函数，这两个成员函数的第 1 个参数的类型分别为 char *、const char *，如果实参类型不符，可采用(char *)或 reinterpret < char *>进行转换。

习 题 10

1. 填空题

（1）标准输入流对象为＿＿＿＿＿，与＿＿＿＿＿连用，用于输入；＿＿＿＿＿为标准输出流对象，与＿＿＿＿＿连用，用于输出。

（2）使用标准输入流对象 cin 和提取运算符<<连用进行输入时，将＿＿＿＿＿与＿＿＿＿＿当作分隔符，使用＿＿＿＿＿成员函数进行输入时可以指定输入分隔符。

（3）头文件 iostream 中定义了 4 个标准流对象，即＿＿＿＿＿、＿＿＿＿＿、＿＿＿＿＿、＿＿＿＿＿。

（4）每一个输入/输出流对象都维护一个＿＿＿＿＿，用它表示流对象当前的格式状态并控制流的格式。C++提供了使用＿＿＿＿＿＿＿＿与＿＿＿＿＿＿＿＿来控制流的格式的方法。

（5）格式控制的成员函数通过流对象调用；操纵符直接用在流中，但使用函数形式的操纵符要包含＿＿＿＿＿＿＿＿头文件。

（6）在 ios 类中，除了提供控制数据流的格式标志、操纵符、成员函数外，还提供了流的错误侦测函数和错误状态位，用于标识流的状态，常用的错误侦测函数有＿＿＿＿＿＿＿＿，对应的错误状态位为＿＿＿＿＿＿＿＿。

（7）文件输入是指从文件向＿＿＿＿＿读入数据；文件输出则指从＿＿＿＿＿向文件输出数据。文件的输入/输出首先要＿＿＿＿＿＿＿＿；然后＿＿＿＿＿＿＿＿；最后＿＿＿＿＿＿＿＿。在打开文件、对文件读/写时要使用＿＿＿＿＿＿＿＿保证文件操作的正确。

（8）文本文件是存储 ASCII 码字符的文件，文本文件的输入可用＿＿＿＿＿从输入文件流中提取字符实现。文本文件的输出可用＿＿＿＿＿将字符插入到输出文件流来实现。

（9）二进制文件是指含 ASCII 码字符外的数据的文件。二进制文件的输入/输出分别采用 read()、write()成员函数，这两个成员函数的第一个参数的类型分别为＿＿＿＿＿＿、＿＿＿＿＿＿，如果实参类型不符，分别采用＿＿＿＿＿、＿＿＿＿＿进行转换。

（10）设定、返回文件读指针位置的函数分别为＿＿＿＿＿＿、＿＿＿＿＿＿；设定、返回文件写指针位置的函数分别为＿＿＿＿＿＿、＿＿＿＿＿＿。

2. 选择题

（1）要进行文件的输出，除了包含头文件 iostream 外，还要包含头文件（　　）。

    A. ifstream   B. fstream   C. ostream   D. cstdio

（2）下列语句正确的是（　　）。

    A. cout << flags(ios::boolalpha)<< precision(10)<< 1.0/3.0 << endl;

    B. cout.setf(boolalpha);

    C. int i;cin << width(10)<< fill('#')<< i;

    D. cout << setbase(16)<< 24 << endl;

（3）执行以下程序：

```
char * str;
cin >> str;
cout << str;
```

若输入 abcd　1234↙，则输出（　　）。

    A. abcd   B. abcd　1234   C. 1234   D. 输出乱码或出错

（4）执行下列程序：

```
char a[200];
cin.getline(a,200,'');
cout << a;
```

若输入 abcd　1234↙，则输出（　　）。

    A. abcd   B. abcd　1234   C. 1234   D. 输出乱码或出错

（5）定义 char * p="abcd"，能输出 p 的值（"abcd"的地址）的是（　　）。

    A. cout << &p;   B. cout << p;

    C. cout <<(char *)p;   D. cout << const_cast < void * >(p);

（6）定义"int a; int * pa=&a;"，在下列输出式中，结果不是 pa 的值（a 的地址）的是（　　）。

    A. cout << pa;   B. cout <<(char *) pa;

    C. cout <<(void *)pa;   D. cout <<(int *) pa;

(7) 下列输出字符方式,错误的是(　　)。

    A. cout << put('A');　　　　　　　　　B. cout <<'A';

    C. cout. put('A');　　　　　　　　　　D. char C='A';cout << C;

(8) 以下程序执行的结果是(　　)。

```
cout.fill('#');
cout.width(10);
cout << setiosflags(ios::left)<< 123.456;
```

    A. 123.456＃＃＃＃　　　　　　　　　　B. 123.4560000

    C. ＃＃＃＃123.456　　　　　　　　　　D. 123.456

(9) 使用 ifstream 定义一个文件流,并将一个打开的文件与之连接,文件默认的打开方式为(　　)。

    A. ios::in　　　　　　　　　　　　　B. ios::out

    C. ios::trunc　　　　　　　　　　　D. ios::binary

(10) 使用 fstream 定义一个文件流,并将一个打开的文件与之连接,文件默认的打开方式为(　　)。

    A. ios::in　　　　　　　　　　　　　B. ios::out

    C. ios::in|ios::binary　　　　　　　D. ios::out|ios::binary

(11) 从一个文件中读一个字节存于 char c,正确的语句为(　　)。

    A. file. read (reinterpret_cast < const char * >(&c),sizeof(c));

    B. file. read (reinterpret_cast < char * >(&c),sizeof(c));

    C. file. read ((const char *)(&c),sizeof(c));

    D. file. read ((char *)c, sizeof(c));

(12) 将一个字符 char c='A'写到文件中,错误的语句为(　　)。

    A. file. write(reinterpret_cast < const char * >(&c),sizeof(c));

    B. file. write(reinterpret_cast < char * >(&c),sizeof(c));

    C. file. write((char *)(&c),sizeof(c));

    D. file. write((const char *)c,sizeof(c));

(13) 若文件的长度为 16 个字节,执行

```
myfile.seekg(10, ios::end);
myfile.read((char *)(&c),sizeof(long)); myfile.tellg();
```

的返回值为(　　)。

    A. 7　　　　　　　B. 10　　　　　　　C. 5　　　　　　　　D. 2

(14) 读文件最后一个字节(字符)的语句为(　　)。

    A. myfile. seekg(1,ios::end);　　　　B. myfile. seekg(−1,ios::end);
         c=myfile. get();　　　　　　　　　　 c=myfile. get();

    C. myfile. seekp(ios::end,0);　　　　D. myfile. seekp(ios::end,1);
         c=myfile. get();　　　　　　　　　　 c=myfile. get();

(15) 语句 ofstreamf("SALARY. DAT",ios_base::app)的功能是建立流对象 f,并试图打开文件 SALARY. DAT 与 f 关联,而且(　　)。

A. 若文件存在,将其置为空文件；若文件不存在,打开失败

B. 若文件存在,将文件指针定位于文件尾；若文件不存在,建立一个新文件

C. 若文件存在,将文件指针定位于文件首；若文件不存在,打开失败

D. 若文件存在,打开失败；若文件不存在,建立一个新文件

3. 程序填空题

(1) 下列程序从键盘接受一行行文本,保存到文件中,输入空行表示输入结束,请填空。

```cpp
# include < fstream >
# include < iostream >
using namespace std;
int main() {
    char line[180];
    _____①_____ myfile;
    myfile.open("d:\\c++book\\lines.txt");
    if(_____②_____) {
        cerr <<"File open or create error!"<< endl;
        exit(1);
    }
    do {
        cin .getline(line,180);
        _____③_____
    }
    while(strlen(line)> 0&&!cin.eof());
    myfile.close();
    return 0;
}
```

(2) 下列程序读入 C++源程序,在每行的开头标明该行的长度,另存该文件。

```cpp
# include < fstream >
# include < iostream >
using namespace std;
int main() {
    char line[180];
    ifstream cppfile;
    _____①_____ outfile;
    cppfile.open("d:\\c++book\\p11.cpp");
    outfile.open("d:\\c++book\\p11.txt");
    if(_____②_____ {
        cerr <<"File open error!"<< endl;
        exit(1);

    }
    if(_____③_____) {
        cerr <<"File create error!"<< endl;
        exit(1);
    }
    while(_____④_____) {
        _____⑤_____ << strlen(line)<<" "<< line << endl;
    }
    cppfile.close();
    outfile.close();
    return 0;
}
```

（3）下列程序将一个文件复制到另一个文件中,路径与文件名通过键盘输入。

```
#include <fstream>
#include <iostream>
using namespace std;
int main() {
    char buff[1024];
    char source[80],target[80];
    long bytes;
    ifstream infile;
    ofstream outfile;
    cout <<"source file"<< endl;
    cin >> source;
    cout <<"target file"<< endl;
    cin >> target;
    infile.open(source,_____①_____);
    outfile.open(target,_____②_____);
    if(_____③_____) {
        cerr <<"File open error!"<< endl;
        exit(1);

    }
    if(_____④_____ {
        cerr <<"File create error!"<< endl;
        exit(1);
    }
    infile.seekg(0,ios::end);
    bytes = _____⑤_____;
    infile.seekg(0,ios::beg);
    infile.read(buff,bytes % 1024);
    outfile.write(buff,bytes % 1024);
    while_____⑥_____) {
        _____⑦_____;
        }
    infile.close();
    outfile.close();
    return 0;
}
```

4. 编程题

（1）编写一程序,将两个文件合并成一个文件。

（2）编写一程序,统计一篇英文文章中单词的个数与行数。

（3）编写一程序,在 C++ 源程序的每行前加行号和一个空格。

（4）编写一程序,输出 ASCII 码值从 20 到 127 的 ASCII 码字符表,格式为每行 10 个。

（5）重载<<和>>进行时间类型数据的输入/输出。

（6）定义一个 Student 类,其中包含学号、姓名、成绩数据成员。建立若干个 Student 类对象,将它们保存到文件 Record.dat 中,然后显示文件中的内容。

第 11 章

string 类字符串处理

◇ **引言**

在前面的章节中,存储字符串使用的是字符数组,对于字符串的处理是借助 Cstring 头文件中提供的字符串函数完成的。学习了类和对象后,发现这种方式不符合面向对象的风格,于是我们自己定义了字符串类 string,编写少数字符串处理的成员函数。字符串是 C++ 中的一种很重要的数据,C++ 标准类库提供了字符串类,为字符串处理提供了大量的操作。

◇ **学习目标**

(1) 使用 C++ 标准类库中的 string 定义字符串对象;

(2) 能使用 string 类成员函数、操作符对字符串对象进行各种操作;

(3) 使用字符串对象位置指针;

(4) 字符串对象与 C 风格字符串的转换。

11.1　string 类对象的定义

使用数组存储字符串,调用系统函数来处理字符串这种数据与处理分离的方式不符合 C++ 面向对象的风格。为此,C++ 提供了模板类 basic_string,通过:

typedef basic_string<char> string;

将模板类 basic_string 具体化成字符串类 string,string 类封装了字符串的属性与方法,使对字符串的处理变得方便。使用 string 类需要包括头文件 string:

#include<string>

字符串类构造函数的原型与功能如表 11-1 所示。

表 11-1　string 类构造函数原型

构造函数的原型	作　　用
string()	默认构造函数,建立长度为 0 的字符串
string (const string& rhs)	拷贝构造函数,利用已存在的串 rhs 初始化新串
string (const string& rhs, unsigned pos, unsigned n)	将存在的串 rhs 从位置 pos 开始取 n 个字符初始化新串(位置编号从 0 开始)
string (const char *)	用字符数组 s 初始化新串
string (const char * s, unsigned n)	用字符数组 s 的前 n 个字符初始化新串
string (unsigned n, char c)	将字符 c 重复 n 次作为新串的值

【例 11-1】　字符串对象的建立。

根据 string 类提供的构造函数原型可以通过各种方式建立并初始化字符串(对象)。

```
1   /***********************************************
2   * 程序名：p11_1.cpp                            *
3   * 功  能：string 类对象的建立与初始化          *
4   *********************************************** /
5   # include < string >
6   # include < iostream >
7   using namespace std;
8   int main()
9   {
10      char * S1 = "12345";
11      string S2;                    //建立长度为 0 的字符串
12      string S3("abcde");           //用字符串初始化新串
13      string S4(S3);                //利用已存在的串 S3 初始化新串
14      string S5(S3,0,3);            //利用已存在的串 S3 初始化新串
15      string S6(S1,3);              //利用已存在的字符数组初始化新串
16      string S7(6,'A');
17      cout <<"S2 = "<< S2 << endl;
18      cout <<"S3 = "<< S3 << endl;
19      cout <<"S4 = "<< S4 << endl;
20      cout <<"S5 = "<< S5 << endl;
21      cout <<"S6 = "<< S6 << endl;
22      cout <<"S7 = "<< S7 << endl;
23      return 0;
24  }
```

运行结果：

```
S2 =
S3 = abcde
S4 = abcde
S5 = abc
S6 = 123
S7 = AAAAAA
```

11.2　string 类成员函数

string 类提供了丰富的成员函数，每个成员函数又有多种重载形式，表 11-2 只列出了常用的成员函数和常用的原型。

表 11-2　string 类常用成员函数

成员函数的原型	功　　能
unsigned length() const	返回本字符串对象的长度
unsigned size() const	返回本字符串对象的大小
string& append(const char * s);	将字符串 s 附加到本串尾
string& append(const char * s, unsigned n);	将字符串 s 的 n 个字符附加到本串尾
string& append(const string& str, unsigned pos，unsigned n);	将字符串对象 str 从 pos 开始的 n 个字符附加到本串尾

成员函数的原型	功　　能
string& assign(const string& str,unsigned pos, unsigned n);	将字符串对象 str 从 pos 开始的 n 个字符赋给本串
int compare(const string& str) const	本串与 str 比较,本串<str 返回负数；本串＝＝str 返回 0；本串> str 返回正数
string& insert(unsigned p0, const string& str, unsigned pos, unsigned n);	将字符串对象 str 从 pos 开始的 n 个字符插入到本串 p0 处
string substr(unsigned pos＝0,unsigned n＝npos) const	返回从 pos 开始的 n 个字符构成的字符串对象
unsigned find(const string& str,unsigned pos ＝0) const	在本串中查找 str,返回第一次出现的位置,若未找到,返回 string::npos
string& replace(unsigned p0, unsigned n0,const string& str);	用 str 替换本串中从位置 p0 开始的 n0 个字符
void swap(string& str)	交换本串与 str

【例 11-2】　使用 string 类的成员函数查找字符串并替换。

```
1   /*************************************************
2    * 程序名：p11_2.cpp                              *
3    * 功  能：string 类的成员函数的使用,字符串的查找与替换   *
4    *************************************************/
5   # include < string >
6   # include < iostream >
7   using namespace std;
8   int main()
9   {
10      string text("I like C++, I use C++programming.");
11                                                          //文本
12      string newstr;                                      //新串
13      string sstr;                                        //待查串
14      int pos;                                            //存放查找到串的位置
15      cout <<"Input string and new string:";
16      cin >> sstr >> newstr;
17      if((pos = text.find(sstr)) == string::npos)          //未查找到
18          cout << sstr <<" not found in \""<< text <<"\""<< endl;
19      else {
20          cout <<"old string: "<< text << endl;
21          text.replace(pos,sstr.length(),newstr);
22          cout <<"new string: "<< text << endl;
23      }
24      return 0;
25   }
```

运行结果：

```
Input string and new string:C++ Java↙
old string: I like C++, I use C++programming
new string: I like Java, I use C++programming
```

程序解释:

程序只替换了第 1 个查找到的串,请读者完成替换所有查找到的串的操作。

11.3　string 类的操作符

string 类重载了多个操作符用于对字符串进行操作,如表 11-3 所示。

表 11-3　string 类操作符

操　作　符	示　　例	功　　能
+	S+T	将 S 与 T 连成一个新串
=	T=S	以 S 更新 T
+=	T+=S	T=T+S
==、!=、<、<=、>、>=	T==S,T!=S,T<S,T<=S,T>S,T>=S	将 T 串与 S 串进行比较
[]	S[i]	存取串中的第 i 个元素
<<	cout<<S	将串 S 插入到输出流对象
<<	cin<<S	从输入流对象提取串给 S

<<用于将字符串对象插入到输出流对象,输出流对象可以是内存中的字符串输出流 ostringstream 类对象,ostringstream 是类模板 basicostringstream 用 char 实例化的类。输出流对象也可以是标准输出流对象 cout。向标准输出流对象插入字符串,实现字符串的输出。

<<用于从输入流对象提取字符串到字符串对象,输入流对象可以是内存中的字符串输入流 istringstream 类对象,istringstream 是类模板 basicistringstream 用 char 实例化的类。输入流对象也可以是标准输入流对象 cin。从标准输入流对象提取字符串,实现字符串的输入。

由于使用提取操作符从标准输入设备读取字符串时将空格当作分隔符,提取字符时遇到空格就中止。所以,函数 getline 被重载用来支持字符串。下列语句:

```
getline(cin, T);
```

从键盘读取字符串到 T 中,输入默认用换行符分隔。

【例 11-3】　使用 string 类的操作符将字符串排序。

```
1  /************************************************
2  * 程序名: p11_3.cpp                            *
3  * 功　能: string 类的操作符将字符串排序          *
4  ************************************************/
5  #include <string>
6  #include <iostream>
7  using namespace std;
8  int main()
9  {
10     const int n = 6;
11     string line[] = {"A","above","a","an","about","1234"};
12     for (int i = 0;i < n - 1;i++)
13         for (int j = i + 1;j < n;j++)
```

```
14              if (line[i]> line[j])                    //如果前面字串比后面大
15              {                                        //line[i].swap(line[j]);  交换
16                  string temps;
17                  temps = line[i];
18                  line[i] = line[j];
19                  line[j] = temps;
20              }
21          for(i = 0;i < n;i++)
22              cout << line[i]<< endl;
23          return 0;
24  }
```

运行结果：

```
1234
A
a
about
above
an
```

程序解释：

（1）第 14 行使用了比较运算符>，比较字符串的大小。

（2）第 17～19 行使用了＝运算符进行字符串的交换。

【例 11-4】 使用重载后的 string 类字符串运算符。

```
1  /**************************************************
2  *   程序名：p11_4.cpp                              *
3  *   功  能：string 类的字符串运算符的应用          *
4  **************************************************/
5  # include < iostream >
6  # include < string >
7  using namespace std;
8  int main(){
9      string   str1("C++");
10     string   str2("is");
11     string   str3,str4;
12     string   str5("powerful");
13     cin >> str3;                                    //字符串的输入
14     cout << str1 <<" "<< str2 <<" "<< str3 <<"!"<< endl;   //string 对象的输出
15     str4 = str1 + " " + str2 + " " + str3 + "!";    //字符串的连接
16     cout << str4 << endl;
17     if(str3 < str5)                                 //字符串的比较
18         cout <<"str3 < str5"<<" str5:"<< str5 << endl;
19     string str6(str5);                              //字符串的赋值
```

```
20    str6 = str1 + " " + str2 + " " + str6 + "!";
21    cout << str6 << endl;
22    return 0;
23 }
```

运行结果：

```
ok
C++ is ok!
C++ is ok!
str3 < str5 str5:powerful
C++ is powerful!
```

程序解释：

（1）string 类重载了多个操作符用于对字符串进行操作，所以第 17 行中的 string 类对象之间可以直接比较大小，不需要调用函数 strcmp()。

（2）在程序中，string 类的对象会自动调整存储空间的大小以存放相应的字符串，因此不可能出现字符数组中字符串越界的情况。

11.4　string 类串位置指针

string 类提供了指向 string 类串中字符的**位置指针**（**迭代器 iterator**），用于访问单个字符，向前和向后遍历字符串。指针可以进行加、减运算，不检查指向的位置是否越界。string 类串位置指针的类型有：

```
string::iterator
string::const_iterator          //常指针类型,用于指向常对象
string::reverse_iterators       //反向指针类型
string::const_reverse_iterators //常反向指针类型,用于指向常对象
```

常指针只能读取，不可修改 string 类对象中的字符。

string 类用于读取指针的成员函数，如表 11-4 所示。

表 11-4　string 类操作符

成员函数的原型	功　　能
const_iterator begin() const;	返回常串对象第一个字符的位置
iterator begin();	返回第一个字符的位置
const_iterator end() const;	返回常串对象最后一个字符的位置
iterator end();	返回最后一个字符的位置
const_reverse_iterator rbegin() const;	逆向返回常串对象第一个字符的位置
reverse_iterator rbegin();	逆向返回第一个字符的位置
const_reverse_iterator rend() const;	逆向返回常串对象最后一个字符的位置
reverse_iterator rend();	逆向返回最后一个字符的位置

位置指针的含义如图 11-1 所示。

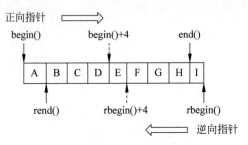

图 11-1　string 类的位置指针

【例 11-5】　利用 string 类指针将一个串颠倒。

```
1   /******************************************************
2   *   程序名: p11_5.cpp                                 *
3   *   功  能: string 类指针的使用,将一个串颠倒           *
4   ******************************************************/
5   # include < string >
6   # include < iostream >
7   using namespace std;
8   int main()
9   {
10      const string string1 = ("ABCDEFGHI");
11      string string2(string1);
12      int length = string1.length();
13      cout << string1 << endl;
14      cout << string2 << endl;
15      string::const_reverse_iterator itr1 = string1.rbegin();
16      string::iterator itr2 = string2.begin();
17      for(int i = 0; i < length; i++)
18        itr2[i] = itr1[i];
19      //    * (itr2 + i) = * (itr1 + i);
20      cout << itr2 << endl;
21      return 0;
22  }
```

运行结果：

```
ABCDEFGHI
ABCDEFGHI
IHGFEDCBA
```

程序解释：

（1）第 15 行采用逆向指针,逆向指针的开头就是字符串的结尾,逆向指针＋n 就是向前移动 n 个位置。

（2）第 18 行以数组的方式存取指针,也可以采用第 19 行指针运算的方式进行位置指针的运算。

11.5　string 类串与 C 风格字符串的转化

　　C 风格的字符串通常作为 string 类串的初值,可以使用前面列出的 string 类成员函数将 C 风格的字符串作为 string 类串的数据成员。

　　将 string 类串转化成 C 风格字符串实际上是从 string 类串中提取其中的字符。string 类串不以 NULL('\0')结尾,而 C 风格的字符串以 NULL 结尾,因此在从 string 类串中提取字符后要在尾部加上结尾符。

　　string 类提供了从 string 类对象中提取 C 风格字符串的成员函数,如表 11-5 所示。

表 11-5　string 类中提取 C 串的成员函数

成员函数的原型	功　　能
unsigned copy(char * s , unsigned n, unsigned pos = 0) const;	将 string 对象从 pos 开始的 n 个字符复制给字符串 s,返回字符数
const char * c_str() const;	返回指针,指向 string 类对象中的字符串,末尾加上'\0'
const char * data() const;	返回指针,指向 string 类对象中的字符串

【例 11-6】　从 string 类字符串中提取 C 风格的字符串。

```
1   /***************************************************
2   *  程序名: p11_6.cpp                               *
3   *  功　能: 从 string 类字符串中提取 C 风格的字符串      *
4   ***************************************************/
5   # include < string >
6   # include < iostream >
7   using namespace std;
8   int main()
9   {
10      string string1 = "ABCDEFGHI";
11      const char * c_str1 = NULL;
12      int length = string1.length() + 1;
13      char * c_str2 = new char [length];
14      string1.copy(c_str2, length,0);
15      c_str2[length] = '\0';                          //添加字符串结尾符
16      c_str1 = string1.data();
17      cout <<"string1 = "<< string1.c_str()<< endl;
18      cout <<"c_str1 = ";
19      for(int i = 0;i < length; i++)
20          cout << c_str1[i];
21      cout << endl <<"c_str2 = "<< c_str2 << endl;
22      return 0;
23  };
```

运行结果：

```
string1 = ABCDEFGHI
c_str1 = ABCDEFGHI
c_str2 = ABCDEFGHI
```

程序解释：

（1）第 16 行返回 string 类串中存放字符的地址，存入 c_str1，string 类串并不以'\0'结尾，如果使用"c_str1[length]= '\0';"添加结尾符就会修改 string1，从而导致意想不到的结果。

（2）为了防止通过 c_str1 修改 string1，在第 11 行定义 * c_str1 时将它修饰成 const 型。

本 章 小 结

（1）string 类串是 string 类对象，可以调用重载的构造函数以不同的方式初始化串，对字符串的操作通过调用成员函数和使用重载的操作符实现。

（2）string 类提供了指向 string 类串中字符的位置指针（迭代器），用于访问单个字符，向前和向后遍历字符串。指针类型为 string::iterator，可以使用指针运算符 * 和取下标运算符[]存取指向的字符。

（3）string 类串不以'\0'结尾，不需要在 string 类串中添加结尾符，当从 string 类串中提取 C 风格的串时要添加结尾符。

习 题 11

1. 选择题

（1）s0 是一个 string 类串，下列定义串 s1 错误的是（　　）。

　　A. string s1(3,"A");　　　　　　　　　　B. string s1(s0, 0, 3);

　　C. string s1("ABC",0,3);　　　　　　　　D. string s1="ABC";

（2）char * S0="12345"，对 string 类串 s1 初始化错误的是（　　）。

　　A. string s1=S0；　　　　　　　　　　　B. string s1(S0)；

　　C. string s1(S0, 0, 3)；　　　　　　　　D. string * s1=S0；

（3）求 string 类串 S 长度的表达式为（　　）。

　　A. S. capacity()　　B. sizeof(S)　　　　C. strlen(S)　　　　D. S. length()

（4）S 为 string 类对象，下列表达式编译错误的是（　　）。

　　A. S. size()　　　　B. sizeof(S)　　　　C. strlen(S)　　　　D. S. length()

（5）S、T 为 string 类对象，下列表达式编译错误的是（　　）。

　　A. S = T；　　　　B. S[1] = T[1]；　　C. S-=T；　　　　D. S += T；

（6）若定义：

```
string s = ("ABCDEF");
char * q = "123456";
```

```
string::iterator p = s.begin();
```

下列表达式错误的是(　　)。

　　A. p＝q;　　　　　　　　　　　　B. ＊(p＋1)＝＊(q＋1);

　　C. cout ≪ p.begin();　　　　　　D. q[1]＝p[1];

2. 编程题

(1) 输入一个句子,计算回文单词的个数。回文单词是指顺读、倒读都一样的单词,例如 noon 是一回文单词。

(2) 编写一个程序,统计一篇英语文章中某个单词出现的次数。

(3) 在一个串中查找一个子串,显示出现的次数,并将它们全部替换成新串。

## 第 12 章

异常处理

◇ **引言**

在进行程序设计时,不仅要保证程序在一般情况下运行正确,还要充分考虑到各种可能出现的问题,如用户操作不当、计算机运行环境的限制等情况。在这些可能出现的情况下,程序应有适当的处理,不轻易出现死机,发生数据丢失等灾难性后果,以提高程序的健壮性。本章介绍对程序运行时的意外情况进行处理的异常处理。

◇ **学习目标**

(1) 掌握 try-throw-catch 异常处理机制;

(2) 能使用异常处理机制处理程序中常见的异常;

(3) 了解标准异常处理类的内容;

(4) 能用标准异常处理类处理 new、越界类型的异常。

12.1 异常的概念

在 C++ 程序运行过程中,难免会出现各种各样的错误和意外,例如程序可能无法打开某个事先定义的文件,网络连接可能突然中断,或者用户可能会意外输入一个不正确的值,诸如此类。如果对于这些错误没有采取有效的防范措施,那么往往会得不到正确的运行结果,程序不正常中止或严重的会出现死机现象。把程序运行时的错误统称为"异常(exception)",对这些运行时发生的错误进行适当地处理称为异常处理。C++ 中所提供的异常处理机制结构清晰,在一定程度上可以保证程序的健壮性。

目前,随着软件系统功能的不断完善和加强,大型软件的体系结构越来越复杂,对软件健壮性的要求也越来越高。一般而言,即使写得很好的程序在运行过程中也难以绝对避免各种意想不到的错误。因为在一个软件系统中,各个软件之间是相互依赖的,它们离不开诸如网络系统、文件系统等外部设施,以及第三方插件、函数库等外部代码,而且还依赖用户的输入,这些都可能产生难以预测的异常情况,当异常发生时,若不对其及时加以控制和处理,程序往往可能会终止运行或出现莫名其妙的意外情况,甚至导致软件系统的全面崩溃。因此,在程序设计时,程序员应当分析程序运行时可能出现的"异常"情况,提前做好"发现"异常的准备,使"异常"发生时,能针对不同的"异常"情况进行相应的处理。

在 C++ 中,当程序执行过程中某个函数发生异常时,通过抛出一个错误信息,把它传递给上一级的调用函数来解决,上一级函数解决不了,再传给其更上一级函数,由其上一级函数处理。如此逐级上传,直到最高一级函数还无法处理的话,运行系统会自动调用系统函数 terminate,由它调用 abort 终止程序。这样的异常处理方法使得异常引发和处理机制分离,而不在同一个函数中处理。这使得底层函数只需要解决实际的任务,而不必过多考虑对异常的

处理,而把异常处理的任务交给上一层函数去处理。一般而言,异常的检测和处理要完成下列任务之一:

(1) 让"用户"知道程序出现了异常,允许"用户"选择异常处理方式,并继续使用程序。

(2) 让"用户"知道程序出现了异常,退出程序的执行,并做好系统资源回收等"善后"工作,尽量不影响计算机系统中其他程序的正常运行。

(3) 在程序发生异常时,能够根据预先设定的异常处理策略进行异常处理,能够在不打扰"用户"的情况下继续程序的运行。

由此可见,C++的异常处理机制可以在一定程度上减少程序异常所带来的风险,提高程序的健壮性。有些程序设计语言(如 C 语言)没有为程序的错误处理提供特定的处理机制,使用这些语言的程序员通常要依赖函数的返回值和其他特殊方法来处理错误。其他语言(如 Java)则要求必须使用一种称之为"exception"的语言特性作为错误处理机制。C++则介于这两个极端之间,它提供了对异常的语言支持,但是不要求一定使用异常。到目前为止,为简洁起见,本书中的程序示例基本上都忽略了异常和错误处理。本章将具体阐述 C++中的异常处理机制。

C++中的异常处理是一种运行的错误处理。程序的错误按性质可分为语法错误、逻辑错误和运行错误。语法错误出现在程序编译时,称为编译时错误;逻辑错误和运行错误出现在程序运行时,称为运行时错误(run-time)。

语法错误是指在编写的程序时,程序中的关键字拼写错、标识符未定义、控制结构不完整、程序语句不合乎编译器的语法规则等,这种错误在编译、连接时由编译器指出。**逻辑错误**是指由于编程者对问题的理解不够造成算法设计有误,导致程序虽然能顺利运行,但是没有得到预期的结果,这类错误通过调试与测试发现。**运行错误**是指程序在运行的过程中由于意外的结果,运行环境问题造成程序异常中止,如内存空间不足、打开文件不存在、文件读写不成功、执行了除 0 操作等。导致程序运行错误虽然无法避免,但是可以预料,为了保证程序的健壮性,必须在程序中对运行错误进行预见性处理。

C++中的异常处理方法有两种。一种方法是在异常发生时,立即调用 C++中的 exit()或 abort()函数终止程序的执行,无条件释放资源。exit()与 abort()函数原型在头文件 Cstdlib 中声明,二者的区别是 exit()在中止程序运行前,会关闭被程序打开的文件、调用全局和 static 类型对象的析构函数等;而 abort()什么都不做。使用 exit()与 abort()来处理异常显得很机械,有的异常需要进行更复杂的处理。另外一种方法是由产生异常的程序模块返回状态值,表明异常的情况,模块的使用者检查这些状态值并采用相应的处理策略。异常的捕获方式可以利用 if 语句检查调用函数的返回值,或者在函数调用之前检查,如在求两个数的商时就需要在函数前检查除数是否为 0 来捕获、防止异常:

```
float quotient(int a, int b) { return a/(float)b; }
...
cin >> a >> b;
if (b == 0)                    //捕获异常
    cout << "Divide 0 !" << endl;
else
    cout << a << "/" << b << " = " << quotient(a,b);
```

这种处理机制有以下缺点:

(1) 每使用一次 quotient(),就必须利用 if 语句检查一次,使得程序对正常执行过程的描述和对异常的处理交织在一起，程序的易读性不好。

（2）若异常信息在函数中返回，会破坏程序的逻辑性。例如，原来没有返回值的函数，要定义成返回值；对原来有返回值的函数无法定义异常信息返回；像构造函数、析构函数这类由程序自动调用，又没有返回值的特殊函数，没有办法利用返回值返回异常。

为此，C++提供了结构化的异常处理解决方案。

12.2 C++异常处理机制

C++的异常处理引入了3个关键字，即 try（检测异常）、throw（抛出异常）和 catch（捕获异常），利用这种结构化的形式来描述异常处理过程。try 负责监视可能出现异常的程序段，当程序运行中出现异常时，它会检测出这个异常，程序将不能再沿着正常的程序逻辑路径前进。throw 负责抛出异常，并将程序控制权交给 catch 子句。catch 负责捕获异常，并对不同的异常进行相应的处理。C++中的异常处理不会逐步执行，当一段代码抛出一个异常时，程序就会立即停止执行代码，而把控制转移给异常处理程序（exception handler）进行异常处理。完成异常处理后，程序将继续原来的执行路径。

该异常处理机制能够把程序的正常处理和异常处理逻辑分开表示，使得程序的异常处理结构清晰，通过异常集中处理的方法解决异常处理的问题。

异常处理机制的主体有两大部分，即异常抛出区 try 和异常处理区 catch，二者作为一个整体出现，构成 try-catch 结构。它们不能单独使用，也不能在其间插入语句，如图 12-1 所示。

```
try
{
    //程序执行语句序列；
    throw   （异常类型表达式）;
}

catch (异常类型 1)
    {//异常处理 }
catch (异常类型 2)
    {//异常处理 }
        ⋮
catch (...) //前面没有列举的异常类型
    {//异常处理 }
//try-throw-catch 后继续执行的语句
```

异常抛出区

异常处理区

图 12-1 异常处理程序结构

异常抛出区为一个 try 语句块，其作用是启动异常处理机制，侦测 try 语句块中的程序语句执行时产生的异常，然后抛出异常。try 语句块的格式如下：

```
try
{
  //程序执行语句序列
  }
```

其中,throw()函数的功能是在发生异常时抛出(产生)异常对象,格式如下:

```
throw (异常类型表达式);
```

其中,异常类型表达式为常量或变量表达式。

异常处理块中的 catch 语句块用于捕获(匹配)throw 抛出的异常对象,然后进行处理。格式如下:

```
catch (异常类型)
{
  //异常处理语句序列
}
```

其中,异常类型可以是基本数据类型、构造数据类型,还可以是类类型或自定义的类型,类型名后可以带变量名(对象),这样就可以像函数的参数传递一样将异常类型表达式的值传入。

异常声明是指 catch 子句或括号中的异常类型或对象(变量)的声明,异常声明类似于函数模板中形式参数的声明,函数模板中的形式参数可以声明一个或多个,但异常声明中的异常类型或对象只能声明一个。

如果异常声明是一个省略号,即写成 catch(…),异常类型为…表示可以捕获任意类型的异常,但 catch(…)不能出现在其他捕获语句之前(必须放在最后一个),否则会出现编译错误。

异常处理的执行过程如下:

(1) 执行 try 块中的程序语句序列;

(2) 如果执行期间没有执行到 throw()(没有引起异常),跳过异常处理区的 catch 语句块,程序向下执行;

(3) 若执行期间引起异常,执行 throw()语句抛出异常,进入异常处理区,将 throw()抛出的异常类型表达式(对象)依次与 catch()中的类型匹配,获得匹配的 catch 子句将捕获并处理异常,继续执行异常处理区后的语句;

(4) 如果未找到匹配的异常处理子句(异常未捕获到),程序自动调用结束函数 terminate()(由系统函数 terminate()通知用户,异常没有处理,系统终止程序运行),其默认功能是调用<cstdlib>中的 abort()终止程序。

一般而言,即使不能处理某种异常,也应该编写代码捕获这个异常,并在退出之前输出一条合适的错误消息。

【例 12-1】 求两个数的商。

```
1  /********************************************
2  * 程序名: p12_1.cpp                          *
3  * 功  能:带异常处理的求两个数的商            *
4  ******************************************** /
5  # include < iostream >
6  using namespace std;
7  float quotient( int a, int b) throw( char * )
8  {
9    if (b == 0)                                //捕获异常
```

```
10          throw("Divide 0 !");
11      else
12          return a/(float)b;
13  }
14  int main()
15  {
16      int a,b;
17      cout <<"Input a, b: ";
18      cin >> a >> b;
19      try
20      {
21          cout << a <<"/"<< b <<" = "<< quotient(a,b);
22      }
23      catch(char  * ErrS)
24      {
25          cerr << ErrS << endl;
26      }
27      return 0;
28  }
```

运行结果：

```
Input a, b : 1  3 ↙
1/3 = 0.333333
Input a, b : 3  0 ↙
Divide 0 !
```

程序解释：

（1）第 7 行在函数定义时使用了 throw（char ＊），throw（）中的类型表称为抛出表或异常接口声明，表明函数可以抛出的异常类型。quotient（）throw（char ＊）表明函数 quotient（）将抛出一个 char ＊类型的异常，这样便于设计捕获语句捕获函数抛出的异常。

异常接口声明的格式为：

```
函数名 throw (Type1, Type2, ...);        ①
函数名;                                   ②
函数名 throw ();                          ③
```

形式①表明函数抛出 Type1、Type2…类型异常。

形式②表明函数抛出任何类型异常。

形式③表明函数不抛出任何类型异常。

上述只是一个约定，对于函数中实际抛出的异常类型与数目，C++编译器在编译时不做任何检查。

（2）在 Visual C++ 2010 环境中，要使用异常处理机制需进行以下设置：

选择菜单 Project→Settings 命令，在 Category 中选择 C++ Language→Enable Exception Handling。

12.3　异常处理嵌套与重抛异常

12.3.1　异常处理嵌套

如果在一个带异常处理的函数中调用另一个函数,而在另一个函数中也会产生异常,这样通过函数嵌套调用就形成了**异常处理嵌套**。在这种情况下,最底层函数所抛出的异常首先在内层 catch 语句序列中依次查找与之匹配的处理,如果内层不能捕获,则内层函数抛出的异常逐层向外传递,最后回到主程序中。所以,不论调用了几层函数,只要在 try 区块中调用,这些函数抛出的异常都可以捕获,并可以集中在主程序中处理。

【例 12-2】　带异常处理嵌套的求二元一次方程的解。

分析：二元一次方程 $ax^2+bx+c=0$ 的实数解为：

当 $a=0, b\neq 0$

$$x=-c/b \qquad (1)$$

否则

$$x=\frac{-b\pm\sqrt{b^2-4ac}}{2} \qquad (2)$$

这里可能产生两种异常,即(1)、(2)式被 0 除异常和(2)式的求负数平方根的异常。

```
1   /*****************************************************
2    * 程序名: p12_2.cpp                                 *
3    * 功　能: 带异常处理嵌套的求二元一次方程的解         *
4    *****************************************************/
5   # include < cmath >
6   # include < iostream >
7   using namespace std;
8   struct Res {
9   float x1, x2;
10  };
11  Res resolution(int a, int b, int c) throw(int);
12  int main() {
13      int a, b, c;
14      Res r;
15      cout <<"Input a, b,c :";
16      cin >> a >> b >> c;
17      try                                        //异常侦测区
18      {
19          r = resolution(a, b, c);
20          cout <<"x1 = "<< r. x1 <<"\tx2 = "<< r. x2 << endl;
21      }
22      catch (int)
23      {
24          cerr <<"Sqrt Negative Exception"<< endl;
25      }
26      catch(...)
27      {
28          cerr <<"unexpected or rethrow exception!"<< endl;
```

```
29        }
30      return 0;
31  }
32  float quotient(int a, int b) throw(char * )
33  {
34      if (b == 0)                                                    //捕获异常
35        throw("Divide 0 !");
36      else
37        return a/(float)b;
38  }
39  Res resolution(int a, int b, int c)
40  {
41      Res tmpr;
42      try
43      {
44        if(a == 0&&b!= 0)
45        {
46          tmpr. x1 = tmpr. x2 = quotient( - c, b);
47          return tmpr;
48        }
49        if(b * b - 4 * a * c < 0)
50          throw (b);
51      tmpr. x1 = quotient( - b + sqrt(b * b - 4.0 * a * c), 2 * a);
52      tmpr. x2 = quotient( - b - sqrt(b * b - 4.0 * a * c), 2 * a);
53      return tmpr;
54      }
55      catch(char * ErrS)
56      {
57          cerr << ErrS << endl;
58          //exit(0);
59          //throw;
60      }
61  }
```

运行结果：

```
Input a, b,c : 1   2   3
Sqrt Negative Exception!
Input a, b,c : 0   0   3
Divide 0 !
x1 = 5.88749e - 039, x2 = 1.8347e - 039
Input a, b,c : 0   2   3
x1 = - 1.5 x2 = - 1.5
Input a, b,c : 1   - 3   2
x1 = 2      x2 = 1
```

程序解释：

（1）使用 char *、int 分别标识除 0 异常和求负数平方根异常。当异常太多，用简单数据类型不能标识时，可以设计类类型来标识。

（2）程序的函数调用层次与异常处理层次如下。

```
int main() {
  try {
      resolution() {
          try {
              quotient() {
                      throw("Divide 0 !");
                      }
              throw(b);
              }
          catch(char * );
          }
      catch(int);
  return 0;
  }
```

（3）main()函数调用 resolution()，resolution()调用 quotient()；quotient()抛出异常 throw("Divide 0 !")，在 quotient()中没有捕获语句，异常向外传递到 resolution()中，在 resolution()中捕获并进行处理；resolution()抛出异常 throw(b)，异常向外传递到 main()中，在 main()中 catch(int)捕获处理。

12.3.2 重抛异常

异常处理程序在捕获异常后有可能出现单个 catch 子句不能完全处理该异常的情况，这时，catch 子句会将该异常重新抛出，交由函数调用链中更上级的函数来处理。

即使对抛出的异常捕获后进行了部分处理，但还需要继续处理或重新处理，也可以重新抛出异常。重新抛出异常只能出现在 catch 子句中，并且 throw 后面没有表达式。下列语句重新抛出已经抛出的任何一种异常。

```
throw;
```

☆**注意：**

如果在使用 throw 时没有抛出过异常，就会出错。

重新抛出异常可以采用一般的抛出格式。

在程序 p12_2.cpp 中，当除数为 0 时，抛出"Divide 0!"异常，函数 resolution()对异常进行了捕获处理，然后函数返回。由于产生了异常，这时返回的结果没有意义，但是 resolution()后的语句还是将这个没有意义的结果输出。

那么，如何在调用产生异常的函数后退出程序？第一种方法是在对异常进行捕获处理后，在第 57 行插入 exit()使程序退出，但是 exit()只是使程序简单退出，函数的退栈以及局部对象的析构函数的调用均没有进行。

另一种方法是在异常捕获后重新抛出异常，在第 57 行插入 throw。由于 resolution()函数有异常抛出，resolution()后的"cout <<"x1=" << r. x1 <<"\tx2=" << r. x2 << endl;"不执行，避免了输出无意义的结果。在 catch(…)捕获到重新抛出的异常后，函数 resolution()的退栈就开始了，包括从 try 开始建立的局部对象的析构函数的调用等。catch(…)捕获异常进行处理后，还可以执行 catch()后面的语句序列，而不是简单地退出。

采用重抛异常方法改进后的程序输出结果如下:

```
Input a, b,c : 0   0   3↙
divide 0 !
unexpected or rethrow exception!
```

12.4　标准异常处理类

在 C++程序设计中,可以直接使用 C++标准库提供的标准异常处理类库,或在其基础上派生新的异常类。C++标准异常处理类的层次结构如图 12-2 所示。

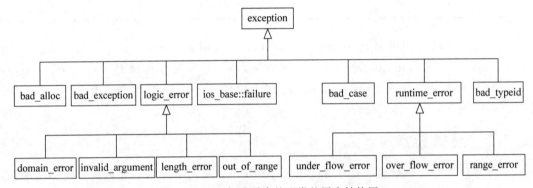

图 12-2　C++标准异常处理类的层次结构图

所有异常处理类都继承于根类 exception,它是 C++标准库函数抛出的所有异常的基类。

在 logic_error 类和 runtime_error 类中分别定义逻辑错误(logic error)和运行时错误(runtime error),它们是程序中的两大类错误。**逻辑错误**是那些由于程序内部的逻辑而导致的错误。逻辑错误可以通过编写正确的代码来避免,且在程序开始执行前能够被检测到。其中,如果向函数传入无效实参,抛出 invalid_argument 异常;如果函数接收到一个不在期望范围内的实参,string 类对象下标值越界等,抛出 out_of_range 异常;若长度超过了操作对象允许的最大长度,抛出 length_error 异常。

运行时错误是程序运行时的错误,只有在程序运行时才能检测。其中,overflow_error 表示运算上溢(运算结果大于最大范围);underflow_error 表示运算下溢(运算结果小于最小范围);range_error 表示运算结果超出了有意义的值域范围。

- 当使用 new 分配内存失败时,抛出 bad_alloc 类异常。
- 当使用 dynamic_cast()进行动态类型转换失败时,抛出 bad_case 类异常。
- 当使用 typeid()识别变量类型失败时,抛出 bad_typeid 类异常。
- 当使用 ios_base::clear()清除数据流错误位失败时,抛出 ios_base::failure 类异常。
- 发生抛出没有列出的意外的异常,函数 unexpected()抛出 bad_exception 类异常。

在 C++程序中需要使用标准异常类时,应包含相应的头文件:

- exception、bad_exception 类在头文件< exception >中定义;
- logic error 类和 runtime error 类在头文件< stdexcept >中定义;
- bad_alloc 类在头文件< new >中定义;

- bad_typeid 类在头文件< typeinfo >中定义;
- ios_base∷failure 类在头文件< ios >中定义;
- 其他异常类在 stdexcept 中定义。

基类 exception 提供虚成员函数 what()在各派生类中进行了重定义,用于返回异常信息。

在处理异常时,用户也可以创建自定义的异常类,但在创建之前应先检查 C++标准异常类。如果标准异常满足需求,就拿来使用,这样会使程序更易于连接和使用;如果标准异常不能满足要求,则尽量从某个标准异常中派生新的异常类。

【例 12-3】　标准异常类的使用。

```
1  /*******************************************************
2   * 程序名: p12_3.cpp                                    *
3   * 功  能: 标准异常类的使用                             *
4   *******************************************************/
5  # include < iostream >
6  //# include < new >                    //在 Visual C++ 2010 中可以不包含
7  # include < string >
8  //# include < stdexcept >              //在 Visual C++ 2010 中可以不包含
9  using namespace std;
10 int main() {
11    string * S;
12    try
13    {
14        S = new string("ABCD");        //可能抛出 bad_alloc 异常
15        cout << S -> substr(5,2);      //可能抛出 out_of_range 异常
16    }
17    catch(bad_alloc& NoMemory)
18    {
19        cout <<"Exception occurred: "<< NoMemory.what()<< endl;
20    }
21    catch(out_of_range& OutOfRange)
22    {
23        cout <<"Exception occurred: "<< OutOfRange.what()<< endl;
24    }
25    return 0;
26 }
```

运行结果:

```
Exception occurred: invalid string position
```

程序解释:

(1)程序在使用 new 建立 string 类对象时可能因为内存不够引发异常,但程序中建立一个对象长度很小时引发异常的可能性较小。

(2)在对 string 类对象 S 取子串时,因为范围越界,5 超出了字符串 S 的长度,引发 out_of_range 类的异常。具体异常名通过调用抛出异常对象的 what()函数获得。

(3)第 17、21 行在使用 catch()捕获异常时,异常类型为引用,以便使该引用指向抛出的异常对象,而不是复制抛出的异常对象。

本 章 小 结

（1）常见的异常有数组下标越界、运算溢出、除 0、new 无法获得内存、文件打开与读取不成功。异常处理的实质是使程序捕获处理错误，以不导致程序因错误终止。

（2）C++提供了 try-throw-catch 的异常处理机制。

（3）在函数中抛出异常使程序保持良好的结构，嵌套调用的函数内层抛出的异常从内层逐层向外传递。传递的异常被捕获，函数开始退栈。

（4）C++标准库中提供了标准异常处理类，为异常处理提供了方便。

习 题 12

1. 选择题

（1）下列关于异常的叙述错误的是（　　）。

    A. 编译错属于异常，可以抛出

    B. 运行错属于异常

    C. 硬件故障也可当异常抛出

    D. 只要是编程者认为是异常的都可当异常抛出

（2）下列叙述错误的是（　　）。

    A. throw 语句必须书写在 try 语句块中

    B. throw 语句必须在 try 语句块中直接运行或通过调用函数运行

    C. 一个程序中可以有 try 语句而没有 throw 语句

    D. throw 语句抛出的异常可以不被捕获

（3）关于函数声明 float fun(int a,int b) throw()，下列叙述正确的是（　　）。

    A. 表明函数抛出 float 类型异常

    B. 表明函数抛出任何类型异常

    C. 表明函数不抛出任何类型异常

    D. 表明函数实际抛出的异常

（4）下列叙述错误的是（　　）。

    A. catch(…)语句可捕获所有类型的异常

    B. 一个 try 语句可以有多个 catch 语句

    C. catch(…)语句可以放在 catch 语句组的中间

    D. 程序中 try 语句和 catch 语句是一个整体，缺一不可

（5）若定义"int a[2][3];"，则使用表达式"a[2][3]＝3;"，下列叙述正确的是（　　）。

    A. 数组下标越界，会引发异常

    B. 数组下标越界，不引发异常

    C. 数组下标没越界，不会引发异常

    D. 数组下标越界，语法错误

（6）下列程序运行的结果为（　　）。

```
# include < iostream >
```

```cpp
using namespace std;
class S
{
public:
    ~S()
    {
        cout <<"S"<<"\t";
    }
};
char fun0() {
    S s1;
    throw('T');
    return '0';
}
int main()
{
    try
    {
        cout << fun0()<<"\t";
    }
    catch(char c)
    {
        cout << c <<"\t";
    }
    return 0;
}
```

　　A. S　　　T　　　　　B. 0　　S　　T　　　C. 0　　　　T　　　　D. T

2. 编程题

（1）写出一个程序,演示异常嵌套处理时各层函数中局部对象构造与析构的过程。

（2）以 string 类为例,在 string 类的构造函数中使用 new 分配内存,将异常处理机制与其他处理方式对内存分配失败这一异常进行处理对比,说出异常处理机制的优点。

（3）重载数组下标操作符[],使其具有判断与处理下标越界的功能。

（4）求负数的平方根、除 0 均为数学类的异常,仿照标准异常处理类,将这类异常用 MathException 类定义,并举一个应用例子。

## 第 13 章

C++ 语言新标准简介

◇ **引言**

从 1979 年 C++诞生、1998 年发布第一个 C++标准以来,C++不断增加新特性,标准不断发展。C++的编译器几乎与新标准同步,以提供对新标准的支持。本章介绍 C++语言标准的发展,重点介绍 C++11 的新特性以及常用新特性的使用。

◇ **学习目标**

(1) 了解 C++语言标准发展的历程;

(2) 了解 C++11 标准中重要的新特性;

(3) 掌握 C++11 中关键字 auto、decltype、nullptr、for 的用法;

(4) 掌握智能指针 shared_ptr、unique_ptr 和 weak_ptr 的使用;

(5) 掌握 lambda 表达式的使用;

(6) 理解右值引用,掌握移动语义与完美转发;

(7) 了解 C++11 新增容器,掌握 array、tuple 的使用。

13.1　C++语言标准的发展

C++语言是在不断发展和改进的,正如 C++之父 Bjarne Stroustrup 所说:C++会不断演化,还没有哪种语言能像 C++这样,将通用性、效率和优雅有机结合。C++的每次改进都是为了更高效地使用一些新的编程技术,它正变得越来越好,好像是一种全新的编程语言。

13.1.1　C++标准发展的历程

自从 1998 年 C++标准委员会成立,颁布了第一个 C++语言的国际标准 ISO/IEC 1488－1998 以来,每五年视实际需要更新一次标准。特别是从 2010 年之后,随着多种不同类型的新型语言的推出,C++借着对新语言特性的需求,又进入了较快发展时期。

C++语言标准发展的历程如表 3.1 所示。

表 3.1　C++语言发展的历程

年份	C++标准	名　称
1998	ISO/IEC 14882：1998	C++98
2003	ISO/IEC 14882：2003	C++03
2011	ISO/IEC 14882：2011	C++11
2014	ISO/IEC 14882：2014	C++14
2017	ISO/IEC 14882：2017	C++17
2020	ISO/IEC 14882：2020	C++20

其中,公布的重要标准有 4 个:C++98、C++03、C++11 和 C++20。C++98 是第一个正式 C++标准,C++03 是在 C++98 基础上进行了小幅度的修订,C++11 则是一次全面的修订与大的增补,C++20 是公布的最新标准。

13.1.2　C++11 标准简介

C++11 标准于 2011 年 8 月 12 日公布。该标准在 C++98 的基础上修正了约 600 个 C++语言中存在的缺陷,同时添加了约 140 个新特性,这些更新使得 C++语言焕然一新。C++11 标准新增部分如下:

(1) 对 C++核心语言的扩充;

(2) 核心语言运行期的强化(右值引用和 move 语义,泛化的常数表达式,对 POD 定义的修正);

(3) 核心语言建构期表现的加强(外部模板);

(4) 核心语言使用性的加强(初始化列表、统一的初始化、类型推导[auto 关键字]、以范围为基础的 for 循环、Lambda 函数与表示法、另一种函数语法、对象构建的改良、显式虚函数重载、空指针、强类型枚举、角括号、显式类型转换、模板的别名、无限制的 unions);

(5) 核心语言能力的提升(变长参数模板、新的字符串字面值、用户自定义的字面值、多任务存储器模型、thread−local 的存储期限、使用或禁用对象的默认函数、long long int 类型、静态 assertion、允许 sizeof 运算符作用在类型的数据成员上,无需明确的对象);

(6) C++标准程序库的变更(标准库组件的升级、线程支持、多元组类型、散列表、正则表达式、通用智能指针、可扩展的随机数功能、包装引用、多态函数对象包装器、用于元编程的类型属性、用于计算函数对象返回类型的统一方法)。

13.1.3　C++20 标准简介

2020 年 12 月,ISO C++委员会正式发布了 C++20 标准,命名为 ISO/IEC 14882:2020。C++之父 Bjarne Stroustrup 表示:"C++20 是自 C++11 以来最大的发行版,它将是 C++发展史上的里程碑。"

C++20 引入了许多新特性,包括模块（Modules）、协程（Coroutines）、范围（Ranges）、概念与约束（Constraints and Concepts）、指定初始化（Designated Initializers）、操作符 <=>、constexpr 新支持、constexpr 向量和字符串、日历时区支持、std::format、std::span、std::jthread 等。

其中,Concepts、Ranges、Modules、Coroutines 对开发者及 C++生态产生不小的影响,为 C++编程语言增添不少魅力。

13.2　C++11 关键字及新语法

C++11 新标准代替原来的 C++98 和 C++03,是对 C++的一次巨大的改进和扩充。C++11 在核心语法以及 STL 标准模板等方面增加了很多新功能,下面选取常用的功能进行介绍。

13.2.1　auto 关键字

编程时常常需要把表达式的值赋给变量,这就要求在声明变量时清楚地知道表达式的类型，要做到这一点并非那么容易。为了解决这个问题，C++11 新标准引入了 auto 类型说明符，用它就能让编译器替我们去分析表达式所属的类型。

与以前的一些类型说明符明显不同的是，auto 类型说明符可以让编译器自动分析某个初始值来判断它所属的类型。

【例 13-1】 auto 的用法。

下列程序演示了 auto 的基本用法以及与 const、引用、指针结合的用法。

```
1    /***********************************************
2    * 程序名:p13_1.cpp                             *
3    * 说　明:auto 的使用举例
4    *********************************************** /
5    # include < iostream >
6    using namespace std;
7    int main()
8    {
9        int A = 1, B = 2;
10       auto autoA = A + B;                      //推断 auto 为 int
11       auto autoB = 1, * autoC = &autoB;        //推断 auto 为 int
12       //auto autoD = 1, autoE = 3.14;          //编译错
13          /* ----------- 与 const 相结合 ---------------- */
14       const int cE = 1;
15       auto autoE = cE;                         //忽略顶层 const, autoE 推断为 int
16       autoE = 4;
17       const auto cautoE = cE;                  //cautoE 最终类型为 const int
18       //cautoE = 4; //错误
19          /* ---------- 与引用相结合 ------------------ */
20       int F = 1;
21       int &refF = F;
22       auto autoF = refF;                       //忽略引用, autoF 推断为 int
23       auto &refAutoF = refF;                   //refAutoF 被手动置为引用
24       autoF = 4;
25       refAutoF = 3;
26       cout << F <<","<< refF <<","<< autoF <<","<< refAutoF << endl;
27          /* ---------- 与指针相结合 ------------------- */
28       int G = 1;
29       const int cG = 2;
30       auto   ptrG = &G;                        //auto 推断为 int *
31       auto * ptrH = &G; //auto 推断为 int
32       cout <<" ptrG = "<< ptrG << endl;
33       cout <<" * ptrG = "<< * ptrG << endl;
34       cout <<" ptrH = "<< ptrH << endl;
35       cout <<" * ptrH = "<< * ptrH << endl;    //ptrG 和 ptrH 输出完全一致
36       return 0;
37    }
```

运行结果：

```
3,3,4,3
ptrTempG = 0x61fdbc
```

```
 * ptrTempG = 1
ptrTempH = 0x61fdbc
 * ptrTempH = 1
```

程序解释：

（1）第 12 行 autoD 推断为 int，autoE 推断为 double，编译不过。

（2）第 17 行 cautoE 推断为 int，但是手动加了 const，所以 cautoE 最终类型为 const int，故第 18 行编译错误。

13.2.2　decltype 关键字

C++11 新标准引入了又一种新的类型说明符 decltype，它的功能是选择并返回操作数的数据类型。它使编译器自动分析表达式的类型并得到它的类型，而不去计算表达式的值。

【例 13-2】　decltype 的用法。

下列程序演示了 decltype 的基本用法以及与 const、引用、指针结合的用法。

```
1   /**********************************************
2    * 程序名:p13_2.cpp                             *
3    * 说    明:decltype 的使用举例
4    **********************************************/
5   # include < iostream >
6   using namespace std;
7   int main(void)
8   {
9       int A = 2;
10      decltype(A) dclA;            //dclA 为 int
11      /* ----------- 与 const 结合 ----------- */
12      double B = 3.0;
13      const double cB = 5.0;
14      const double cC = 6.0;
15      const double * const cptrB = &cB;
16      decltype(cB) dclB = 4.1;     //dclB 推断为 const double(保留顶层 const)
17      //dclB = 5;                   //编译错
18      decltype(cptrB) dclC = &cB;  //dclC 推断为 const double * const
19      cout << sizeof(dclC)<<" "<< * dclC << endl;    //输出为 8(64 位计算机)和 5
20      //dclC = &cC;                //保留顶层 const,不能修改指针指向的对象,编译不过
21      // * dclC = 7.0;             //保留底层 const,不能修改指针指向的对象的值,编译不过
22      /* ------------ 与引用结合 ------------- */
23      int D = 0, &refD = D;
24      decltype(refD) dclD = D;     //dclD 为引用,绑定到 D
25      //decltype(refD) dclE = 0;   //dclE 为引用,必须绑定到变量,编译不过
26      //decltype(refD) dclF;       //dclF 为引用,必须初始化,编译不过
27      * ------------ 与指针结合 ------------- */
28      int G = 2;
29      int * ptrG = &G;
30      decltype(ptrG) dclG;         //dclG 为一个 int * 的指针
31      //decltype( * ptrG) dclH;    //编译不过
32      return 0;
33  }
```

运行结果：

```
8  5
```

程序解释：

（1）第 31 行表达式内容为解引用操作（取指针所指的地址里面的内容），dclH 为一个引用，引用必须初始化，故编译不过。

（2）decltype 和 auto 都可以用来推断类型，但是二者有几处明显的差异：

① auto 忽略顶层 const，decltype 保留顶层 const。

② 对引用操作，auto 推断出原有类型，decltype 推断出引用。

③ 对解引用操作，auto 推断出原有类型，decltype 推断出引用。

④ auto 推断时会实际执行，decltype 不会执行，只做分析。

13.2.3 字面值 nullptr

空指针 NULL 是不指向任何对象的指针，定义空指针的办法很多。有些 C++编译器将空指针定义为((void *)0)，有些则会直接将其定义为整型 0。空指针定义的不一致导致了 C++重载的混乱。

【例 13-3】 nullptr 的使用。

```
1   /********************************************
2    *  程序名:p13_3.cpp                         *
3    *  说    明:nullptr 的使用
4    ********************************************/
5   # include < iostream >
6   class Test{
7   public:
8       void TestWork( int index) {
9           std::cout <<"TestWork 1"<< std::endl;
10      }
11      void TestWork( int * index){
12          std::cout <<"TestWork 2"<< std::endl;
13      }
14  };
15  int main(){
16      Test test;
17      test.TestWork(NULL);
18      test.TestWork(0);
19      test.TestWork(nullptr);
20      return 0;
21  }
```

运行结果：

在 VC++ 2010 编译器下运行结果为：

```
TestWork 1
TestWork 1
TestWork 2
```

在 GNU GCC 编译器下运行结果为：

```
p13_3.cpp|17|error: call of overloaded 'TestWork(NULL)' is ambiguous|
p13_3.cpp|8|note: candidate: 'void Test::TestWork(int)'|
p13_3.cpp|11|note: candidate: 'void Test::TestWork(int * )'|
```

程序解释：

（1）TestWork(NULL)在 VC++ 2010 编译器下，将 NULL 看成 0。

（2）在 GNU GCC 下，对于 test.TestWork(NULL)，编译器弄不清 NULL 表示什么，不知调用 void TestWork(int * index)还是 void TestWork(int index)，因此编译出错。

为了解决这个问题，C++11 引入了 nullptr 关键字，专门用来区分空指针与 0。使用 nullptr 时，我们能调用到正确的函数。

nullptr 的类型为 nullptr_t，它是一个比较特殊的字面值，可以任意转换成其他的指针类型，也能和它们进行相等或者不等的比较。

13.2.4　范围 for 语句

范围 for 语句是 C++11 新标准一个重要的语法，这种遍历语句遍历指定序列的每个元素，并且可以对每个元素进行某种操作。它的语法格式是：

```
for(declaration : expression)
    statement;
```

其中，declaration 是一个变量，用于表示一个原子元素或者基础元素，每次迭代，declaration 部分的变量会被初始化为 expression 部分的下一个元素值。确保类型相容最简单的办法是使用 auto 类型说明符。

expression 是一个对象或者一个序列，例如用大括号括起来的初始值列表、数组或者 vector 或 string 等类型的对象。这些类型的共同特点是拥有能返回迭代器的 begin 和 end 成员。每访问 expression 中一个元素之后，将会被推进至下一个需要被访问的值。

statement 是循环体，用于对循环变量进行存取。如果想改变 expression 对象中的值，必须把循环变量定义成引用类型。使用这个引用，在 statement 中改变它绑定的元素。

【例 13-4】　范围 for 语句的使用。

```
1  /*********************************************
2  *  程序名:p13_4.cpp                           *
3  *  说    明:范围 for 的使用
4  *********************************************/
5  # include < iostream >
6  # include < vector >
7  using namespace std;
```

```
8   int main(){
9       vector<char> vec {'a','b','c','d','e'};
10      for (auto c :vec)
11          cout << c;
12      char arr[10] = {'a','b','c','d','e'};
13      for (auto c : arr)
14          cout << c;
15      for (auto & c :vec)
16          c -= 'a' - 'A';                //c = toupper(c);
17      cout << endl << "修改后";
18      for (auto c: vec)
19          cout << c;
20      return 0;
21  }
```

运行结果：

```
abcdeabcde
修改后 ABCDE
```

程序解释：

第 15 行循环变量 c 定义成引用类型，循环体中，使用"c-='a'-'A';"改变了 vec 中元素的值。

☆**注意：**

VC++ 2010 不支持范围 for 语句。

13.3　C++11 智能指针内存管理

C++ 有 4 个智能指针：auto_ptr、shared_ptr、weak_ptr 和 unique_ptr。其中，auto_ptr 是 C++98 支持的智能指针，已经被 C++11 弃用。

新的 C++11 标准为了更好地管理和使用动态内存，防止内存泄露和野指针，定义了 3 个智能指针类型，分别是 shared_ptr、unique_ptr 和 weak_ptr。

传统 C/C++ 对于堆上内存的开辟释放需要程序手动管理，而智能指针是一个类，有构造函数和析构函数，在超出作用范围后，程序会自动调用析构函数释放其管理的指针指向的内存，不需要手动释放。

智能指针的定义在头文件 memory 中。

13.3.1　独占指针 unique_ptr

unique_ptr 是一种独占式指针，保证同一时间只有一个智能指针可以指向该对象；如果要安全重用该指针，标准库函数 std::move() 可以将 unique_ptr 赋值给另一个 unique_ptr。

【例 13-5】　独占指针的使用。

```
1   /************************************************
2    * 程序名:p13_5.cpp                            *
```

```
3   *  说    明:unique_ptr 的使用
4   ****************************************** /
5   # include < iostream >
6   # include < memory >
7   using namespace std;
8   class Test{
9   public:
10      string str;
11      ～Test(){
12          cout << "Test::～Test()"<< endl;          //析构函数,可释放资源
13      }
14  };
15  int main()
16  {
17      unique_ptr < Test > p1(new Test);
18      p1 -> str = "test string";
19      cout <<"p1 -> str:" << p1 -> str << endl;
20      unique_ptr < Test > p2;
21      //p2 = p1;                                    //编译错
22      p2 = move(p1);
23      cout << "p2 -> str:" << p2 -> str << endl;
24      cout << "p1 -> str:" << p1 -> str << endl;    //所有权移交给了 p2,p1 不能访问
25      return 0;
26  }
```

运行结果:

```
p1 -> str:test string
p2 -> str:test string
p1 -> str:
Process returned - 1073741819 (0xC0000005) execution time : 2.010 s
```

程序解释:

第 22 行独占指针 p1 所有权已交给 p2,第 24 行访问 p1 导致程序异常退出。

13.3.2　共享指针 shared_ptr

shared_ptr 是一种共享式指针,多个智能指针可以指向同一个对象,对象的资源在最后一个指针销毁时释放。shared_ptr 用计数机制表明对象有几个指针共享,用方法 use_count() 可以查看到所有者的个数,调用方法 release() 释放所有权,计数减 1(计数为 0 时释放资源)。

【例 13-6】　共享指针的使用。

```
1   /******************************************
2   *  程序名:p13_6.cpp                        *
3   *  说    明:shared_ptr 的使用
4   ****************************************** /
5   # include < iostream >
6   # include < memory >
7   using namespace std;
```

```
 8  class Test{
 9  private:
10      string str;
11  public:
12      Test(string s){
13          str = s;
14              cout <<"Create:"<< str << endl;
15      }
16      ~Test(){
17          cout <<"Delete:"<< str << endl;
18      }
19      string& getStr(){
20          return str;
21      }
22      void setStr(string s){
23          str = s;
24      }
25  };
26  unique_ptr< Test > fun(){
27      return unique_ptr< Test >(new Test("fun()"));
28  }
29  int main(){
30      shared_ptr< Test > pt1(new Test("abc"));       //调用构造函数
31      shared_ptr< Test > pt2(new Test("def"));       //调用构造函数
32      cout <<"pt1:"<< pt1 -> getStr()<<" "<< pt1. use_count()<< endl;
33      cout <<"pt2:"<< pt2 -> getStr()<<" "<< pt2. use_count()<< endl;
34      pt1 = pt2;
35      cout <<"pt1:"<< pt1 -> getStr()<<" "<< pt1. use_count()<< endl;
36      cout <<"pt2:"<< pt2 -> getStr()<<" "<< pt2. use_count()<< endl;
37      pt1. reset();                                  //重新绑定一个空对象
38      cout <<"pt1:"<< pt1. use_count()<< endl;
39      cout <<"pt2:"<< pt2 -> getStr()<<" "<< pt2. use_count()<< endl;
40      pt2. reset();                                  //"def"销毁
41      cout <<"pt2:"<< pt2 -> getStr()<<" "<< pt2. use_count()<< endl;
42      cout <<"done !\n";
43      return 0;
44  }
```

运行结果：

```
Create:abc
Create:def
pt1:abc 1
pt2:def 1
Delete:abc
pt1:def 2
pt2:def 2
pt1:0
pt2:def 1
Delete:def
pt2:
Process returned - 1073741819 (0xC0000005) execution time : 0.366 s
```

程序解释：

（1）第 34 行，pt1 指向 pt2，与 pt2 共享 def，pt1 指向的对象 abc 调用 pt1 的析构函数被删除。

（2）第 35、36 行，由于 pt1 与 pt2 都指向了 def，所有者的数量为 2。

（3）第 37 行，pt1 重新绑定一个空对象，此时指针指向的对象还有其他指针能指向，就不会释放该对象的内存空间。

（4）第 40 行，此时指针指向的内存空间上的指针数为 0，就释放了该内存，def 被销毁。

（5）第 41 行，由于 pt2 是一个空指针，pt2－>getStr() 调用错误，导致程序异常结束。

13.3.3　weak_ptr 指针

weak_ptr 是为了配合 shared_ptr 进行对象管理而产生的，只提供对对象的访问，不会影响 shared_ptr 的计数，可以避免两个 shared_ptr 相互引用的死锁问题。

【**例 13-7**】　weak_ptr 指针的使用。

```
1   /**********************************************
2   *  程序名:p13_7.cpp                          *
3   *  说    明:指针引用死锁与 weak_ptr 的使用
4   ********************************************** /
5   # include < iostream >
6   # include < memory >
7   using namespace std;
8   class B;
9   class A{
10  public:
11      shared_ptr < B > a;                        //weak_ptr < B > a;
12      ~A(){
13          cout << "A::~A()" << endl;
14      }
15  };
16      class B{
17  public:
18      shared_ptr < A > b;
19      ~B(){
20          cout << "B::~B()" << endl;
21      }
22  };
23  void fun(){
24      shared_ptr < A > p1(new A());
25      shared_ptr < B > p2(new B());
26      p1 -> a = p2;
27      p2 -> b = p1;                              //两个 shared_ptr 计数都不为 0,资源不会被释放
28      cout << "p1.use_count():" << p1.use_count() << endl;
29      cout << "p2.use_count():" << p2.use_count() << endl;
30  }
31  int main(){
32      fun();
```

```
33      return 0;
34  }
```

运行结果：

```
p1.use_count():2
p2.use_count():2
```

程序解释：

p1、p2 互相引用，两个资源的引用计数为 2。当要跳出函数时，智能指针 p1、p2 析构时两个资源引用计数会减一，但二者引用计数仍为 1，导致跳出函数时资源没有被释放（A、B 的析构函数没有被调用）。

将类 A 里面的"shared_ptr＜B＞a;"改为"weak_ptr＜B＞a;"，运行结果如下：

```
p1.use_count():2
p2.use_count():1
B::~B()
A::~A()
```

这样，资源 B 的引用开始就只有 1，当 p2 析构时，B 的计数变为 0，B 得到释放，B 释放的同时也会使 A 的计数减一。p1 析构时使 A 的计数减一，A 的计数为 0，A 得到释放。

weak_ptr 只能用 shared_ptr 或另一个 weak_ptr 构造，可通过 lock()方法将 weak_ptr 转化成 shared_ptr。

13.4　Lambda 表达式

lambda 表达式是一个可调用的代码单元，也可以说是一个可调用对象，还可以理解为一个匿名的内联函数。Lambda 的组成结构与函数相似，它拥有一个返回类型、一个形参列表和一个函数体。Lambda 表达式可以定义在函数内部。它的基本组成结构如下：

```
[capture list] (parameter list) -> return type { function body}
```

其中，capture list 是捕获列表，也就是 lambda 所在函数中的局部变量的列表。捕获列表用来从外部变量捕获值[val]、捕获引用[&ref]；可以用[=]和[&]进行隐式方式捕获，分别捕获值与引用；此外，还可以混合捕获，如[&, val]、[=, &ref]。若列表为空，不捕获外部变量。

return type 为该 lambda 的返回类型。

function body 是函数体。

lambda 必须包括捕获列表和函数体，另外几个部分可以省略。

【例 13-8】 lambda 表达式捕获列表举例。

```
1  /*******************************************
2   *  程序名:p13_8.cpp                        *
```

```
3   *  说    明:lambda 表达式捕获列表                              *
4   *********************************************** /
5   # include < iostream >
6   using namespace std;
7   int main(){
8           int i = 12, j = 100;
9           char c = 'a';
10          auto f1 = [i] { cout << i << endl;};
11          i = 34;
12          f1();
13          auto f2 = [&i] {cout << i << endl;};
14          i = 56;
15          f2();
16          auto f3 = [ = ] () mutable{ cout <<++i <<'\t'<<++j << endl; };
17          f3();
18          auto f4 = [&] {cout <<++i <<'\t'<<++j << endl;};        //引用捕获
19          i = 78;
20          f4();
21          auto f5 = [&, c]{cout << i <<'\t'<< j <<'\t'<< c << endl;}; //混合捕获
22          i = 21;
23          c = 'A';
24          f5();
25          return 0;
26  }
```

运行结果:

```
12
56
57      101
79      101
21      101      a
```

程序解释:

(1) 第 10 行 f1() 以值的方式捕获变量 i,虽然在第 11 行改变了 i 的值,但表达式(函数)中 i 的值不变。

(2) 第 13 行 f2() 以引用方式捕获变量 i,在第 14 行改变了 i 的值,表达式中 i 的值也发生了改变。

(3) 第 16 行 f3() 以隐性值捕获方式捕获了局部变量。

(4) 第 18 行 f4() 以隐性引用捕获方式捕获了局部变量。

(5) 第 21 行 f5() 以混合方式捕获了局部变量,其中,变量 c 以值方式捕获,其他以引用方式捕获。

在 lambda 表达式中,如果以值方式捕获外部变量,则函数体中不能修改该外部变量,否则会引发编译错误。这时需要使用 mutable 关键字,该关键字用以说明表达式内的代码可以修改值捕获的变量。程序第 16 行 f3() 使用了 mutable 关键字以允许在表达式中对 i、j 值进行修改,但修改后的以值方式捕获的变量在函数体外仍保持原值。

【例 13-9】 lambda 表达式使用举例。

```
1   /******************************************
2   *  程序名:p13_9.cpp                        *
3   *  说   明:lambda 表达式的使用             *
4   ****************************************** /
5   # include < iostream >
6   # include < vector >
7   # include < algorithm >
8   using namespace std;
9   bool cmp( int a, int b){
10          return   a < b;
11  }
12  int main(){
13          vector < int > myvec{5,3,4,1,2 };
14          sort(myvec.begin(),myvec.end(),cmp);        //老式做法
15          cout <<"predicate function:"<< endl;
16          for (int it : myvec)
17              cout << it <<' ';
18          cout << endl;
19          sort(myvec.begin(),myvec.end(),[](int a, int b) - > bool{
20                    return a > b;});                   //Lambda 表达式
21          cout << "lambda expression:" << endl;
22          for (int it : myvec)
23              cout << it << ' ';
24  }
```

运行结果:

```
predicate function:
1 2 3 4 5
lambda expression:
5 4 3 2 1
```

程序解释:

在 C++11 之前,我们使用 STL 的 sort 函数时,需要提供一个谓词函数。如果使用 C++11 的 Lambda 表达式,只需要传入一个匿名函数即可,方便简洁,而且代码的可读性也比旧式的做法好多了。

13.5 右值引用与移动语义

C++11 加入了右值引用(rvalue reference)的概念(用"&&"标识),用来区分对左值的引用。它主要用来解决 C++98/03 中遇到的两个问题:第一个问题是临时对象非必要的昂贵的拷贝操作;第二个问题是在模板函数中如何按照参数的实际类型进行实例化(转发)。通过引

入右值引用,很好地解决了这两个问题,提升了程序性能。

13.5.1　左值与右值

C++ 中所有的值要么是左值,要么是右值。左值是指表达式结束后依然存在的持久化对象;右值是指表达式结束时就不再存在的临时对象。所有的具名变量或者对象都是左值,而右值不具名。

右值分为纯右值和将亡值。

纯右值就是 C++98 标准中右值的概念,如非引用类型函数返回的临时变量值,一些运算表达式,如 1+2 产生的临时变量,原始字面量和 lambda 表达式等,如 3、'c'、true、"hello",这些值都不能被取地址。

将亡值则是 C++11 新增的和右值引用相关的表达式,这样的表达式通常是将要移动的对象、T&& 函数返回值、std::move() 函数的返回值等。

区分左值和右值的便捷方法是:可以放在"="左边的,或者能够取地址的,称为左值;只能放在"="右边的,或者不能取地址的,称为右值。

13.5.2　左值引用与右值引用

C++11 为了区别左值引用,用"&&"来标识右值引用。

例如,"int && a = 10;"定义了对右值 10 的引用,实质上就是将产生的不具名(匿名)的临时变量取了个别名。对已命名的右值引用,编译器会认为是个左值,可以通过"a = 100;"来修改右值。

通过右值引用的声明,右值又"重获新生",其生命周期与右值引用类型变量的生命周期同样长,只要该变量还活着,该右值临时变量将会一直存活下去。例如:

```
MyString&& str = get_string();
```

get_string() 返回的临时值是右值,它的生命周期将会通过右值引用得以延续,和变量 str 的生命周期一样长。

对于左值引用与右值引用,联系与区别如下:

(1) 左值引用,使用"T&",只能绑定左值。

(2) 右值引用,使用"T&&",只能绑定右值。

(3) 常量左值,使用"const T&",既可以绑定左值,又可以绑定右值。

(4) 已命名的右值引用,编译器会认为是个左值。

13.5.3　移动语义

常量左值引用可以算是一个"万能"的引用类型,它可以绑定非常量左值、常量左值、右值,而且在绑定右值的时候,常量左值引用还可以像右值引用一样将右值的生命期延长。常量左值引用通常用作函数的形参,接受左值与右值实参,与通常类型的形参变量相比,减少了实参与形参结合时拷贝构造函数的调用。在 C++98/03 中,一个类的拷贝构造函数与重载的赋值运算符函数的形参类型使用的是常量左值引用类型。

【例 13-10】 拷贝构造函数举例。

```cpp
1   /***********************************************
2   * 程序名:p13_10.cpp                            *
3   * 说    明:拷贝构造函数与移动语义使用举例          *
4   *********************************************** /
5   # include < iostream >
6   # include < cstring >
7   using namespace std;
8   class MyString{
9   public:
10  //------------ 构造函数 ------------------
11      MyString(const char * cstr = nullptr){
12          cout << "MyString(const char * )" << endl;
13          if (cstr) {
14              m_data = new char[ strlen(cstr) + 1];
15              strcpy(m_data, cstr);
16          }
17      }
18  //------------ 拷贝构造函数 ----------------
19      MyString(const MyString& str) {
20          cout << "MyString(const MyString&)" << endl;
21          m_data = new char[ strlen(str.m_data) + 1 ];
22          strcpy(m_data, str.m_data);
23      }
24      //----------- 赋值函数 = 重载 ----------------
25      MyString& operator = (const MyString& str){
26          cout << "MyString& operator = (const MyString&)" << endl;
27          if (this != &str) {//避免自我赋值!!
28              delete[ ] m_data;
29              m_data = new char[ strlen(str.m_data) + 1 ];
30              strcpy(m_data, str.m_data);
31          }
32          return * this;
33      }
34  /***********************************************
35      //--------- 移动构造函数 ------------------
36      MyString(MyString&& str){
37          cout << "MyString(MyString&& str)" << endl;
38          m_data = str.m_data;
39          str.m_data = nullptr;
40      }
41      //---------- 移动赋值函数 --------------------
42      MyString& operator = (MyString&& str){
43          cout << "MyString& operator = (const MyString&& str)" << endl;
44          if (this != &str) {
45              m_data = str.m_data;
46              str.m_data = nullptr;
47          }
48          return * this;
49      }
```

```
50          ********************************************** /
51     ~MyString() {
52         cout << "~MyString()" << endl;
53         if (m_data != nullptr){
54             delete[] m_data;
55             m_data = nullptr;
56         }
57     }
58 private:
59     char * m_data;
60 };
61 MyString get_string(const char * cstr = ""){
62     return MyString(cstr);
63 }
64 int main()
65 {
66     MyString str1 = get_string();
67   //MyString str2(str1);
68   //get_string();
69   //MyString&& str1 = get_string();
70   //const  MyString &str1 = get_string();
71   //MyString str2(str1);
72   //MyString str2(move(str1));
73     system("pause");
74 }
```

VC++ 2010 运行结果：

```
MyString(const char * )
```

g++编译器运行结果：

```
MyString(const char * )
```

程序解释：

"MyString str1 ＝get_string()；"需要调用两次拷贝构造函数，一次在 get_string()函数中，构造好了 MyString 对象，返回的时候会调用拷贝构造函数生成一个临时对象。然后，又会将这个对象拷贝给函数的局部变量 str1，一共调用了两次拷贝构造函数。

上述运行结果中，没有打印出所有拷贝构造函数调用的结果。这是因为编译器进行了编译优化，编译器发现在 get_string()内部生成了一个对象，返回之后还需要生成一个临时对象调用拷贝构造函数，很麻烦，所以直接优化成了生成一个对象，避免拷贝，不需要调用拷贝构造函数以及析构函数。

虽然编译器都已经有了这个优化，但是这并不是 C++标准规定的，而且不是所有的返回值都能够被优化。右值引用，移动语义则可以解决编译器无法解决的问题。指定参数(-fno-elide-constructors)将关闭这种优化，强制 g＋＋在所有情况下调用拷贝构造函数。

在 Code Blocks 开发环境下取消 g＋＋编译优化的方法为：依次选择菜单项 Settings→

Compiler Settings→Other Compiler Options,在输入框中填入"-fno-elide-constructors"。

重新编译,运行结果如下:

```
MyString(const char * )
MyString(const MyString&)
～MyString()
MyString(const MyString&)
～MyString()
请按任意键继续. . .
～MyString()
```

上述 6 行结果分别由下列过程产生:

(1) 在函数 get_string()中,调用 MyString 的构造函数在堆中建立初始对象。

(2) 调用拷贝构造函数,将堆中建立的临时对象拷贝给临时建立的作为返回值的对象。

(3) 调用析构函数,释放初始对象。

(4) 调用拷贝构造函数,将返回值对象拷贝给 str1。

(5) 调用析构函数,释放返回值对象。

(6) 调用析构函数,释放 str1。

上述的每次拷贝都是完全没有必要的,如果堆内存很大,那么这个拷贝构造以及析构的代价会很大,带来了额外的性能损耗。

将"MyString str1 = get_string();"改为"MyString&& str1 = get_string();",运行结果如下:

```
MyString(const char * )
MyString(const MyString&)
～MyString()
～MyString()
```

通过右值引用,比之前少了一次拷贝构造和一次析构,原因在于右值引用绑定了右值,让临时右值的生命周期延长了。可以利用这个特点做一些性能优化,即避免临时对象的拷贝构造和析构。事实上,在 C++98/03 中,常量左值引用也经常用来做性能优化。上面的代码如果改成:

```
const MyString &str1 = get_string();
```

输出的结果和右值引用相同。

虽然使用常量左值引用与右值引用可以减少拷贝构造和一次析构,但在拷贝构造函数中进行的是深拷贝。MyString(cstr)只是临时对象,拷贝完就没什么用了,这就造成了没有意义的资源申请和释放操作。如果能够直接使用临时对象已经申请的资源,既能节省资源,又能节省资源申请和释放的时间。C++11 新增加的移动语义就能够做到这一点。

要实现移动语义,需要增加两个函数:移动构造函数和移动赋值构造函数。

在程序 p13_10.cpp 中,被注释掉的第 36～52 行语句定义了移动构造函数 MyString (MyString&& str)与移动赋值构造函数 MyString& operator=(MyString&& str)。

可以看到,移动构造函数与拷贝构造函数的区别是:拷贝构造的参数是 const

MyString& str,是常量左值引用,而移动构造的参数是 MyString&& str,是右值引用,而 MyString(cstr)是个临时对象,是个右值,优先进入移动构造函数而不是拷贝构造函数。

移动构造函数与拷贝构造函数的操作也不同,移动构造函数并不是重新分配一块新的空间,将要拷贝的对象复制过来,而是"移动"了过来,将自己的指针指向别人的资源,然后将别人的指针修改为 nullptr。这样,利用右值引用实现了移动语义。

开放程序 p13_10.cpp 中被注释掉的第 36～52 行语句,执行"MyString&& str1 = get_string();"的结果如下:

```
MyString(const char *)
MyString(const MyString&&)
~MyString()
~MyString()
```

执行语句"MyString&& str1 = get_string();MyString str2(str1);"的结果如下:

```
MyString(const char *)
MyString(MyString&& str)
~MyString()
MyString(const MyString&)
~MyString()
~MyString()
```

对于一个左值,肯定是要调用拷贝构造函数了,但是有些左值是局部变量,生命周期也很短,能不能也移动而不是拷贝呢? C++11 为了解决这个问题,提供了 std::move()方法来将左值转换为右值,从而方便使用移动语义。这其实就是告诉编译器,虽然我是一个左值,但是不要对我用拷贝构造函数,而是用移动构造函数。

将"MyString str2(str1);"改成"MyString str2(move(str1));",运行结果如下:

```
MyString(const char *)
MyString(MyString&& str)
~MyString()
MyString(MyString&& str)
~MyString()
~MyString()
```

表明在用 str1 初始化 str2 时,调用了移动构造函数。

在使用移动语义时需要注意以下几点:

(1) 如果没有提供移动构造函数,只提供了拷贝构造函数,std::move()会失效,但是不会发生错误,因为拷贝构造函数的参数是 const T& 常量左值引用。编译器找不到移动构造函数,就去寻找拷贝构造函数。

(2) C++11 中的所有容器都实现了 move 语义,move 只是将左值强制转化为右值使用,转移了资源的控制权,以用于移动拷贝或赋值,避免对含有资源的对象进行无谓的拷贝。move 对于拥有如内存、文件句柄等资源的成员的对象有效,如果是一些基本类型,如 int 和 char[ ]数组等,如果使用 move,仍会发生拷贝(因为没有对应的移动构造函数),所以说 move

对含有资源的对象来说更有意义。

13.5.4　完美转发

所谓转发，就是通过一个函数将参数继续转交给另一个函数进行处理，原参数可能是右值，可能是左值。如果还能继续保持参数的原有特征（包括左值/右值，const/non-const），那么转发就是完美的。

使用 C++98/03 标准的 C++，可以采用函数模板重载的方式实现完美转发，但如果模板函数参数多，就需要编写大量的重载函数模板。C++11 标准在函数模板中使用右值引用的方法实现高效的完美转发。

通常情况下，右值引用形式的参数只能接收右值，不能接收左值。C++11 标准中规定，对于函数模板中使用右值引用定义的参数来说，既可以接收右值，也可以接收左值（此时的右值引用又被称为"万能引用"）。

下面是一个函数模板，使用右值引用实现参数 t 转发给内部函数 process( )：

```
template < typename T >
    void f(T&& t) {
    process(t);
}
```

这里的"&&"是一个未定的引用类型（universal references），它是左值引用还是右值引用取决于它的初始化。需要注意的是，仅仅是当发生自动类型推导（如函数模板的类型自动推导，或 auto 关键字）时，T&& 才是 universal references。

例如：

```
int x = 1;
f(1);                           //参数 1 是右值, T 推导成了 int, T&& 为 int&&
f(x);                           //参数是左值, T 推导成了 int&
int && a = 2;
f(a);                           //a 是右值引用, 相当于一个左值, T 推导成了 int&
string str = "hello";
f(str);                         //参数是左值, T 推导成了 string&
f(string("hello"));             //参数是右值, T 推导成了 string
f(std::move(str));              //参数是右值, T 推导成了 string
```

上述 T 被推导为引用的情况中，如果 T 被推导为 int&，就会使 T&& 产生引用叠加 int&&&。对于引用叠加这种情形，C++11 标准为了实现完美转发，指定了新的类型匹配规则，又称为引用折叠规则。引用折叠规则为：

- 所有的右值引用叠加到右值引用上仍然是一个右值引用。
- 所有的其他引用类型之间的叠加都将变成左值引用。

假设用 A 表示实际传递参数的类型，当实参为右值或者右值引用（A&&）时，函数模板中 T&& 将转变为 A&&（A&& && = A&&）。

当实参为左值或者左值引用（A&）时，函数模板中 T&& 将转变为 A&（A& && = A&）。

依照引用叠加规则，本例中的 int& && 折叠成 int&。

类型推导规则最终归纳为：传递左值进去，就是左值引用；传递右值进去，就是右值引用。

下面是一个参数转发的实例。

【例 13-11】　参数转发实例。

```
1  / **********************************
2  * 程序名:p13_11.cpp                *
3  * 说    明:参数完美转发           *
4  ********************************** /
5  # include < iostream >
6  using namespace std;
7  template < typename T > void process(T & val) {
8      cout << "T &" << endl;
9  }
10 template < typename T > void process(T && val){
11     cout << "T &&" << endl;
12 }
13 template < typename T > void process(const T & val){
14     cout << "const T &" << endl;
15 }
16 template < typename T > void process(const T && val){
17     cout << "const T &&" << endl;
18 }
19 //函数 f 是一个泛型函数,它将一个参数传递给另一个函数 process
20 template < typename T > void f(T && t){
21     process(t);
22     //process( std::forward<T>(t));
23 }
24 int main(){
25     int a = 0;
26     const int &b = 1;
27     f(a); //T &
28     f(b); //const T &
29     f(2); //T &&
30     f(std::move(b)); //const T &&
31     return 0;
32 }
```

运行结果:

```
T &
const T &
T &
const T &
```

程序解释:

(1) f(2)传递的参数是一个右值,最终传给内部函数参数 val 的类型却变成了 T&,其原因是执行的结果是 T &。右值 2 经过函数 f()传递给 process 函数,该右值有了名字 val,成为一个左值,因此调用形式为 process(int&)。

(2) "f(std::move(b));"的执行结果是 const T &,右值引用变成了左值,原因同上。

上面的例子不是完美转发,而 C++11 中提供了一个 std::forward()模板函数解决了这个问题,可以保存参数的左值或右值特性。

将程序第 22 行改成"process(std::forward<T>(t));",运行结果如下:

```
T &
const T &
T &&
const T &&
```

通过使用函数 std::forward()将参数完美转发给其他函数。

移动语义对 swap()函数的影响也很大,之前实现 swap()可能需要三次内存拷贝,而有了移动语义后,就可以实现高性能的交换了。下列 swap()函数使用了移动语义:

```
template < typename T >
void swap(T& a, T& b) {
    T tmp(std::move(a));
    a = std::move(b);
    b = std::move(tmp);
}
```

如果 T 是可移动的,那么整个操作会很高效;如果 T 不可移动,那么就和普通的交换函数是一样的,不会发生什么错误,很安全。

13.6 C++11 新增容器

C++11 在 STL 容器方面也有所增加,新增了一些比较好用的容器,使 C++ 容器越来越完整,越来越丰富。用户可以在不同场景下选择更合适的容器,提高编程效率。

C++11 新增的容器有 std::array、std::forward_list、std::unordered_set、std::unordered_map、std::tuple。

13.6.1 array 与 forward_list

C++98/03 标准已经有数组与 std::vector,为什么还需要增加 std::array? 相对于数组,std::array 封装了一些操作函数,同时还能够使用 STL 中的容器算法等;std::array 保存在栈内存中,相比堆内存中的 std::vector,我们能够灵活、快速地访问其中的元素,从而获得更高的性能。因此,array 兼有数组的高效与 vector 的强大功能。

std::array 会在编译时创建一个固定大小的数组,它不能被隐式地转换成指针,使用它只需指定其类型和大小即可。

【例 13-12】 std::array 的使用。

```
/ ***********************************************
 * 程序名:p13_12.cpp                           *
 * 说  明:std::array 使用举例                   *
 *********************************************** /
# include < string >
```

```
# include < iterator >
# include < iostream >
# include < algorithm >
# include < array >
int main() {
    //初始化
    std::array < int, 3 > a1{ {2, 1, 3} };           //使用两层括号
    std::array < int, 3 > a2 = {5, 4, 6};            //使用 =,去掉一层括号
    std::array < std::string, 2 > a3 = { std::string("a"), "b" };
    //支持容器操作
    std::sort(a1.begin(), a1.end());
    for(const auto& s: a1) std::cout << s << ' ';
    std::cout << '\n';
    std::reverse_copy(a2.begin(), a2.end(),
                    std::ostream_iterator < int >(std::cout, " "));
    std::cout << '\n';
    //支持范围 for
    for(const auto& s: a2)
        std::cout << s << ' ';
        return 0;
}
```

运行结果：

```
1 2 3
6 4 5
5 4 6
```

程序解释：

（1）输出结果第 1 行是 a1 经过排序后的结果。

（2）输出结果第 2 行是函数 reverse_copy()输出的内容。

（3）输出结果第 3 行是 a2 中的内容。

13.6.2 std::forward_list

std::forward_list 为新增的线性表,使用方法与 std::list 基本相同。与 std::list 双向链表的实现不同,std::forward_list 使用单向链表实现,提供了 O(1)复杂度的元素插入,不支持快速随机访问(链表的特点),是标准库容器中唯一一个不提供 size()方法的容器。

链表在对数据进行插入和删除时比顺序存储的线性表有优势,因此在插入和删除操作频繁的应用场景中,使用 list 和 forward_list 比使用 array、vector 和 deque 效率要高很多。当不需要双向迭代时,forward_list 具有比 list 更高的空间利用率。

13.6.3 无序容器

C++11 引入了两组无序容器：std::unordered_map/std::unordered_multimap 和 std::unordered_set/std::unordered_multiset。

无序容器中的元素是不进行排序的,内部通过哈希(Hash)表实现,插入和搜索元素的平

均时间复杂度为 O(1)。

std::unordered_map 与 std::map 的用法基本相同，但 STL 在内部实现上有很大不同。std::map 使用的数据结构为二叉树，而 std::unordered_map 内部是哈希表的实现方式。std::unordered_map 理论上的查找效率为 O(1)。但在存储效率上，需要增加哈希表的内存开销。

std::unordered_set 的数据存储结构也是哈希表方式的结构，除此之外，std::unordered_set 在插入时不会自动排序。

13.6.4　元组 std::tuple

std::tuple 是类似于 pair 的模板，可以有任意数量类型不同的成员，用以将多个不同类型的成员捆绑成单一对象。如果希望将一些数据组合成单一对象，但又不想定义一个新数据结构来表示这些数据时，可使用 std::tuple。可以将 std::tuple 看作一个"快速而随意"的数据结构，一个常见用途是从一个函数返回多个值。

在创建一个 std::tuple 对象时，可以使用 tuple 的默认构造函数，它会对每个成员进行值初始化；也可以为每个成员提供一个初始值，此时的构造函数是显式的。

元组的使用有 3 个核心的函数：std::make_tuple、std::get 和 std::tie。

make_tuple 函数用来生成 tuple 对象，make_tuple 函数使用初始值的类型来推断 tuple 的类型。

std::tuple 类型成员数目没有限制，成员都是未命名的。标准库函数模板 get 用于访问 tuple 的成员。get 函数格式为：

```
get < n >
```

返回指定成员的引用。其中，n 是一个整型常量表达式，成员从 0 开始计数，get<0>是第一个成员。

std::tie 将变量的引用整合成一个 tuple，从而实现对多个变量的批量赋值。

tuple_cat 函数可以连接两个 tuple。

此外，std::tuple 具有类似容器的关系运算，如"<"和"=="运算符。由于 tuple 定义了"<"和"=="运算符，可以将 tuple 序列传递给算法，并且可以在无序容器中将 tuple 作为关键字类型。

std::tuple 中的元素是被紧密地存储的（位于连续的内存区域），而不是链式结构。

std::tuple 实现了多元组，编译时就确定了大小，每一模板参数确定了多元组中一个元素的类型。所以，多元组是一个多类型、大小固定的值的集合。

【例 13-13】　std::tuple 的使用。

```
1   /*******************************************
2    * 程序名:p13_13.cpp                        *
3    * 说    明:std::tuple 使用举例              *
4    ******************************************* /
5   # include < iostream >
6   # include < tuple >
7   using namespace std;
8   int main() {
```

```
9        tuple< int, double, char > t1(1, 2.0, 'a');
10       auto t2 = make_tuple(1, 2.0, 'b');
11       size_t num = tuple_size< decltype(t1)>::value;
12       cout <<"num = "<< num << endl;
13       if (t1 == t2) cout << "t1 == t2"<< endl;
14       else if (t1 < t2) cout << "t1 < t2"<< endl;
15       else
16          cout << "t1 > t2"<< endl;
17       cout << get < 0 >(t1) << "," << get < 2 >(t1)<< endl; //1, a
18       get < 0 >(t1) = 2;                        //get 返回引用,可以修改 tuple 中的元素
19       cout << get < 0 >(t1) << endl;
20       double x;
21       char y;
22       tie(ignore, x, y) = t1;                   //ignore 代表该位置上的元素不需要赋值
23       cout << x << ", " << y << endl; //2, a
24       auto t3 = tuple_cat(t1, t2);
25       cout << get < 5 >(t3) << endl;
26       return 0;
27   }
```

运行结果:

```
num = 3
t1 < t2
1,a
2
2, a
b
```

程序解释:

(1) 第22行 tie 将(ignore,x,y)整合成一个 tuple,x、y 依次从 t1 中获取值。需要注意的是,tie 无法直接从初始化列表获得值,tie(x,y)={2.0,'a'}是错误的。

(2) 第13行使用 tuple_cat(t1,t2)将 t1、t2 连接,作为 t3 的值。

本 章 小 结

(1) C++11 标准是对 C++的一次巨大的改进和扩充,在核心语法、STL 标准模板等方面增加了很多新功能、新亮点,大大提升了编码效率和代码质量。

(2) auto 关键字可以让编译器自动分析某个初始值来判断它所属的类型,通过 auto 的自动类型推导,可以大大简化编程工作。

(3) decltype 选择并返回操作数的数据类型,它使编译器自动分析表达式的类型并得到它的类型,不会去计算表达式的值。

(4) nullptr 避免了 NULL 因其字面常量值 0 的二义性。

(5) 智能指针 unique_ptr、shared_ptr 和 weak_ptr 的使用能有效避免"野指针"与"内存泄露"问题,使程序更加健壮。

（6）lambda 表达式是一个匿名的可调用代码块（函数），可以捕获表达式所在作用范围的变量，使程序更加简洁，增强了代码的可读性。

（7）使用右值引用能实现移动语义，避免了对象不必要的拷贝与析构，提高了程序的效率；完美转发使模板参数转发到另一个函数中，并且保持原来的左值或右值特性。

（8）C++11 补充了一些新容器，其中，array 兼有数组的存取快捷与 vector 功能强大的优点。

数值的机内表示

A.1 数值的各种进制表示形式

现实世界中,数据的表示与运算采用的是**十进制**;在计算机中,数值的存储与运算采用的是**二进制**。由于一个数用二进制表示太长,采用**八进制**与**十六进制**作为二进制的助记符。

- 二进制用到的数字有 0、1;
- 八进制用到的数字有 0、1、2、3、4、5、6、7;
- 十进制用到的数字有 0、1、2、3、4、5、6、7、8、9;
- 十六进制用到的数字有 0、1、2、3、4、5、6、7、8、9、A、B、C、D、E、F;其中,A~F 分别表示十进制的 10~15。

等值的十进制、二进制、八进制、十六进制数的对照表如表 A-1 所示。

表 A-1 各种进制对照表

十进制	二进制	八进制	十六进制
0	0	0	0
1	1	1	1
2	10	2	2
3	11	3	3
4	100	4	4
5	101	5	5
6	110	6	6
7	111	7	7
8	1000	10	8
9	1001	11	9
10	1010	12	A
11	1011	13	B
12	1100	14	C
13	1101	15	D
14	1110	16	E
15	1111	17	F
16	10000	20	10

一个 R 进制数展开为十进制数的计算公式为：

$$\underbrace{(X_1 X_2 \cdots X_n}_{\text{整数部分}} . \underbrace{Y_1 Y_2 \cdots Y_m}_{\text{小数部分}})_R$$

$$= X_1 \times R^{n-1} + X_2 \times R^{n-2} + \cdots + X_n \times R^{n-n} + Y_1 \times R^{-1} + Y_2 \times R^{-2} + \cdots + Y_m \times R^{-m}$$

其中，R 称为数制的基数，每一位对应的单位值称为权。例如，整数部分从右向左的权分别为 R^0、R^1、R^2、$\cdots$，小数部分从左向右的权分别为 R^{-1}、R^{-2}、R^{-3}、$\cdots$。

例如：

$(123.456)_{10} = 1 \times 10^2 + 2 \times 10^1 + 3 \times 10^0 + 4 \times 10^{-1} + 5 \times 10^{-2} + 6 \times 10^{-3} = 123.456$

$(1010.11)_2 = 1 \times 2^3 + 0 \times 2^2 + 1 \times 2^1 + 0 \times 2^0 + 1 \times 2^{-1} + 1 \times 2^{-2} = 10.75$

1. 二进制转换成十进制

将一个二进制数转换成十进制数除了按照上述公式展开外，还可采用"**位 1 对应权值相加**"的方法，二进制数每位对应的十进制权值如图 A-1 所示。

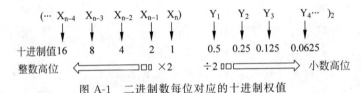

图 A-1 二进制数每位对应的十进制权值

整数部分从最低位权值 1 开始，从右向左依次将右边位的权值乘 2 得到高位的权值；小数部分从最低位的权值 0.5 开始，从左向右依次将左边位的权值除以 2 得到右边位的权值；最后将数值为 1 的位对应的权值相加，得到十进制值。例如，将 $(101011.1001)_2$ 采用位 1 对应权值相加的方法转换成十进制如图 A-2 所示。

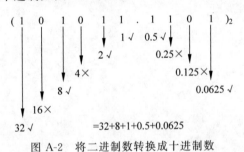

图 A-2 将二进制数转换成十进制数

2. 十进制转换成二进制

十进制数转换成二进制数要将整数部分和小数部分分别转换。整数部分采用"**除 2 取余**"短除法，将整数部分除以 2，取出余数；再将商除以 2，取出余数，……，依次进行到商为 0，将各步的余数从右向左排列构成整数部分。

小数部分采取"**乘 2 取整**"的连续乘法，将小数部分乘 2，取出整数进位；再将乘积的小数部分乘 2，取出进位，……，依次进行到乘积（小数部分）为 0，将各步的整数进位从左向右排列构成小数部分。在对小数部分进行转换时，大多数十进制小数总是不能进行到乘积为 0，此时进行乘法的步骤数需按要求精确的小数位数进行。

将 1234.56 转换成二进制的步骤如图 A-3 所示。

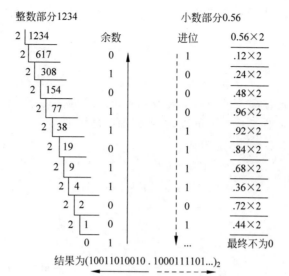

图 A-3 将十进制数转换成二进制数

☆**注意**：

大多数十进制小数转换成二进制数时都不能进行精确转换，因此计算机对大部分小数只是存储了其近似值。

3. 二进制、八进制、十六进制之间的转换

将二进制转换成八进制，整数部分从右向左（低位向高位）每 3 位转换成一个八进制位；小数部分从左向右（低位向高位）每 3 位转换成一个八进制位，转换时不足 3 位的将高位补 0 后转换。

将二进制转换成十六进制，整数部分从右向左每 4 位转换成一个十六进制位；小数部分从左向右每 4 位转换成一个十六进制位，转换时不足 4 位的将高位补 0 后转换。

二进制数转换成八进制数与十六进制数的示意图见图 A-4。

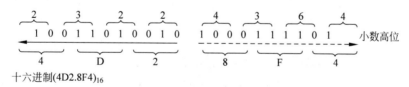

图 A-4 将二进制数转换成八进制数与十六进制数

将八进制、十六进制转换成二进制与将二进制转换成八进制、十六进制的过程相似，不同的是将八进制、十六进制转换成二进制时，每 1 位八进制、十六进制分别转换成 3 位、4 位二进制数。

八进制与十六进制之间进行转换要先转换成二进制，利用二进制作为"桥梁"。

A.2 整数的机内表示

1. 整数的机内表示

无符号整数机内表示形式就是其二进制值，有符号整数机内表示为二进制补码形式。补码用最高位表示符号：1 表示一个负数，0 表示正数。用$[X]_{补}$表示 X 的补码形式，求 X 的补码的公式为：

$$[X]_{补} = \begin{cases} X & (X \geqslant 0) \\ \sim |X| + 1 & (X < 0, \sim 表示求反) \end{cases}$$

求 n 位 X 的补码先要将 X 的绝对值转换成 n 位二进制形式，高位补 0；如果 X 是一个正数，补码就是 X 本身；如果 X 是一个负数，将各位求反再加 1。

例如分别求 123、-123 的 8 位补码：

$$123 = (01111011)_2$$
$$[123]_{补} = 01111011$$
$$[-123]_{补} = \sim 01111011 + 1$$
$$= 10000100 + 1$$
$$= 10000101$$

由于$[-X]_{补} = \sim [X]_{补} + 1$，将$[X]_{补}$还原成原来的值时，如果$[X]_{补}$是一个负数，将$[X]_{补}$求反加 1，得到 X 的绝对值，然后加上负号。例如：

$$\sim 10000101 + 1$$
$$= 01111010 + 1$$
$$= 01111011$$
$$= [123]_{补}$$

所以，$10000101 = [-123]_{补}$。

2. 整数的表示范围

n 位无符号二进制数表示的最小、最大数分别为：

最小数 0   最小数 $2^n - 1$

n 位有符号数的最高位表示符号，只有 n-1 位表示数本身，其表示范围为：

符号 0 ~ $2^{n-1} - 1$ 符号 -2^{n-1} ~ -1

表 A-2 列出了 C++常用整数类型的表示范围。

表 A-2　C++整数表示范围

符号	数据类型	位数	范围描述	十六进制范围	十进制范围
unsigned 无符号	char 字符	08	$0 \sim 2^8 - 1$	$0 \sim FF$	$0 \sim 255$
	short 短整型	16	$0 \sim 2^{16} - 1$	$0 \sim FFFF$	$0 \sim 65535$
	int 整型	32	$0 \sim 2^{32} - 1$	$0 \sim FFFFFFFF$	$0 \sim 4294967295$
	long 长整型	32	$0 \sim 2^{32} - 1$	$0 \sim FFFFFFFF$	$0 \sim 4294967295$
signed 有符号	char 字符	08	$-2^7 \sim 2^7 - 1$	$80 \sim 7F$	$-128 \sim 127$
	short 短整型	16	$-2^{15} \sim 2^{15} - 1$	$8000 \sim 7FFF$	$-32768 \sim 32767$
	int 整型	32	$-2^{31} \sim 2^{31} - 1$	$80000000 \sim 7FFFFFFF$	$-2147483648 \sim 2147483647$
	long 长整型	32	$-2^{31} \sim 2^{31} - 1$	$80000000 \sim 7FFFFFFF$	$-2147483648 \sim 2147483647$

3. 整数的运算

计算机最基本的运算为二进制加法运算,加法运算从低位开始按位相加,满 2 向高位进 1。减法运算按"减去一个数等于加上这个数相反数"的规则,变成加法运算,变换式如下:

$$[X]_\text{补} - [Y]_\text{补} = [X]_\text{补} + [-Y]_\text{补} = [X]_\text{补} + \sim[Y]_\text{补} + 1$$

例如:计算

$$10000101 - 01111011$$

先变换成

$$10000101 + (-01111011)$$
$$= 10000101 + \sim 01111011 + 1$$
$$= 10000101 + 10000100 + 1$$

列竖式如下:

$$10000101$$
$$10000100$$
$$+1$$
$$\overline{}$$

进位 $\boxed{1}$ 00001010

本例进行的计算实际上是十进制的 $-123-123$,其结果应该为 -246。但计算结果却变成了十进制值 10,这是因为产生的进位在 8 位(1 个字节)二进制中无法保存,这种数值超过了存储对象范围的现象称为**溢出**。C++对整数计算的溢出不做检查,现对加运算的溢出进行简单的归纳,如表 A-3 所示。

表 A-3   加法溢出表

相加运算	有符号正数	有符号负数	无符号数
有符号正数	符号位为 1	不会溢出	产生进位
有符号负数	不会溢出	符号位为 0	不会溢出
无符号数	产生进位	不会溢出	产生进位

A.3   小数的机内表示

带有小数的数在 C++中用浮点数(float)表示。在机内,也采用浮点存储形式,浮点是相对定点而言的。所谓的**定点**是指小数点固定在某个数位后。例如,下面为 8 位十进制定点数,若小数点固定在第 4 位后。

12345000   表示 1234.5

00000123   表示 0.0123

00123450   表示 12.345

由于小数点固定,整数部分表示的范围与小数部分表示的精度受到局限,上述定点数表示整数的最大值为 9999,表示的最小小数为 0.0001。为了提高整数的表示范围与小数的精度,将小数点的位置根据表示的具体数进行浮动。整数部分长时,向小数部分浮动;小数部分长时,向整数部分浮动。**浮点数**之所以称为浮点数是指小数点能浮动的数。例如,采用 8 位浮点存储方式:

若要表示 12345678, 　　小数点浮动到从左到右的第 8 位后;

表示 1234.5678, 　　　　小数点浮动到第 4 位后;

表示 0.12345678, 　　　小数点浮动到从左到右的第 1 位前。

当然,小数点浮动的位置也需要专门的数位来标明与存储。

采用科学记数法表示一个小数的形式如下:

$$N = M \times R^E$$

其中,R 为基数;M 表示 N 的全部有效数字,称为 N 的尾数,反映了数据的精确度;E 为指数,也称为阶码,表示小数点的位置,反映了数据的表示范围。

从科学记数法的表达式可以看出,其阶码就是小数点浮动的位置。

按国际标准 IEEE 754,一个 32 位二进制浮点数的存储格式如图 A-5 所示。

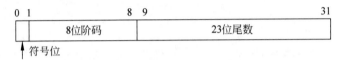

图 A-5　32 位浮点数的存储格式

第 1 段为符号段,占 1 位。其中 1 表示负数,0 表示正数。

第 2 段为阶码段,占 8 位,表示范围为 $-128 \sim 127$。其中用 -128、-127 表示特殊的浮点数。

第 3 段为尾数段,占 23 位,实际可存储 24 位尾数。由于小数点后第 1 位为必定为 1(除了数 0 外),为了节省存储位数,尾数部分只存 1 后的 23 位。因此,一个非 0 数的 23 位尾数其实可存储 24 位尾数。

例如,

$$1234.56 = (100 \ \ 1101 \ \ 0010 . 1000 \ \ 1111 \ \ 0101 \ \ 11)_2$$

尾数存储为

$$\underbrace{1.00 \ \ 1101 \ \ 0010 \ \ 1000 \ \ 1111 \ \ 0101 \ \ 1}_{23位}$$

一个 32 位浮点数表示的正负数的最大值为:

$$\pm (1.111 \ 1111 \ 1111 \ 1111 \ 1111 \ 1111 \ 1111)_2 \times 2^{127}$$

$$\approx \pm 2 \times 2^{127}$$

$$\approx \pm 3.4 \times 10^{38}$$

一个 C++中用 double 定义的 64 位双精度浮点数,阶码、尾数分别采用 11 位、52 位,能表示正负数的范围为:

$$\pm 2 \times 2^{1023} \approx \pm 1.8 \times 10^{308}$$

C++ 语言中的关键字（保留字）

表 B-1　C++语言中的关键字（保留字）

关键字	基本用途（意义）	C++新增关键字	基本用途（意义）
asm	插入汇编语言	bool	布尔类型
auto	指定变量的存储类型是自动型（默认）	catch	异常处理的捕获子句
break	跳出循环或 switch 语句	class	类关键字
case	定义 switch 语句中的 case 子句	const_cast	清除 const、volatile 的类型转换
char	定义字符型变量	delete	删除动态申请的内存
const	定义常变量	dynamic_cast	运行时动态类型转换
continue	结束本次循环，回到循环体开头	explicit	用于声明显式构造函数调用
default	switch 语句中的 default 子句	export	导出模板到其他编译单位
do	do…while 中的 do 子句	false	布尔型值表示"假"
double	定义双精度浮点型变量	friend	定义友元函数、友元类
else	if…else 语句中的 else 子句	inline	定义内联函数
enum	定义枚举类型	mutable	说明成员允许更新
extern	声明外部变量或函数	namespace	名字空间
float	定义浮点型变量	new	动态申请内存建立对象
for	定义 for 循环语句	operator	操作符函数的关键字
goto	实现程序转移	private	类的私有访问控制属性
if	定义 if 语句或 if…else 语句中的 if 子句	protected	类的保护访问控制属性
int	定义整型变量	public	公有访问控制属性
long	定义长整型变量	reinterpret_cast	强制指针类型转换
register	指定变量的存储类型是寄存器变量	static_cast	编译时静态类型转换
return	从函数中返回	template	函数模板、类模板的头
short	定义短整型变量	this	指向对象自身的指针
signed	定义有符号型变量（默认类型）	throw	异常处理的抛出子句
sizeof	获取变量或数据类型所占的内存	true	布尔型值表示"真"
static	指定变量的存储类型是静态型	try	异常处理中的执行子句
struct	定义结构体类型	typeid	运行时类型标识
switch	定义 switch 语句，实现多路分支	typename	类模板参数化类型关键字
typedef	为数据类型定义别名	using	使用名字空间
union	定义联合体类型	virtual	定义虚基类、虚函数
unsigned	定义无符号型变量	volatile	声明对象值可变
void	定义空类型变量、指针、函数	wchar_t	宽字符类型
while	while 循环语句		

运算符优先级表

表 C-1 运算符优先级表

运算类型	优先级	运算符	含义	结合性
单、双目	0	::	作用域分辨符	
	1	( )	圆括号、函数参数表	自左向右
		[]	数组元素下标	
		->	由指针存取结构体成员	
		.	引用结构体成员	
		++、--	后置自增1、自减1	
		typeid	运行时类型标识	
		dynamic_cast <类型>	运行时动态类型转换	
		static_cast <类型>	编译时静态类型转换	
		reinterpret_cast <类型>	强制指针类型转换	
		const_cast <类型>	清除 const 的类型转换	
单目运算符	2	++、--	前置自增1、自减1	自右向左
		+、-	正、负号	
		!	逻辑非	
		~	按位取反	
		(类型)	强制类型转换运算符	
		sizeof	取占内存大小运算符	
		*	指针间接引用运算符	
		&	取地址运算符	
		new	动态申请内存建立对象	
		delete	删除动态对象	
双目运算	3	. *	通过对象取成员指针	
		-> *	通过指针取成员指针	
双目算术	4	*、/、%	乘、除、整数求余	
	5	+、-	加、减	
双目移位	6	<<、<<	左移、右移	
双目关系	7	<、<=	小于、小于等于	自左向右
		>、>=	大于、大于等于	
	8	==、!=	等于、不等于	
双目按位	9	&	按位与	
	10	^	按位异或	
	11	|	按位或	
双目逻辑	12	&&	逻辑与	
	13	||	逻辑或	

运算类型	优先级	运算符	含义	结合性
三目运算	14	?:	条件运算符	自右向左
双目赋值	15	=	赋值运算符	自右向左
		+ = 、- = 、* = 、/ = 、% = & = 、^ = 、| =	复合赋值运算符	
		<<= 、<<=		
顺序求值	16	,	逗号运算符	自左向右

ASCII 码字符集

表 D-1　基本 ASCII 码字符

ASCII 码		字符	ASCII 码		字符	ASCII 码		字符	ASCII 码		字符
十进制	十六进制		十进制	十六进制		十进制	十六进制		十进制	十六进制	
000	00	NUL	025	19	EM(^Y)	050	32	2	075	4B	K
001	01	SOH(^A)	026	1A	SUB(^Z)	051	33	3	076	4C	L
002	02	STX(^B)	027	1B	ESC	052	34	4	077	4D	M
003	03	EXT(^C)	028	1C	FS	053	35	5	078	4E	N
004	04	EOT(^D)	029	1D	GS	054	36	6	079	4F	O
005	05	EDQ(^E)	030	1E	RS	055	37	7	080	50	P
006	06	ACK(^F)	031	1F	US	056	38	8	081	51	Q
007	07	BEL(bell)	032	20	SP	057	39	9	082	52	R
008	08	BS(^H)	033	21	!	058	3A	:	083	53	S
009	09	HT(^I)	034	22	"	059	3B	;	084	54	T
010	0A	LF(^J)	035	23	#	060	3C	<	085	55	U
011	0B	VT(^K)	036	24	$	061	3D	=	086	56	V
012	0C	FF(^L)	037	25	%	062	3E	>	087	57	W
013	0D	CR(^M)	038	26	&	063	3F	?	088	58	X
014	0E	SO(^N)	039	27	'	064	40	@	089	59	Y
015	0F	SI(^O)	040	28	(	065	41	A	090	5A	Z
016	10	DLE(^P)	041	29	)	066	42	B	091	5B	[
017	11	DC1(^Q)	042	2A	*	067	43	C	092	5C	\
018	12	DC2(^R)	043	2B	+	068	44	D	093	5D	]
019	13	DC3(^S)	044	2C	,	069	45	E	094	5E	^
020	14	DC4(^T)	045	2D	—	070	46	F	095	5F	_
021	15	NAK(^U)	046	2E	.	071	47	G	096	60	`
022	16	SYN(^V)	047	2F	/	072	48	H	097	61	a
023	17	ETB(^W)	048	30	0	073	49	I	098	62	b
024	18	CAN(^X)	049	31	1	074	4A	J	099	63	c
100	64	d	107	6B	k	114	72	r	121	79	y
101	65	e	108	6C	l	115	73	s	122	7A	z
102	66	f	109	6D	m	116	74	t	123	7B	{
103	67	g	110	6E	n	117	75	u	124	7C		
104	68	h	111	6F	o	118	76	v	125	7D	}
105	69	i	112	70	p	119	77	w	126	7E	~
106	6A	j	113	71	q	120	78	x	127	7F	del

注：BEL—响铃，BS—BackSpace，HT—水平制表，VT—垂直制表，LF—换行，CR—回车，SP—空格

表 D-2 扩展 ASCII 码字符

ASCII 码		字符	ASCII 码		字符	ASCII 码		字符	ASCII 码		字符
十进制	十六进制		十进制	十六进制		十进制	十六进制		十进制	十六进制	
128	80	Ç	152	98	ÿ	176	B0	▒	200	C8	╚
129	81	ü	153	99	Ö	177	B1	▓	201	C9	╔
130	82	é	154	9A	Ü	178	B2	█	202	CA	╩
131	83	â	155	9B	¢	179	B3	│	203	CB	╦
132	84	ä	156	9C	£	180	B4	┤	204	CC	╠
133	85	à	157	9D	¥	181	B5	╡	205	CD	═
134	86	å	158	9E	Pts	182	B6	╢	206	CE	╬
135	87	ç	159	9F	f	183	B7	╖	207	CF	╧
136	88	ê	160	A0	á	184	B8	╕	208	D0	╨
137	89	ë	161	A1	í	185	B9	╣	209	D1	╤
138	8A	è	162	A2	ó	186	BA	║	210	D2	╥
139	8B	ï	163	A3	ú	187	BB	╗	211	D3	╙
140	8C	î	164	A4	ñ	188	BC	╝	212	D4	Ô
141	8D	ì	165	A5	Ñ	189	BD	╜	213	D5	╒
142	8E	Ä	166	A6	a	190	BE	╛	214	D6	╓
143	8F	Å	167	A7	o	191	BF	┐	215	D7	╫
144	90	É	168	A8	¿	192	C0	└	216	D8	╪
145	91	æ	169	A9	⌐	193	C1	┴	217	D9	┘
146	92	Æ	170	AA	¬	194	C2	┬	218	DA	┌
147	93	ô	171	AB	½	195	C3	├	219	DB	█
148	94	ö	172	AC	¼	196	C4	─	220	DC	▄
149	95	ò	173	AD	¡	197	C5	┼	221	DD	▌
150	96	û	174	AE	«	198	C6	╞	222	DE	▐
151	97	ù	175	AF	»	199	C7	╟	223	DF	▀
224	E0	α	232	E8	Φ	240	F0	≡	248	F8	≈
225	E1	ß	233	E9	Θ	241	F1	±	249	F9	·
226	E2	Γ	234	EA	Ω	242	F2	≥	250	FA	·
227	E3	π	235	EB	δ	243	F3	≤	251	FB	√
228	E4	Σ	236	EC	∞	244	F4	⌠	252	FC	n
229	E5	σ	237	ED	φ	245	F5	⌡	253	FD	2
230	E6	μ	238	EE	ε	246	F6	÷	254	FE	■
231	E7	τ	239	EF	∩	247	F7	≈	255	FF	

GB 2312—80 汉字字符集

GB 2312—80 是我国制定的《通用汉字字符集(基本集)及其交换码国家标准》,标准中将各种图形字符、汉字字符按区编排编码,每区 94 个字符,从第 1 位到第 94 位排列。用区号加位号标识一个汉字,汉字输入法中的区位码输入法就是通过输入 4 位十进制的区位号来输入汉字。为了与 ASCII 码相区别,区号加十六进制数 A0 构成汉字内码的高 8 位,位号加十六进制数 A0 构成汉字内码的低 8 位,高 8 位与低 8 位构成 16 位汉字内码(机内码)。GB 2312—80 结构与编排规则如表 E-1 和表 E-2 所示。

表 E-1 GB 2312—80 结构与编排规则

区号	高字节码	内容(位号:01~94,低字节码:A1~FE)
01	A1	常用符号
02	A2	序号、数字
03	A3	图形字符
04	A4	日文平假名
05	A5	日文片假名
06	A6	希腊字母
07	A7	俄文字母
08	A8	汉语拼音、注音字母
09	A9	制表符
10~15	AA~AF	空白
16~55	B0~D7	一级常用汉字 3755 个,按拼音字母顺序排列,同音字按横、竖、撇、捺、折起笔顺序排列
56~87	D8~FE	二级次常用汉字 3008 个,按部首排列

表 E-2 GB 2312—80 汉字字符集的 1~9 区

区号	位号 1~94
1	、。·ˉˇ¨〃々—~‖…''""〔〕〈〉《》「」『』〖〗【】±×÷∶∧∨∑∏∪∩∈∷√⊥∥∠⌒⊙∫∮≡≌≈∽∝≠≮≯≤≥∞∵∴♂♀°′″℃＄¤￠￡‰§№☆★○●◎◇◆□■△▲※→←↑↓〓
2	ⅰⅱⅲⅳⅴⅵⅶⅷⅸⅹ　1.2.3.4.5.6.7.8.9.10.11.12.13.14.15.16.17.18.19.20.(1)(2)(3)(4)(5)(6)(7)(8)(9)(10)(11)(12)(13)(14)(15)(16)(17)(18)(19)(20)①②③④⑤⑥⑦⑧⑨⑩　㈠㈡㈢㈣㈤㈥㈦㈧㈨㈩　ⅠⅡⅢⅣⅤⅥⅦⅧⅨⅩⅪⅫ ⅩⅢ ⅩⅣ
3	!"#￥%&'()＊＋,-./0123456789:;<=>?　@ABCDEFGHIJKLMNOPQRSTUVWXYZ[\]^_`abcdefghijklmnopqrstuvwxyz{ǀ}—
4	ぁあぃいぅうぇえぉおかがきぎくぐけげこごさざしじすずせぜそぞただちぢっつづてでとどなにぬねのはばぱひびぴふぶぷへべぺほぼぽまみむめもゃやゅゆょよらりるれろゎわゐゑをん

区号	位号 1～94
5	ァアィイゥウェエォオカガキギクグケゲコゴサザシジスズセゼソゾタダチヂッツヅテデトド ナニヌネノハバパヒビピフブプヘベペホボポマミムメモャヤュユョヨラリルレロヮワヰヱ ヲンヴヵヶ
6	ΑΒΓΔΕΖΗΘΙΚΛΜΝΞΟΠΡΣΤΥΦΧΨΩ　αβγδεζηθικλμνξοπρστυφχψω　⌒⌣⌒⌒⌒⌣⌒⌒⌐¬⌐⌐⌐﹁ ﹄⌒⌒│∶│┊
7	АБВГДЕЁЖЗИЙКЛМНОПРСТУФХЦЧШЩЪЫЬЭЮЯ абвгдеёжзийклмнопрстуфхцчшщъыьэюя
8	āáǎàēéěèīíǐìōóǒòūúǔùǖǘǚǜêɑ̂ńňǹg ㄅㄆㄇㄈㄉㄊㄋㄌㄍㄎㄏㄐㄑㄒㄓㄔㄕㄖㄗㄘㄙㄚㄛㄜㄝㄞㄟㄠㄡㄢㄣㄤㄥㄦㄧㄨㄩ
9	─━│┃┄┅┆┇┈┉┊┋┌┍┎┏┐┑┒┓└┕┖┗┘┙┚┛├┝┞┟┠┡┢┣┤┥┦┧┨┩┪┫┬┭┮┯┰┱┲┳┴┵┶┷┸┹┺┻┼┽┾┿╀╁╂╃╄╅╆╇╈╉╊╋╭╮╯╰╱╲╳

GBK 汉字字符集

  GBK 是又一个汉字编码标准,全称《汉字内码扩展规范》(GBK),英文名称为 Chinese Internal Code Specification,由中华人民共和国全国信息技术标准化技术委员会于 1995 年 12 月制订、发布和实施。GB 即"国标",K 是"扩展"的汉语拼音的第一个字母。

  GBK 向下与 GB 2312 编码兼容,向上支持 ISO 10646.1 国际标准,是前者向后者过渡过程中的一个承上启下的标准。ISO 10646 是国际标准化组织 ISO 公布的一个编码标准,即 Universal Multilpe-Octet Coded Character Set(简称 UCS),中国内地译为《通用多八位编码字符集》,中国台湾地区译为《广用多八位元编码字元集》,它与 Unicode 组织的 Unicode 编码完全兼容。ISO 10646 是一个包括世界上各种语言的书面形式以及附加符号的编码体系。其中的汉字部分称为"CJK 统一汉字"(C 指中国,J 指日本,K 指朝鲜)。而其中的中国部分,包括了源自中国内地的 GB 2312、GB 12345、《现代汉语通用字表》等法定标准的汉字和符号,以及源自中国台湾地区的汉字和符号。

  GBK 也采用双字节表示,总体编码范围为 8140～FEFE,首字节在 81～FE 之间,尾字节在 40～FE 之间,剔除 xx7F 一条线。总计 23 940 个码位,共收录 21 886 个汉字和图形符号,其中汉字(包括部首和构件)21 003 个、图形符号 883 个。GBK 编排规则与结构如表 F-1 所示。

表 F-1   GBK 结构与编排规则

分 区		内 容	编码
基本图形符号区	GBK/1:GB 2312 非汉字符号区	除 GB 2312 的符号外,还有 10 个小写罗马数字和 GB 12345 增补的符号,共 717 个	A1A1～A9FE
汉字区	GBK/2:GB 2312 汉字区	收录 GB 2312 汉字 6763 个,按原顺序排列	B0A1～F7FE
	GB 13000.1 扩充汉字区	GBK/3:收录 GB 13000.1 中的 CJK 汉字 6080 个	AA40～FEA0
		GBK/4:收录 CJK 汉字和增补的汉字 8160 个,CJK 汉字在前,按 UCS 代码大小排列;增补的汉字(包括部首和构件)在后,按《康熙字典》的页码/字位排列	AA40～FEA0
扩充图形符号区	GBK/5:GB 13000.1 扩充非汉字区	BIG-5 非汉字符号共 166 个	A840～A9A0
用户自定义区	自定义 1 区	564 个	AAA1～AFFE
	自定义 2 区	658 个	F8A1～FEFE
	自定义 3 区	672 个	A140～A7A0

参 考 文 献

[1] Lippman S B，Lajoie J. C++Primer(3rd Edition)中文版[M]. 潘爱民，张丽，译. 北京：中国电力出版社，2002.

[2] Deitel H M，Deitel P J. C++大学教程[M]. 2 版. 邱仲潘，等译. 北京：电子工业出版社，2001.

[3] Deitel H M，Deitel P J. C++程序设计教程[M]. 4 版. 施平安，译. 北京：清华大学出版社，2004.

[4] Stroustrup B. C++程序设计语言(特别版)[M]. 裘宗燕，译. 北京：机械工业出版社，2002.

[5] Eckel B. C++编程思想[M]. 刘宗田，等译. 北京：机械工业出版社，2000.

[6] Solter N A，Kleper S J. C++高级编程[M]. 北京：机械工业出版社，2006.

[7] Meyers S. Effective C++(2nd Edition)中文版[M]. 侯捷，译. 武汉：华中科技大学出版社，2001.

[8] Lippman S B. Essential C++中文版[M]. 侯捷，译. 武汉：华中科技大学出版社，2001.

[9] Hubbard J R. C++编程习题与解答[M]. 北京：机械工业出版社，2002.

[10] Alexandrescu A. C++设计新思维：泛型编程与设计模式之应用[M]. 武汉：华中科技大学出版社，2003.

[11] 王敬华，林萍，陈静. C语言程序设计教程[M]. 北京：清华大学出版社，2005.

[12] 甘玲，石岩，李盘林. 解析C++面向对象程序设计[M]. 北京：清华大学出版社，2008.

[13] 郑莉，董渊，张瑞丰，等. C++语言程序设计[M]. 3 版. 北京：清华大学出版社，2003.

[14] 谭浩强. C++程序设计[M]. 北京：清华大学出版社，2004.

[15] 李春葆. C++语言习题与解析[M]. 北京：清华大学出版社，2003.

[16] 邵维忠，杨芙清. 面向对象的系统分析与设计[M]. 北京：清华大学出版社，1998.

图 书 资 源 支 持

感谢您一直以来对清华版图书的支持和爱护。为了配合本书的使用，本书提供配套的资源，有需求的读者请扫描下方的"书圈"微信公众号二维码，在图书专区下载，也可以拨打电话或发送电子邮件咨询。

如果您在使用本书的过程中遇到了什么问题，或者有相关图书出版计划，也请您发邮件告诉我们，以便我们更好地为您服务。

我们的联系方式：

地　　址：北京市海淀区双清路学研大厦 A 座 714

邮　　编：100084

电　　话：010-83470236　010-83470237

客服邮箱：2301891038@qq.com

QQ：2301891038（请写明您的单位和姓名）

资源下载：关注公众号"书圈"下载配套资源。

资源下载、样书申请　　　　图书案例

书 圈

清华计算机学堂

观看课程直播